Marketing

Rainer Olbrich

Marketing

Eine Einführung
in die marktorientierte
Unternehmensführung

Zweite, überarbeitete und erweiterte Auflage

Mit 71 Abbildungen

 Springer

Univ.-Prof. Dr. Rainer Olbrich
FernUniversität Hagen
Lehrstuhl für Betriebwirtschaftslehre,
insb. Marketing
Postfach 940
D-58084 Hagen

ISBN-10   3-540-23577-9   Springer Berlin Heidelberg New York
ISBN-13   978-3-540-23577-4   Springer Berlin Heidelberg New York
ISBN 3-540-67881-6   1. Auflage   Springer Berlin Heidelberg New York

Bibliografische Information Der Deutschen Bibliothek
Die Deutsche Bibliothek verzeichnet diese Publikation in der Deutschen Nationalbibliografie;
detaillierte bibliografische Daten sind im Internet über <http://dnb.ddb.de> abrufbar.

Springer ist ein Unternehmen von Springer Science+Business Media

springer.de

© Springer-Verlag Berlin Heidelberg 2001, 2006
Printed in Germany

Umschlaggestaltung: Erich Kirchner, Heidelberg

SPIN 11338086   42/3100YL 5 4 3 2 1 0 – Gedruckt auf säurefreiem Papier

Für meine Eltern

Bernadette und Edmund Olbrich

Vorwort zur zweiten Auflage

Die erste Auflage des Lehrbuches „Marketing – Eine Einführung in die marktorientierte Unternehmensführung" hat nach recht kurzer Zeit eine positive Akzeptanz im Markt gefunden. Die Neuauflage des Buches habe ich zum Anlass genommen, nicht nur die erste Auflage zu überarbeiten und zu aktualisieren, sondern auch wesentliche Erweiterungen vorzunehmen.

Die Grundkonzeption des Buches wurde in der zweiten Auflage beibehalten. Die Überarbeitungen und Erweiterungen beziehen sich hauptsächlich auf das sechste und siebte Kapitel der vorliegenden Auflage. Die Planung der Marketinginstrumente und das sektorale Marketing wurden an einigen Stellen inhaltlich vertieft.

Mein ganz besonderer Dank gilt meinen Mitarbeiterinnen und Mitarbeitern Frau Sandra Brechtefeld sowie den Herren Dipl.-Kfm. Marc Knuff, Dipl.-Ök. Jörg Tauberger sowie Dipl.-Kfm. Thomas Windbergs, die mich durch Recherchen, Vorarbeiten und redaktionelle Bearbeitungen unterstützt haben. Mein Dank geht darüber hinaus an die Unternehmen, die für den Abschnitt ‚Kommunikationspolitik' den Abdruck ihrer Werbeanzeigen genehmigt haben. Schließlich gilt mein Dank Herrn Dr. Werner Müller vom Springer-Verlag, Heidelberg, für das entgegengebrachte Verständnis im Rahmen des langwierigen Überarbeitungsprozesses.

Hagen, im März 2006

Univ.-Prof. Dr. Rainer Olbrich

Vorwort zur ersten Auflage

Das vorliegende Lehrbuch soll – wie der Titel es ausdrückt – in das Fachgebiet ‚Marketing' einführen. Es setzt daher keine spezifischen Kenntnisse aus diesem Fachgebiet voraus. Ziel dieses Buches ist es vielmehr, dem Leser, der sich noch nicht mit der ‚Marketing-Lehre' beschäftigt hat, einen komprimierten Einstieg in diese Materie zu ermöglichen.

Das Buch beansprucht entsprechend dieser Ausrichtung auf einführende Grundfragen des Marketing nicht, einen vollständigen Überblick über alle Problembereiche des Marketing zu geben. Dies würde letztlich den Umfang eines derartigen Werkes sprengen. Ganz bewusst wurde daher auf einige Ausführungen zu Teilbereichen des Marketing verzichtet (z. B. zu Fragen unterschiedlicher Marktforschungs-Designs, zu Fragen der Marketing-Organisation und des Internationalen Marketing).

Das Buch richtet sich als grundlegender Lehrtext insbesondere an Studierende betriebswirtschaftlicher Studiengänge an Hochschulen. Darüber hinaus richtet es sich aufgrund seiner Schwerpunktlegung auf die wesentlichen marktorientierten Planungsprozesse an Dozenten und Teilnehmer berufsbegleitender Weiterbildungsprogramme aber auch an all diejenigen in der unternehmerischen Praxis, die ein systematisches Rüstzeug für die Strukturierung praktischer Planungsprobleme im Bereich des Marketing suchen.

Mit Blick auf diesen Leserkreis werden an vielen Stellen Hinweise auf ähnliche und auch abweichende Lehrmeinungen gegeben, um gerade hinsichtlich der elementaren Grundfragen das Spektrum unterschiedlicher Sichtweisen nicht zu verdecken. Darüber hinaus werden nach jedem Kapitel ausgewählte Hinweise auf empfehlenswerte Literatur zur Vertiefung gegeben. Einige Übungsaufgaben und ein Glossar runden den Charakter dieser Lektüre als Lehrbuch ab.

Mein besonderer Dank gilt meinen Mitarbeiterinnen und Mitarbeitern Frau Dipl.-Kff. Sonja Biedebach, Frau Dipl.-Ök. Daniela Braun, meiner Sekretärin Frau Doris Schütz, sowie den Herren Dr. Dirk Battenfeld, Dipl.-Kfm. Martin Grünblatt, Dipl.-Ök. René Peisert und Dipl.-Ök. Markus Vetter, die mich durch Recherchen, Vorarbeiten und die redaktionelle Bearbeitung unterstützt haben. Darüber hinaus danke ich ganz besonders Herrn Dr.

Werner Müller vom Springer-Verlag, Heidelberg, für die angenehme Zusammenarbeit und die unkomplizierte verlegerische Betreuung dieses Buches.

Hagen, im August 2000

Univ.-Prof. Dr. Rainer Olbrich

Inhaltsverzeichnis

Abbildungsverzeichnis

Kapitel 1

Überblick über die behandelten Problembereiche

1. Überblick über die behandelten Problembereiche

In den letzten drei zurückliegenden Jahrzehnten hat das betriebswirtschaftliche Fachgebiet ‚Marketing' sowohl in der Forschung als auch in der Praxis erheblich an Beachtung gewonnen. Die Vielfalt der *‚Deutungen'* des *Begriffes Marketing*, die nicht zuletzt durch dessen historische Entwicklung bedingt ist, macht es allerdings für die Studierenden und auch für interessierte Praktiker nicht einfach, sich mit diesem Fachgebiet auseinander zu setzen. Die verschiedenen Vorstellungen bzw. Definitionen hinsichtlich des Begriffes Marketing reichen von der einfachen Gleichsetzung mit der ‚Werbung' bis zur deutlich erweiterten Interpretation des Marketing als ‚Konzept zur marktorientierten Unternehmensführung'.

‚Deutungen' des Begriffes Marketing

Im vorliegenden Buch wird zunächst die Ursache für die heterogenen Begriffsverständnisse in der Marketing-Lehre aufgedeckt. Zu diesem Zweck wird im *zweiten Kapitel* ein Einblick in die historische Entwicklung der Marketing-Disziplin gegeben, da auf diese Weise die eigentliche ‚Denkweise des Marketing' und die wesentlichen Elemente des Begriffes ‚Marketing' wohl am besten vermittelt werden können.

Anschließend wird im *dritten Kapitel* mit Blick auf den derzeitigen Stand der Forschung die Basis für ein grundlegendes Verständnis des Marketing geschaffen. Ausgangspunkt dieser Ausführungen ist der *prozessorientierte Ansatz des Marketing*. Am Beispiel des Produktinnovationsprozesses werden in diesem Kapitel die Aufgaben des Marketing überblicksartig erläutert. Die Inhalte werden, wie auch an vielen anderen Stellen des Buches, an übersichtlichen Planungsprozessen orientiert.

prozessorientierter Ansatz des Marketing

Im Rahmen des *vierten Kapitels* werden dann die konzeptionellen Grundlagen der Marketingplanung gelegt. *Die Marketingplanung ist der zentrale Ausgangspunkt jeglicher Unternehmensplanung*. Geht es doch bei der Planung absatzmarktgerichteter Sachverhalte um so wichtige Fragen, wie z. B. die Bestimmung von Zielgruppen, Marktsegmenten, strategischen Geschäftseinheiten und den mit diesen Planungshilfen verbundenen Produkten und Dienstleistungen eines Unternehmens. Die Marketingplanung kann gleichwohl nicht isoliert von anderen Bereichen der Unternehmensplanung erfolgen. So bestehen vielfältige Interdependenzen zur Produktions- und Finanzplanung. Letztlich kann eine integrierte Unternehmensplanung nur

Marketingplanung als Ausgangspunkt der Unternehmensplanung

simultan erfolgen, was nicht bedeutet, dass die Planung der einzelnen Funktionalbereiche nicht einer gesonderten Betrachtung und Analyse unterzogen werden sollte. Mit Blick auf die Marketingplanung ist diese zunächst gesonderte Analyse sogar dringend zu empfehlen, da nur eine intensive, mitunter auch von gewissen Restriktionen anderer Funktionalbereiche losgelöste Betrachtung potenzieller Märkte und Geschäftsbereiche den notwendigen Freiraum für eine zukunftssichernde Gestaltung der Unternehmenspolitik eröffnet. Aus diesem Grunde kommt der Marketingplanung ein gewisses ‚Primat' im Prozess der Unternehmensplanung zu.

klassische Prognosemodelle

Das *fünfte Kapitel* beleuchtet *klassische Prognosemodelle* in der Marketingplanung. Diese Planungshilfen (z. B. das ‚Lebenszykluskonzept' oder die ‚Portfolio-Methode') werden mit Blick auf ihre Aussagefähigkeit einer kritischen Betrachtung unterzogen. Sie legen letztlich durch die Konkretisierung von Zielgrößen die Grundlage für die Ausrichtung der Marketinginstrumente.

Planung der Marketinginstrumente

Die *Planung der Marketinginstrumente* ist Gegenstand des *sechsten Kapitels*. Dieses Kapitel folgt der nahezu ‚klassischen' Viererteilung in die Instrumente Produkt-, Preis-, Kommunikations- und Distributionspolitik. Die Instrumentalbereiche werden – soweit die für elementar erachteten Inhalte es zulassen – an Planungsschrittfolgen orientiert. Letztlich führen einzelne Entscheidungstatbestände durch die Ausführungen.

Sektorales Marketing

Das *siebte Kapitel* schließt mit einer Darstellung einzelner Bereiche des *Sektoralen Marketing*. Auf diese Darstellung wurde gerade mit Blick auf den grundlegenden Charakter des Buches Wert gelegt, um dem Leser zu verdeutlichen, dass viele der allgemeinen Inhalte nicht losgelöst von Spezifika einzelner Wirtschaftssektoren angewendet werden können. Dem ‚Einsteiger' in die hier präsentierte Materie soll durch die ‚Öffnung dieser Fenster' zumindest ein Einblick in die besonderen Merkmale des Marketing für einzelne Sektoren gegeben werden.

Nach der Lektüre des vorliegenden Buches sollte der Leser in der Lage sein,

- die wichtigsten Grundlagen des Marketing zu erläutern, insbesondere: Lehrziele

  - die Entwicklung der ‚Marketing-Lehre‘,
  - den prozessorientierten Ansatz des Marketing,
  - den Prozess der Marketingplanung,
  - die Informationslieferanten und -grundlagen der Marketingplanung;

- die Vorgehensweise der Marktsegmentierung und die Bildung von ‚strategischen Geschäftseinheiten‘ aufzuzeigen;

- den Prozess der Positionierung zu skizzieren;

- die klassischen Prognosemodelle in der Marketingplanung zu erklären und anzuwenden;

- die Instrumente des Marketing sowie ihre wichtigsten Gestaltungs-bereiche zu beschreiben und auf spezifische Entscheidungsprobleme der Produkt-, Preis-, Kommunikations- und Distributionspolitik einzugehen;

- die Besonderheiten ausgewählter Bereiche des Sektoralen Marketing zu erläutern.

Die Schwerpunkte *des vorliegenden Buches* orientieren sich an diesen Lehrzielen. Vielfach liegt den Ausführungen aus didaktischen Gründen die Annahme zugrunde, dass ein Unternehmen eine bestimmte Entscheidung zu treffen oder eine bestimmte Aufgabe zu lösen hat. Diese Sichtweise soll letztlich das ‚praktisch-normative Vorstellungsvermögen‘ des Lesers schulen.

Kapitel 2

Die historische Entwicklung der ‚Marketing-Lehre‘

2. Die historische Entwicklung der ‚Marketing-Lehre'

Die historische Entwicklung der ‚Marketing-Lehre' wird häufig als das Ergebnis einer *Entwicklung von Verkäufermärkten zu Käufermärkten* mit steigender Sättigung der Märkte interpretiert.[1] Diese Interpretation hat letztlich ihre Ursache in dem im Zeitablauf zunehmenden ‚Reifegrad' vieler industrieller Volkswirtschaften. Mit Blick auf Deutschland herrschte z. B. in der Zeit nach dem Ende des zweiten Weltkrieges zunächst ein allgemeiner Mangel an Gütern. Aus diesem Grunde war ein großer Anteil der ohnehin wenigen produzierten Güter ‚ohne Probleme' absetzbar. Ein anbietendes Unternehmen konnte sich also allein auf die Effizienz seiner Produktion und deren Verbesserung konzentrieren.

> Entwicklung von Verkäufermärkten zu Käufermärkten

Mit zunehmender Sättigung der Märkte war dieses Vorgehen dann nicht mehr durchzuhalten, da es nicht mehr möglich war, jedes produzierte Gut abzusetzen.[2] Es schloss sich eine Phase an, in der Unternehmen versuchten, bereits existente Produkte und Dienstleistungen[3] den Nachfragern durch ‚Verkaufsdruck' (z. B. durch Einsatz intensiver Werbung unter Heranziehung ‚psychotaktischer Elemente') geradezu ‚aufzudrängen'.

Diese Art des Verkaufens zielte darauf ab, gegebene Produkte ohne Rücksicht auf die spezifischen Bedürfnisse einzelner Gruppen von Nachfragern abzusetzen. Dieses Verhalten von Unternehmen hat sich zunehmend als nicht tragfähig erwiesen. Die fehlende Berücksichtigung der Wünsche unterschiedlicher Nachfragergruppen hat sich dabei als wesentliche Schwachstelle herausgestellt. Der ökonomische Erfolg war folglich begrenzt. Dieser *klassische Verkaufsprozess* ist in Abbildung 1 dargestellt.

> Der klassische Verkaufsprozess

---

[1] Vgl. zu den Entwicklungsstufen des Marketing Meffert 2000, S. 3 ff. und Bruhn 2004, S. 15-18. Zu einer ausführlichen Darstellung der historischen Entwicklung der Marketing-Lehre vgl. Bubik 1996.

[2] Vgl. zur Diskussion des Begriffes „Absatz" Gutenberg 1984, S. 1 ff. Gutenberg hat bereits sehr früh auf das Spektrum unterschiedlicher ‚absatzwirtschaftlicher' Aufgaben hingewiesen.

[3] Im Weiteren wird zwischen Produkten und Dienstleistungen nur dann differenziert, wenn es zur Erklärung der Besonderheiten von Dienstleistungen erforderlich erscheint. Ansonsten wird der Begriff Produkt verwendet.

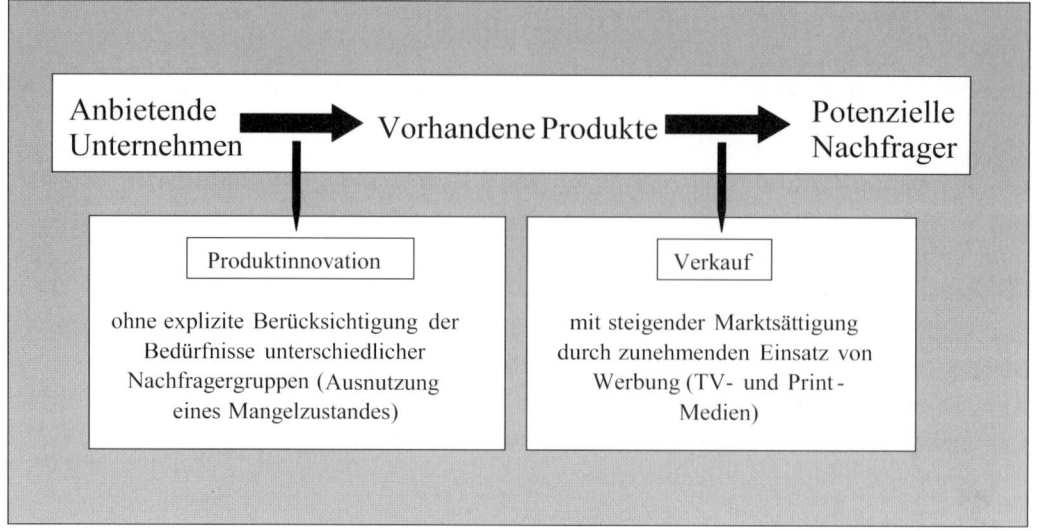

Abb. 1:   Der klassische Verkaufsprozess

In der sich anschließenden Phase hat sich ‚das' Marketing entwickelt, so
wie es heute (im Kern vieler unterschiedlicher Interpretationen) verstanden
wird. Nach dieser Denkweise gibt es, stark vereinfachend, zwei grundsätzliche Möglichkeiten, die einem Unternehmen auf dem Absatzmarkt Erfolg
versprechen:

- Die Beeinflussung der Bedürfnisse unterschiedlicher Nachfragergruppen
  zugunsten der angebotenen Produkte.

- Die Anpassung der Produkte an die Bedürfnisse unterschiedlicher Nachfragergruppen (z. B. durch Variation der Produktmerkmale).

Beide Möglichkeiten schließen einander nicht aus. Sie können parallel angewandt werden. Gleichzeitig ist durch die Erforschung der Bedürfnisse der
Nachfrager eine wechselseitige Beeinflussung zwischen potenziellen Nachfragern und Anbieter möglich und wird vom Anbieter aufgrund gesättigter
Der ‚moderne'   Märkte geduldet. Abbildung 2 skizziert den ‚modernen' Verkaufsprozess,
Verkaufsprozess
der letztlich zu einer Produktvariation und einer mit dieser verbundenen
‚differenzierten' Ansprache unterschiedlicher Nachfragergruppen führt
(z. B. mittels abweichender Werbebotschaften und -medien).

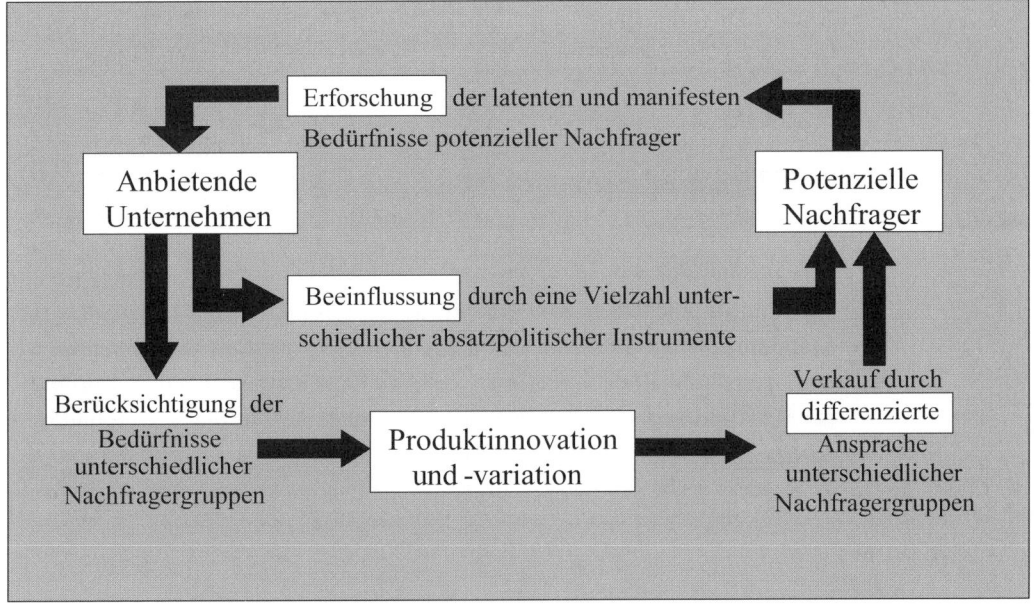

Abb. 2:   Der ‚moderne' Verkaufsprozess

Offensichtlich ist diese immer wieder mehr oder weniger in der skizzierten
Form anzutreffende Betrachtung ‚stereotyp' und stark vereinfachend. Sie
soll verdeutlichen – und das ist wohl der wichtigste Kern der Marketing-
Lehre –, dass Ausgangspunkt jeglicher Produktinnovation die *latenten*, also   latente und
‚verborgenen' aber potenziell herbeiführbaren, und die *manifesten*, also be-   manifeste
reits ‚offenbar' gewordenen *Bedürfnisse* möglicher Kunden eines Unterneh-   Bedürfnisse
mens sind. *Marketing als ‚Funktion'* besitzt damit zuallererst die Aufgabe,   Marketing als
die Bedürfnisse potenzieller Nachfrager zu erforschen und gegebenenfalls   ‚Funktion'
im Sinne der Unternehmensziele zu beeinflussen.

Das Marketing, bzw. die ihm zuzurechnende *Marktforschung*, ist damit der   Marktforschung
wichtigste Informationslieferant der Angebotsinnovation. Diese Aufgabe ist
ein konstitutives Merkmal des Marketing im funktionalen Sinne. Darüber
hinaus kommt dem Marketing die Aufgabe zu, neue und bereits vorhandene
Produkte mit Blick auf die Unternehmensziele unter Heranziehung verschiedener Instrumente zu ‚vermarkten'.

Etymologisch erkennt man hier die Wurzel des Marketing-Begriffes, wobei
eine exakte Erforschung der Grundbedeutung dieses Wortes aufgrund feh-
lender ein-eindeutiger (d. h. wechselseitig eindeutiger) Beziehung zwischen

Wort und Wortgehalt nicht gelingen kann. So werden mit dem Begriff Marketing Inhalte wie ‚bewerben‘, ‚verkaufen‘, ‚vertreiben‘ verbunden, die wiederum in der Betriebswirtschaftslehre auch anderen Begriffen zuzuordnen sind (z. B. dem Absatz, der Distribution, dem Verkauf bzw. Verkaufsmanagement etc.).

Eine exakte Definition bzw. Abgrenzung des Begriffes Marketing erweist sich letztlich für die Betriebswirtschaftslehre auch als nicht notwendig, soweit ein grundlegender Konsens hinsichtlich der wichtigsten Aufgaben des Marketing in der Literatur und der Unternehmenspraxis auszumachen ist. Dieses ist mit Blick auf die in diesem Kurs darzustellenden Planungsbereiche und Instrumente des Marketing sowie der mit diesen verbundenen Aufgaben der Fall.

Übungsaufgabe

Aufgabe 1: Historische Entwicklung der Marketing-Lehre

Skizzieren Sie die historische Entwicklung der Marketing-Lehre! Gehen
Sie dabei insbesondere auf den ,klassischen' und den ,modernen' Verkaufsprozess des Marketing ein!

Weiterführende Literatur

BUBIK, R. 1996: Geschichte der Marketing-Theorie – Historische Einführung in die Marketing-Lehre, Frankfurt am Main u. a.

Kapitel 3

Der ‚moderne‘, prozessorientierte Ansatz
des Marketing

3. Der ‚moderne‘, prozessorientierte Ansatz des Marketing

3.1. Marketing und Produktinnovation

Als Gegenbewegung zur ineffizienten Zergliederung der Unternehmensaktivitäten sollen durch prozessorientierte Ansätze die Aktivitäten in der gesamten Wertschöpfungskette auf eine oder wenige Erfolgsgrößen ausgerichtet werden.

Besonderes Charakteristikum einer *prozessorientierten Betrachtung des Marketing* ist entsprechend, dass die einzelnen Aufgaben und Instrumente des Marketing einen koordinierten, auf die Erfolgsgrößen der Innovations- und Vermarktungsprozesse ausgerichteten Einsatz erfahren. So zeigt Abbildung 3 am Beispiel der Produktinnovation, dass die einzelnen Phasen des Produktinnovationsprozesses durch spezifische Aufgaben des Marketing vorbereitet bzw. begleitet werden. Einzelne dieser Aufgaben bergen den ‚Schlüssel‘ zur erfolgreichen Markteinführung (z. B. die valide Ermittlung latenter und manifester Bedürfnisse potenzieller Nachfrager und die Auswahl der anzusprechenden Marktsegmente).

prozessorientierte Betrachtung des Marketing

Im Folgenden werden ausgewählte Elemente dieses Prozesses charakterisiert:

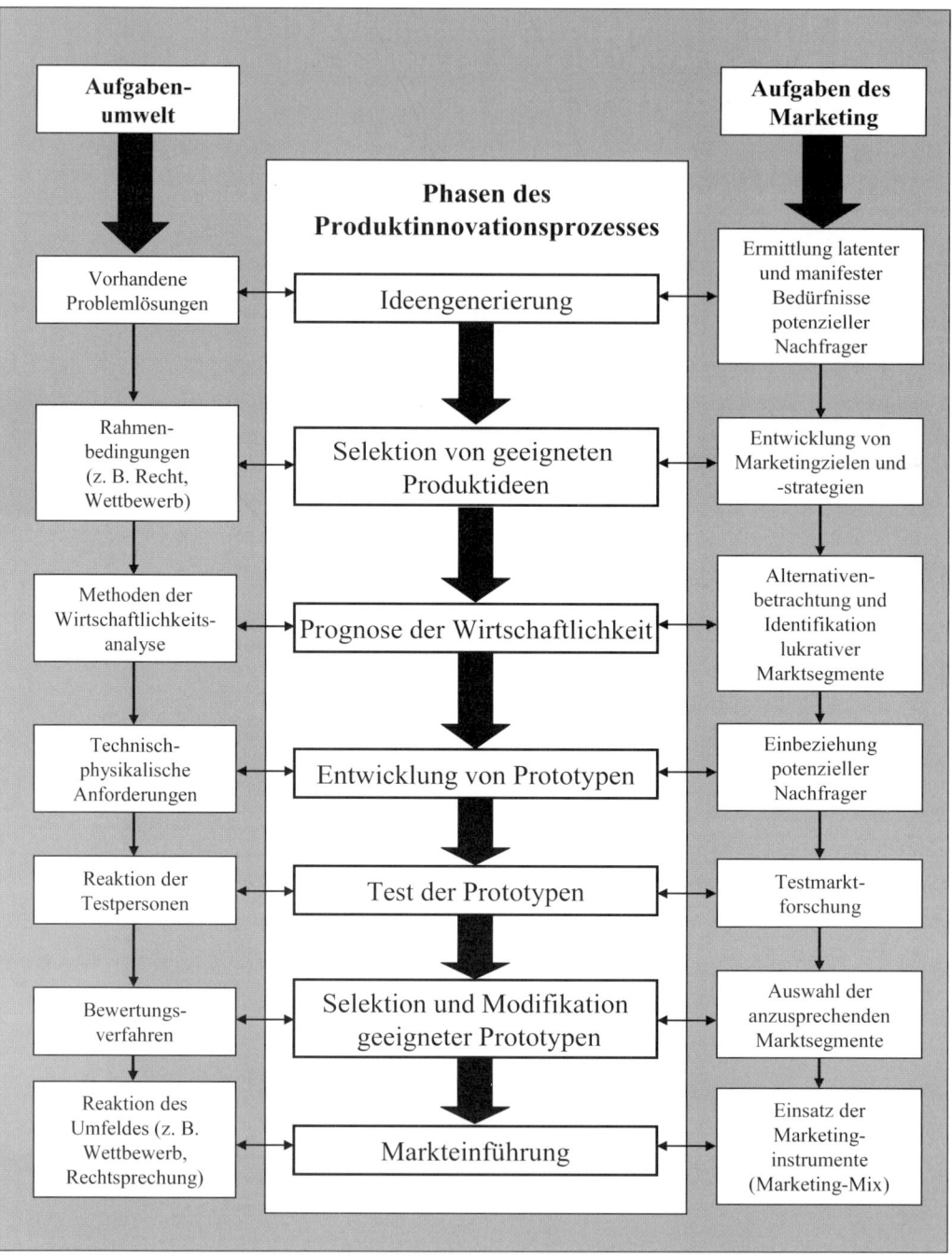

Abb. 3:   Marketing und Produktinnovation

3.2. Ermittlung der Bedürfnisse potenzieller Nachfrager als zentrale Aufgabe der Marktforschung

Die Entwicklung neuer Produkte und ihre Einführung in den Markt können für ein Unternehmen sowohl Risiken als auch Chancen bergen. Die Risiken bestehen vor allem in den möglichen Konsequenzen einer misslungenen Markteinführung. Chancen können sich ergeben, wenn es gelingt, latente und manifeste Bedürfnisse potenzieller Nachfrager zu identifizieren und diese durch entsprechende Produkte zu befriedigen.

Zur Befriedigung differierender Bedürfnisse von Nachfragern ist es notwendig, die Verhältnisse auf den Märkten, auf denen ein Unternehmen agieren will, zu kennen. Die Beschaffung entsprechender Informationsgrundlagen ist die zentrale *Aufgabe der Marktforschung*.[4] Insbesondere die Ermittlung der Bedürfnisse potenzieller Nachfrager fällt in den Aufgabenbereich der Marktforschung. Sie ist somit in jeder Phase des Produktinnovationsprozesses mehr oder weniger präsent.

> Aufgaben der Marktforschung

Weitere Aufgaben der Marktforschung sind die Kontrolle der eingesetzten Marketinginstrumente, die Mitarbeit bei der Entwicklung neuer Instrumente und die Erforschung des Käuferverhaltens.[5]

Als ‚*Käuferverhalten*' kann der Prozess der Auswahl eines bestimmten Produktes durch die Nachfrager angesehen werden. Faktoren, die den Kauf beeinflussen, werden als Bestimmungsfaktoren des Käuferverhaltens bezeichnet. Mit Blick auf diese Bestimmungsfaktoren werden interne und externe Einflussfaktoren unterschieden.[6]

> Käuferverhalten

---

[4] Vgl. zum umfassenderen Begriff Marketingforschung z. B. Kotler/Bliemel 2001, S. 198-231 und zu einem Überblick über die Marktforschung Hammann/Erichson 2000.

[5] Vgl. zum Käuferverhalten Kroeber-Riel/Weinberg 2003 sowie Kuß/Tomczak 2004a.

[6] Vgl. Kuß/Tomczak 2004a.

interne Faktoren

Zu den *internen Bestimmungsfaktoren* zählen:

- Wissen (Zustand der Informiertheit, der durch die Aufnahme und/oder Verarbeitung von Informationen entstehen kann),

- Involvement (das Ausmaß an ‚Betroffenheit', das letztlich zu einem mehr oder weniger ausgeprägten subjektiven Kaufrisiko bezüglich des infrage stehenden Produktes führt) und

- Einstellungen (die subjektiv wahrgenommene Eignung eines Gegenstandes zur Befriedigung einer Motivation).

externe Faktoren

Externe Bestimmungsfaktoren sind z. B.:

- Meinungsführer,

- Familienmitglieder und

- Mitglieder eines Buying Center (ein Buying-Center besteht aus mehreren Personen, die im Beschaffungsprozess von Organisationen unterschiedliche Rollen wahrnehmen).

Mit Blick auf die Marktforschung existieren in diesem Zusammenhang insbesondere folgende Forschungsfelder:

- Analyse der Einstellungen von Nachfragern zu bereits angebotenen oder noch in der Phase der Ideengenerierung befindlichen Produkten,

- Untersuchung des Informationsverhaltens der Nachfrager vor einer Kaufentscheidung und

- Ermittlung von Entscheidungskriterien der Nachfrager bei ihrer Auswahl von Produkten.[7]

Primär- und
Sekundärquellen

Im Mittelpunkt der Marktforschung steht hier somit die Entwicklung und Anwendung von Methoden, die zu einer (u. U. gar empirischen) Erklärung von Phänomenen des Käuferverhaltens führen. Als Informationsquellen können sowohl *Primär- als auch Sekundärquellen* hinzugezogen werden. Als Auswertung von Primärquellen wird die Beschaffung, Aufbereitung und Erschließung neuen Datenmaterials bezeichnet. Die Sekundärforschung

---

[7]   Vgl. Kuß/Tomczak 2004a, S. 18 f.

hingegen ist durch die Verwendung bereits vorhandenen Datenmaterials, so genannter Sekundärquellen (z. B. amtliche Statistiken, Zeitschriften, vorhandene Gutachten), charakterisiert.

3.3.   Entwicklung von Marketingzielen und -strategien

Um neue oder auch vorhandene Produkte zu vermarkten, müssen ‚Marketingstrategien‘ entwickelt werden. Unter *Marketingstrategien* versteht man Handlungsprogramme zur Erreichung von bestimmten Zielen.[8] Entsprechende Strategien berücksichtigen die Wettbewerbssituation, die Bedürfnisse der Nachfrager und das bisherige Angebot des Unternehmens. Sie führen unter Heranziehung von Prognosen hinsichtlich veränderlicher Umweltgrößen zu einer konkreten Ausprägung der Marketinginstrumente.

Marketingstrategie

3.4.   Marktsegmentierung

Der Absatzmarkt wird zum Zweck einer Erfolg versprechenden Markteinführung nicht als Ganzes betrachtet, sondern mit Blick auf die Nachfrager als Konglomerat unterschiedlicher Nachfragergruppen. Sinn der *Marktsegmentierung* ist, die unterschiedlichen Bedürfnisse der identifizierten Nachfragergruppen auf unterschiedliche Art und Weise zu befriedigen, um so überhaupt Akzeptanz zu erlangen. Ausgangspunkt dieser Denkweise ist die Hoffnung, dass Nachfrager für Produkte, die ihren Bedürfnissen besser entsprechen, höhere Preise entrichten oder größere Mengen dieser Produkte abnehmen. Auf diese Weise sollen gerade bei hoher Konkurrenzintensität Wettbewerbsvorteile erzielt werden. Es ist allerdings nicht zwingend vorteilhaft, die Märkte zu segmentieren. Eine so genannte ‚undifferenzierte‘ Marktbearbeitung birgt vor allem Kostenvorteile.

Marktsegmentierung

---

[8]   Vgl. hierzu noch Abschnitt 4.1.2.

3.5.   Planung und Einsatz eines Marketing-Mix

‚Marketing-Mix‘

vier Bereiche des
Marketing-Mix

Auf der Basis der Marketingstrategien wird ein *‚Marketing-Mix‘* entwickelt.[9] Hierunter versteht man eine (Erfolg versprechende) Kombination einzelner Marketinginstrumente. Die Marketinginstrumente werden in der Regel in die *vier Bereiche* Produkt-, Preis-, Kommunikations- und Distributionspolitik unterteilt.

Die Produktpolitik umfasst z. B. Entscheidungen über Produktinnovationen, über die Produktelimination oder die Markierung. Die Preispolitik beinhaltet neben den verschiedenen Möglichkeiten der Preisfindung auch preispolitische Strategien im Zeitablauf. Die Kommunikationspolitik umfasst neben der Werbung vor allem die Öffentlichkeitsarbeit, die Verkaufsförderung und den persönlichen Verkauf. Im Rahmen der Distributionspolitik müssen Entscheidungen über die Auswahl von Absatzmittlern und über die Belieferung der Abnehmer getroffen werden.

Bei der zielgerichteten Zusammenstellung der Instrumente können sich jedoch erhebliche Interdependenzen zwischen den einzelnen Instrumenten und zwischen dem Funktionsbereich Marketing und den übrigen Unternehmensbereichen ergeben.

Aus diesem Grund kommt der Gestaltung des Marketing-Mix eine Schlüsselstellung bei der Vermarktung von Produkten zu. So beeinflusst die Preispolitik und die Kommunikationspolitik nicht unerheblich die erforderlichen Kapazitäten auf den Gebieten der Produktion und der Distribution.

---

[9]   Vgl. zu einer Darstellung einer integrierten Planung des Marketing-Mix Meffert 2000, S. 967-1002.

Übungsaufgabe

Aufgabe 2: Produktinnovationsprozess

Stellen Sie anhand eines selbst gewählten Beispiels die Phasen des Produktinnovationsprozesses dar, und ordnen Sie den von Ihnen genannten Phasen
jeweils die Aufgaben des Marketing zu!

Weiterführende Literatur

HAMMANN, P./ERICHSON, B. 2000: Marktforschung, 4., überarb. und erw. Aufl., Stuttgart, Jena, New York.

KROEBER-RIEL, W./WEINBERG, P. 2003: Konsumentenverhalten, 8., aktual. u. erg. Aufl., München 2003.

KUß, A./TOMCZAK, T. 2004: Käuferverhalten – eine marketingorientierte Einführung, 3., überarb. Aufl., Stuttgart.

Kapitel 4

Konzeptionelle Grundlagen der Marketingplanung

4. Konzeptionelle Grundlagen der Marketingplanung

4.1. Der Prozess der Marketingplanung im Überblick

4.1.1. Planungsansätze

Zu Beginn aller Entscheidungen, die im Rahmen der Marketingplanung getroffen werden, gilt es, ausgehend von der Ist-Situation eine so genannte Soll-Situation zu definieren. Von besonderer Bedeutung bei einer derartigen Zielfindung sind die folgenden *Anforderungen an Ziele*: Anforderungen an Ziele

Ziele sollten

* realistisch,

* operational und

* widerspruchsfrei

sein, wobei insbesondere die letzte Anforderung durch die in der Regel stark ausgeprägte Verflechtung unternehmerischer Zielsetzungen oft nicht völlig erfüllt werden kann.

Um die definierten Ziele und somit die Soll-Situation zu erreichen, bedarf es der Formulierung geeigneter Handlungsprogramme, für die sich der Begriff „Strategie"[10] eingebürgert hat. Strategien bilden somit den Rahmen ‚Strategie' zur Erreichung der zuvor festgelegten Ziele, oder metaphorisch: die Ziele bilden den ‚Zielort', während die Strategie die ‚zum Zielort führende Strecke' bezeichnet.[11]

Mit Blick auf die Planung einer Strategie existieren unterschiedliche Planungsansätze *Planungsansätze* (vgl. Abb. 4), die weniger als praktische ‚Gehversuche', sondern vielmehr als theoretische ‚Denkhaltungen' zu interpretieren sind.

---

[10] Etymologisch gesehen stammt der Begriff ‚Strategie' aus dem Griechischen und bezeichnet die Kunst der Heerführung (strategos = Heerführung). Vgl. hierzu Staehle 1999, S. 601 f. Obwohl oftmals sprachliche Analogien zwischen der Unternehmensführung und der Kriegsführung (z. B. Eroberung von Marktanteilen, ‚feindliche Übernahmen') zu beobachten sind, soll dieser sprachlichen Verblendung hier nicht gefolgt werden.

[11] Vgl. zum Verständnis von Strategien als ‚Handlungsbahnen' zur Erreichung von Zielen Becker 2001, S. 140-144.

Gleichwohl besitzen diese unterschiedlichen Denkhaltungen für die praktische Anwendung nicht unerhebliche Bedeutung.[12]

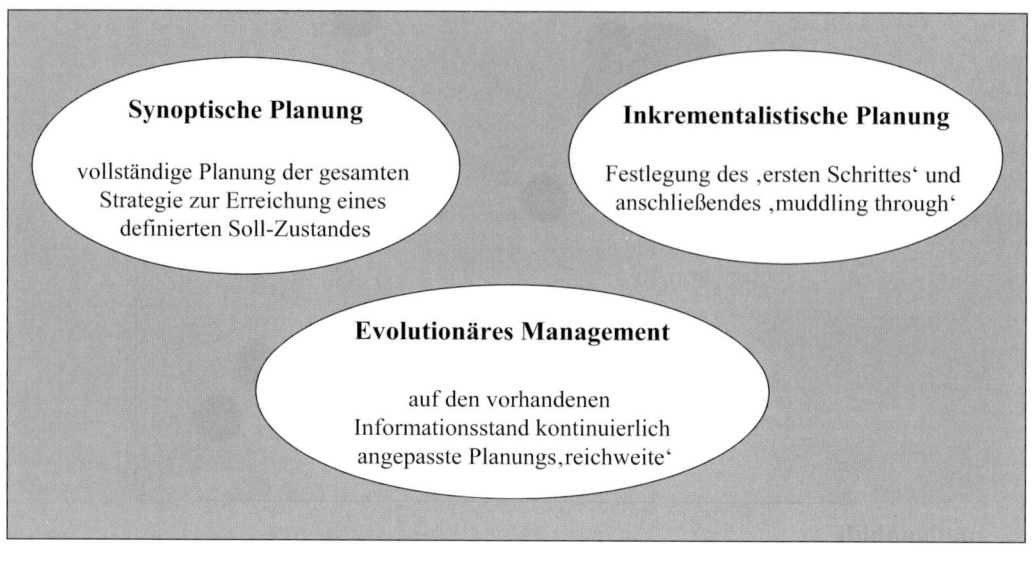

Synoptische Planung

vollständige Planung der gesamten
Strategie zur Erreichung eines
definierten Soll-Zustandes

Inkrementalistische Planung

Festlegung des ‚ersten Schrittes‘ und
anschließendes ‚muddling through‘

Evolutionäres Management

auf den vorhandenen
Informationsstand kontinuierlich
angepasste Planungs‚reichweite‘

Abb. 4:   Planungsansätze

synoptische
Planung

Das grundlegende Konzept der so genannten *synoptischen Planung* geht von einer vollständigen Planung der gesamten Strategie aus. Als Voraussetzungen einer synoptischen Planung sind sowohl eine eindeutige Definition der Soll-Situation als auch die weitgehende Transparenz der extern sowie intern auf die Strategie einwirkenden Variablen und Planungsprämissen zu nennen. Da eine Analyse derartiger Rahmenbedingungen, wenn überhaupt, lediglich ex-post weitgehend vollständig möglich ist, weist dieser Planungsansatz nur eine eingeschränkte Praktikabilität auf.

inkrementa-
listische Planung

Die so genannte *inkrementalistische Planung* eröffnet einen weiteren Weg zur Gestaltung des Planungsprozesses. Dieser Ansatz bildet mit Blick auf den zuvor skizzierten synoptischen Ansatz genau das entgegengerichtete Extrem. Im Gegensatz zu der ‚vollständigen‘ Planung des synoptischen Ansatzes propagiert die inkrementalistische Planung lediglich eine Planung des ‚ersten Schrittes‘. Auf langfristige Planung wird mithin verzichtet. Der

---

[12]   Vgl. zu einer Darstellung verschiedener Planungsansätze Rohde/Scherm 1999, S. 7-13. Zum evolutionären Management vgl. insbesondere Malik/Probst 1981, S. 121-138.

sich diesem ersten Schritt anschließende Prozess wird nach dem Prinzip des ,muddling through' durchschritten. Es wird also gerade keine weitere Planung vorgenommen, weil man die Probleme des mangelhaften Informationsstandes befürchtet. Es wird vielmehr ein mehr oder weniger ausgeprägtes Reagieren auf einwirkende Einflüsse präferiert.[13] Das Konzept der inkrementalistischen Planung kann allerdings durch die Ausblendung weiterer Planungsschritte keineswegs die Schwäche des synoptischen Ansatzes, von einer weitgehend vollständigen Information auszugehen, sinnvoll beseitigen.

Da beide bislang beleuchteten Ansätze aufgrund der jeweils vertretenen Extrempositionen und den damit einhergehenden Schwächen wenig praktikabel sind, bietet sich ein Kompromiss zwischen beiden Ansätzen an, der in dem Konzept des so genannten evolutionären Management gesehen werden kann.

Das *evolutionäre Management* basiert zum einen auf der Annahme, dass aufgrund der Komplexität von Unternehmen eine gewisse Eigendynamik von Unternehmen zu konstatieren ist, die nicht vollständig planbar bzw. steuerbar ist, gleichwohl gelenkt werden muss. Zum anderen ist die Ausprägung und die Wirkung externer Einflussgrößen nicht exakt prognostizierbar, gleichwohl muss eine derartige Wirkung prognostiziert werden. Eine vollständige Planung im Sinne der synoptischen Planung ist unter diesen Prämissen mithin nicht möglich, ein ,muddling through' im Anschluss an eine erste Planungsphase nicht sinnvoll. Das Konzept des evolutionären Management sieht eine weitreichende Planung nur in ihren Grundzügen vor. Der Einsatz unternehmenspolitischer Instrumente soll nur soweit geplant werden, wie es der derzeitige Informationsstand ermöglicht. Gleichzeitig sollen innerhalb des Unternehmens Rahmenbedingungen geschaffen werden, die für eine ständige Anpassung der Strategie sorgen (z. B. evolutionäre Anpassung durch Dezentralisation und Eigenverantwortung).[14]

evolutionäres Management

---

[13] Etwas weniger extrem formuliert Mintzberg zwei verschiedene Formen der Strategiefindung als ,bewusst geplante' Strategie und ,aufgetauchte' Strategie, wobei er diese beiden Arten der Strategiefindung weniger als Gegensätze erachtet, sondern vielmehr als Kontinuum, das wiederum mehrere Arten der Strategiefindung umfasst. Vgl. Mintzberg 1989, S. 31 f. und Eschenbach/Kunesch 1996, S. 216 f.

[14] Zur Notwendigkeit einer kontinuierlichen Anpassung strategischer Entscheidungen vor dem Hintergrund der Gestaltung unternehmerischer Organisationsstrukturen vgl. Koll/Scherm 1998.

4.1.2.   Strategische und operative Entscheidungen in der Marketingplanung

In der wissenschaftlichen Literatur herrscht keineswegs Einigkeit über die Abgrenzung der Begriffe ‚strategisch' und ‚operativ'.[15] Auf den ersten Blick könnte eine Abgrenzung über die zeitliche Reichweite der jeweiligen strategischen oder operativen Entscheidungen konstruiert werden. Diese Abgrenzung, die vorrangig auf zeitlichen Kriterien beruht, trifft allerdings nicht die unterschiedliche Bedeutung der hier zu untersuchenden Entscheidungsbereiche. So ist unmittelbar einsichtig, dass auch Entscheidungen, die nur eine kurze zeitliche Reichweite besitzen (z. B. der Verkauf eines Tochterunternehmens), nachhaltige Wirkungen entfalten können. Diese ‚Nachhaltigkeit' ist wohl zumeist gemeint, wenn von strategischen im Sinne von langfristig relevanten oder wirksamen Entscheidungen gesprochen wird. Hier soll die Bedeutung der Adjektive ‚strategisch' und ‚operativ' an dieser Nachhaltigkeit im Sinne einer positiven Erfolgsbeeinflussung orientiert werden. Mit Blick auf die weiteren Ausführungen wird das folgende Begriffsverständnis zu Grunde gelegt:

strategische Entscheidungen Erfolgspotenziale

- Als *strategische Entscheidungen* werden Entscheidungen bezeichnet, die zur Generierung neuer *Erfolgspotenziale*[16] führen sollen. Hierzu zählt z. B. der Vorstoß in grundlegend neue Betätigungsfelder oder die Erschließung neuer Marktpotenziale für vorhandene Betätigungsfelder. So kann ein Handelsunternehmen bspw. die ‚strategische' Entscheidung treffen, sich für die bereits vorhandenen Sortimente zukünftig neue Vertriebswege über das Internet zu erschließen. Derartige Entscheidungen betreffen die ‚Effektivität' unternehmerischen Handelns.

operative Entscheidungen

- Als *operative Entscheidungen* hingegen werden Entscheidungen bezeichnet, die der Ausschöpfung bereits vorhandener Erfolgspotenziale dienen. Hierzu zählen unternehmerische Aktivitäten zur Ausschöpfung neu erschlossener Marktpotenziale. Mit Blick auf das gewählte Beispiel kann aus der Perspektive des Marketing die Gestaltung der Geschäftsprozesse des neu hinzugetretenen Vertriebsweges als operative Entscheidung angesehen werden. Operative Entscheidungen sollen mithin die ‚Effizienz' unternehmerischer Aktivitäten erhöhen.

---

[15]   Gleiches gilt für den Begriff ‚taktisch', der aufgrund mangelnder Trennschärfe zu dem Begriff ‚operativ' hier ausgeklammert wird.

[16]   Vgl. zu dem Begriff ‚Erfolgspotenziale' insbesondere Gälweiler 1990, S. 26 ff.

Drucker soll hierzu das treffende Wortspiel „Efficiency is concerned with doing things right, effectiveness is doing the right things" geprägt haben.[17]

Zu beachten bleibt, dass beide Arten von Entscheidungen, strategische und operative, nicht getrennt zu betrachten sind. So muss eine Strategie in operative Handlungen überführt werden, bzw. die operativen Entscheidungen müssen mit den strategischen Entscheidungen harmonieren.

Des Weiteren ist eine trennscharfe Zuordnung von operativen bzw. strategischen Entscheidungen zu einzelnen ‚Stufen' der Marketingplanung letztlich nicht möglich. Zunächst erscheint es offensichtlich, strategische Entscheidungen der Ebene der Handlungsprogramm- bzw. Zieldefinition zuzuordnen und operative Entscheidungen auf der Ebene der Ausrichtung der Marketinginstrumente anzusiedeln. Gleichwohl können bei der Planung des Marketinginstrumentariums strategische Überlegungen von Relevanz sein.

Zur Abgrenzung operativer und strategischer Entscheidungen sollte mithin weniger die jeweilige Ebene des Prozesses der Marketingplanung im Vordergrund stehen, sondern vielmehr die Fragestellung, ob neue Erfolgspotenziale generiert oder vorhandene Erfolgspotenziale ausgeschöpft werden sollen. Die Marketingplanung orientiert sich somit an den allgemeinen Stoßrichtungen eines ‚Management der Erfolgspotenziale' (vgl. Abb. 5).

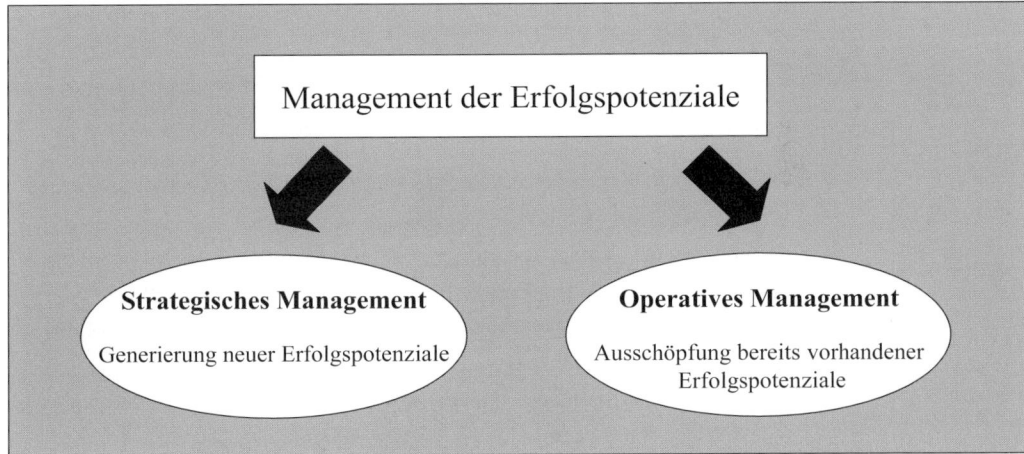

Abb. 5:   Strategisches versus Operatives Management

---

[17]   Zitiert nach Eschenbach/Kunesch 1996, S. 53.

4.1.3.   Ein idealtypischer Prozess der Marketingplanung

Der *Prozess der Marketingplanung* (vgl. Abb. 6) findet seinen Ausgangspunkt in der Analyse von Informationsgrundlagen, die z. B. von der eigenen ‚Marktforschungsabteilung‘ oder von externen Instituten (Marktforschungsinstituten, Unternehmensberatungen) beschafft werden.

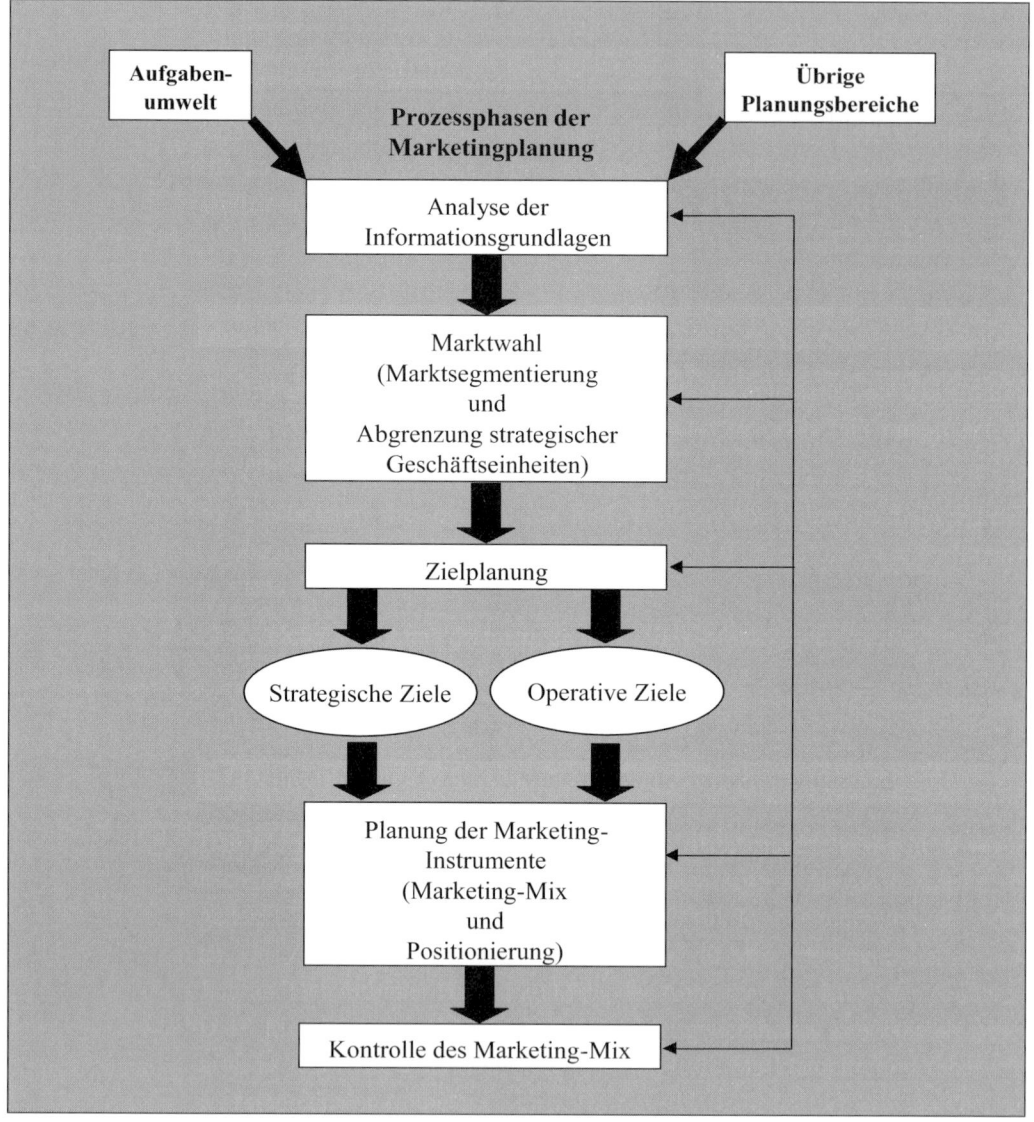

Abb. 6:   Idealtypischer Prozess der Marketingplanung

Besonders problematisch ist in diesem Zusammenhang die Festlegung relevanter Informationsbereiche, d. h. die Bestimmung des Informationsbedarfes. Dieser hängt letztlich von den interessierenden Informationsobjekten (z. B. Produkte, regionale Märkte) ab, die wiederum, zumindest wenn es um für das Unternehmen neue Bereiche geht, ex ante nicht feststehen, also selbst Gegenstand des Planungsprozesses sind.

Die Marketingplanung hat hier die schwierige Aufgabe zu lösen, einerseits relevante Informationsbereiche zu definieren (vgl. Abschnitt 4.2.), andererseits alternative ‚Betätigungsfelder' zu finden und eine Auswahl zwischen den sich anbietenden ‚Marktsegmenten' zu treffen (vgl. hierzu Abschnitt 4.3.1.). Die Betätigungsfelder können hierbei Produkte sein, die auf bestimmten Märkten mit Blick auf ganz bestimmte Marktsegmente angeboten und ‚positioniert' werden.

Für diese Kombinationen aus Produkten und Märkten hat sich der Begriff *‚strategische Geschäftseinheiten'* (bzw. ‚Geschäftsfelder') eingebürgert (vgl. hierzu Abschnitt 4.3.2.). Die Abgrenzung strategischer Geschäftseinheiten ist letztlich nicht nur eine Planungshilfe, sondern dient auch der organisatorischen Gestaltung des Unternehmens. Mit Blick auf die Planung ist sie Grundvoraussetzung der Zielplanung, die wiederum durch bestimmte Prognosemodelle unterstützt wird. strategische Geschäftseinheiten

Die Prognosemodelle liefern in diesem Zusammenhang Aussagen über die idealtypische Entwicklung bestimmter Zielgrößen (z. B. Umsatz, Stückkosten, Marktanteil) und liefern damit eine erste (Diskussions-) Grundlage für die operable Festlegung realitätsnaher Zielwerte. Obwohl die Aussagekraft der Prognosemodelle recht umstritten ist, fördert ihre Anwendung, sofern diese mit kritischer Distanz erfolgt, die Zielplanung.

Auf der Grundlage operationalisierter Zielgrößen kann letztlich die Planung der Marketinginstrumente zu einem abgestimmten *Marketing-Mix* erfolgen. Die Instrumentalbereiche fügen sich i. d. R. zu ‚miteinander harmonisierenden Ausprägungen' ihrer einzelnen Instrumente. So ist i. d. R. mit einer auf die Massenproduktion abzielenden Niedrigpreisstrategie eine bestimmte Ausprägung der Kommunikationspolitik (so z. B. die Kommunikation in so genannten ‚Massenmedien') und der Distributionspolitik (so z. B. der ‚flächendeckende Vertrieb') verbunden. Von besonderer Bedeutung ist vor und nach der Umsetzung der einzelnen Maßnahmen, dass ihre Wirkung geprüft wird (Marketing-Kontrolle). Über die fallbezogene Prüfung ein- Marketing-Mix zelner Instrumente dient das ‚Marketing-Controlling' der übergreifenden Revision und Koordination des Planungsprozesses.

Bei dieser Betrachtung stand stets eine funktionale Sichtweise der Planungsschritte im Vordergrund, d. h. es wurde gefragt, welche Aufgaben zu erfüllen sind. Hiervon losgelöst ist die Frage zu beantworten ‚wer' diese Planungsschritte übernimmt. Hierbei geht es um organisatorische, also institutionelle Aspekte, somit die Frage, welche Organisationseinheiten für die Marketingplanung zuständig sind. Diese Frage ist nicht zwangsläufig damit zu beantworten, dass eine Abteilung ‚Marketingplanung' oder ‚strategisches Marketing' existieren sollte. Vielmehr ist die Planung des Marketing eine organisatorisch kaum isolierbare Aufgabe, die nicht nur eine Selbstverständlichkeit für die Geschäftsleitung sein sollte, sondern auch die Einbeziehung von Sachkenntnis aus den übrigen Unternehmensbereichen, insbesondere aus den Bereichen Produktion, Finanzierung und auch Personal erfordert.

Organisation der Funktion Marketing

4.2. Informationslieferanten und Informationsgrundlagen der Marketingplanung

Eine vorbereitende Aufgabe der Marketingplanung besteht u. a. darin, unternehmensinterne und -externe Informationen mithilfe von bestimmten ‚*Informationslieferanten*' zu beschaffen und auszuwerten, um letztlich absatzmarktgerichtete Strategien abzuleiten. Zu den wichtigsten Informationslieferanten der Marketingplanung zählen die Umweltanalyse und die Stärken-/Schwächenanalyse. Darüber hinaus liefert die Marktforschung ausgewählte absatzmarktgerichtete Maßgrößen der Marketingplanung.

Informationslieferanten der Marketingplanung

4.2.1. Umweltanalyse

Für die Marketingplanung ist es besonders wichtig, die *Umwelt als Pla-* Umwelt als
nungsdeterminante einzubeziehen. Man kann einerseits die ‚Wettbewerbs- Planungs-
umwelt' und andererseits die ‚globale Umwelt' unterscheiden.[18] Während determinante
die Analyse der Wettbewerbsumwelt die Untersuchung der Konkurrenten
innerhalb der Branche betrifft, erstreckt sich die Analyse der ‚globalen
Umwelt' auf die ‚allgemeinen' Rahmenbedingungen in einem Wirtschaftsraum. Zu den allgemeinen Rahmenbedingungen zählen solche, die in
irgendeiner Form Einfluss auf das Unternehmen haben können. Folglich
gilt es herauszufinden, welche Umweltfaktoren für ein Unternehmen besonders relevant sind.

Bei den ‚globalen' *Umweltfaktoren* hat sich eine Einteilung in politisch- Umweltfaktoren
rechtliche, ökonomische, sozio-kulturelle und technologische Faktoren
durchgesetzt. Im Einzelnen lassen sich diese Umweltfaktoren wie folgt charakterisieren:

1. Politisch-rechtliche Umweltfaktoren:

Diese Art der Umweltfaktoren ist zum großen Teil auf Maßnahmen der politisch-rechtliche
Gesetzgebung zurückzuführen. Im Zuge einer fortschreitenden Globali- Umweltfaktoren
sierung werden in der Zukunft supranationale Gesetze an Bedeutung
gewinnen. Hierdurch kann es für inländische Unternehmen zu erheblichen Konsequenzen kommen, die vor allem in einer Anpassung der
Marketinginstrumente an die erlassenen Gesetze und Rechtsverordnun-
gen zu sehen sind. Die politisch-rechtlichen Umweltbedingungen werden insofern für die Marketingplanung einen nicht zu unterschätzenden
Stellenwert einnehmen.[19]

---

[18] Vgl. Kuß/Tomczak 2004b, S. 32 ff. In der Literatur existiert auch die Unter-
scheidung zwischen Mikro- und Makroumwelt bzw. Mikro- und Makroumfeld.
Vgl. z. B. Nieschlag/Dichtl/Hörschgen 2002, S. 98 ff. und Kotler/Bliemel 2001,
S. 147 f. u. 279 ff.

[19] Vgl. zu den rechtlichen Grundlagen des Marketing Ahlert/Schröder 1996.

2. Ökonomische Umweltfaktoren:

ökonomische
Umweltfaktoren

Zu diesen Faktoren zählen die gesamtwirtschaftliche Entwicklung, die Wachstumsgeschwindigkeit einzelner Märkte oder die Einkommensentwicklung einer bestimmten Zielgruppe.

3. Sozio-kulturelle Umweltfaktoren:

sozio-kulturelle
Umweltfaktoren

In dieser Gruppe von Einflussfaktoren sind überwiegend gesellschaftliche Werte (Wertewandel) wiederzufinden, z. B. eine kulturelle Norm oder eine Einstellung gegenüber einem bestimmten Sachverhalt. So hat es in den letzten zwei Jahrzehnten zunehmend Forderungen hinsichtlich einer ökologieorientierten Gestaltung von Produkten und Produktionsprozessen gegeben.

4. Technologische Umweltfaktoren:

technologische
Umweltfaktoren

Technologische Veränderungen können für ein Unternehmen zu besonderen Chancen aber auch zu Bedrohungen führen. Die Entwicklung in der Halbleiter-, Laser- oder Gentechnologie gilt als ,rasant'. Folglich sind einige Unternehmen dazu übergegangen, so genannte ,Früherkennungssysteme' einzusetzen, um derartige Entwicklungen rechtzeitig zu erkennen.

Für die strategische Marketingplanung ist es besonders wichtig, sich mit jedem dieser vier Umweltfaktoren auseinanderzusetzen. Jedes Unternehmen muss die für seine Planung relevanten Faktoren definieren und die für die Planung wichtigen ,Trends' identifizieren.

Analyse der
Wettbewerbs-
umwelt

Im Gegensatz zur Analyse der ,globalen' Umwelt besteht bei der *Analyse der Wettbewerbsumwelt* ein direkter Bezug zum Unternehmen. Inhaltlich geht es bei der Analyse der Wettbewerbsumwelt einerseits um die Struktur der Branche und andererseits um die Erhebung von Daten über aktuelle Konkurrenzunternehmen und potenzielle Konkurrenten (Konkurrenzanalyse).

Branchenanalyse

Die *Branchenanalyse* beinhaltet nach Porter fünf Wettbewerbskräfte, die auf der Grundlage der Industrieökonomik entwickelt wurden. Die Gewinnerwartungen eines Unternehmens sollen u. a. darauf beruhen, wie stark die Auswirkungen der einzelnen Wettbewerbskräfte für das Unternehmen sind.

In Abbildung 7 sind diese Elemente einer Branchenanalyse dargestellt:

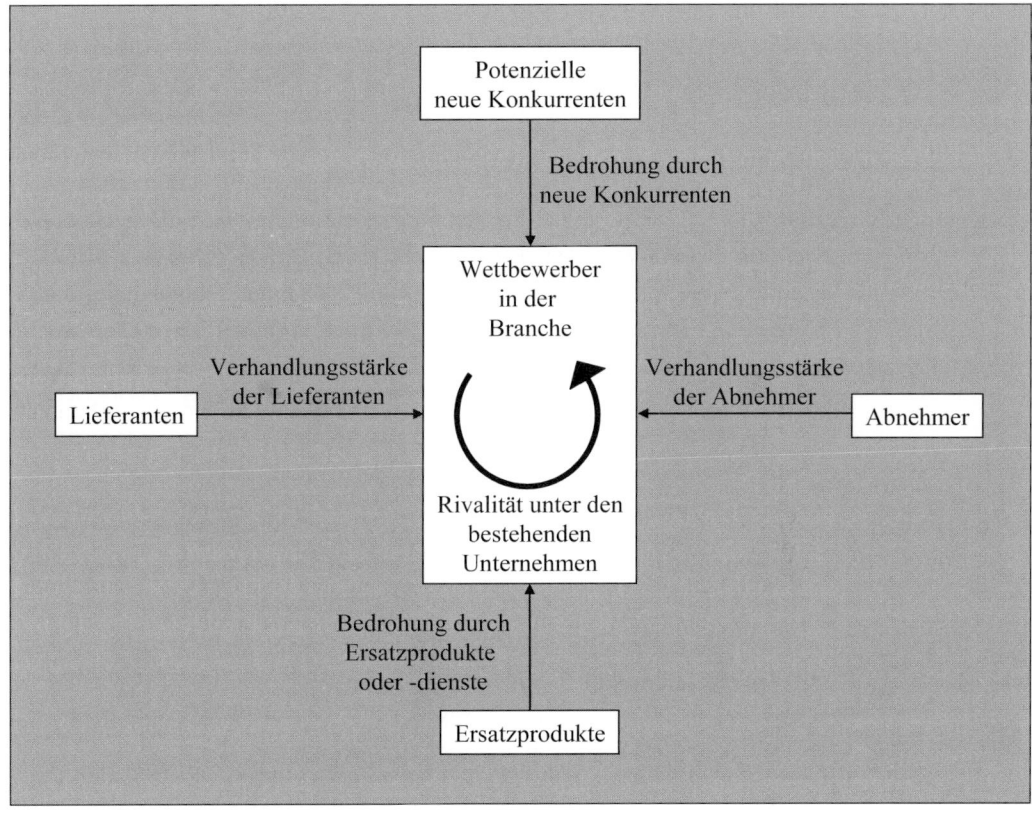

Abb. 7:   Die fünf Elemente einer Branchenanalyse
            (Porter 2000, S. 29)

Im Einzelnen geht es um die fünf ‚*Wettbewerbskräfte*':[20]

Wettbewerbskräfte
nach Porter

• Verhandlungsstärke der Abnehmer,

• Verhandlungsstärke der Lieferanten,

• Bedrohung durch neue Konkurrenten,

• Bedrohung durch Ersatzprodukte und um

• die Intensität der Rivalität unter den Wettbewerbern.

---

20   Vgl. Porter 2000, S. 29 ff.

Verhandlungs-stärke der Abnehmer	Die *Verhandlungsstärke der Abnehmer* wird als Wettbewerbskraft angesehen, da die Abnehmer an ihre Lieferanten Forderungen stellen können. Die Grundlage für diese Forderungen ist zumeist in einem hohen Konzentrationsgrad der Abnehmer zu sehen oder in einer hohen Preisempfindlichkeit, wenn die Ausgaben für die zu beziehenden Produkte einen hohen Anteil des Einkaufsbudgets ausmachen. In diesem Zusammenhang ist auch die Standardisierung, also die Vereinheitlichung von Produkten, zu betrachten. Werden standardisierte Produkte von verschiedenen Anbietern angeboten, so können die Abnehmer zwischen den Anbietern frei auswählen. Bei einem Wechsel der Lieferanten würden, insbesondere wenn es sich um funktional gleiche Vorprodukte handelt, zudem keine ‚Umstellungskosten‘ auftreten. Bei differenzierten Produkten sind die Abnehmer an den einzelnen Anbieter stärker gebunden. Hinzu kommt zudem noch die Möglichkeit, dass Abnehmer dem Anbieter eine Rückwärtsintegration androhen können.
Verhandlungs-stärke der Lieferanten	Bei der *Verhandlungsstärke der Lieferanten* gelten im Grunde genommen die entsprechenden Aspekte, die schon bei den Abnehmern erläutert wurden. Die Probleme, die von Lieferanten ausgehen können, sind einerseits die Forderung nach höheren Preisen und andererseits, bei einer Nichtdurchsetzbarkeit der Preisforderung, eine Herabsenkung des Qualitätsniveaus.
potenzielle Konkurrenten	Eine weitere Bedrohung geht von *potenziellen Konkurrenten* aus. Diese würden bei einem Markteintritt die Kapazitäten einer Branche erhöhen, was möglicherweise zu einem Preisverfall führen könnte. Ob nun potenzielle Konkurrenten tatsächlich in den Markt eintreten, hängt überwiegend von der Existenz bzw. Höhe der Markteintrittsbarrieren ab, also von den Zugangsbeschränkungen (z. B. in Form von Größenvorteilen).
Ersatzprodukte und -dienste	Weiterhin kann eine Bedrohung von *Ersatzprodukten* ausgehen. Diese Produkte erfüllen die gleiche Funktion wie das bereits etablierte Produkt bieten aber oft ein besseres Preis-/Leistungsverhältnis. Der Anbieter des etablierten Produktes hat die Möglichkeit, die Käuferpräferenzen für das eigene Produkt zu erhöhen, z. B. durch Werbung, oder er muss ein ebenso geeignetes, neuartiges Produkt als ‚Gegenmaßnahme‘ auf den Markt bringen. Dies ist allerdings nicht selten aufgrund der oftmals langen Produktentwicklungszeiten sehr problematisch.
Intensität der Rivalität unter den Wettbewerbern	Die *Intensität der Rivalität unter den Wettbewerbern* hängt von der jeweiligen Marktsituation ab. In stagnierenden Märkten kommt es sehr oft zu einem starken Wettbewerb um die vorhandenen Marktanteile. Einige Wett-

bewerber versuchen sich in dieser Situation sehr oft einem Preiswettbewerb durch Produktdifferenzierung zu entziehen, eine strategische Option, die z. B. bei Produkten des täglichen Bedarfs aufgrund der Preisempfindlichkeit vieler Abnehmer problematisch ist. Wichtig ist für jedes Unternehmen, seine eigene Wettbewerbsposition zu finden. Eine Branchenanalyse kann erste Anhaltspunkte hinsichtlich der eigenen Marktstellung im Vergleich zur Konkurrenz geben.

In der deutschsprachigen Literatur hat Weinhold-Stünzi auf die komplexe Netzwerkstruktur innerhalb einer Umweltanalyse hingewiesen (vgl. Abb. 8). Im Gegensatz zu den klar erscheinenden Abgrenzungen der Porter'schen Wettbewerbskräfte vermittelt Abbildung 8 einen Eindruck hinsichtlich der Vielfältigkeit und Komplexität der zur Umweltanalyse zählenden Faktoren. Es kommt zum Ausdruck, dass der Marketingplanung hier auch gewisse Grenzen auferlegt sind.

4.2.2.   Stärken-/Schwächenanalyse

Die *Stärken-/Schwächenanalyse* vertieft die Betrachtung aktueller Konkurrenten im Rahmen der Branchenanalyse. Ziel dieser Analyse ist es, die eigenen Ressourcen im Vergleich zu den wichtigsten Wettbewerbern nach Stärken und Schwächen zu bewerten.

Unter Stärken werden dabei Kompetenzen verstanden, die im Marktsegment einen eindeutigen Wettbewerbsvorteil gegenüber den wichtigsten Konkurrenzunternehmen darstellen. Hierbei kann es sich z. B. um das Marketing-Know-how oder die Kapitalkraft handeln. Fehlen wichtige Ressourcen (z. B. bestimmte Forschungsergebnisse, der Zugang zu bestimmten Zulieferern oder Vertriebskanälen), dann liegt eine Schwäche des Unternehmens vor.

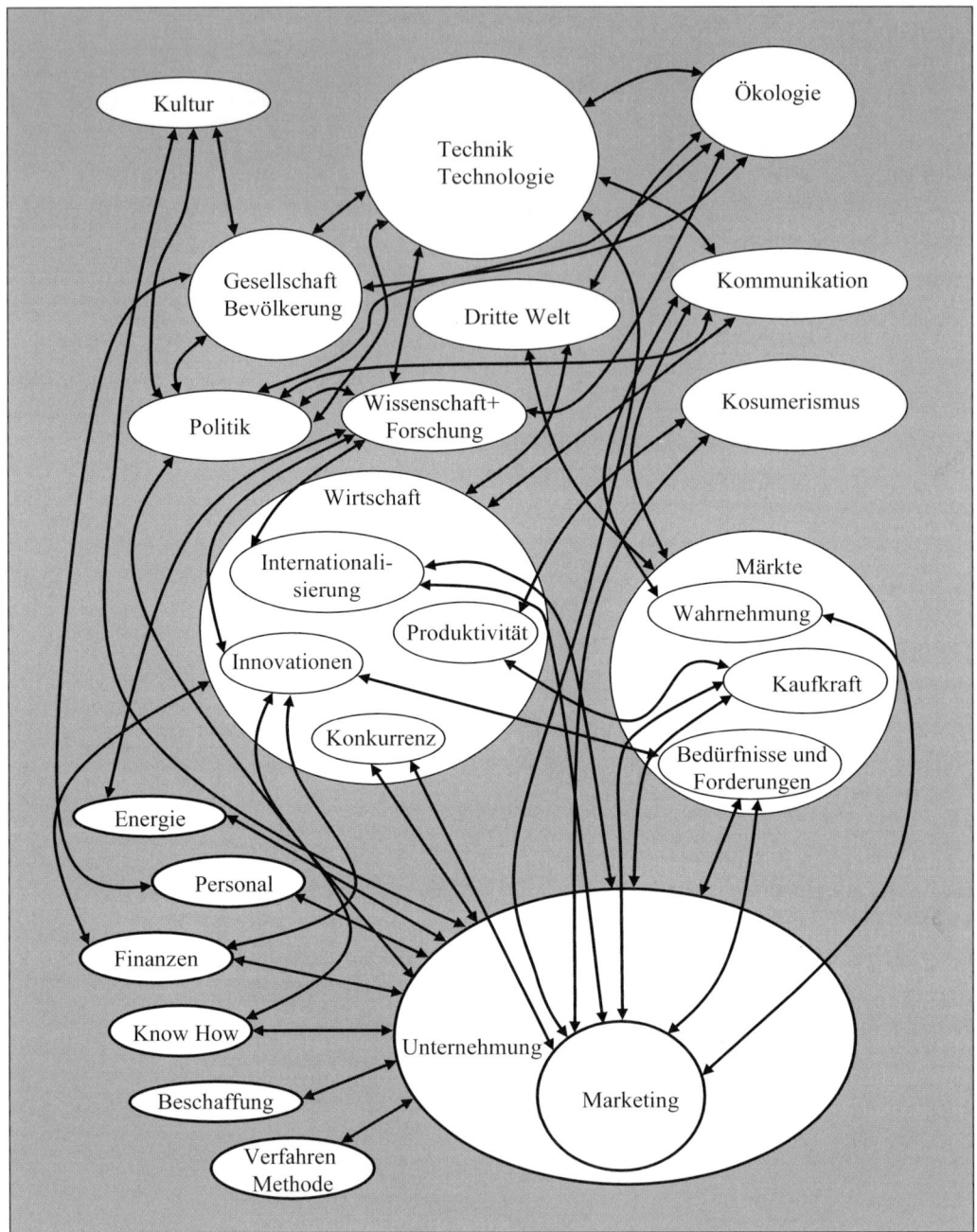

Abb. 8:   Das Marketing in einer Netzwerkstruktur
           (Weinhold-Stünzi 1988, S. 60)

Abbildung 9 zeigt ein für zwei Unternehmen erstelltes Stärken-/Schwächenprofil. Man erkennt aus diesem Profil, dass das Konkurrenzunternehmen (nicht ausgefüllte Kreisfläche) im Bereich der Produktentwicklung, Montage und Fertigung sowie der Distribution Wettbewerbsnachteile gegenüber dem betrachteten Unternehmen (schwarze Fläche) hat. Bei der Auftragsabwicklung ist das Gegenteil der Fall. Hier liegt der Wettbewerbsvorteil bei dem Konkurrenzunternehmen.

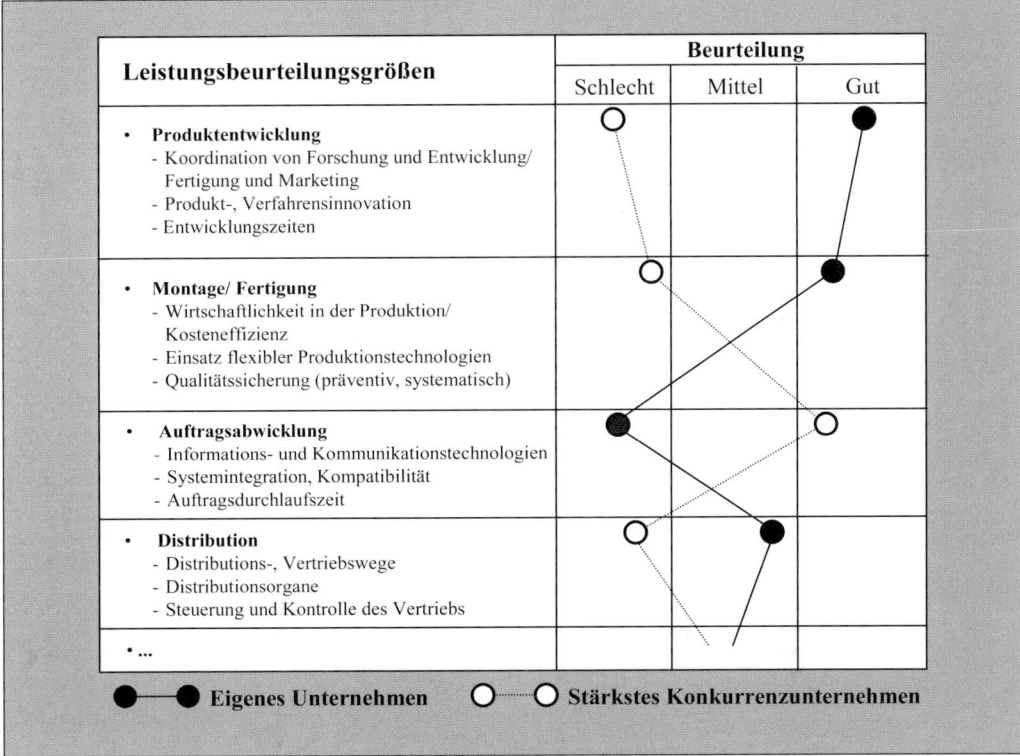

Abb. 9: Beispielhafte Darstellung eines Stärken-/Schwächenprofils
(in Anlehnung an Hinterhuber 1996, S. 127)

Durch die Aufbereitung der Daten in Form von Profilen wird das Ergebnis des Vergleichs besonders anschaulich präsentiert. Neben den Leistungsbeurteilungsgrößen, die in Abbildung 9 verglichen werden, ist es darüber hinaus möglich, die Produkte, die Kostenstrukturen oder die Werbebotschaft einzelner Unternehmen mit Blick auf Stärken und Schwächen zu vergleichen.

4.2.3.   Absatzmarktgerichtete Maßgrößen
der Marketingplanung

absatzmarkt-
gerichtete
Maßgrößen

Wichtige *absatzmarktgerichtete Maßgrößen* sind das Marktpotenzial, das Marktvolumen, das Marktwachstum und der Marktanteil. Diese Maßgrößen bilden letztlich eine zentrale Informationsgrundlage für eine ökonomische Bewertung von Marketingstrategien, die auf das gesamte Unternehmen oder einzelne Planungsbereiche des Unternehmens (z. B. Zielgruppen oder regionale Märkte) gerichtet sein können.

Marktpotenzial

Das *Marktpotenzial* umfasst die in einem Markt maximal absetzbare Absatzmenge eines Gutes. Man spricht in diesem Zusammenhang auch von Absatzpotenzial. Richtet man den Blick auf die Maßgröße Umsatz, so spricht man von Umsatzpotenzial. Das Marktpotenzial bildet somit die potenzielle Nachfrage ab – unabhängig davon, ob diese Nachfrage überhaupt befriedigt wird.

Marktvolumen

Das *Marktvolumen* stellt das in einer Periode (z. B. 1 Jahr) von allen Anbietern einer Branche in einem Markt realisierte Absatz- bzw. Umsatzvolumen dar. So kann z. B. für die Stahlbranche das Marktvolumen in Tonnen pro Jahr gemessen werden. In all den Fällen, in denen die gesamte Nachfrage befriedigt wird, entspricht das Marktvolumen dem Marktpotenzial.

Marktwachstum

Der Begriff *Marktwachstum* kann sich sowohl auf das Marktpotenzial als auch auf das Marktvolumen beziehen. I. d. R. wird jedoch der Blick auf das Marktvolumen gerichtet. Von Marktwachstum spricht man also dann, wenn das Marktvolumen im Zeitablauf größer wird, die abgesetzte Menge aller Anbieter oder der Umsatz aller Anbieter somit steigt. Marktwachstum ist zumeist in jungen Märkten vorzufinden. Märkte mit hohen Wachstumsraten sind für Wettbewerber attraktiv, da höhere Umsätze und Gewinne in solchen Märkten einfacher zu realisieren sind als in stagnierenden Märkten.

Marktanteil

Der *Marktanteil* stellt eine Kennzahl dar, die den Absatz oder Umsatz eines Unternehmens zum Marktvolumen (Absatz oder Umsatz aller Unternehmen) in Beziehung setzt. Der Marktanteil gibt Auskunft über die wirtschaftliche Stellung eines Unternehmens im Wettbewerb. Mit anderen Worten: Das Unternehmen ist in der Lage, seine eigene Leistung mit der Leistung der konkurrierenden Marktteilnehmer zu vergleichen und im Zeitablauf zu kontrollieren.

Der *relative Marktanteil* gibt die Relation des eigenen Marktanteils zum relativer
Marktanteil des stärksten Wettbewerbes bzw. aus der Perspektive des Marktanteil
stärksten Wettbewerbes zum nächststärksten Wettbewerber an.[21] Der
relative Marktanteil ist dann von besonderer Bedeutung, wenn sich die
eigene Strategie an den Marktanteilen der Wettbewerber orientiert.

Beispiel:

Das Marktpotenzial eines Gutes in einem regionalen Absatzmarkt beträgt
10 Millionen Mengeneinheiten pro Jahr. Sämtliche Anbieter setzen allerdings nur 8 Millionen Mengeneinheiten ab. 2 Millionen Mengeneinheiten
bilden somit das nicht ausgeschöpfte Marktpotenzial. Der stärkste Anbieter
(A) setzt 4 Millionen Mengeneinheiten ab. Er besitzt einen Marktanteil von
50%. Der ,nächstgrößte' Anbieter (B) setzt 2 Millionen, der Anbieter C 1,4
Millionen und der Anbieter D 0,6 Millionen Mengeneinheiten ab. Der relative Marktanteil des Anbieters A beträgt 2,0, der des Anbieters B 0,5, der
des Anbieters C 0,35, der des Anbieters D 0,15 (vgl. Abbildung 10).

---

21 In der Literatur findet man auch andere Varianten zur Berechnung des relativen
    Marktanteils. So wird gelegentlich der eigene Marktanteil in Relation zu dem
    Marktanteil der drei größten Wettbewerber gesetzt. Vgl. z. B. Koschnick 1997,
    Sp. 1151.

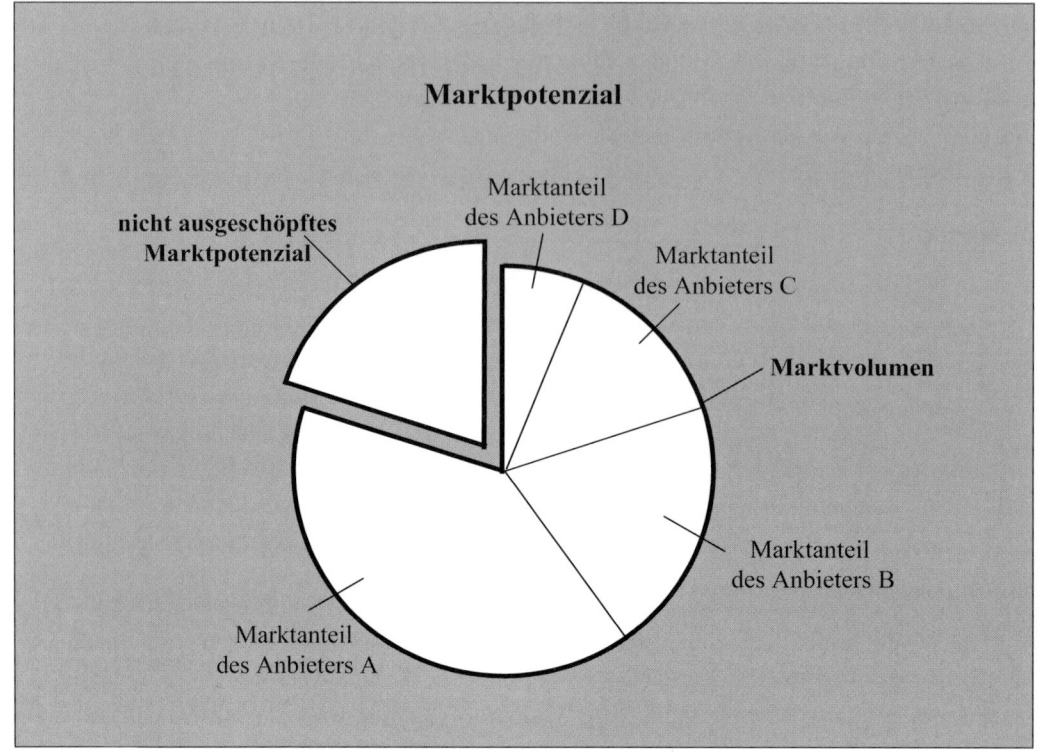

Abb. 10:   Das Marktpotenzial und seine Komponenten

4.3.   Marktwahl

4.3.1.   Die Bestimmung von Marktsegmenten

4.3.1.1.   Ziele der Marktsegmentierung

Im ‚Normalfall' sieht sich ein Anbieter nicht einer homogenen ‚Masse' von Käufern gegenüber, sondern mehreren Abnehmergruppen mit unterschiedlichen Kaufmotiven, Bedürfnissen und Reaktionen auf absatzpolitische Maßnahmen. Daher ist es für Unternehmen stets sinnvoll, die potenziellen Märkte bzw. Teilmärkte sorgfältig zu untersuchen, um geeignete *Marktsegmente* (Abnehmergruppen) für die angebotenen Produkte oder Dienstleistungen zu ermitteln. Ein Marktsegment stellt somit eine Gruppe von

Marktsegmente

potenziellen Nachfragern dar, die aufgrund homogen ausgeprägter Charakteristika durch ein bestimmtes Marketing-Mix angesprochen werden kann.
Die Ermittlung dieser Marktsegmente ist die Aufgabe der Marktsegmentierung, die hier folgend erläutert werden soll.

Das wesentliche Ziel der Marktsegmentierung ist die Aufteilung eines Ge- Ziele
samtmarktes in deutlich voneinander abgegrenzte, in sich homogene Marktsegmente. Auf diese Weise sollen die einzelnen *absatzpolitischen Instru-*
mente gezielt und damit effizient auf einzelne Abnehmergruppen ausge- absatzpolitische
richtet werden, um hierdurch letztlich Marktpotenziale besser ausschöpfen Instrumente
zu können.[22] Unternehmen sind in diesem Falle nicht nur in der Lage, sich
auf eine bestimmte Anzahl von Käufern einzustellen, sondern i. d. R. auch
auf eine im Vergleich zum Gesamtmarkt kleinere Gruppe von direkten
Konkurrenten. Die *Wettbewerbsintensität* soll somit verringert und eine
präzise Zielfestlegung für die *Marketingplanung* ermöglicht werden. Marketingplanung

Die Marktsegmentierung bietet darüber hinaus die Möglichkeit, *Markt-*
lücken zu identifizieren. Marktlücken stellen noch nicht angesprochene Marktlücken
Segmente (*Marktnischen*) oder einen noch nicht entdeckten (latenten)
Bedarf dar. Sie können somit Unternehmen zu Wettbewerbsvorteilen ver- Marktnischen
helfen und Chancen für künftiges Wachstum eröffnen. Aus Sicht der Abnehmer führt die Marktsegmentierung durch ein konsequent auf ihr Marktsegment abgestimmtes Angebot zu einem höheren Maß an *Bedürfnis-* Bedürfnis-
befriedigung. befriedigung

4.3.1.2. Voraussetzungen

In der Literatur werden unterschiedliche Voraussetzungen für eine ‚erfolgreiche' Marktsegmentierung diskutiert. Einige allgemeine Voraussetzungen
beziehen sich auf die Marktsegmente selbst.[23] Andere beziehen sich dagegen auf die Merkmale bzw. Variablen, die zur Abgrenzung einzelner
Marktsegmente herangezogen werden:[24]

---

[22] Vgl. Thiess 1986, S. 635.

[23] Vgl. z. B. Uebele 1984, S. 158.

[24] Vgl. z. B. Thiess 1986, S. 636.

Voraussetzungen	Allgemeine Voraussetzungen der Marktsegmentierung sind:

Heterogenität des Gesamtmarktes

1. Die erste grundlegende Voraussetzung ist die *Heterogenität des Gesamtmarktes*. Nur wenn es Käufer (Segmente) gibt, die unterschiedlich auf absatzpolitische Maßnahmen reagieren, kann eine Marktsegmentierung sinnvoll sein.[25]

in sich homogen

untereinander heterogen

2. Die Segmente sollten *in sich* möglichst *homogen* sein, d. h. die zu Gruppen zusammengefassten potenziellen Nachfrager sollten einheitlich auf bestimmte Ausprägungen der Marketinginstrumente reagieren. *Untereinander* sollten sie allerdings *heterogen* sein. Damit soll eine zielgruppenbezogene Marktbearbeitung ermöglicht werden.

Potenzial

3. Eine differenzierte Bearbeitung des Marktes kann nur sinnvoll sein, wenn die Marktsegmente ein *Potenzial* aufweisen, das den höheren Produktions-, Marketing- und Verwaltungsaufwand rechtfertigen.

Identifikation

4. Darüber hinaus müssen sich Kriterien finden lassen, die eine Aufteilung des Gesamtmarktes in Segmente und somit eine *Identifikation* homogener Nachfragergruppen ermöglichen.

Anforderungen an Segmentierungskriterien

Kaufverhaltensrelevanz

Die Segmentierungskriterien müssen folgenden Anforderungen genügen:

1. Sie sollten einen möglichst *starken Bezug zum Käuferverhalten* aufweisen, d. h. sie müssen mit bestimmten Verhaltensdispositionen der Käufer möglichst hoch ‚korrelieren‘, so dass die verschiedenen Ausprägungen der Kriterien als Indikatoren für unterschiedliches Kaufverhalten angesehen werden können.

Operationalisierbarkeit

2. Sie müssen darüber hinaus erfasst werden können, d. h. sie sollten dem Instrumentarium der Marktforschung zugänglich sein. Mit anderen Worten: es muss eine *Operationalisierbarkeit* dieser Kriterien möglich sein.[26]

zeitliche Stabilität

3. Eine weitere Anforderung, der die Segmentierungskriterien genügen müssen, ist die *zeitliche Stabilität*, d. h. sie sollten während eines bestimmten Zeitraumes ihre Aussagefähigkeit nicht verlieren.[27] Die

---

[25]   Vgl. z. B. Kuhn 1984, S. 46.

[26]   Vgl. z. B. Becker, 2001, S. 291.

[27]   Vgl. z. B. Kuhn 1984, S. 46.

Marktsegmente müssen also während einer ‚ökonomisch vertretbaren‘ Zeitspanne ausschöpfbar sein. Kriterien, die im Zeitablauf leicht veränderbar sind, wie z. B. wenig ausgeprägte Einstellungen, eignen sich somit nicht als Segmentierungsgrundlage.

Eine Marktsegmentierung wird allerdings nur dann erfolgreich sein, wenn das Unternehmen die *Fähigkeiten* aufweist, für das jeweilige Segment eine entsprechende Strategie zu entwickeln und diese umzusetzen.

Fähigkeiten des Unternehmens

4.3.1.3. Segmentierungskriterien

Als *Segmentierungskriterien* werden diejenigen Merkmale bezeichnet, anhand derer der Markt aufgeteilt wird. Die Arten der zur Segmentierung verwertbaren Kriterien sind vielfältig. Daher sollte die Auswahl der Kriterien in Abhängigkeit von übergeordneten Marketingzielen erfolgen. In der Praxis zeigt sich bei der Durchführung der Marktsegmentierung oft, dass erst die Kombination verschiedener Kriterien zu einer genaueren Abgrenzung der Segmente führen kann.

Segmentierungskriterien

Eine einheitliche Systematisierung möglicher Segmentierungskriterien gibt es nicht. In der Literatur finden sich hierzu unterschiedliche Ansätze.[28] Da es nicht möglich ist, alle Kriterien, die ein Individuum oder sein Kaufverhalten kennzeichnen, in einem System zu erfassen, kann jede Systematik nur einige nach bestimmten Gesichtspunkten ausgewählte Kriterien umfassen. Eine recht übersichtliche Systematik von Segmentierungskriterien für Konsumgütermärkte bieten KOTLER und BLIEMEL (vgl. Abb. 11). Die Gliederung der Kriterien führt zu der Unterscheidung zwischen geographischen, demographischen, psychographischen und verhaltensbezogenen Merkmalen.

---

[28] Vgl. z. B. Bauer 1977, 54 ff. und Kotler/Bliemel 2001, S. 431 f.

Kriterium	Beispiel
Geographisch:	
Region/Gebiet	Bundesländer Postleitzahlgebiete (insb. im Direktmarketing/Versandhandel) Land, Kreis, Stadt
Ortsgröße	unter 5.000 Einwohner, 5.000 bis 20.000 Einwohner u. a.
Bevölkerungsdichte	Großstädte, kreisfreie Städte und Landkreise u. a.
Demographisch:	
Alter	viele Einteilungen, Spezialisierung je nach Zielmarkt unterschiedlich
Geschlecht	männlich, weiblich
Familiengröße	1, 2, 3, 4, 5 Personen und mehr
Familienzyklus	jung, ledig jung, verheiratet ohne Kinder jung, verheiratet, jüngstes Kind unter 6 Jahren u. a.
Einkommen/Kaufkraft	Haushalts- und persönliches Nettoeinkommen Anzahl der Personen im Haushalt mit eigenem Einkommen u. a.
Berufsgruppen	Arbeiter, Facharbeiter, Beamte, leitende Angestellte, Selbstständige etc.
Ausbildung	Schule: z. B. ohne Abschluss, Hauptschul- oder Realschulabschluss, Hochschulreife u. a. Beruflich: z. B. Lehre und Fachschulabschluss
Konfession	evangelisch, katholisch, keine u. a.
Nationale Herkunft	Deutsche, Türken, Spanier, Italiener u. a.
Psychographisch:	
Lebensstil	niveauvoll, konventionell, aufgeschlossen
Persönlichkeit	zwanghaft, gesellig, autoritär, ehrgeizig u. a.
Verhaltensbezogen:	
Anlässe	gewöhnliche Anlässe, spezielle Anlässe
Nutzennachfrage	Qualität, Service, Wirtschaftlichkeit
Verwenderstatus	Nichtverwender, ehem. Verwender, potenzieller Verwender etc.
Verwendungsrate	stark, mittel, schwach
Markentreue	ungeteilt, geteilt, wechselhaft, gleichgültig
Einstellung	positiv, gleichgültig, negativ

Abb. 11:   Kriterien zur Segmentierung von Konsumgütermärkten
(Quelle: In enger Anlehnung an Kotler/Bliemel 2001, S. 431 f.)

Zu den *geographischen Kriterien* zählen z. B. die Region bzw. das Gebiet, die Ortsgröße und die Bevölkerungsdichte. Diese Kriterien ermöglichen eine erste grobe Segmentierung des Marktes. Hierbei wird der Markt in verschiedene geographische Einheiten eingeteilt, z. B. Länder, Landkreise und Städte. Unternehmen können in einem, in mehreren oder in allen *geographischen Segmenten* tätig werden, müssen allerdings die Unterschiede in den Präferenzen und Bedürfnissen der Käufer berücksichtigen. Regionale Unterschiede können sogar dazu führen, dass Unternehmen organisatorische Konsequenzen für ihre Marktbearbeitung ziehen. In Deutschland versuchen z. B. Filialunternehmen des Handels durch verschiedene Sortimente in den Filialen der verschiedenen Regionen den unterschiedlichen Eßgewohnheiten der dort wohnenden Konsumenten Rechnung zu tragen.

geographische Kriterien

geographische Segmentierung

Die *demographischen Kriterien*, wie z. B. Alter, Geschlecht, Familiengröße, Familienlebenszyklus und Einkommen, werden im Rahmen der Marktsegmentierung am häufigsten eingesetzt. Ein wesentlicher Grund dafür ist die Hoffnung, dass die demographischen Kriterien mit den Wünschen und Präferenzen der Kunden in hohem Maße ‚korrelieren‘. Ein weiterer Grund ist, dass die demographischen Kriterien leichter zu messen sind als die meisten anderen Segmentierungskriterien. Eine Vielzahl von Beispielen für eine *demographische Segmentierung* lässt sich in der Spielzeugindustrie finden. Hier werden insbesondere das Alter, Geschlecht und Einkommen berücksichtigt. So wird z. B. das Gesellschaftsspiel Trivial Pursuit in mehreren Ausführungen angeboten. Die ‚Junior-Edition‘ soll eher ein junges Publikum ansprechen, während die ‚Genius-Edition‘ auf das Marktsegment der Erwachsenen abzielt.

demographische Kriterien

demographische Segmentierung

Der Lebensstil und die Persönlichkeitsmerkmale stellen *psychographische Kriterien* dar. Diese Kriterien können von Bedeutung sein, wenn die Angehörigen unterschiedlicher Marktsegmente ‚klar‘ voneinander abweichende psychographische Profile aufweisen. *Psychographische Segmentierungen* sind z. B. in der Automobilindustrie (Sport-, Gelände-, Familien- und Kleinwagen) zu finden.

psychographische Kriterien

psychographische Segmentierung

Zu den *verhaltensbezogenen Kriterien* zählen in Abbildung 11 die Anlässe, die Nutzennachfrage, der Verwenderstatus, die Verwendungsrate, die Markentreue, das Stadium der Kaufbereitschaft und die Einstellung der Käufer. Eine der bekanntesten Formen der *verhaltensbezogenen Segmentierung* wird anhand der Anlässe vorgenommen, zu denen Individuen ein Bedürfnis

verhaltensbezogene Kriterien

verhaltensbezogene Segmentierung

entwickeln, ein Produkt zu kaufen und es zu verwenden. Z. B. könnte die Deutsche Bahn unterscheiden, ob die Fahrgäste in den Urlaub fahren, aus familiären oder geschäftlichem Anlass reisen und ob sie als ‚Rail and Fly-Kunden' unterwegs sind. Damit könnte die Deutsche Bahn unterschiedliche Strategien zur Bearbeitung dieser Segmente erarbeiten oder sich je nach ökonomischer Bedeutung auf ein oder mehrere Segmente konzentrieren.

Investitionsgüter-märkte Bei der Segmentierung von *Investitionsgütermärkten* müssen vielfach besondere Kriterien zur Segmentierung der Abnehmer hinzugezogen werden.

Ähnlich wie bei der Segmentierung von Konsumgütermärkten lässt sich eine Vielzahl von Kriterien finden, anhand derer der Markt aufgeteilt werden kann. Die Abbildung 12 zeigt den Ansatz zur Segmentierung von Investitionsgütermärkten von Bonoma und Shapiro.[29]

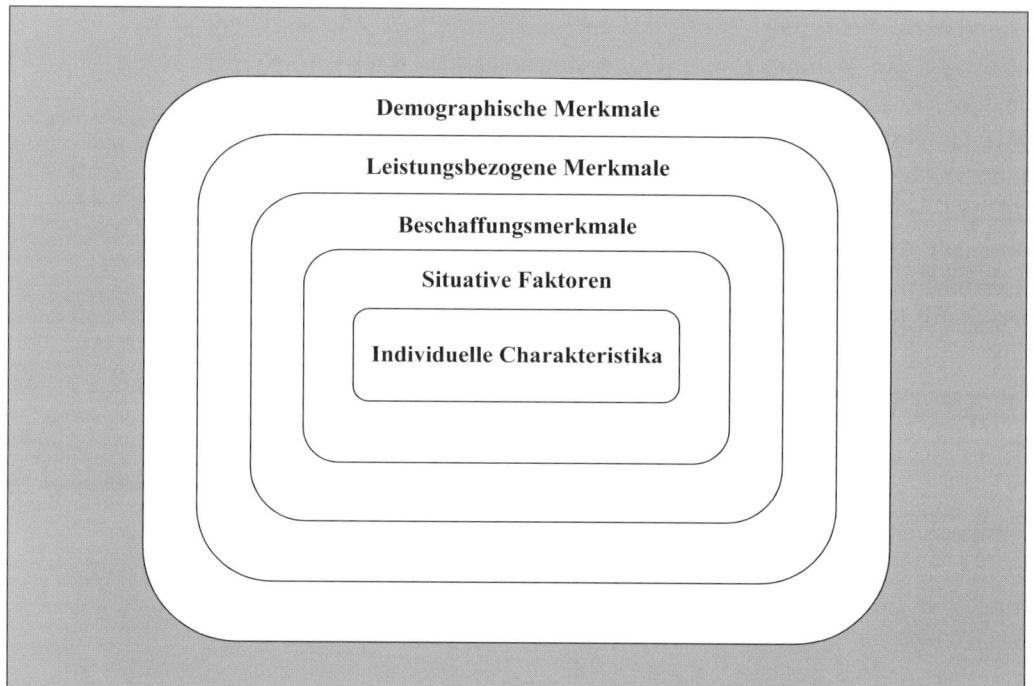

Abb. 12:   Die Marktsegmentierung im Investitionsgütersektor

---

[29]   Vgl. Shapiro/Bonoma 1985, S. 30 ff.

Dieser Ansatz umfasst fünf verschiedene Kategorien von Kriterien. Ausgehend von der äußeren ‚Schale' wird geprüft, ob der Detaillierungsgrad der Segmentierung ausreichend ist oder nicht.[30] Können z. B. ‚ausreichend' homogene Segmente bei Verwendung von demographischen Kriterien gefunden werden, dann kann der Segmentierungsprozess beendet werden. Wenn dies nicht der Fall ist, dann werden die anderen Schalen nacheinander geprüft, bis die Ergebnisse eine gute Abgrenzung der Abnehmer-Segmente ermöglichen. Ob die Reihenfolge der Kriterien allerdings tauglich ist, ist a priori nicht zu erkennen. Insofern verbleibt – wie nach jeder Segmentierung – Unsicherheit hinsichtlich der Frage, ob die Segmentierung hinreichend kaufverhaltensrelevant ist.

Letztlich handelt es sich bei jeglicher Segmentierung, die zu bestimmten Ausprägungen von Marketinginstrumenten führt, um mehr oder weniger vollständige Experimente. Die Ergebnisse einer andersartigen Segmentierung sind i. d. R. weder ex ante noch ex post bekannt. Ausnahmen von dieser Regel bilden lediglich systematische Experimente, d. h. der parallele Einsatz unterschiedlicher Segmentierungen in weitgehend ähnlichen Märkten.

Um die Unterschiede zwischen den Segmentierungskriterien für Konsumgüter- und Investitionsgütermärkte zu verdeutlichen, werden die oben bereits genannten Kategorien anhand von Segmentierungskriterien für industrielle Abnehmer in Abbildung 13 illustriert.

---

[30]   Vgl. Backhaus 1997, S. 188 f.

Kriterium	Beispiel
Demographisch:	
Branche	z. B. Telekommunikations-, Software- und Pharmabranche.
Unternehmensgröße	gemessen z. B. am Gesamtumsatz, -absatz, Zahl der Mitarbeiter, Zahl der Filialen oder Tochtergesellschaften
Leistungsbezogen:	
angewandte Technologie	innovativ, modern, alt
Technische Fähigkeiten	vielseitig, ausbaufähig, begrenzt etc.
Personelle Ausstattung	überragend, gut, ungenügend etc.
Beschaffungsgerichtet:	
formale Organisation des Beschaffungsprozesses	z. B. Zahl der Instanzen
Beschaffungsrichtlinien	u. a. Richtlinien hinsichtlich der zu verwendenden Stoffe (Qualitäts- und Materialvorschriften)
Machtstrukturen im Unternehmen	Rollen im Buying-Center eines Unternehmens
Situativ:	
Dringlichkeit des Kaufes	dringend, nicht dringend
Auftragsgröße	z. B. 1.000, 2.000 oder 4.000 Stück
Spezialwünsche	z. B. hinsichtlich der technischen und/oder physikalischen Eigenschaften
Individuelle Charakteristika der potenziellen Beschaffer:	
Risikoverhalten	risikoscheu, risikoneutral, risikobewusst
Toleranz	groß, mittel, gering
Image- oder Faktenreagierer	unterschiedliche Informationsverarbeitung

Abb. 13:   Kriterien zur Segmentierung von Investitionsgütermärkten

4.3.1.4. Probleme der Marktsegmentierung

In der Literatur wird eine Vielzahl von Problemen der Marktsegmentierung diskutiert.[31] Hier sollen die wichtigsten erläutert werden.

Als Nachteil der Marktsegmentierung und der aus ihr resultierenden differenzierten Marktbearbeitung wird der *Verlust von economies of scale* angeführt. Die Verschlechterung der Kostenstruktur kann dabei eine Folge folgender Phänomene sein: **Verlust von economies of scale**

1. *Steigende Produktionskosten je Produkteinheit*, weil das Unternehmen für Marktsegmente produziert, die bedeutend kleiner sind als der Gesamtmarkt. **steigende Produktionskosten je Produkteinheit**

2. *Steigende Organisationskosten*, weil zusätzliches Personal zur Bewältigung der differenzierten Marketingaufgaben erforderlich ist. **steigende Organisationskosten**

3. *Steigende Marktforschungskosten*, weil die Ermittlung und ständige Beobachtung der Marktsegmente kontinuierliche und anspruchsvolle Marktuntersuchungen erfordern. **steigende Marktforschungskosten**

In Großunternehmen, die mit mehreren Produkten (und/oder Marken) im gleichen Markt oder in nicht deutlich getrennten Segmenten operieren, können Produkte untereinander um Marktanteile konkurrieren. Dieser z. T. sogar aus Gründen der Schaffung von mit wettbewerbsähnlichen Anreizen versehenen Verantwortungsbereichen erwünschte Effekt wird auch als ,*Kannibalismuseffekt*' bezeichnet.

Nachteile können sich auch ergeben, wenn Unternehmen bei der Durchführung der Marktsegmentierung Fehler unterlaufen. Z. B. entstehen Nachteile, wenn der potenzielle Gesamtmarkt nach für das Kaufverhalten irrelevanten Kriterien segmentiert wird oder wenn sich ein Unternehmen auf mehrere Segmente (Multisegment-Strategie) spezialisiert und sein quantitatives und/oder qualitatives Leistungspotenzial überschätzt und somit seine Kräfte auf zu viele Marktsegmente ,verzettelt'. **irrelevante Kriterien** **zu viele Marktsegmente**

---

31   Vgl. Bauer 1977, S. 39 f.; Thiess 1986, S. 638 und Becker 2001, S. 291.

,Oversegmenta-
tion' und ,Over-
concentration'

Zuletzt sollen zwei typische Gefahren, die sich aus den Einsatzmöglichkeiten und Erfolgschancen der Marktsegmentierung ergeben können, die ,Oversegmentation' und die ,Overconcentration', erläutert werden.[32]

Unter einer Oversegmentation wird die Gefahr einer ,künstlichen' und zu starken Aufspaltung des Marktes verstanden. Hier besteht die Gefahr darin, dass die Größe und das Potenzial der Segmente und somit ihre ökonomische Bedeutung zu gering wird.

Die Overconcentration beschreibt dagegen die Gefahr, dass sich Unternehmen zu stark auf ein Segment oder wenige Segmente konzentrieren. Hier besteht z. B. die Gefahr, dass einige ,Randgruppen', die in der Summe beträchtlich zum Umsatz eines Produktes beitragen können, das Produkt nicht kaufen, weil ihre Bedürfnisse nicht befriedigt werden.

4.3.2. Die Abgrenzung ,strategischer Geschäftseinheiten'

strategische
Geschäftseinheit

Eine *strategische Geschäftseinheit*[33] (SGE) stellt eine gedankliche Zusammenfassung von Tätigkeitsfeldern eines Unternehmens (Analyse- und Planungseinheit) dar, die z. B. unter Heranziehung marktbezogener, produkttechnischer, wettbewerbsbezogener sowie umweltbezogener Gesichtspunkte gebildet wird. Strategische Geschäftseinheiten können z. B. Produkte, Produktgruppen, Marken und Märkte sein. I. d. R. bilden Produkte oder konkrete Märkte den Ausgangspunkt für eine Formierung von ,Produkt-Markt'-Kombinationen (vgl. Abb. 14).

---

32   Vgl. Becker 2001, S. 291.

33   Die Begriffe *strategische Geschäftseinheit* (SGE) und *strategisches Geschäftsfeld* (SGF) werden in der Praxis oft synonym verwendet. In der Literatur wird jedoch mitunter eine Abgrenzung der Begriffe vorgenommen. Das strategische Geschäftsfeld soll eine Zusammenfassung komplementärer Tätigkeiten eines Unternehmens darstellen, womit eine bessere Koordination und Abstimmung der Tätigkeiten im Unternehmen erreicht werden soll. Die strategische Geschäftseinheit soll demgegenüber auch eine organisatorische Verankerung im Unternehmen umfassen. Vgl. u. a. Müller 1995, S. 761.

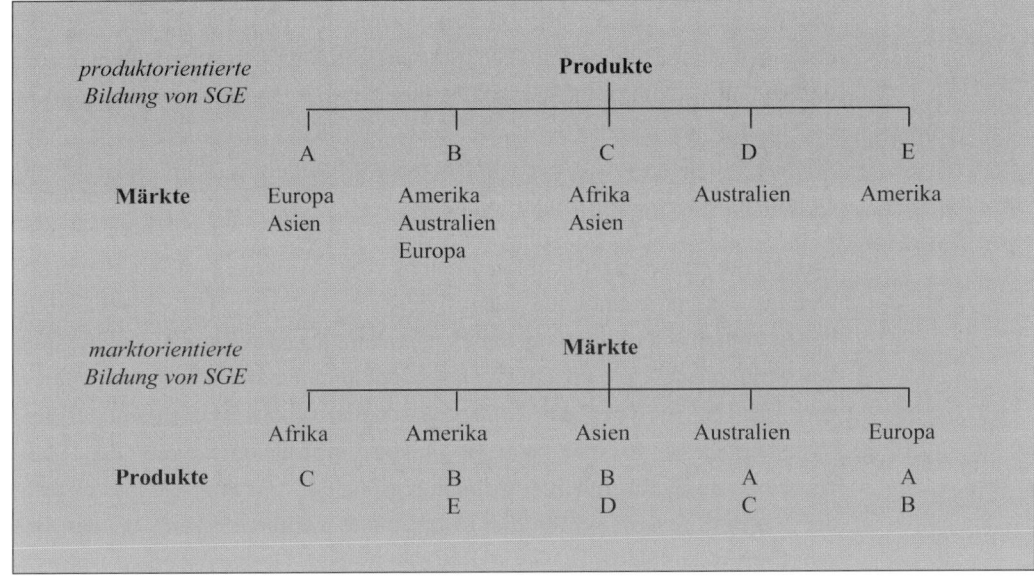

Abb. 14:   Die Bildung von strategischen Geschäftseinheiten

Bei der Bildung von strategischen Geschäftseinheiten sollten folgende
Punkte berücksichtigt werden:[34]

1. Die strategische Geschäftseinheit sollte eine eigenständige Marktauf-
   gabe besitzen. Die strategischen Geschäftseinheiten sollten untereinander unabhängig hinsichtlich der Beschaffung von Vorprodukten und der
   Nutzung von Ressourcen sein (keine Interdependenzen).

2. Die strategische Geschäftseinheit sollte lediglich wenige organisatorische und funktionale Überschneidungen mit anderen strategischen Geschäftseinheiten aufweisen, damit klare Strategien entwickelt werden
   können.

3. Die strategische Geschäftseinheit sollte von Führungskräften geleitet
   werden, die für die Konzeption der entsprechenden Strategien verant-
   wortlich sind. Sie sollten die Entscheidungsbefugnis über die erforderlichen Ressourcen innehaben, damit sie die Strategien auch durchführen
   können. Die Führungskräfte sollten anhand von geeigneten und mit
   ihnen vereinbarten Kriterien beurteilt werden können.

---

34   Vgl. Hinterhuber 1997, S. 140.

Die Anzahl der strategischen Geschäftseinheiten wird häufig aus Gründen einer klaren und übersichtlichen Führungsstruktur gering gehalten. Daher umfasst eine strategische Geschäftseinheit i. d. R. mehrere Untereinheiten,

Geschäftsgebiete die häufig als *Geschäftsgebiete* oder Mitglieder der *SGE-Familie* bezeichnet werden, sowie Funktionsbereiche, die den verschiedenen Untereinheiten als Ressourcenträger dienen.[35]

Das größte planerische Problem besteht vielfach darin, voneinander unabhängige Geschäftseinheiten identifizieren zu können. Die Geschäftseinheiten sollten allerdings voneinander unabhängig sein, da die Entwicklung von Strategien für die einzelnen Geschäftseinheiten ansonsten an den Interdependenzen zwischen den Einheiten scheitern kann. Beziehen zwei verschiedene Geschäftseinheiten z. B. gleiche Vorprodukte, so kann der Rückzug einer Geschäftseinheit aus einem regionalen Markt mit einer Erhöhung der Beschaffungspreise für die Vorprodukte verbunden sein, da das Beschaffungsvolumen sinkt. Der Erfolg der anderen Geschäftseinheit sinkt somit u. U., ohne dass sich die Strategie dieser Geschäftseinheit geändert hat.

4.4. Positionierung

4.4.1. Ziele

Zielsetzung Die wesentliche *Zielsetzung* der Positionierung besteht darin, ein Objekt, z. B. ein Produkt oder eine Marke, so zu ‚positionieren‘, dass es in den Augen der Nachfrager die kaufverhaltensrelevanten Eigenschaften aufweist.

Marktstruktur Die Positionierung kann z. B. die Abbildung der *Struktur eines bestimmten Marktes* ermöglichen, da die Anzahl und die Eigenschaften konkurrierender Angebote erfasst werden können.

Wettbewerbs-intensität Die deskriptive Erfassung der Marktstruktur gibt einerseits Hinweise auf die Anzahl und den Grad der wahrgenommenen Austauschbarkeit unterschiedlicher Produkte, d. h. also Hinweise auf unterschiedliche Ausprä-

---

[35] Zum Thema ‚Bildung und Einrichtung von strategischen Geschäftseinheiten in der Unternehmensorganisation‘ vgl. Hinterhuber 1997, S. 140 ff.

gungen der *Wettbewerbsintensität*. Andererseits kann die Positionierung dazu beitragen, *Marktlücken* zu ermitteln.[36]

4.4.2.   Der Planungsprozess der Positionierung

Der Planungsprozess der Positionierung umfasst mehrere Planungsstufen. Ein exemplarischer Planungsprozess ist in Abbildung 15 dargestellt. Der Prozess der Positionierung umfasst hier sechs Stufen.

Den Ausgangspunkt der Positionierung bildet die Bestimmung der relevanten *Positionierungsobjekte*. Darunter werden die miteinander konkurrierenden Produkte oder Marken verstanden, die die Konsumenten zur Befriedigung eines bestimmten Bedarfes erwerben. | Positionierungs-objekte

Der zweite Planungsschritt ist die Ermittlung beurteilungsrelevanter *Bewertungsdimensionen*. Diese sind die relevanten Eigenschaften, die die Konsumenten im Kaufentscheidungsprozess zur Auswahl von Produkten berücksichtigen. Man geht also davon aus, dass Konsumenten durchweg diejenigen Positionierungsobjekte auswählen, deren Eigenschaften ihren Vorstellungen möglichst in hohem Maße entsprechen.[37] Die aus Sicht der Nachfrager kaufverhaltensrelevanten Eigenschaften (z. B. Preis, Qualität und Service) können aus Sicht des Managements geschätzt (z. B. bei langjähriger Markterfahrung) oder aber von den Konsumenten direkt erfragt werden. Letztere Vorgehensweise wird dem Grundgedanken der Marktsegmentierung gerecht und ermöglicht i. d. R. eine aktuelle Erfassung der relevanten Eigenschaften und eignet sich damit insbesondere für die Positionierung in neuen Märkten, da Unternehmen in diesem Falle Erfahrungswerte fehlen. | Bewertungs-dimensionen

Die *Ermittlung der Objektwahrnehmungen* erfolgt durch die Befragung der Nachfrager. Hier sollen sie beurteilen, in welchem Ausmaß die ausgewählten Positionierungsobjekte die kaufverhaltensrelevanten Eigenschaften er- | Ermittlung der Objekt-wahrnehmungen

---

36   Vgl. Müller 1997, S. 741.

37   Vgl. Becker 2001, S. 248.

füllen. Die Urteile der Konsumenten können mittels zwei unterschiedlicher Verfahren erhoben werden:[38]

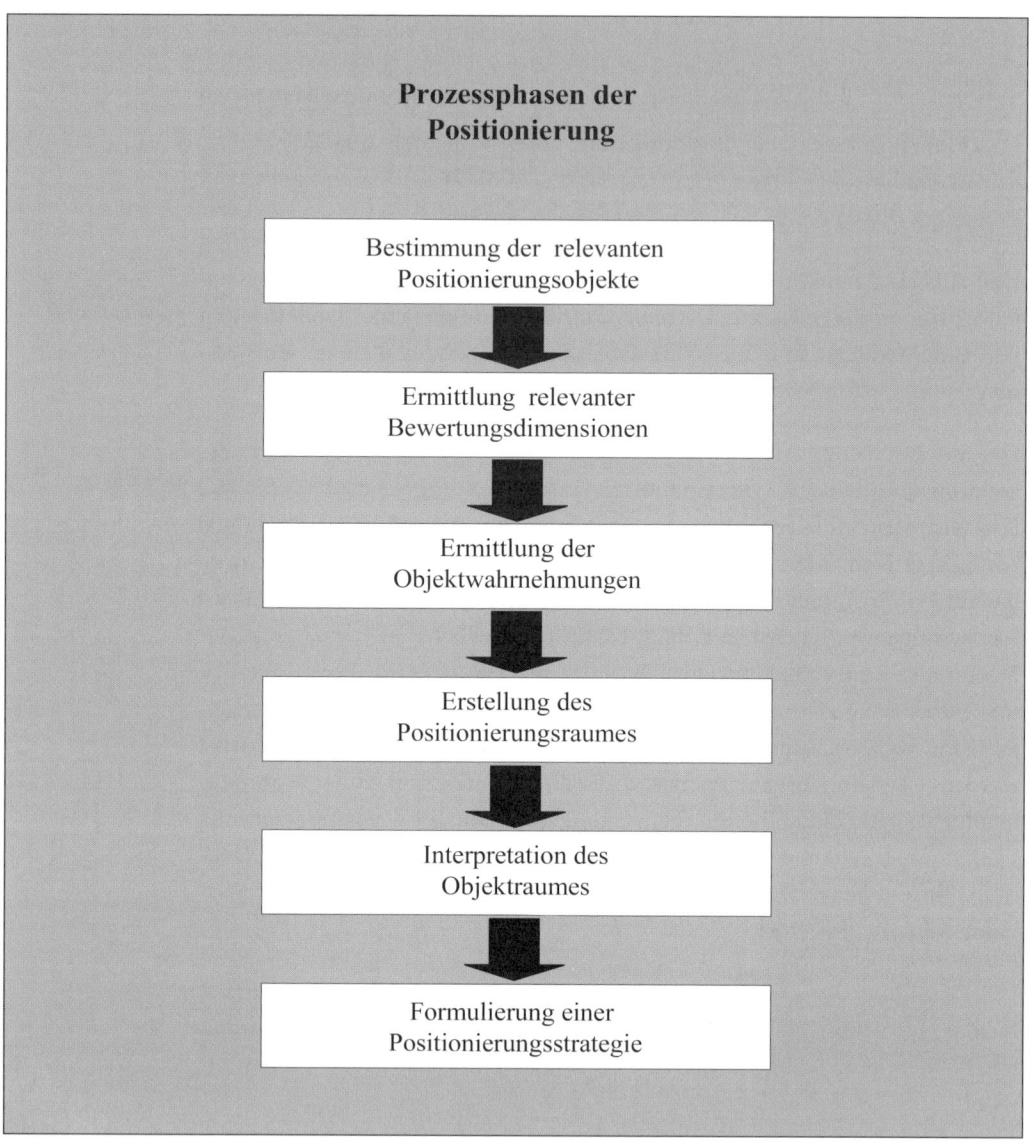

Abb. 15:   Der Planungsprozess der Positionierung
              (Quelle: In Anlehnung an Müller 1997, S. 744)

---

[38]   Vgl. Müller 1997, S. 744 f.

Bei der *dekompositionellen Messung* werden die Objekte paarweise anhand der implizit wahrgenommenen Ähnlichkeiten beurteilt (z. B. für Hautcreme: Nivea und Kaloderma, Jade und Bebe, Atrix und Oil of Olaz). Objekte, die sich in den Augen der Nachfrager ähneln, werden in dem *Positionierungsraum* nah beieinander ‚gelegt'. Mit zunehmenden wahrgenommenen Unterschieden werden die Entfernungen zwischen den einzelnen Objekten in dem Positionierungsraum größer. Der Vorteil dieses Verfahren besteht darin, dass eine explizite Vorgabe bestimmter Eigenschaften nicht notwendig ist. Diesem Vorteil steht der Nachteil gegenüber, dass der Positionierungsraum nicht gekennzeichnet ist, d. h. die Dimensionen (Achsen) sind zunächst unbekannt und müssen nachträglich interpretiert werden. Ziel dieser Vorgehensweise ist letztlich, die zum großen Teil nur unterbewusst vorhandenen Eigenschaften, die kaufverhaltensrelevant sind, zu entschlüsseln.

dekompositionelle Messung

Positionierungsraum

Die *kompositionelle Messung* hat gegenüber der dekompositionellen Methode den Vorteil, dass die aufwendige Interpretation der Dimensionen des Positionierungsraumes nicht notwendig ist, weil die relevanten Eigenschaften erfragt oder vorgegeben werden. Hier sollen die Nachfrager die relevanten Objekte hinsichtlich jeder Eigenschaft beurteilen. Zahlreiche Eigenschaften (wie z. B. Image und Qualität) sind oft schwer zu ‚quantifizieren'. Daher werden in der Praxis häufig bipolare, fünf- oder siebenstufige *Ratingskalen* verwendet, um die Beurteilung dieser Eigenschaften quantifizieren zu können. Bei metrisch skalierten Eigenschaften (wie z. B. Länge und Gewicht) können die Daten u. U. direkt übernommen werden.

kompositionelle Messung

Ratingskalen

Im nächsten Schritt wird der Eigenschaftsraum erstellt. Die folgende Abbildung 16 zeigt einen fiktiven Eigenschaftsraum in dem zehn verschiedene Objekte (Farbfernseher) nach den Dimensionen Preis und Bildqualität positioniert sind.

Hinter den genannten Dimensionen können sich weitere Produkteigenschaften verbergen. So können z. B. Bildgröße, -schärfe, -auflösung und Frequenz die Dimension Bildqualität bestimmen.

Anschließend wird der Eigenschaftraum interpretiert. In der Abbildung 16 ist zu erkennen, dass das Produkt (6) die höchste Bildqualität aufweist, während für das Produkt (7) der höchste Preis gefordert wird.

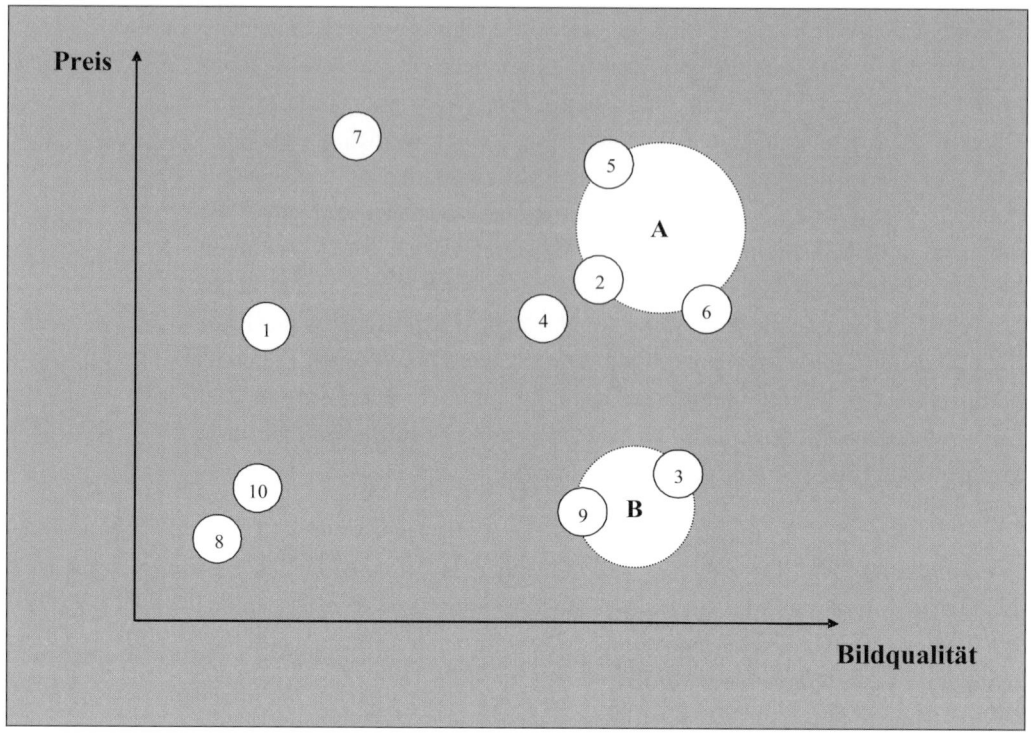

Abb. 16:   Positionierungsraum des Marktes für Farbfernseher

Intensität der Wettbewerbs-beziehungen

Die Entfernungen zwischen den Objekten in dem Positionierungsraum können erste Hinweise auf die *Intensität der Wettbewerbsbeziehungen* zwischen den Objekten geben. Geht man davon aus, dass Produkte, die räumlich nah beieinander liegen (weit auseinander) von den Nachfragern als ähnlich (unähnlich) wahrgenommen werden, so können diese leichter (schwerer) substituiert werden. So besteht zwischen den Produkten (2) und (4) aufgrund der ähnlichen Werte hinsichtlich der Preislage und Bildqualität

Substitutions-gefahr

eine große *Substitutionsgefahr* (vgl. Abb. 16). Für das Produkt (7) besteht hingegen weniger Substitutionsgefahr, weil sich das Produkt durch die gewählte Kombination der Eigenschaften von den anderen Produkten abhebt (vgl. Abb. 16). Allerdings wird für eine relativ geringe Bildqualität ein sehr hoher Preis gefordert.

Berücksichtigung von Marktsegmenten

Für eine erfolgreiche Positionierung ist die *Berücksichtigung von Marktsegmenten* von großer Bedeutung. Häufig sind Positionen von Objekten und ‚Anzahl der Nachfrager‘ innerhalb eines Marktes unterschiedlich verteilt. Insofern gilt die Produktpositionierung erst dann als gelungen, wenn das

Positionierungsobjekt ein bestimmtes Marktsegment anspricht. Je kleiner die Entfernung zwischen einem Objekt und einem Marktsegment ist, umso größer ist die Präferenz der Konsumenten dieses Marktsegmentes für das Objekt.

In der Abbildung 16 sind zwei Marktsegmente (A und B) abgebildet. In diesem Beispiel lassen sich die Nachfrager des Marktsegmentes A durch ein großes Interesse an Bildqualität und ‚preisabhängigem Nachfrageverhalten' kennzeichnen. Demgegenüber interessieren sich die Nachfrager des Marktsegmentes B für die Bildqualität eines Fernsehgerätes, sind aber nicht bereit, einen hohen Preis zu zahlen.

Berücksichtigt man die Marktsegmente, dann kann folgendes festgestellt werden: die Produkte (2), (5) und (6) erfüllen eher die Wünsche und Vorstellungen der im Segment A zusammengefassten Nachfrager. Die Nachfrager des Marktsegmentes B verlangen dagegen nach den Produkten (3) und (9). Die übrigen Produkte weisen weniger ‚günstige' Positionen auf, die Chancen auf eine erfolgreiche Umpositionierung lassen sich jedoch nicht eindeutig bestimmen, weil es sich nicht vorhersagen lässt, ob Nachfrager aus bestehenden Marktsegmenten das Produkt wechseln werden.

Der Planungsprozess der Positionierung wird durch die Wahl einer geeigneten Positionierungsstrategie abgeschlossen. Hierbei gilt es u. a., die Zielposition des Positionierungsobjektes festzulegen. In diesem Zusammenhang lassen sich vier verschiedene Strategien unterscheiden:[39]

1. Zunächst kann ein Unternehmen versuchen, z. B. durch produkt- und kommunikationspolitische Maßnahmen neue relevante Dimensionen zu schaffen, wie z. B. Design und Stromverbrauch von Fernsehgeräten. Diese Strategie wird als *Restrukturierungsstrategie* bezeichnet. Sollte dieses Anliegen gelingen, könnte u. U. gar binnen kurzer Zeit eine neue Marktstruktur geschaffen werden.

   Restrukturierungsstrategie

Im Rahmen gegebener Positionierungskriterien verbleiben noch folgende drei Strategien:

---

[39]   Vgl. Müller 1997, S. 747.

Repositionierungs-
strategie

2. Die *Repositionierungstrategie* zielt darauf ab, die Entfernung zwischen einem Objekt und einem Marktsegment zu verringern. Dies geschieht durch eine Änderung der Eigenschaftskombination. Es wäre z. B. für Produkt (7) sinnvoll, eine bessere Bildqualität zu erzeugen und einen geringeren Preis zu fordern, um den Wünschen und Vorstellungen der Nachfrager aus dem Marktsegment A eher zu entsprechen.

Imitationsstrategie

3. Bei der *Imitationsstrategie*, die letztlich eine Folge der Repositionierung sein kann, wird versucht, ein Objekt in der ‚Nähe' eines erfolgreichen Wettbewerbers zu positionieren. Eine solche ‚me-too-Position' nimmt das Produkt (4) bereits fast ein.

Profilierungs-
strategie

4. Im Rahmen der *Profilierungsstrategie* wird das Objekt so positioniert, dass es in dem Positionierungsraum möglichst eine Position einnimmt, die eine direkte Konkurrenz zu anderen Produkten vermeidet (vgl. Produkt (8) in der Abb. 16, niedrigster Preis, allerdings auch geringste Bildqualität). Derartige Strategien sind u. U. dann erfolgreich, wenn eine gewisse ‚Außenseitergruppe' bereit ist, bei diesen Ausprägungen der Eigenschaften zu kaufen.

4.4.3.   Probleme der Positionierung

Der wesentliche Vorteil der Positionierung ist, dass Wettbewerbsbeziehungen zwischen Produkten unter Berücksichtigung der Wünsche und Vorstellungen der Nachfrager dargestellt werden können. Diesem Vorteil werden in der Literatur jedoch einige Kritikpunkte, insbesondere zur methodischen Vorgehensweise der Positionierung, gegenübergestellt. Die wesentlichen Kritikpunkte an der Positionierung werden hier kurz vorgestellt:[40]

Kritikpunkte an
der Positionierung

1. Die Positionierung stellt ein statisches Konzept dar, dass die Ist-Situation von Objekten in einem Positionsraum zu einem bestimmten Zeitpunkt offen legt. Bei dieser Vorgehensweise werden allerdings keine Veränderungen der Objektpositionen im Zeitablauf berücksichtigt. Darüber hinaus wird vernachlässigt, dass sich die kaufverhaltensrelevanten Eigenschaften des Marktes ändern können und somit neue Di-

---

[40]   Vgl. Haedrich/Tomczak 1996, S. 145 und Meffert 2000, S. 359 f.

mensionen zur Strukturierung des Positionierungsraumes notwendig werden.

2. Das Konzept der Positionierung beruht auf einer Erhebung von Informationen, die die Einstellungen der Nachfrager hinsichtlich existierender kaufverhaltensrelevanter Objekteigenschaften wiedergeben sollen. Auf der Grundlage dieser Informationen ist es allerdings oftmals schwierig, Handlungsempfehlungen für die Entwicklung innovativer Produkte bzw. Produkteigenschaften abzuleiten, da diese Eigenschaften den Nachfragern u. U. nicht bekannt sind oder von ihnen nicht genau bewertet werden können.

3. Bei der Abbildung aller aktuellen und potenziellen Nachfrager eines Marktes in einem Positionierungsraum wird häufig vernachlässigt, dass bei den einzelnen Marktsegmenten stark differierende kaufverhaltensrelevante Eigenschaften der Objektwahl zugrunde liegen können, so dass für dieselben Objekte mehrere Positionierungsräume mit unterschiedlichen Dimensionen in Frage kommen können.

Übungsaufgaben

Aufgabe 3: Synotische und inkrementalistische Planung

Erläutern Sie den synoptischen und den inkrementalistischen Planungsansatz! Illustrieren Sie Ihre Ausführungen anhand von Beispielen!

Aufgabe 4: Umweltanalyse

Erläutern Sie in Grundzügen die Umweltanalyse! Welche Faktoren umfasst
die so genannte ‚globale Umwelt' und welche die so genannte ‚Wettbewerbsumwelt'?

Aufgabe 5: Stärken-/Schwächenanalyse

a) Erläutern Sie das Konzept der Stärken-/Schwächenanalyse! Zeigen Sie
    die Vorgehensweise der Stärken-/Schwächenanalyse an einem selbst
    gewählten Beispiel auf!

b) Diskutieren Sie, ob mit den fünf Wettbewerbskräften nach PORTER
    eine sinnvolle Stärken-/Schwächenanalyse durchgeführt werden könn-
    te!

c) Welche Probleme können sich bei der praktischen Anwendung der
    Stärken-/Schwächenanalyse ergeben?

Aufgabe 6: Absatzgerichtete Maßgrößen der Marketingplanung

Das Marktpotenzial eines Gutes in einem Absatzmarkt beträgt 150 Mio.
Mengeneinheiten pro Jahr. Die gesamte Nachfrage wird von 5 Anbietern
gedeckt. Alle Anbieter zusammensetzen 90 Mio. Mengeneinheiten pro Jahr
ab. Der Anbieter A ist Marktführer. Er setzt 40 Mio. Mengeneinheiten pro
Jahr ab. Der Anbieter B setzt 20 Mio., der Anbieter C 15 Mio., der Anbieter
D 10 Mio. und der Anbieter E 5 Mio. Mengeneinheiten pro Jahr ab. Wie
groß ist das Marktvolumen? Wie groß sind die Marktanteile und relativen
Marktanteile der Anbieter?

Aufgabe 7: Marktsegmentierung

Erläutern Sie die Voraussetzungen der Marktsegmentierung und die Anforderungen, denen Segmentierungskriterien genügen müssen!

Aufgabe 8: Positionierung

a) Erläutern Sie das Konzept der Positionierung! Gehen Sie hierbei insbesondere auf die Ziele und auf den Planungsprozess der Positionierung ein!

b) Skizzieren Sie die Strategien, die einem Unternehmen im Rahmen der Positionierung zur Verfügung stehen!

c) Verdeutlichen Sie anhand eines aussagekräftigen Beispiels, inwiefern die Marktsegmentierung von Bedeutung für die Positionierung ist!

Weiterführende Literatur

BECKER, J. 2001: Marketing-Konzeption – Grundlagen des strategischen und operativen Marketing-Managements, 7., vollst. überarb. und erw. Aufl., München.

KUß, A./TOMCZAK, T. 2004: Marketingplanung: Einführung in die marktorientierte Unternehmens- und Geschäftsfeldplanung, 4., überarb. Aufl., Wiesbaden.

Kapitel 5

Klassische Prognosemodelle in der Marketingplanung

5.   Klassische Prognosemodelle in der Marketingplanung

5.1.   Das Konzept des ‚Produktlebenszyklus‘

Der *Produktlebenszyklus* gehört zu den traditionellen Konzepten in der Marketingplanung. Bereits 1957 wurde der Begriff „Produktlebenszyklus" bei einem Neuproduktplanungsprozess von der Unternehmensberatung Booz, Allen und Hamilton verwendet.[41] Der Grundgedanke dieses Konzeptes ist dabei sehr einfach. Man geht davon aus, dass ein Produkt wie ein Lebewesen betrachtet werden kann, was nichts anderes heißt, dass nach einer Geburt eine Wachstumsphase erfolgt, an die sich eine Reifephase anschließt bis schließlich das ‚Ableben‘ eintritt. Mit dieser Aussage hat man einige Phasen des Produktlebenszykluskonzeptes skizziert.

Der Produktlebenszyklus kennzeichnet die Entwicklung des Umsatzes innerhalb eines bestimmten Zeitraumes und unterstellt, dass diese Entwicklung einen ‚lebenszyklusähnlichen‘ Verlauf annimmt. Die Darstellung des Produktlebenszyklus kann durch die Berücksichtigung weiterer Erfolgsgrößen (z. B. Gewinn und Deckungsbeitrag) ergänzt werden (vgl. Abb. 17).

Die wesentlichen *Annahmen des Lebenszykluskonzeptes* sind:

1. Das Angebot eines Produktes ist zeitlich begrenzt.

2. Der Umsatz des Produktes durchläuft deutlich differierende Phasen.

3. Der Gewinn steigt bzw. fällt mit den verschiedenen Phasen des Produktlebenszyklus.

4. In den einzelnen Phasen des Lebenszyklus sind unterschiedliche Ausprägungen der Marketinginstrumente vorteilhaft.

---

[41]   Vgl. Czepiel 1992, S. 222.

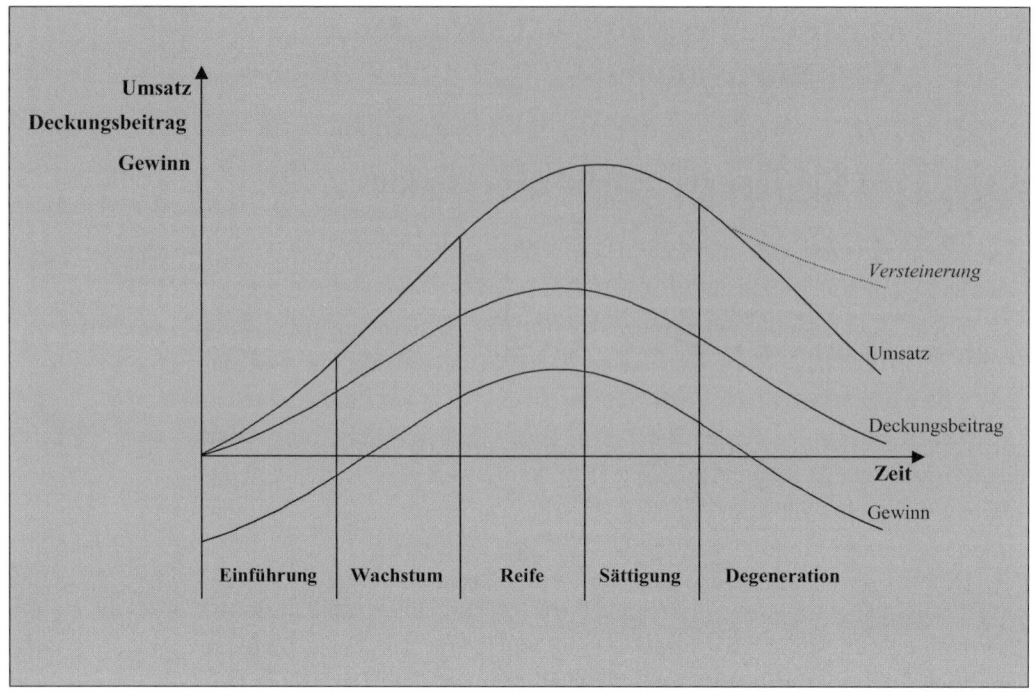

Abb. 17:   Das Konzept des Produktlebenszyklus

Die fünf Phasen des PLZ

Die geläufigste Darstellung des Produktlebenszyklus zeigt die idealtypische Umsatzentwicklung eines Produktes als S-förmige Kurve. Die Kurve wird in dem hier aufgeführten Beispiel in *fünf Abschnitte* unterteilt:[42] Einführung, Wachstum, Reife, Sättigung und Degeneration (vgl. Abb.17).

Einführungsphase

Die ‚*Einführungsphase*' beginnt mit der erstmaligen Vermarktung des Produktes und stellt den Zeitabschnitt langsamen Umsatzwachstums dar. Aufgrund hoher Einführungskosten und geringer Umsätze werden in dieser Phase noch keine Gewinne erwirtschaftet (Verlustzone).

Wachstumsphase

Die ‚*Wachstumsphase*' ist der Abschnitt rasch zunehmender Marktakzeptanz. In dieser Phase wird die Gewinnzone erreicht. Bei Verbrauchsproduk-

---

[42]   Die Darstellung des Produktlebenszyklus erfolgt in der Literatur immer wieder unterschiedlich. Die Unterteilung des Lebenszyklus kann z. B. zwischen vier und fünf Phasen variieren. Vgl. z. B. Kotler/Bliemel 2001, S. 574; Meffert 2000, S. 342. Hier wird exemplarisch eine Variante des Fünf-Phasen-Modells erläutert.

ten ist es denkbar, dass schon ein gewisser Ersatzbedarf auftritt,[43] so dass sich die Umsätze von Neukäufern und Wiederkäufern kumulieren.

Die ‚*Reifephase*‘ ist der Abschnitt geringer werdender Zuwachsraten des Umsatzes, da das Produkt nunmehr bereits von den meisten potenziellen Käufern erworben wurde. Der Übergang in die Reifephase wird durch den Wendepunkt der Produktlebenszykluskurve markiert. Das Marktpotenzial ist weitgehend ausgeschöpft. Es können kaum noch neue Käufer gewonnen werden. Weiterhin hat sich i. d. R. die Konkurrenzsituation verändert, da einige andere Unternehmen als ‚me too-Anbieter‘ in den Markt eingetreten sind.

Reifephase

In der ‚*Sättigungsphase*‘ kommt es zu einer ersten Schrumpfung des Umsatzes und Gewinnes. Die Ursache hierfür kann z. B. sein, dass Substitutionsprodukte auf den Markt kommen.

Sättigungsphase

Die ‚Degenerationsphase‘ ist der Abschnitt, in dem das Verkaufsvolumen stark schrumpft und die Gewinne sinken.

Degenerationsphase

Der Einsatz des Produktlebenszyklus als Prognosemodell besteht nun in folgender Voraussage: Ohne den differenzierten *Einsatz der Marketinginstrumente in den einzelnen Phasen* kommt es zu dem idealtypischen Verlauf. Werden die Marketinginstrumente jedoch je nach Phase in unterschiedlicher Ausprägung eingesetzt, kann der Verlauf des Produktlebenszyklus verändert werden.

Einsatz der Marketinginstrumente im Produktlebenszyklus

Mit Blick auf den Einsatz der verschiedenen Marketinginstrumente ist idealtypisch davon auszugehen, dass in der *Einführungsphase* die ‚Werbung‘ und die Produktqualität sehr geeignet erscheinen, um einerseits einen hohen Bekanntheitsgrad aufzubauen und andererseits Marktwiderstände durch hochwertige Produkte zu überwinden. In der dann folgenden *Wachstumsphase* sollte die Absatzkommunikation die stärkste Wirkung entfalten, da es in dieser Phase um die eigentliche Marktdurchdringung geht. Die Preispolitik muss hingegen häufig in der *Reifephase* eingesetzt werden, um Absatzrückgänge zu vermeiden. Durch das Hinzukommen neuer Anbieter entsteht oftmals ein Verdrängungswettbewerb, der mittels aggressiver Preissenkungen ausgetragen wird.

idealtypische Handlungsempfehlungen des Produktlebenszykluskonzeptes

---

[43]   Vgl. Koppelmann 2001, S. 108.

Ein weiteres Instrument, das in der *Reife-* und *Sättigungsphase* zum Einsatz kommen kann, ist die Produktvariation. Wenn der Absatzrückgang nicht mit preispolitischen Aktionen aufgehalten werden kann, kann mit dieser Maßnahme versucht werden, den Absatzrückgang durch Ansprache neuer Zielgruppen in Grenzen zu halten.[44]

Eine weitere Hilfestellung durch den Produktlebenszyklus sieht Koppelmann[45] im Bereich der Neuproduktplanung. Wenn man in der Lage sei, herauszufinden, in welcher Phase sich die Produkte des eigenen Produktprogrammes befinden, so könne man rechtzeitig die Notwendigkeit zur Neuproduktentwicklung erkennen.

Kritik am Produktlebenszyklus

In der wissenschaftlichen Literatur wird das Konzept des Produktlebenszyklus sehr *kritisch* betrachtet. Der Produktlebenszyklus gilt als ein sehr vereinfachtes und selten zutreffendes Abbild der Realität.[46] So wird vielfach darauf hingewiesen, dass sich die Gesetzmäßigkeit des Produktlebenszyklus weder empirisch belegen noch theoretisch ableiten ließe.[47] Darüber hinaus liest man in der Literatur Aussagen, die auf folgende Feststellung hinauslaufen: Der Produktlebenszyklus ist das Ergebnis bestimmter Marketingaktivitäten, nicht deren Ursache.[48] Als Konsequenz dieser Aussagen stellt sich die Frage, wie man einerseits zu der Erkenntnis gelangt, dass der Produktlebenszyklus ein Ergebnis von Marketingaktivitäten ist, wenn andererseits betont wird, dass ein empirischer Beleg dieses Konzeptes nicht möglich ist.

Als Antwort auf diese Frage ist darauf hinzuweisen, dass ein empirischer Beleg des *idealtypischen Verlaufes* des Produktlebenszyklus dann nicht gelingen kann, wenn dieser stets durch die Marketinginstrumente (u. U. gar konform mit den normativen Aussagen des Modells) verändert wird. So erscheint es unmittelbar einsichtig, dass die vorzufindenden nicht-idealtypischen Lebenszyklen aufgrund der ‚unzählbar' großen Anzahl unterschiedlicher Kombinationen der Marketinginstrumente im Zeitablauf entstehen und somit der idealtypische Verlauf gar nicht mehr erfolgen kann.

---

44   Vgl. Becker 2001, S. 732.

45   Vgl. Koppelmann 2001, S. 108.

46   Vgl. z. B. Czepiel 1992, S. 224.

47   Vgl. z. B. Gardner 1987, S. 162 ff.; Meffert 2000, S. 343.

48   Vgl. das Beispiel bei Kotler/Bliemel 2001, S. 605.

Diese Erkenntnis führt allerdings konsequenterweise zu dem Schluss, dass dem Produktlebenszykluskonzept eine gewisse explikative und gar normative Aussagekraft auch ohne empirischen Beleg nicht abgesprochen werden kann. Die ‚simple' Botschaft des Prognosemodells liegt in der Aussage, dass ohne Variation der Marketinginstrumente im Zeitablauf ein früher oder später eintretendes ‚Ableben' von Produkten nicht vermieden werden kann.

Weitere, in der Literatur angesprochene *Kritikpunkte* werden im Folgenden kurz erläutert:

weitere Kritikpunkte

- Der Produktlebenszyklus wird in der Literatur z. T. als Erklärungs- und z. T. als Prognosemodell gesehen. Von einem Prognosemodell könne man erst sprechen, wenn der S-Kurvenverlauf empirisch nachgewiesen wäre.[49] Dass dies nur sehr selten möglich ist, wurde gerade erläutert.

- Ein weiteres Problem ergibt sich aus der Schwierigkeit, die einzelnen Phasen untereinander abzugrenzen. Die Anwendung mathematischer Kriterien (z. B. der Wendepunkt der Umsatzkurve zur Differenzierung zwischen Wachstums- und Reifephase) erscheint nur formal praktikabel.

- Aber nicht nur die Abgrenzung der Phasen untereinander ist problematisch, sondern auch die mangelnde Kenntnis darüber, in welcher Phase sich ein Produkt gerade befindet.[50] Es gibt Produkte, die schon Jahrzehnte vermarktet werden (z. B. Nivea, Maggi, Persil). Wie soll man allerdings bei diesen Produkten die Phase, in der sich das Produkt befindet, bestimmen bzw. den Produktlebenszyklus als Prognoseinstrument zu Rate ziehen, wenn die Unternehmen den idealtypischen Verlauf bewusst vermieden haben?

- Ein anderer Aspekt, der in diesem Konzept keine Beachtung findet, ist die Tatsache, dass Einflussfaktoren, wie z. B. Konjunkturabschwünge, nachhaltig zu Umsatzrückgängen führen können. Daraus abzuleiten, dass man sich nun z. B. in der Degenerationsphase befindet, wäre eine Fehlinterpretation. Bei einer Besserung der gesamtwirtschaftlichen Lage könnte es wieder zu Umsatzzuwächsen kommen.

Als Ergebnis kann man festhalten, dass mit dem Konzept des Produktlebenszyklus allein keine Empfehlungen zur Gestaltung des Marketing-Mix

Aussagekraft des Produktlebenszyklus

---

[49] Vgl. Koppelmann 2001, S. 108 f.

[50] Vgl. Bruhn 2004, S. 65.

gegeben werden können. Es handelt sich hier um ein einfaches Prognose-modell, durch das man lediglich erste Anregungen zur Lösung von Absatz-problemen bekommen kann. Eine ausgeprägte normative *Aussagekraft* be-sitzt dieses Konzept nicht, da außer der Zeit keine weiteren Einflussfaktoren berücksichtigt werden.

5.2.   Das Konzept der Erfahrungskurve

Konzept der
Erfahrungskurve

Das *Konzept der ‚Erfahrungskurve'* ist in den sechziger Jahren von der Unternehmensberatung Boston Consulting Group (BCG) auf der Grundlage empirischer Untersuchungen entwickelt worden. Die Unternehmensbera-tung wies darauf hin, dass zwischen Produktionsmenge und Gesamtkosten-entwicklung ein Zusammenhang in der Form bestehe, dass sich bei einer Verdoppelung der kumulierten Produktionsmenge die inflationsbereinigten Stückkosten auf Basis aller Kosten-Elemente („eingeschlossen Kapital-kosten, Verwaltungskosten, Produktionskosten, Entwicklungskosten und Marketingkosten") um 20-30% verringern.[51] Bruce D. Henderson, damali-ger „President" der BCG, bezeichnete diesen beobachteten Effekt als *‚Er-fahrungskurve'*, weil sich in diesem Falle die Stückkostenreduktion nicht durch das ökonomische Gesetz der Massenproduktion (economies of scale) ergebe, sondern durch „permanente verfahrenstechnische Fortschritte" und die „Fortentwicklung der Produkte selbst".[52]

Betriebsgrößen-
ersparnisse

Aufgrund der Gefahr von Verwechslungen ist zunächst eine Abgrenzung erforderlich, um den Unterschied zwischen der Erfahrungskurve und so genannte ‚Betriebsgrößenersparnissen' zu verdeutlichen. Während bei dem Erfahrungskurvenkonzept davon ausgegangen wird, dass die Stückkosten durch die in der Produktion gewonnene *Erfahrung* im Zeitablauf reduziert werden können, führen Massenproduktions- oder *Betriebsgrößenerspar-nisse* (economies of scale) durch die Erhöhung der Produktionsmenge pro Zeiteinheit zur Stückkostenreduktion. Betriebsgrößenersparnisse entstehen z. B. einerseits durch eine höhere Kapazitätsauslastung (Fixkostendegres-sion) und andererseits durch die Beschaffung größerer Mengen an Vor-produkten und Rohstoffen (günstigere Beschaffungskonditionen). Weiter-

---

[51]   Vgl. Henderson 1984, S. 10 und 19 ff.

[52]   Vgl. Henderson 1984, S. 10.

hin kann aufgrund der erhöhten Produktionsmenge die Einführung eines automatisierten Fertigungssystems lohnenswert sein, was wiederum Kosteneinsparungen zur Folge hat.

Mit folgendem *Beispiel* soll demgegenüber die angenommene Gesetzmäßigkeit des Erfahrungskurvenkonzeptes erläutert werden: Bei der Luftwaffenbasis Wright Patterson in Ohio stellte man fest, dass bei der Montage von Flugzeugrahmen durch häufiges Wiederholen von Arbeitsvorgängen schneller und qualitativ besser gearbeitet wurde. Diese Lerneffekte sind von Wright bereits 1936 veröffentlicht worden.[53] Somit existierte die Idee des Erfahrungskurveneffektes bereits in den 30-iger Jahren.

(Randnotiz: Beispiel für den Erfahrungskurveneffekt)

In Abbildung 18 wird der typische Erfahrungskurvenverlauf dargestellt. Bei einer Verdoppelung der Produktionsmenge von 1.000 auf 2.000 Mengeneinheiten sinken die Stückkosten von 10,- € auf 8,- €; diese Reduktion entspricht einem 20 %-igen Rückgang, genauso wie die Kostenreduktion von 8,- € auf 6,40 € usw.

Das Konzept der Erfahrungskurve erweckt nun den Anschein, für die Marketingplanung eine strategische Implikation zu besitzen. Ein Hersteller, der mit sehr niedrigen Preisen eine Marktdurchdringung anstrebt, hat die Hoffnung, dass durch die niedrig angesetzten Preise (u. U. unter den ‚ersten' Stückkosten) ein starker Nachfragesog entsteht, der dann in der Produktion den Erfahrungseffekt auslöst.[54] Dieser Hersteller müsste demzufolge hohe Stückzahlen produzieren, um die Nachfrage zu befriedigen. Durch diese Erhöhung der kumulierten Produktionsmenge soll der durch die Erfahrung bedingte Erfahrungskurveneffekt entstehen und damit letztlich sehr niedrige Preise ermöglichen, die bei großen Stückzahlen danach zu Gewinnen führen.

---

53   Vgl. Wright 1936, S. 122-128, zitiert bei Czepiel 1992, S. 149.

54   Vgl. Nieschlag/Dichtl/Hörschgen 2002, S. 132 ff.

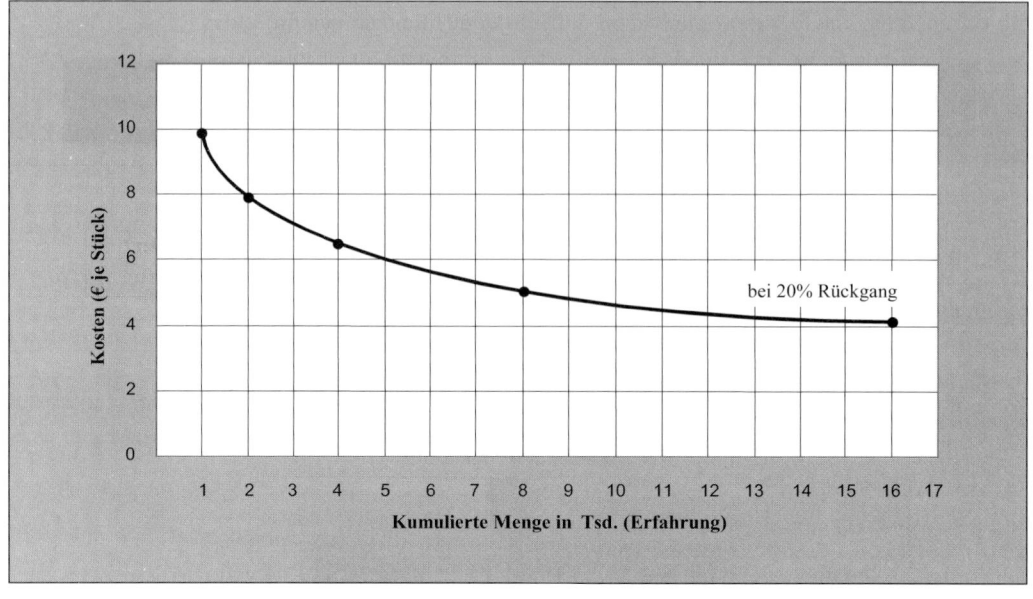

Abb. 18:   Die Erfahrungskurve (fiktives Beispiel)[55]

Aussagekraft der
Erfahrungskurve

Der Erfahrungskurve kann für die strategische Marketingplanung dann ein besonderes Gewicht zukommen, wenn dieses Konzept:

- die langfristige Prognose der Kostenentwicklung,

- die langfristige Prognose der Preisentwicklung,

- die Ermittlung der Kostenentwicklung und des preispolitischen Spielraumes der Konkurrenten

- und somit die langfristige Prognose von Gewinnpotenzialen

erlaubt.[56] Hierbei wird allerdings vorausgesetzt, dass die Preisentwicklung an die Kostenentwicklung gekoppelt ist.

Eine Auswahl der aufgeführten Argumente soll nun einer kritischen Betrachtung unterzogen werden:

---

[55]   In Anlehnung an Gälweiler 1986, S. 259. Vgl. zur Vertiefung auch Lambin 1987, S. 190.

[56]   Vgl. zu diesen Annahmen Meffert 2000, S. 253 f. und Becker 2001, S. 423.

Aus verschiedenen Gründen ist es zunächst sehr schwierig, die relevante Kostenentwicklung der Erfahrungskurve zu bestimmen. Dies liegt einerseits daran, dass bei dem Erfahrungskurvenkonzept aufgrund einer nicht genau vorliegenden Produktdefinition nicht eindeutig festgestellt werden kann, welche Produktionsmenge relevant ist. Folgendes Beispiel soll dieses Problem verdeutlichen: Ist der VW Golf IV ein neues Produkt gegenüber dem VW Golf III oder lediglich eine Weiterentwicklung? Ohne klare Produktdefinition ist eine genaue Kostenzurechnung allerdings nicht möglich.

Probleme der Erfahrungskurve

Andererseits lässt sich neben der Problematik um den Produktbegriff auch eine Diskussion über den Kostenbegriff führen. Henderson hat dem Erfahrungskurvenkonzept einen Kostenbegriff zu Grunde gelegt, der sich auf den Cashflow bezieht und damit eigentlich finanzwirtschaftliche Größen umfasst.[57] Diese sind zur ‚Kostenbestimmung‘ nicht geeignet, da z. B. kalkulatorische Kosten (wie z. B. kalkulatorische Abschreibungen) nicht berücksichtigt werden.

Hinsichtlich der Prognose der Preisentwicklung ist zu sagen, dass selbst bei einer Existenz von Erfahrungskurveneffekten nicht zwingend (relativ zu den Stückkosten) niedrige Preise von den Konkurrenten verlangt werden. Letztlich ist die Marktdurchdringung durch niedrige Preise nur eine Option der Unternehmensführung.

Eine weitere Schwierigkeit der langfristigen Prognose der Kostenentwicklung ergibt sich aufgrund vielfältiger Einflussfaktoren (z. B. neue Umweltschutzgesetze). Damit erscheint eine Prognose der Gewinnpotenziale nur unter Hinzuziehung einer Vielzahl von Einflussfaktoren möglich.

Diese knappen Ausführungen zur Erfahrungskurve zeigen, dass dieses Konzept mit einigen Unsicherheiten behaftet ist. Es ist einerseits deutlich geworden, dass die theoretische Fundierung nicht immer überzeugend ist.[58] Andererseits ist die Idee der Erfahrungskurve transparent geworden. Die Möglichkeit, dass eine Stückkostenreduktion im Zuge einer Erhöhung der Produktionsmenge durch Erfahrung eintreten kann, ist bei der strategischen Marketingplanung, insbesondere bei der Planung preispolitischer Strategien zu berücksichtigen.

Fazit zur Erfahrungskurve

---

[57] Vgl. Henderson 1984, S. 10.

[58] Vgl. zu einem Überblick über die Aussagekraft des ‚Erfahrungskurvenkonzeptes‘ Bauer 1986.

5.3.   Die PIMS-Studie

Grundgedanke der
PIMS-Studie

Der *Grundgedanke der PIMS (Profit Impact of Market Strategy)-Studie* liegt in der Ermittlung ‚strategischer Erfolgsfaktoren' für die Marketing-

strategische
Erfolgsfaktoren

planung. *Strategische Erfolgsfaktoren* sollen Hinweise auf erfolgsbeeinflussende Merkmale strategischer Geschäftseinheiten geben. Entstanden ist das Konzept durch empirische Untersuchungen in dem US-Unternehmen ‚General Electric'.[59] Dort versuchte man aus 100 Geschäftseinheiten mithilfe einer Datenbank strategische Erfolgsfaktoren für die Unternehmensplanung abzuleiten. Die anfänglich zu geringe Datenbasis führte dazu, dass das PIMS-Projekt 1972 zum Marketing Science Institute der Harvard Business School ausgegliedert wurde. Die aus diesem Institut hervorgegangene Beratungsgesellschaft (SPI) besaß nach einigen Jahren eine Datenbasis von 3000 Geschäftseinheiten von über 450 Unternehmen.[60]

Methodische
Vorgehensweise
der PIMS-Studie

Die *methodische Vorgehensweise der PIMS-Studie* hatte zunächst die Erstellung eines standardisierten Fragebogens vorgesehen. Mithilfe des Fragebogens wurde bei den teilnehmenden Unternehmen eine recht große Zahl von Variablen (über 100) für jeden Geschäftsbereich erhoben. Der Schwerpunkt lag dabei auf den Marktverhältnissen, der Wettbewerbsposition des Geschäftsfeldes, der verfolgten Strategie und den erzielten Ergebnissen.

Regressions-
analyse

Die Datenanalyse konzentrierte sich im Wesentlichen auf die Anwendung der linearen Regression. Dabei wurde eine der Messgrößen als abhängige Variable verwendet, die durch eine oder mehrere der anderen (unabhängigen) Variablen erklärt werden sollte. Die Regressionsanalyse sollte Aussagen darüber ermöglichen, ob eine unabhängige Variable einen Einfluss auf die jeweilige Ergebnisgröße hat und wie groß dieser Einfluss – auch im Vergleich zu den anderen unabhängigen Variablen – ist.

Inhalte der Studie

Aus der Erfolgsfaktorenanalyse sind 37 unabhängige, erklärende Variablen hervorgegangen, wobei für die strategische Marketingplanung vor allem die absatzmarktgerichteten Faktoren von Interesse sind, die einen starken Einfluss auf den Erfolg eines Unternehmens haben sollen. Hervorzuheben sind dabei die Erfolgsfaktoren Marktanteil und Produktqualität. In der PIMS-

ROI

Studie wurde herausgefunden, dass der ROI (Return on Investment) mit der

---

[59]   Vgl. Buzzell/Gale 1987, S. 3.

[60]   Vgl. Buzzell/Gale 1987, S. 1.

Größe des Marktanteils eines Unternehmens steigt. So erzielten Unternehmen, die eine Marktführerschaft erreichten, einen dreimal so hohen ROI als Unternehmen mit einem geringen Marktanteil.[61] So zeigte die PIMS-Studie, dass der Marktführer im Mittel einen ROI über 30 % erreicht. Dagegen liegt der ROI von Geschäftsfeldern, die nur die fünfte 'Position' im Markt haben, nur knapp über 10 %.

Allerdings ist der Einfluss des Marktanteils auf den Unternehmenserfolg umstritten. Es gibt stets auch Unternehmen mit kleinem Marktanteil, die durchaus in der Lage sind, angemessene oder gar sehr hohe Renditen zu erzielen.[62] Folglich kommt man zu dem Ergebnis, dass mit einem höheren Marktanteil die Möglichkeit besteht, einen höheren ROI zu erzielen. Es handelt sich hierbei aber nicht um eine Gesetzmäßigkeit. Zudem ist die Richtung der Kausalität nicht zwangsläufig. So ist in einigen Branchen durchaus zu beobachten, dass kleine, sehr erfolgreiche Unternehmen aufgrund ihres Erfolges rasch an Marktanteil gewinnen.[63] Die vermutete Richtung der Kausalität wird durch derartige Belege widerlegt.

Ein für die Marketingplanung interessanter Erfolgsfaktor ist die wahrgenommene Produktqualität. In der PIMS-Studie ist als ein Ergebnis herausgefunden worden, dass eine in Relation zum Wettbewerber höhere Produktqualität auch zu einer höheren Rendite führt. Kombiniert man die beiden Erfolgsfaktoren Marktanteil und Produktqualität, so ergibt sich eine stärkere Wirkung, wie die folgende Abbildung zeigen soll:

---

[61]   Vgl. Buzzell/Gale 1987, S. 72 f.

[62]   Vgl. z. B. Woo/Cooper 1984, S. 72 ff.

[63]   Vgl. mit Blick auf den deutschen Konsumgüterhandel Olbrich 1998, S. 369 ff., insbesondere S. 385.

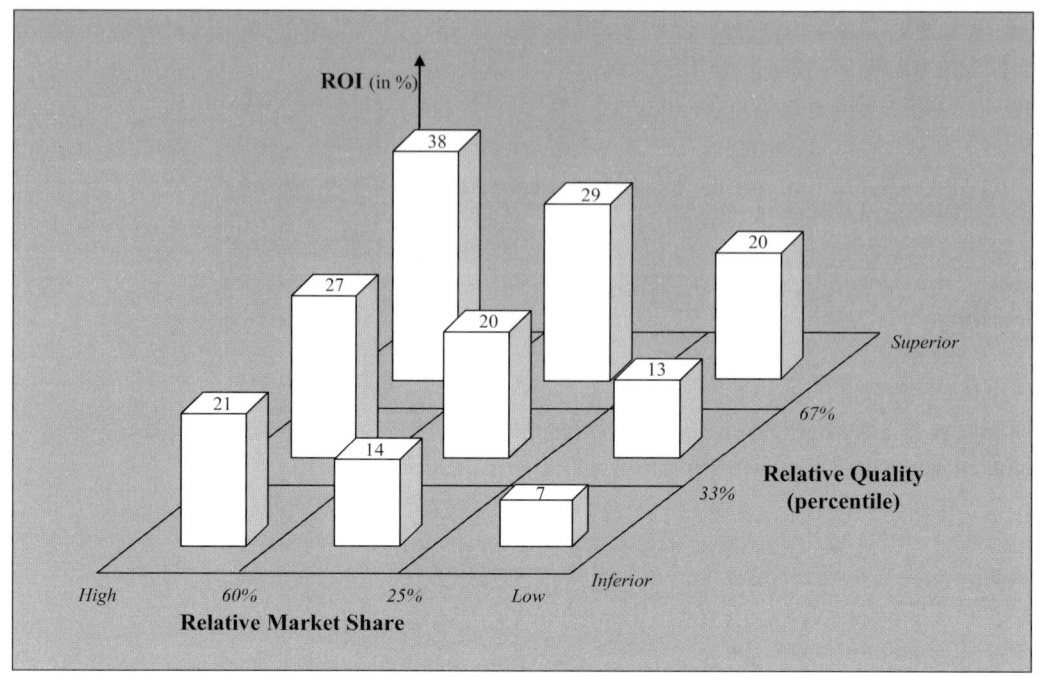

Abb. 19:   Der Einfluss von Marktanteil und Produktqualität auf den ROI
            (Buzzell/Gale 1987, S. 109)

Die PIMS-Studie beinhaltet mit Blick auf die strategische Marketingplanung folgende Konsequenz:

Liegt tatsächlich eine positive Beeinflussung des ROI durch den Marktanteil vor, so gewinnen diejenigen Ausprägungen der Marketinginstrumente
an Bedeutung, die eine Steigerung des Marktanteils versprechen (u. U. z. B.
Niedrigpreisstrategien kombiniert mit flächendeckendem Vertrieb).

Weiterhin versprechen qualitätssteigernde Maßnahmen im Rahmen der
Produktpolitik oder eine Beeinflussung der Qualitätswahrnehmung auf
Seiten der Nachfrager eine Steigerung des Unternehmenserfolgs.

Mit Blick auf die Wirkung des Marktanteils scheinen sich zudem die Aussagen der Erfahrungskurve zu bestätigen, sofern im Einzelfall davon ausgegangen werden kann, dass eine auf Lernkurveneffekten beruhende Stückkostenreduktion zu einer Erhöhung des ROI beigetragen hat.

Die bisher behandelten ‚Prognosemodelle' werden in den Aussagen der nachfolgend zu behandelnden Portfolio-Analyse wieder aufgegriffen. Dieses Prognosemodell fußt letztlich u. a. auf einigen erklärenden Aussagen des Lebenszykluskonzeptes, der Erfahrungskurve und der PIMS-Studie.

5.4.   Die Portfolio-Analyse

5.4.1.   Funktionen und Vorgehensweise der Portfolio-Analyse

Unternehmen stehen sehr oft vor dem Problem, eine gewisse Anzahl unterschiedlicher Geschäftsbereiche koordinieren zu müssen. Die Schwierigkeiten für die Unternehmensführung liegen in diesem Fall darin, dass die Ressourcen des Gesamtunternehmens knapp sind und somit eine zielgerichtete Zuweisung der Ressourcen zu den verschiedenen strategischen Geschäftseinheiten und Produkten notwendig ist. Zum anderen muss untersucht werden, ob die Ist-Situation der Geschäftsbereiche auch künftig die Existenz des Unternehmens gewährleisten kann. Um diesen Problemen im Rahmen der Marketingplanung Rechnung tragen zu können, wurde die Portfolio-Analyse entwickelt.

Die Portfolio-Analyse erfüllt in diesem Zusammenhang zwei *Funktionen*:[64]   Funktionen der Portfolio-Analyse

1. Sie vermittelt einen Überblick über die Tätigkeitsbereiche des Unternehmens und ist mit Blick auf die Ausgangssituation Informationslieferant für die Marketingplanung.

2. Sie vermittelt einen Ausgangspunkt zur Ableitung von strategischen Stoßrichtungen und liefert der Geschäftsleitung auf diese Weise einen Bezugsrahmen für eine intensive Auseinandersetzung mit der Zukunft des eigenen Unternehmens. Sie ist damit Lieferant von ‚Normstrategien'   Normstrategien für die Marketingplanung.

In der Literatur werden unterschiedliche Ziele der Portfolio-Analyse genannt.[65] Neben der Darstellung der Ist-Situation soll sie dazu beitragen,

---

[64]   Zu den Funktionen der Portfolio-Analyse vgl. ausführlich u. a. Kreilkamp 1987, S. 45 ff.

[65]   Vgl. u. a. Oetinger 1994, S. 312 und Kreikebaum 1997, S. 75.

eine ausgewogene sachliche und zeitliche Kombination der Geschäftsbereiche unter Berücksichtigung von Interdependenzen herbeizuführen, um
somit vorhandene und zukünftige Erfolgspotenziale zu sichern.

Die Vorgehensweise einer Portfolio-Analyse besteht darin, strategische Geschäftseinheiten durch verschiedene Bestimmungsfaktoren zu bewerten.
I. d. R. handelt es sich um zwei Bestimmungsfaktoren, z. B. relativer
Marktanteil und Marktwachstum, so dass sich eine zweidimensionale Matrix erstellen lässt, in der die strategischen Geschäftseinheiten des Unternehmens positioniert werden können.

Abgrenzung der SGE

Um die strategischen Geschäftseinheiten positionieren zu können, ist es
notwendig, diese eindeutig voneinander abzugrenzen, da die Umsetzung der
jeweiligen Strategie keine Auswirkungen auf die anderen Geschäftseinheiten haben darf (vgl. Abschnitt 4.3.2.).

Bildung des Ist-Portfolios

Die in der Matrix positionierten strategischen Geschäftseinheiten bilden das
Ist-Portfolio. Das *Ist-Portfolio* zeigt die aktuelle Situation der Geschäftseinheiten mit Blick auf die gewählten Dimensionen auf.

Ziel-Portfolio und Normstrategien

Damit Strategien formuliert werden können, müssen Ziel-Positionen festlegt werden. Das *Ziel-Portfolio* erlaubt einen Vergleich zwischen der Ist-
und Soll-Situation von strategischen Geschäftseinheiten, um mögliche Abweichungen durch die Ableitung geeigneter Strategien zu beseitigen.

5.4.2.   Das Marktwachstum-Marktanteil-Portfolio
(Boston Consulting Group-Portfolio)

5.4.2.1.   Erstellung und Interpretation der Portfolio-Matrix
- Darstellung eines Fallbeispiels

Ende der 60er Jahre entwickelte die Boston Consulting Group auf der Basis des Erfahrungskurvenkonzeptes das Marktwachstum-Marktanteil-Portfolio. Die Boston Consulting Group ging in Anlehnung an das Erfahrungskurven-konzept von der *Annahme* aus, dass die Rentabilität des eingesetzten Kapitals mit der Wachstumsrate des Marktes und der Höhe des eigenen relativen Marktanteils wächst.[66] Geschäftseinheiten mit hohem relativen Marktanteil setzen nach dieser Interpretation des Marktgeschehens *Cashflow*, d. h. verfügbare Finanzmittel, frei. Diese finanziellen Mittel können in die Geschäftseinheit reinvestiert oder zu anderen Geschäftseinheiten ‚transferiert' werden. Der Zusammenhang zwischen dem Marktwachstum und der Rentabilität von Investitionen wird gemäß dem Erfahrungskurveneffekt damit begründet, dass Investitionen in wachsenden Märkten getätigt werden sollten, um die kumulierte Produktionsmenge schnell zu erhöhen. Idealtypischerweise profitieren Unternehmen von den mit den kumulierten Mengen gesammelten Erfahrungen und nutzen diese zur Reduktion der Stückkosten (vgl. Abschnitt 5.2.). Als weiterer Grund für Investitionen in Wachstumsmärkte ist die Möglichkeit zur raschen Gewinnung von Marktanteilen zu sehen.

Annahmen des BCG-Portfolios

Cashflow

Entsprechend den o. g. Annahmen entwickelte die Boston Consulting Group ein zweidimensionales Modell, in dem die Geschäftseinheiten anhand der Kriterien Marktwachstum und relativer Marktanteil positioniert werden können. Durch die Unterteilung der Ordinate und der Abszisse entsteht eine so genannte ‚*Vier-Felder-Matrix*' (vgl. Abb. 20).

Vier-Felder-Matrix der BCG-Portfolio-Analyse

---

[66]   Vgl. Kreilkamp 1987, S. 448 ff.

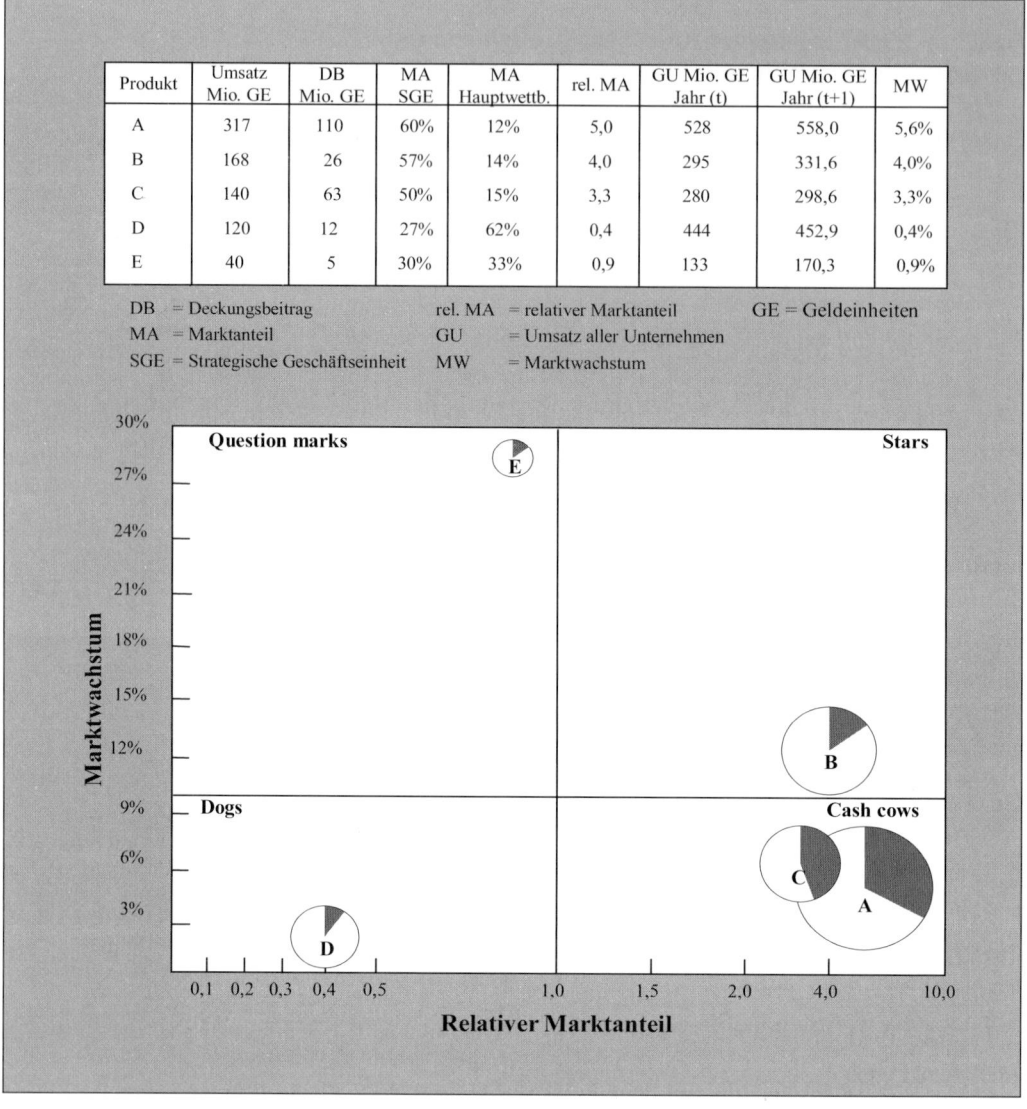

Produkt	Umsatz Mio. GE	DB Mio. GE	MA SGE	MA Hauptwettb.	rel. MA	GU Mio. GE Jahr (t)	GU Mio. GE Jahr (t+1)	MW
A	317	110	60%	12%	5,0	528	558,0	5,6%
B	168	26	57%	14%	4,0	295	331,6	4,0%
C	140	63	50%	15%	3,3	280	298,6	3,3%
D	120	12	27%	62%	0,4	444	452,9	0,4%
E	40	5	30%	33%	0,9	133	170,3	0,9%

DB   = Deckungsbeitrag   rel. MA = relativer Marktanteil   GE = Geldeinheiten
MA   = Marktanteil   GU   = Umsatz aller Unternehmen
SGE = Strategische Geschäftseinheit   MW   = Marktwachstum

Abb. 20:   Marktwachstum-Marktanteil-Portfolio (fiktives Beispiel)

relativer
Marktanteil und
Marktwachstum

Um die strategischen Geschäftseinheiten in der Matrix positionieren zu können, müssen für jede Geschäftseinheit deren *relativer Marktanteil und das Marktwachstum* ermittelt werden. Der relative Marktanteil errechnet sich in diesem Falle als Quotient aus dem Marktanteil des eigenen Unternehmens und dem Marktanteil des stärksten Konkurrenten. Diese Größe erlaubt somit einen direkten Vergleich der Marktstellung mit dem stärksten

Wettbewerber und wird in der Matrix auf der Abszisse abgetragen. Unter Marktwachstum wird hier die prozentuale Änderung des Marktvolumens (Umsatz aller Unternehmen) im Jahr t+1 zum Marktvolumen im Jahr t verstanden. Es bildet in der Portfolio-Matrix der BCG die Ordinate. Zur exemplarischen Ermittlung des relativen Marktanteils und des Marktwachstums dient die Tabelle in der Abbildung 20.

Im Folgenden soll die *Positionierung der strategischen Geschäftseinheiten* anhand des vorliegenden Beispiels erläutert werden. Die Abbildung 20 zeigt die Portfolio-Matrix für strategische Geschäftseinheiten eines deutschen Chemie-Konzerns. Die strategischen Geschäftseinheiten stellen in diesem Fall Produkte des Unternehmens dar. Diese Produkte werden auf dem deutschen Markt für chemische Kunststoffe angeboten. Positionierung der SGE

In diesem Beispiel erfolgt die Unterteilung der Portfolio-Felder bei 10 % Marktwachstum und ab dem Wert 1,0 für den relativen Marktanteil.[67] Die Kennzahl Marktwachstum reicht in diesem Fall von 0 bis 30 %, könnte jedoch auch höhere und auch negative Werte annehmen. Die einzelnen strategischen Geschäftseinheiten werden durch Kreise dargestellt, die entsprechend ihrem erwarteten Marktwachstum und relativen Marktanteil positioniert werden. Die Größe der Kreise entspricht dem von den Geschäftseinheiten erzielten Umsatz.[68]

Die graue Fläche des jeweiligen Kreises stellt hier dessen Cashflow dar. Auf diese Weise ist relativ leicht zu erkennen, welche Geschäftseinheiten einen großen Beitrag zum Gesamtumsatz und zum gesamten Cashflow eines Unternehmens beitragen.

Anhand ihrer Position in der Vier-Felder-Matrix lassen sich vier *Typen* von strategischen Geschäftseinheiten unterscheiden. In der US-amerikanischen Portfolio-Terminologie werden diese je nach Positionierung in der Matrix Typologie strategischer Geschäfts-einheiten

---

[67] In der Originaldarstellung des BCG-Portfolios erfolgt eine Unterteilung des Marktwachstums bei 10 % und eine Trennung des relativen Marktanteils zwischen hoch und niedrig ab dem Wert 1,5. Die Unterteilung der Achsen ist letztlich der Willkür unterworfen und lässt sich nicht begründen. Dieser Gesichtspunkt stellt zugleich einen wesentlichen Kritikpunkt an der Portfolio-Analyse dar. Vgl. Kreilkamp 1987, S. 451.

[68] In der Literatur existiert keine Einigkeit darüber, welche Kennzahl als Maßstab für die Größe der Geschäftseinheit (Kreisumfang) in der Portfolio-Matrix verwendet werden sollte. Verwendet werden z. B. der Umsatz, das gebundene Kapital und das investierte Kapital. Vgl. z. B. Kreilkamp 1987, S. 450; Oetinger 1994, S. 290.

als ‚Question marks‘, ‚Stars‘, ‚Cash cows‘ oder ‚Dogs‘ bezeichnet (vgl. Abb. 21).

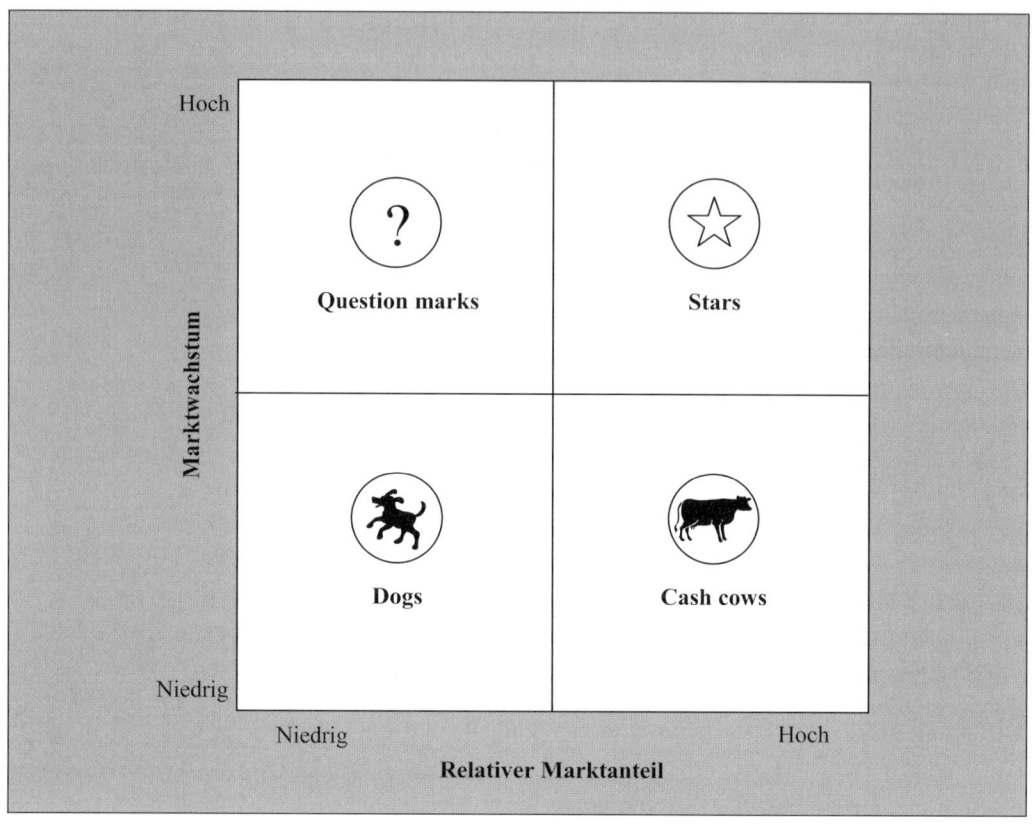

Abb. 21:   Typologie strategischer Geschäftseinheiten

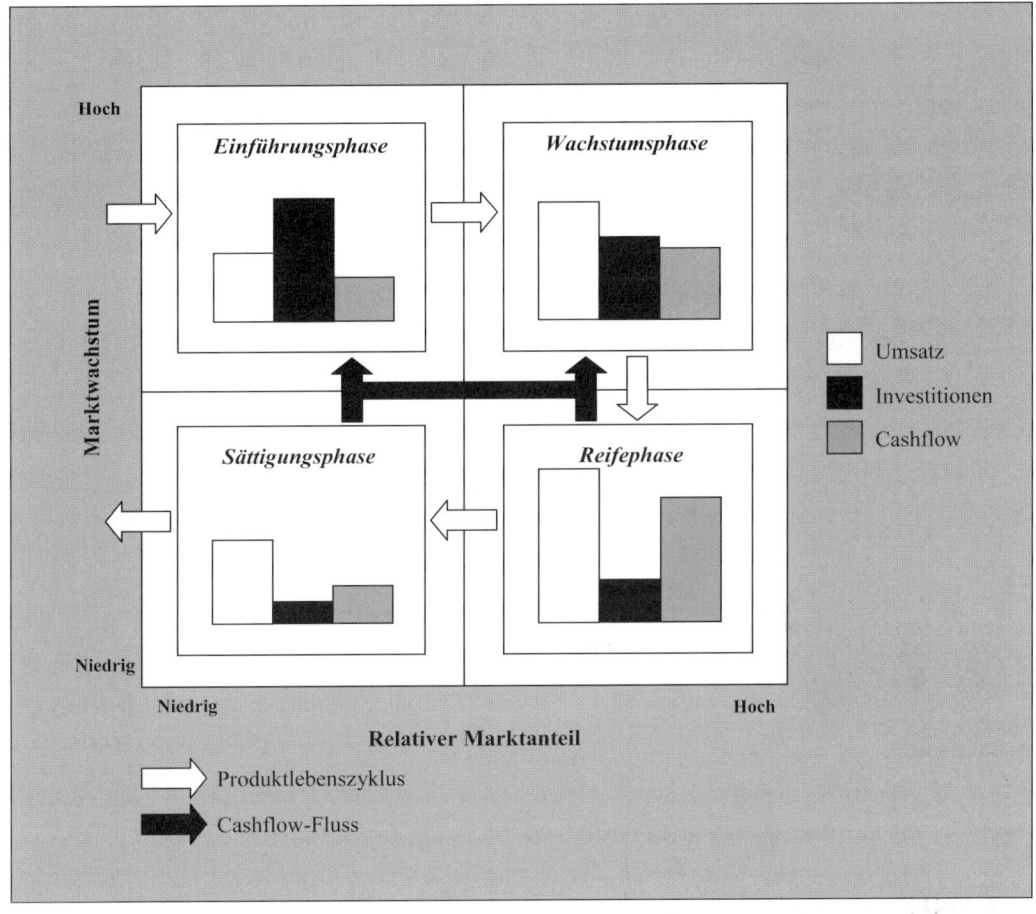

Abb. 22:   Der Lebenszyklus im Marktwachstum-Marktanteil-Portfolio

Mit Blick auf Abb. 20, 21 und Abb. 22 wird diese Typologie am Beispiel
der fünf Produkte A bis E erläutert.

Bei den *Question marks* handelt es sich um strategische Geschäftseinheiten   Question marks
(SGE E), die durch eine hohe Marktwachstumsrate und einen niedrigen relativen Marktanteil gekennzeichnet sind. Diese Geschäftseinheiten befinden
sich in Anlehnung an das Produktlebenszykluskonzept in der Einführungsphase. Sie benötigen mehr finanzielle Mittel als sie selbst erzeugen (vgl.
Abb. 22).

Stars sind strategische Geschäftseinheiten, die einen hohen relativen Markt-   Stars
anteil besitzen und sich in wachsenden Märkten befinden (SGE B). Stars

finanzieren ihr Wachstum i. d. R. durch selbst erwirtschaftete Finanzmittel. Stars befinden sich in Anlehnung an das Produktlebenszykluskonzept in der Wachstumsphase. Sie tragen in hohem Maße zum Wachstum und zur Existenzsicherung des Unternehmens bei. Bei nachlassendem Marktwachstum werden Stars zu Cash cows und erbringen infolge geringerer Investitionen einen hohen Cashflow.

Cash cows

Cash cows bezeichnen strategische Geschäftseinheiten, bei denen in diesem Beispiel die jährliche Marktwachstumsrate unter 10 % sinkt (SGE A und C). Sie halten noch einen hohen relativen Marktanteil. Cash cows sind Geschäftseinheiten, die sich in der Reifephase befinden. Sie erwirtschaften den höchsten Cashflow, da die Notwendigkeit von Reinvestitionen in einem stagnierenden Markt i. d. R. abnimmt.[69]

Dogs

Dogs ist die Bezeichnung für Geschäftseinheiten, die mit geringem relativen Marktanteil in schwach wachsenden oder gar stagnierenden Märkten tätig sind (SGE D). Sie befinden sich in der Sättigungs- und Degenerationsphase des Produktlebenszyklus. I. d. R. weisen sie einen sehr geringen Cashflow auf. Für sie gibt es kaum eine Chance, ihre aktuelle Marktsituation deutlich zu verbessern. Lediglich durch Verdrängung oder ‚freiwilliges' Ausscheiden von Konkurrenten kann ihre Position verbessert werden.

Entsprechend der jeweiligen strategischen Position bzw. Einordnung der strategischen Geschäftseinheiten in die vier Quadranten ergeben sich unterschiedliche Normstrategien, d. h. unterschiedliche strategische Stoßrichtungen. Die Normstrategien für die Geschäftseinheiten müssen nach Aussagen der ‚Portfolio-Theorie' so kombiniert werden, dass ein ausgeglichenes Portfolio erreicht wird. Mit anderen Worten, es müssen die Investitionen des Unternehmens durch entsprechende Finanzquellen gespeist werden, damit die Existenz des Unternehmens gesichert ist.

Mit Blick auf das vorliegende Beispiel fällt auf, dass mit den strategischen Geschäftseinheiten A, B und C wohl genügend Cashflow erwirtschaftet wird, allerdings nur ein Nachfolgeprodukt E im Markt etabliert ist.

---

[69]   Vgl. Kreikebaum 1997, S. 76 f.

5.4.2.2. Normstrategien und Ziel-Portfolio

Die Normstrategien der Portfolio-Analyse geben lediglich Anhaltspunkte für die Formulierung unternehmensindividueller Strategien.[70]

Bevor jedoch die Normstrategien für das in Abbildung 20 skizzierte Ist-Portfolio dargestellt werden, gibt die Abbildung 23 einen Überblick über die grundsätzlichen Strategieempfehlungen für die einzelnen Felder der Portfolio-Matrix.

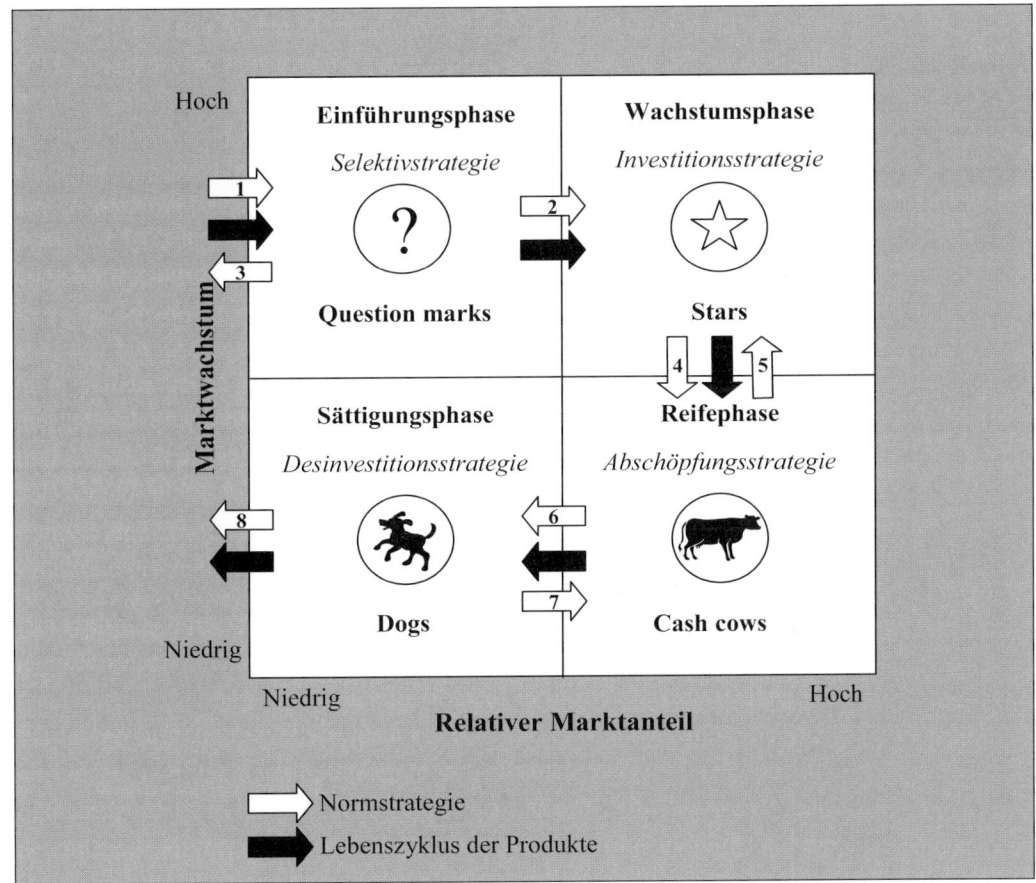

Abb. 23:   Die Normstrategien in der Portfolio-Matrix

---

70   Vgl. Kreilkamp 1987, S. 454.

Selektivstrategie

Bei den *Question marks* wird generell eine *Selektivstrategie* empfohlen. Diese Strategie umfasst zwei Varianten. Die erste Variante (Investitionsstrategie) besteht darin, alle Möglichkeiten zu nutzen, um den Marktanteil der Question marks zu erhöhen (Pfeil 2). Es sollen Erfolg versprechende Question marks ‚aufgebaut' werden, damit diese den Status eines Stars erlangen können. Wenn ein Unternehmen trotz hoher Investitionen keine Möglichkeiten hat, die Marktanteilsposition eines Question marks deutlich zu verbessern, wird die zweite Variante (Desinvestitionsstrategie) empfohlen (Pfeil 3). Die frei werdenden Finanzmittel sollen in andere, Erfolg versprechende Produkte und Märkte investiert werden.[71]

Investitions-
strategie

Bei den *Stars* sollen sich die Bemühungen des Unternehmens darauf richten, den hohen relativen Marktanteil auch bei rückläufigen Wachstumsraten zu halten bzw. weiter auszubauen (Pfeil 4). Das Ziel der *Investitionsstrategie* ist die Marktführerschaft in einem stark wachsenden Markt. I. d. R. müssen hohe Investitionen getätigt werden, um die relativen Kostenvorteile für die Zukunft zu erhalten und die Konkurrenten vom Markt fernzuhalten.[72]

Abschöpfungs-
strategie

Bei den *Cash cows* wird eine *Abschöpfungsstrategie* empfohlen. Nachdem sich das Wachstum des Marktvolumens verlangsamt hat und weniger Investitionen für Kapazitätsausweitungen erforderlich sind, können Cash cows ihre Größenvorteile ausnutzen und hohe Gewinnspannen erwirtschaften.[73] In diesem Stadium ist auch nicht mehr mit neuen Markteintritten durch Konkurrenten zu rechnen, so dass liquiditätsaufwendige Verteilungskämpfe eher die Ausnahme denn die Regel sind.[74] Cash cows liefern Finanzmittel, die zur Unterstützung ausgewählter Stars und Question marks eingesetzt werden können. Von besonderem Vorteil ist es, wenn diese Finanzmittel dazu beitragen können das Marktwachstum wiederzubeleben (Pfeil 5). Demgegenüber wird der Marktanteil aus eigenem Antrieb sukzessive gesenkt (Pfeil 6), wenn mit stark rückläufigem Marktvolumen zu rechnen ist.

---

[71]   Vgl. u. a. auch Bruhn 2004, S. 71 f..

[72]   Vgl. Kreilkamp 1987, S. 457.

[73]   Vgl. Kotler/Bliemel 2001, S. 119.

[74]   Vgl. Coenenberg/Baum 1987, S. 81.

Dogs liefern aufgrund ihrer ungünstigen Kostenposition i. d. R. geringe Finanzmittel. Hier sollte überprüft werden, ob in absehbarer Zeit eine positive Marktentwicklung zu erwarten ist, die das ,Wiederbeleben' solcher Geschäftseinheiten rechtfertigt (Pfeil 7). I. d. R. sind Investitionen nicht sinnvoll, da kein Wachstum zu erwarten ist und in dieser Phase des Lebens-zyklus Preiskämpfe und ,Werbeschlachten' unter den Konkurrenten auf-treten (Pfeil 8). Für diesen Fall wird eine *Desinvestitionsstrategie* empfoh- [Desinvestitions-strategie] len. Frei werdende Finanzmittel sollten in dieser Situation in andere, Erfolg versprechende Geschäftseinheiten investiert werden.[75]

Wie schon erwähnt wurde, dürfen nach Aussage der Portfolio-Theorie die Normstrategien der Geschäftseinheiten nicht isoliert betrachtet werden. Für ein Unternehmen erscheint es wichtig, ein ausgeglichenes Portfolio zu erzielen, damit sämtliche Aktivitäten durch Finanzquellen gesichert werden können. Ein Ausgleich zwischen Finanzmittelabfluss und -zufluss kann nur erreicht werden, wenn die richtige Wahl und Kombination von Strategien einzelner Geschäftseinheiten realisiert wird.

Mithilfe des Ziel-Portfolios lassen sich mögliche Abweichungen zwischen den Ziel- und Ist-Positionen der Geschäftseinheiten veranschaulichen. In der Abb. 24 werden die Ist- und Soll-Positionen der strategischen Ge-schäftseinheiten des Beispiels dargestellt.

Für das betrachtete Unternehmen scheint es wichtig zu sein, eine genügend große Anzahl von Produkten im Cash cow-Bereich zu halten bzw. zu posi-tionieren, um Investitionen tätigen zu können (SGE A und C). Ähnlich ver-hält es sich mit der SGE B, die allerdings einen Marktanteilsrückgang hin-nehmen muss. SGE E soll zu einem Star ,ausgebaut' werden. Weiterhin soll eine neue strategische Geschäftseinheit in das Portfolio aufgenommen wer-den. Das Produkt in der Dog-Position wird aus dem Markt genommen (SGE D).

---

[75]   Vgl. Kreilkamp 1987, S. 457.

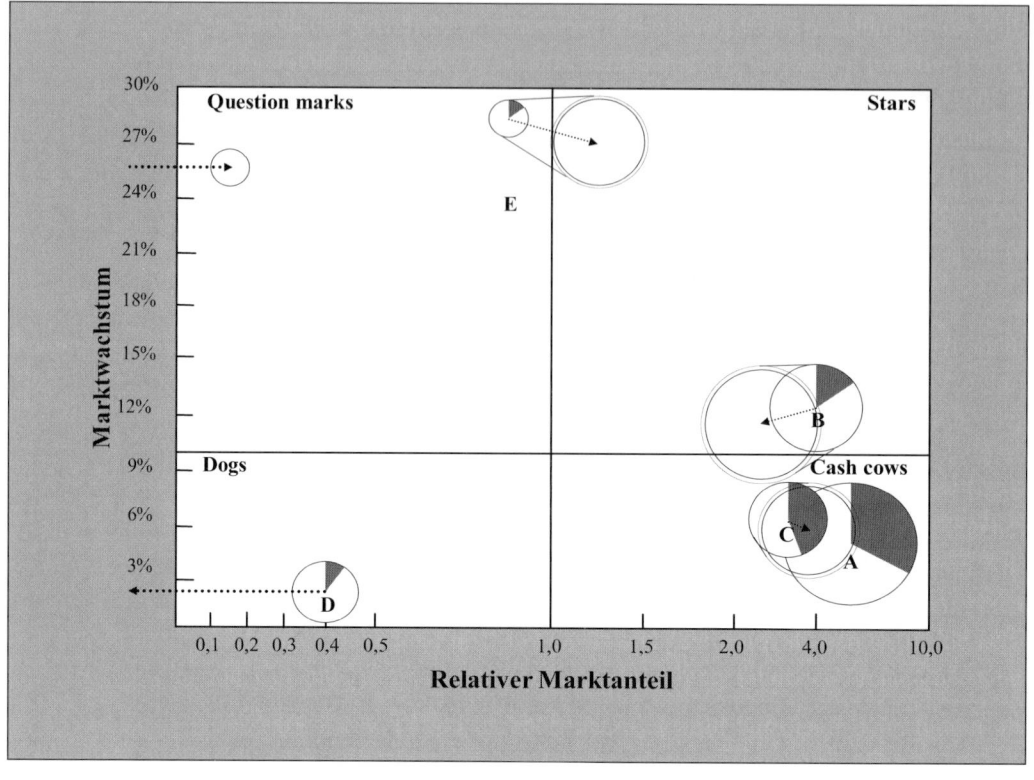

Abb. 24:   Das Ist- und Ziel-Portfolio

5.4.2.3.   Problembereiche des Marktwachstum-Marktanteil-Portfolios

Vorteile

Die *Vorteile* des Marktwachstum-Marktanteil-Portfolios liegen sicherlich in seiner Anschaulichkeit, in den geringen Ansprüchen an die Beschaffung der Informationen sowie in der leichten Handhabung. Neben diesen Vorteilen

Kritik

werden in der Literatur jedoch einige *Kritikpunkte* zum Portfoliokonzept der BCG angeführt. Die wichtigsten werden hier kurz vorgestellt:[76]

---

[76]   Vgl. zu den Problemfeldern der Portfolio-Analyse ausführlich u. a. Kreilkamp 1987, S. 461-478; Nieschlag/Dichtl/Hörschgen 2002, S. 142 f.

1. Ein zentraler Kritikpunkt ist die Wahl der Dimensionen relativer Markt-
    anteil und Marktwachstum für die Positionierung der strategischen Ge-
    schäftseinheiten in der Portfolio-Matrix. Neben dem relativen Markt-
    anteil und Marktwachstum gibt es andere Bestimmungsgrößen, die den
    wirtschaftlichen Erfolg eines Unternehmens beeinflussen wie bspw.
    Markteintrittsbarrieren und die Wettbewerbsintensität, die aber in die-
    sem Modell keine explizite Berücksichtigung finden.

2. Der relative Marktanteil ist nicht die einzige Determinante der Kosten-
    situation der Wettbewerber. Es existieren weitere Faktoren, die die
    Kostensituation von Unternehmen beeinflussen können (z. B. Synergie-
    effekte, technischer Vorsprung und günstige Rohstoffquellen). Zudem
    berücksichtigt die Portfolio-Analyse mit Blick auf die explikativen Ele-
    mente der Aussagen über den relativen Marktanteil vordergründig die
    Kostenseite, vernachlässigt aber die Erlösseite, d. h. die Preisstruktur der
    angebotenen Produkte.

3. Die Portfolio-Analyse ist ein weitgehend statischer Ansatz. Der relative
    Marktanteil bildet nur die gegenwärtige Situation des Unternehmens im
    Wettbewerb ab und erlaubt keine Prognose seiner zukünftigen Ent-
    wicklung. Das Marktwachstum beinhaltet zwar einen prognostischen
    Aspekt, dieser wird allerdings mit der statischen Betrachtung des Markt-
    anteils kombiniert.

4. Externe Einflussgrößen (wie z. B. Subventionen, Rechtsprechung und
    konjunkturelle Faktoren), die einen starken Einfluss auf das Markt-
    wachstum haben bzw. den Wettbewerb außer Kraft setzen können, wer-
    den nicht berücksichtigt.

5. Besonders problematisch stellt sich die Abgrenzung der strategischen
    Geschäftseinheiten dar. Unterschiedliche Aggregationsniveaus bei der
    Abgrenzung der strategischen Geschäftseinheiten können dazu führen,
    dass sich unterschiedliche Werte für das Marktwachstum und den
    Marktanteil ergeben. So kann es auftreten, dass eine strategische Ge-
    schäftseinheit als Dog definiert wird, sofern der Gesamtmarkt herange-
    zogen wird. Wird lediglich ein Marktsegment betrachtet, so kann diese
    als Star interpretiert werden (et vice versa).

Operationali-
sierungsprobleme

Neben diesen allgemeinen Problemfeldern wird die Anwendung der Port-folio-Analyse der BCG durch *Operationalisierungsprobleme* erschwert. So ergeben sich in diesem Zusammenhang insbesondere die folgenden Fra-gen:[77]

1. Soll bei der Bestimmung des Marktwachstums und des relativen Markt-anteils die Absatzmenge oder der Umsatz als Kriterium herangezogen werden?

2. Wie ist ein hoher oder niedriger relativer Marktanteil bzw. ein hohes oder niedriges Marktwachstum definiert?

Bedenklich aus heutiger Sicht ist die von der BCG geforderte Wachstums-orientierung. Veränderungen der Wettbewerbsbedingungen und Märkte lenken die Aufmerksamkeit eines Unternehmens auf andere Kriterien, wie z. B. Flexibilität und Marktzugänglichkeit. Diese aus heutiger Sicht wich-tigen Kriterien berücksichtigt das aus den 60er und 70er Jahren stammende Portfoliokonzept der BCG nicht. Somit ermöglicht das Portfoliokonzept der BCG zwar eine übersichtliche Darstellung der strategischen Geschäfts-einheiten eines Unternehmens, ist aber nicht in der Lage, eine Unterneh-mens- bzw. Umweltanalyse zu ersetzen. In der Realität sind die Wettbe-werbsverhältnisse oft zu komplex, um die Situation der Geschäftsbereiche ausschließlich anhand des Marktwachstums und der relativen Marktanteile zu erfassen. Das Portfoliokonzept der BCG ist somit eher ein Hilfsmittel der strategischen Planung.[78] Dieses Hilfsmittel besitzt allerdings für die strategische Marketingplanung folgende *Vorzüge*:

Vorzüge

1. Das stark vereinfachende und reduzierende Vorgehen eröffnet zunächst die Chance, im Rahmen der Marketingplanung einen komprimierten Überblick über sämtliche Geschäftseinheiten zu erlangen, wobei zwei unstrittigerweise zentrale absatzmarktgerichtete Maßgrößen zugrunde gelegt werden.

2. Der Planungsprozess wird von der Abgrenzung der SGE bis zu mögli-chen Sollstrategien durchlaufen und bietet dann Anhaltspunkte, die ge-wonnenen Ergebnisse kritisch zu hinterfragen.

---

[77]   Vgl. auch Kreilkamp 1987, S. 470.

[78]   Vgl. Riekhof 1989, S. 180.

3. Die Portfolio-Analyse ebnet einer sachlichen Kommunikation unter den beteiligten Trägern der Planung den Weg.

Insbesondere der letzte Punkt spricht auch noch aus heutiger Sicht für die Anwendung der Portfolio-Analyse – allerdings unter Beachtung der vorstehend genannten Kritikpunkte.

5.4.3. Das Marktattraktivität-Wettbewerbsvorteil-Portfolio (McKinsey-Portfolio)

5.4.3.1. Vorgehensweise

Aus der Diskussion über das Portfolio der BCG sind eine Reihe von Varianten der Portfolio-Analyse hervorgegangen. Ein weiteres in der Praxis beachtetes Konzept ist das Marktattraktivitäts-Wettbewerbsvorteil-Portfolio. Dieses Konzept wurde von der General Electric Company und dem Beratungsunternehmen McKinsey entwickelt.

Die Vorteile dieses Konzeptes liegen zum einen darin, dass mehrere Einflussgrößen berücksichtigt werden. Zum anderen werden die Marktattraktivität und die Wettbewerbsvorteile anhand zahlreicher Indikatoren charakterisiert, wodurch eine detailliertere Analyse erfolgt. Darüber hinaus besitzt die Portfolio-Matrix neun Felder wodurch eine differenziertere Betrachtung der strategischen Geschäftsfelder ermöglicht wird.[79]

---

[79] Vgl. Becker 2001, S. 430.

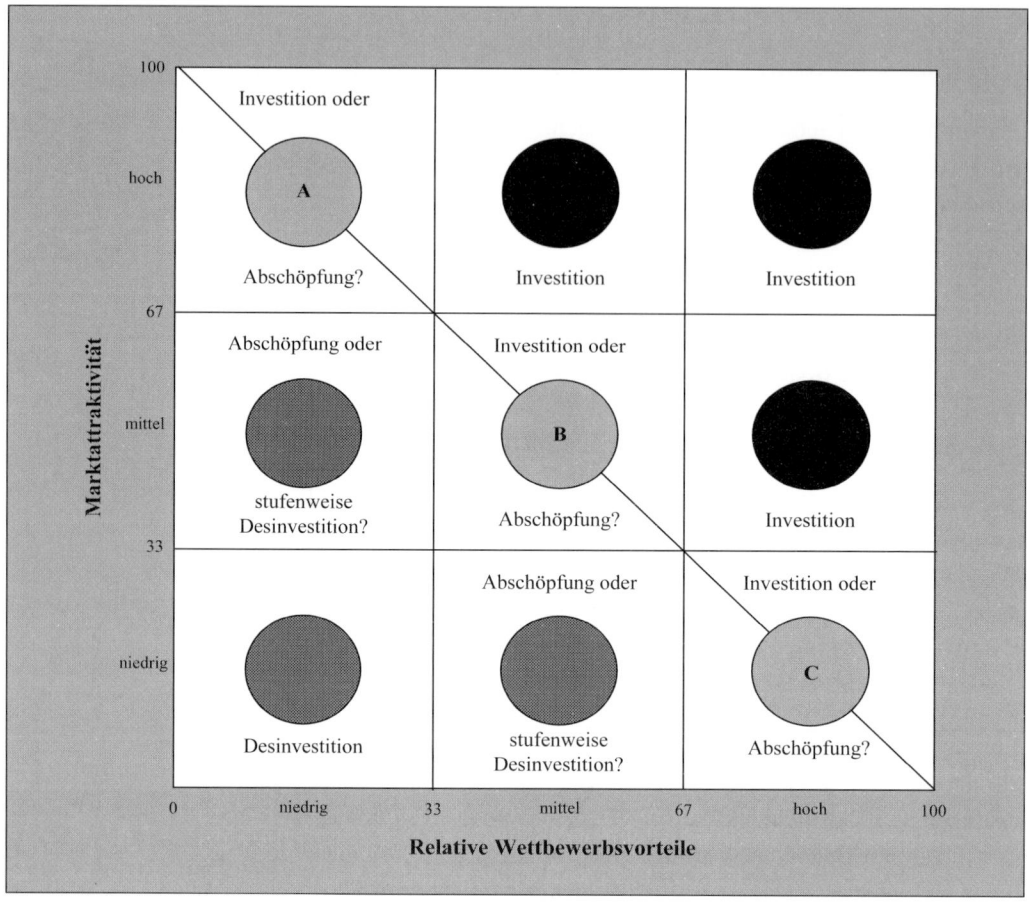

Abb. 25:   Das Marktattraktivität-Wettbewerbsvorteil-Portfolio[80]

Indikatoren für die   Die *Marktattraktivität* soll sich z. B. durch die Indikatoren:[81]
Marktattraktivität

- Marktwachstum und -größe,

- ‚Marktqualität‘,

- Energie- und Rohstoffversorgung

- sowie ‚Umfeldsituation‘

---

80   In Anlehnung an Kreilkamp 1987, S. 496 ff.; Hinterhuber 1996, S. 149.

81   Vgl. Nieschlag/Dichtl/Hörschgen 2002, S. 145.

ermitteln lassen. Diese Indikatoren sollen sich durch eine Reihe von Faktoren quantifizieren lassen. So soll z. B. die Marktqualität u. a. von den Faktoren Rentabilität der Branche und Wettbewerbsintensität abhängen.[82]

Die Position des Unternehmens im Markt (*Wettbewerbsvorteile*) wird eben-falls durch mehrere Indikatoren bestimmt. Diese sind z. B.:[83]

Indikatoren für die Wettbewerbs-vorteile

- die relative Marktposition,

- das relative Produktpotenzial,

- das relative Forschungs- und Entwicklungspotenzial,

- die relative Qualifikation der Führungskräfte und Kader,

- die Kernkompetenzen der Unternehmung.

Diese Indikatoren hängen zugleich von mehreren Faktoren ab. Bspw. hängt die relative Marktposition vom Marktanteil, von der Finanzkraft des Unternehmens, von der Rentabilität des Marktes, vom Risiko und vom Marketingpotenzial ab.[84]

Um die Position der strategischen Geschäftsfelder zu bestimmen, müssen die jeweils relevanten Indikatoren beider Dimensionen nach ihrer Bedeutung für die strategischen Geschäftseinheiten gewichtet und entsprechend den Gegebenheiten bewertet werden.[85] Die Ermittlung der Ausprägung jedes Indikators erfolgt durch die Bewertung der Faktoren und wird mithilfe eines Scoring-Verfahrens durchgeführt. Sind die zwei Koordinatenwerte bekannt, so kann die strategische Einheit in der Matrix positioniert werden.

Das Marktattraktivität-Wettbewerbsvorteil-Portfolio soll, ähnlich dem Ansatz der BCG, die Ableitung strategischer Stoßrichtungen ermöglichen, denen wiederum *Normstrategien* zugeordnet werden. Zu den Normstrate-

Normstrategien

---

82   Vgl. Nieschlag/Dichtl/Hörschgen 2002, S. 146.

83   Vgl. Hinterhuber 1996, S. 151.

84   Vgl. Nieschlag/Dichtl/Hörschgen 2002, S. 143 ff.

85   Vgl. zur Vorgehensweise bei der Ermittlung der Koordinatenwerte bspw. Dunst 1983, S. 102 ff.

gien zählen:[86]

- die Investitionsstrategie,

- die Wachstumsstrategie,

- die Abschöpfungsstrategie,

- die Desinvestitionsstrategie und

- die Selektive Strategie.

Investitions- und
Wachstums-
strategie

Investitions- und Wachstumsstrategien werden für strategische Geschäfts-felder formuliert, deren Marktattraktivität und relative Wettbewerbsvorteile jeweils als mittel bis hoch eingestuft werden. Strategische Geschäfts-einheiten in diesen Positionen erfordern im Allgemeinen zur Sicherung, Er-haltung und zum Aufbau der relativen Wettbewerbsvorteile mehr finan-zielle Mittel als sie selbst erzeugen.[87] Daher wird der Matrixbereich (rechts oberhalb der Diagonalen) als die Zone der Mittelbindung bezeichnet. Strategische Geschäftseinheiten in diesen Positionen geniessen eine hohe Priorität hinsichtlich der Investitionen und weiteren Wachstums.

Abschöpfungs-
und
Desinvestitions-
strategie

Abschöpfungs- und Desinvestitionsstrategien werden für strategische Ge-schäftseinheiten empfohlen, deren Marktattraktivität und relative Wettbe-werbsvorteile als niedrig bis mittel angesehen werden. Geschäftsfelder in diesem Bereich sollen zur Finanzierung der Erfolg versprechenderen Ge-schäftseinheiten herangezogen werden. Dieser Bereich der Matrix wird als die Zone der Mittelfreisetzung bezeichnet.

Selektive Strategie

Selektive Strategien sind für strategische Geschäftseinheiten notwendig, die in der Portfolio-Matrix auf der Diagonale liegen. Es werden drei verschie-dene Arten von selektiven Strategien unterschieden:[88]

- Offensivstrategien,

- Defensivstrategien,

- Übergangsstrategien.

---

[86]   Vgl. Hinterhuber 1996, S. 163.

[87]   Vgl. Riekhof 1989, S. 176.

[88]   Vgl. Meffert 2000, S. 252.

Strategische Geschäftseinheiten, die durch eine hohe Marktattraktivität und
geringe relative Wettbewerbsvorteile gekennzeichnet sind, sollen durch
eine *Offensivstrategie* unterstützt werden (SGE A). Kann das Unternehmen
durch geeignete Maßnahmen keinen Wettbewerbsvorteil erlangen, so wird
empfohlen, die strategische Geschäftseinheit ‚abzuschöpfen' bzw. aufzu-
geben. Strategische Geschäftseinheiten in dieser Position zeichnen sich
durch eine negative Cashflow-Bilanz aus, da mit einer hohen Marktattraktivität eine hohe Investitionsintensität einhergeht. *Offensivstrategie*

Defensivstrategien sind im Allgemeinen für die strategischen Geschäftseinheiten geeignet, die sich zwar durch eine geringe Marktattraktivität, aber
auch durch hohe Wettbewerbsvorteile auszeichnen (SGE C). In dieser Position ist der Cashflow i. d. R. stark positiv. Das betreffende Unternehmen
sollte versuchen, die relativen Wettbewerbsvorteile zu behaupten und
potenzielle Konkurrenten abzuhalten, in dieses Marktsegment einzudrin-
gen.[89] *Defensivstrategie*

Für die Geschäftseinheiten in der mittleren Position ist eine *Übergangs-
strategie* notwendig (SGE B). Ziel dieser Strategie ist, eine horizontale
Positionsänderung ohne allzu großen Ressourceneinsatz herbeizuführen. Im
Rahmen dieser Strategie werden nur Erhaltungsinvestitionen getätigt. Auf
Neuentwicklungen wird i. d. R. verzichtet, oft werden Umstrukturierungs-
prozesse eingeleitet. Dazu gehören z. B. eine Kundenbereinigung, die
Konzentration der unternehmerischen Tätigkeiten auf regionaler Ebene und
die Beschränkung auf Großaufträge.[90] *Übergangsstrategie*

5.4.3.2. Kritik

Das Marktattraktivität-Wettbewerbsvorteil-Portfolio hat den Vorteil gegenüber dem Konzept der BCG, dass eine Fülle strategisch wichtiger Faktoren
aus dem Unternehmen und seiner Umwelt qualitativ und quantitativ beurteilt werden.[91] Auf diese Art und Weise soll eine detaillierte und differenzierte Analyse der strategischen Geschäftseinheiten bzw. des Unternehmens
ermöglicht werden. Aus diesem Vorteil ergeben sich mehrere Probleme in

---

[89]   Vgl. Riekhof 1989, S. 177.

[90]   Vgl. Hinterhuber 1996, S. 170.

[91]   Vgl. Kreilkamp 1987, S. 502.

der methodischen Vorgehensweise, die den wesentlichen Kritikpunkt des
Konzeptes ausmachen. Die Ermittlung der Koordinatenwerte beim Marktattraktivität-Wettbewerbsvorteil-Portfolio entspricht der Vorgehensweise
von Scoring-Modellen. Wesentliche *Kritikpunkte an dem Scoring-Verfahren* und somit auch an diesem Konzept sind:[92]

- Die vollständige Erfassung aller Faktoren, die für die Bestimmung der
  Marktattraktivität und der relativen Wettbewerbsvorteile relevant sind,
  ist nicht möglich. Insofern suggerieren entsprechende Portfolio-Analy-
  sen einen Vollständigkeitsanspruch, der nicht einzulösen ist.

- Die berücksichtigten Faktoren müssen voneinander unabhängig sein,
  d. h. es darf kein Zusammenhang zwischen ihnen geben, damit sie ein-
  zeln bewertet werden können.

- Die Bewertung der Faktoren ist besonders problematisch, da es keine
  einheitlichen Richtlinien für eine Bewertung gibt. Das gleiche Problem
  existiert bei der Gewichtung der einzelnen Indikatoren. Eine objektive
  Bewertung der einzelnen Variablen und eine objektive Ermittlung der
  Koordinatenwerte sind daher selten möglich. Ebenfalls ist die Vorgehensweise bei der Ermittlung der Koordinatenwerte durch Aggrega-
  tionen sehr fraglich. Eine Addition der Punktwerte setzt z. B. voraus,
  dass sich die Gesamtbewertung der Dimensionen additiv aus den einzelnen Faktoren zusammensetzt. Diese Voraussetzung dürfte aber eher
  selten erfüllt sein.

Die Vorgehensweise des Marktattraktivität-Wettbewerbsvorteil-Portfolios
weist einige Probleme bei der Sammlung und Gewichtung der Kriterien
sowie bei der Bewertung und Zusammenfassung der Punktwerte zu Koordi-
naten auf. Eine Verbesserung dieses Portfoliokonzeptes kann erst erreicht
werden, wenn die Scoring-Verfahren verfeinert und weiterentwickelt worden sind.[93]

Vor allem erscheint es wichtig, dass der Anwender die Schwächen des
Modells kennt und diese bei der Strategiefindung berücksichtigt. Ähnlich
wie die Portfolio-Analyse auf der Grundlage der Marktwachstums-/ Markt-

---

[92] Vgl. ausführlich zur Kritik an dem Scoring-Verfahren u. a. Kreilkamp 1987, S. 502-
      516 und Berekoven/Eckert/Ellenrieder 1996, S. 293 f.

[93] Vgl. Kreilkamp 1987, S. 516.

anteilsmatrix birgt auch dieses Verfahren die Vorzüge eines weitgehend standardisierten Planungs- und Kommunikationsinstrumentes.

Übungsaufgaben

Aufgabe 9: Konzept des Produktlebenszyklus

a) Erläutern Sie das Konzept des Produktlebenszyklus und skizzieren Sie die wichtigsten Kritikpunkte an dessen Aussagen!

b) Welche Konsequenzen kann die fehlende Berücksichtigung des Produktlebenszyklus-Konzeptes für einen TV-Sender haben?

c) Lässt sich die Phase des Produktlebenszyklus einer Fernsehserie ermitteln? Welche Rolle spielen in diesem Zusammenhang die Sendezeit und die Sendedauer?

Aufgabe 10: Konzept der Erfahrungskurve

a) Beschreiben Sie das Konzept der Erfahrungskurve! Gehen Sie insbesondere auf die Annahmen und auf mögliche Ursachen des Erfahrungskurveneffektes ein!

b) Grenzen Sie die Begriffe Erfahrungskurve und Economies of scale ab! Verdeutlichen Sie die Unterschiede dieser Konzepte anhand aussagekräftiger Beispiele!

c) Lassen sich aus dem Erfahrungskurveneffekt Marketingstrategien ableiten? Begründen Sie Ihre Antwort!

Aufgabe 11: PIMS-Studie

a) Erläutern Sie ausführlich die PIMS-Studie! Gehen Sie hierbei insbesondere auf die methodische Vorgehensweise und auf die Ergebnisse der PIMS-Studie ein!

b) Welche Vor- und Nachteile können sich aus der Vorgehensweise der PIMS-Studie für Unternehmen, die die Ergebnisse nutzen wollen, ergeben?

c) Inwiefern spiegeln sich die Ergebnisse der PIMS-Studie in der Portfolio-Analyse wider?

Aufgabe 12: PIMS-Studie und Konzept der Erfahrungskurve

Inwiefern bestätigen die Ergebnisse der PIMS-Studie das Konzept der Erfahrungskurve?

Aufgabe 13: Konzept des Produktlebenszyklus und Portfolio-Analyse

a) Erläutern Sie den Zusammenhang zwischen dem Produktlebenszyklus und der Portfolio-Analyse!

b) Skizzieren Sie die vier Normstrategien der BCG-Portfolio-Matrix! Verwenden Sie zur Illustration Ihrer Ausführungen eine Graphik!

c) Diskutieren Sie, ob eine gegen den idealtypischen Lebenszyklus gerichtete Normstrategie sinnvoll sein kann!

Aufgabe 14: Portfolio-Analyse von McKinsey

a) Erläutern Sie ausführlich die Portfolio-Analyse von McKinsey! Gehen Sie hierbei insbesondere auf die Vorgehensweise dieses Konzeptes ein!

b) Skizzieren Sie anschließend die Grenzen der Aussagefähigkeit dieser Form der Portfolio-Analyse!

c) Welche Vor- und Nachteile bietet das Konzept von McKinsey gegenüber der Portfolio-Analyse der BCG?

Weiterführende Literatur

Becker, J. 2001: Marketing-Konzeption – Grundlagen des strategischen und operativen Marketing-Managements, 7., vollst. überab. und erw. Aufl., München.

Hinterhuber, H. H. 1996: Strategische Unternehmensführung I: Strategisches Denken: Vision, Unternehmenspolitik, Strategie, 6., neubearb. und erw. Aufl., Berlin, New York.

Kreilkamp, E. 1987: Strategisches Management und Marketing: Markt- und Wettbewerbsanalyse, strategische Frühaufklärung, Portfolio-Management, Berlin.

Kapitel 6

Die Planung der Marketinginstrumente

6.   Die Planung der Marketinginstrumente

6.1.   Überblick

Im Rahmen dieses Kapitels wird die Planung der vier zentralen Instrumente des Marketing-Mix (die Produkt-, die Preis-, die Kommunikations- und die Distributionspolitik) in Grundzügen dargestellt. Naturgemäß handelt es sich bei der Planung dieser Instrumentalbereiche nicht um ein derart ‚zerschnittenes‘, sondern um ein eng vernetztes Planungsproblem. Zum Beispiel ist die Produktpolitik nicht ohne Berücksichtigung der zur Verfügung stehenden Absatzwege, also nicht ohne die parallele Planung der Distributionspolitik zu bewerkstelligen. Letztlich spricht die Produktpolitik bestimmte Nutzenkomponenten an, die nur über entsprechende Absatzwege vermittelt werden können.

6.2.   Produktpolitik

6.2.1.   Nutzenkomponenten und Arten von Produkten

6.2.1.1.   Nutzenkomponenten

Als produktpolitische Entscheidungen werden all diejenigen Entscheidungen bezeichnet, die sowohl die zu vermarktenden Produkte selbst als auch das aus ihnen bestehende Angebotsprogramm betreffen. Diese Entscheidungen sind untereinander eng verflochten und nur aus Gründen der klaren Darstellung separierbar. So sind einerseits Nutzen stiftende Eigenschaften der einzelnen Produkte zu bestimmen (vgl. Abb. 26), die nur im Kontext des gesamten Absatzprogrammes hinsichtlich ihrer Wirkung auf die Nachfrager bewertet werden können. So wird ein einzelnes PKW-Modell u. U. hinsichtlich seiner Wahrnehmung von dem gesamten Absatzprogramm eines Anbieters beeinflusst.

Entscheidungen, die auf ein einzelnes Produkt gerichtet sind (z. B. Design, Ausstattung), bedürfen daher einer engen Abstimmung mit übergreifenden absatzprogrammpolitischen Entscheidungen (z. B. hinsichtlich der Anzahl unterschiedlicher Modelle und der u. U. übergreifenden Markierung und Ausstattung mit Serviceleistungen). Die nun folgende Diskussion von Nutzenkomponenten und Produktarten steht daher stets mehr oder weniger in einer interdependenten Beziehung zu absatzprogrammpolitischen und das weiterführende Leistungsangebot betreffenden Entscheidungen.

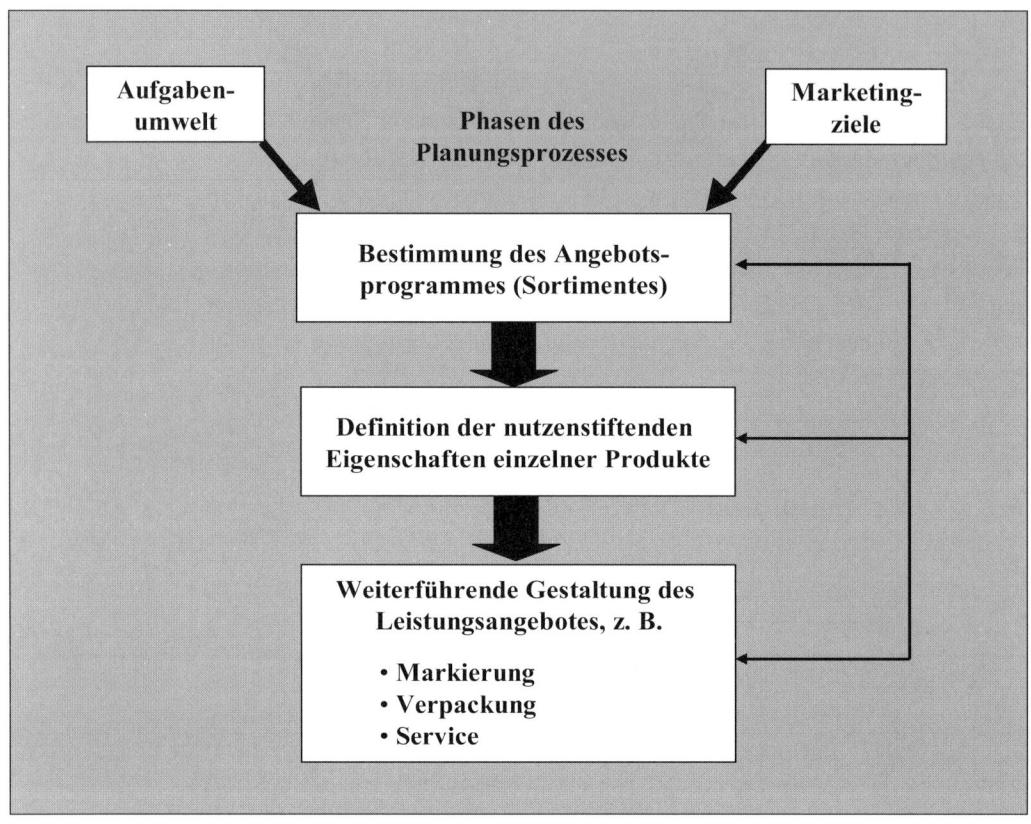

Abb. 26:   Planungsprozess der Produktpolitik

Produkt als Leistungsbündel

Ein Produkt lässt sich als ein *Bündel von nutzenstiftenden Eigenschaften* bezeichnen, das die Befriedigung von Kundenbedürfnissen zum Ziel hat. Die Eigenschaft, Nutzen zu stiften, steht hierbei im Vordergrund. Aus Nachfragersicht bedeutet dies, dass zumeist das materielle Produkt nicht um seiner selbst willen gekauft wird, sondern vielmehr der mit dem Produkt verbundene Nutzen.[94] Beispielsweise kauft ein Konsument i. d. R. einen Nagel, weil er an diesem z. B. ein Bild aufhängen möchte und nicht, um einen Nagel zu besitzen. Bei komplexeren Produkten liegt allerdings viel-

---

[94]   Vgl. Kotler u. a. 2003, S. 615 f.

fach auch ein breiter gefächertes Nutzenbündel vor. Hierbei kann man den Produktnutzen weiter in den Grund- und den Zusatznutzen unterteilen. Abbildung 27 stellt als Beispiel die Nutzenkomponenten eines Füllfederhalters dar.

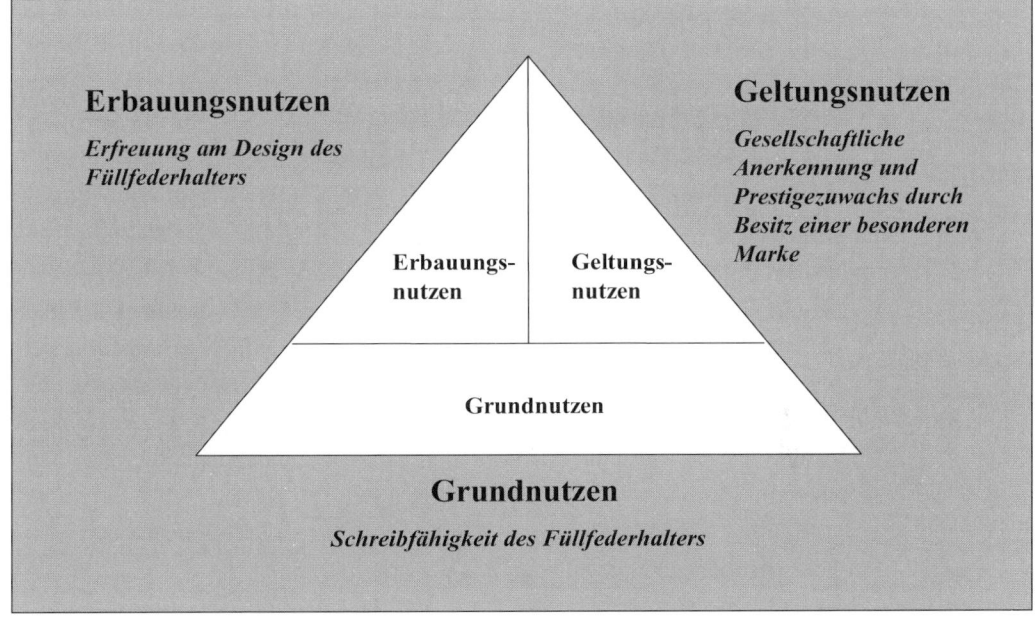

Abb. 27:   Die Nutzenkomponenten eines Produktes

Der *Grundnutzen* dieses Produktes besteht in der funktionalen Eigenschaft der Schreibfähigkeit. Der weitergehende *Zusatznutzen* setzt sich hier aus dem ‚Erbauungs-‘ und dem ‚Geltungsnutzen‘ zusammen.[95] Während der *Erbauungsnutzen* die individuellen, unabhängig von Dritten bestehenden Bedürfnisse des Nachfragers befriedigt, berücksichtigt der *Geltungsnutzen* seine sozialorientierten Bedürfnisse. Im Fall des Füllfederhalters wird der Erbauungsnutzen z. B. durch das ästhetische Design des Federhalters charakterisiert. Der Geltungsnutzen kommt in der gesellschaftlichen Anerkennung durch Verwendung einer besonderen Marke (z. B. Montblanc) zum Ausdruck.

Marginalien: Grundnutzen, Zusatznutzen, Erbauungsnutzen, Geltungsnutzen

---

[95]   Vgl. zu den verschiedenen Nutzenbegriffen Bänsch 2002 und Meffert 2000, S. 332 f.

Mit Blick auf die verschiedenen Nutzenkomponenten kann ein Produkt darüber hinaus in die drei idealtypischen Ebenen generisches, erwartetes und augmentiertes Produkt unterteilt werden.[96]

generisches
Produkt

Die erste Ebene bildet das *generische Produkt*. Dieser Begriff beschreibt die grundlegende Produktform, z. B. den Füllfederhalter als solchen. Der Grundnutzen, die Funktion als Schreibgerät, ist zwar bereits vorhanden, das Produkt ist allerdings auf dieser Ebene noch nicht selbstständig vermarktbar. Dies wird erst auf der zweiten Ebene möglich.

erwartetes Produkt

Diese zweite Ebene bezeichnet den Zustand des *erwarteten Produktes*. Diese Ebene umfasst im Gegensatz zum generischen Produkt das Mindestmaß an Kommunikation und Dienstleistung, das erbracht werden muss, um das Produkt vermarkten zu können. Das erwartete Produkt stellt somit das ‚minimale‘ Leistungsbündel zur Herstellung der Vermarktungsfähigkeit dar. Die Leistungen des ‚minimalen‘ Leistungsbündels werden von den Nachfragern als obligatorisch vorausgesetzt. Daher begründen diese Leistungskomponenten keinen komparativen Vorteil gegenüber Konkurrenzprodukten. Im Falle des Füllfederhalters ist zum Beispiel der Taschenclip ein Produktmerkmal, das zum größten Teil vorausgesetzt wird und nicht allein der Differenzierung dient. Um ein Produkt von denen der Wettbewerber hervorzuheben, bedarf es der dritten Ebene.

augmentiertes
Produkt

Als *augmentiertes Produkt* wird das durch spezielle Leistungen ergänzte Produkt bezeichnet. Erst diese Ebene der Produktkonzeption ermöglicht die konkrete Differenzierung des eigenen Produktes von denen der übrigen Anbieter und möglicherweise die Erreichung von Wettbewerbsvorteilen. Dies kann beispielsweise durch ein außergewöhnliches Design oder eine spezielle Markenpositionierung geschehen.

Die Markierung bietet sich als eine mögliche Strategie zum Wechsel von der zweiten auf die dritte Ebene an. Als illustrierendes Beispiel lassen sich an dieser Stelle aus dem Markt für Erfrischungsgetränke diverse ‚Energiedrinks‘ (z. B. Red Bull, Flying Horse) nennen, die aufgrund ihrer speziellen Positionierung eine Sonderstellung in diesem Markt einnehmen. Es wird durch die Schaffung eines ‚Markenimages‘ unter Einsatz von diversen Kommunikationsmaßnahmen und ‚Events‘ gezielt das Marktsegment jun-

---

[96]   Vgl. zu einer auf fünf Ebenen erweiterten Unterteilung von Produkten Kotler/Bliemel 2001, S. 716 ff.

ger Menschen angesprochen, die Sportlichkeit und ‚Energiegeladenheit' als erstrebenswert ansehen. Durch eine derartige Markenpositionierung soll eine Differenzierung gegenüber anderen Erfrischungsgetränken geschaffen werden.

In engem Bezug zu den verschiedenen Nutzenkomponenten eines Produktes steht die *Qualität eines Produktes*. Eine einfache Definition des Begriffs Qualität ist die ‚Gebrauchstüchtigkeit' (‚Fitness for Use'). Allerdings besteht die Notwendigkeit, diese Definition zu erweitern, da zumeist mehrere Gebrauchsarten bzw. Nutzenkategorien eines Produktes existieren. Produktqualität

Da ein Produkt häufig ‚mehrere Nutzen' beim Nachfrager stiftet, gibt es nicht ‚die' Produktqualität. Gleichfalls muss in Bezug auf den Begriff Qualität beachtet werden, dass die *objektive Qualität*, also die objektive Eignung eines Produktes zur Erfüllung eines bestimmten Verwendungszweckes, nicht der alleinig entscheidende Maßstab zur Qualitätsbeurteilung eines Produktes sein kann. So stützen sich Qualitätsurteile der Konsumenten neben der objektiven auch auf die wahrgenommene Qualität. Im Unterschied zu der objektiven Qualität umfasst die wahrgenommene oder auch *subjektive Qualität* die vom Konsumenten tatsächlich erwünschten Leistungselemente eines Produktes. Entscheidend ist nicht nur das Vorhandensein von potenziellen Nutzenkomponenten sondern vielmehr, ob diese auch von den Verbrauchern als nutzbringend angesehen werden.[97] objektive Qualität

subjektive Qualität

Vielfach verfügt ein bestimmter Teil des Leistungsbündels aus Herstellersicht über eine hohe Qualität, die aber von den Konsumenten nicht wahrgenommen wird. So kann ein Hersteller von Videorekordern der Meinung sein, dass es ihm durch die Vierfachbelegung der Fernbedienungstasten gelungen sei, eine für den Nachfrager optimale Ergonomie der Fernbedienung zu erreichen. Der Käufer und Benutzer dieses Rekorders hingegen wird möglicherweise genau der entgegengesetzten Meinung sein, da er weniger den vermeintlichen Nutzen einer ergonomischen Fernbedienung als vielmehr den wesentlich ‚verkomplizierten' Gebrauch der Fernbedienung wahrnimmt. Es ist also von hoher Bedeutung, neben der objektiven (hier technischen) Seite eines Produktes immer auch die Sichtweise des potenziellen Nachfragers zu berücksichtigen.

---

[97] Vgl. zum Begriff der objektiven und subjektiven Qualität Freiling 2001, S. 1449 ff.

6.2.1.2.   Produktarten

Produktarten

Zur Klassifizierung von *Produktarten* existieren unterschiedliche Ansätze. Die Einteilung in Sachgüter, Dienstleistungen und Rechte liefert letztlich keine trennscharfe Einteilung, da ein Produkt häufig mehrere dieser Eigenschaften in sich vereint. Demzufolge bietet es sich an, im Wege einer Typisierung, die die dominante Leistungskomponente zu bestimmen sucht, Produktarten abzugrenzen.

Bei einem Friseurbesuch steht beispielsweise die Dienstleistung im Vordergrund, obwohl auch hier Sachgüter wie Shampoo oder Haarfärbemittel Teil des Leistungsbündels sein können. Kauft man hingegen ein Automobil, so steht i. d. R. trotz der ebenfalls in Anspruch genommenen Dienstleistung ‚Beratung' das Sachgut im Vordergrund. Letztlich bleibt aber auch diese Differenzierung stets subjektiv. Aus der (scheinbaren) Dominanz einzelner Leistungselemente darf keinesfalls eine Gewichtung der Bedeutung dieser Elemente für den Nachfrager abgeleitet werden, da durchaus der scheinbar nicht dominante Teil des Leistungsbündels den kaufentscheidenden Faktor darstellen kann.

Konsum- versus
Investitionsgut

Einen weiteren Ansatz zur Einteilung von Produktarten bietet die Unterscheidung zwischen *Konsum- und Investitionsgütern*. Zur genauen Abgrenzung dieser beiden Produktarten existieren unterschiedliche Lehrmeinungen.

Engelhardt und Günter definieren beispielsweise den Produkttyp aus Verwendersicht. Wird ein Computer von einem Endkonsumenten gekauft, handelt es sich um ein Konsumgut. Sobald dieser PC von einer Organisation beschafft und genutzt wird, zum Beispiel zur Erstellung von Software oder zur Buchhaltung, nimmt er den Charakter eines Investitionsgutes an. Als Investitionsgüter werden von Engelhardt und Günter mithin solche Leistungsbündel bezeichnet, die im Produktionsprozess zur Erstellung von weiteren Leistungen genutzt werden.[98] Aus der Unterscheidung von Konsum- und Investitionsgütern ergeben sich einige Implikationen für den Einsatz der Marketinginstrumente, die in Abschnitt 7.3. gesondert erläutert werden.

---

[98]   Vgl. Engelhardt/Günter 1981, S. 24. Vgl. zu einer Definition von ‚Industriegütern' Backhaus 2003, S. 8.

Eine andere Möglichkeit der Klassifizierung von Produktarten stellt der *Ansatz von Holbrook und Howard* dar. Dieser Ansatz stützt sich auf die Einteilung von Copeland in Convenience-Güter, Shopping-Güter und Speciality-Güter und ergänzt diese um die Klasse der Preference-Güter.[99]

Ansatz von Holbrook und Howard

Convenience-Güter sind Güter des täglichen Bedarfs, bei denen der Kunde aufgrund des niedrigen Preises die Kosten von etwaigen Preis- oder Qualitätsvergleichen (z. B. zurückzulegende Wegstrecken, aufzuwendende Zeit für die Informationssuche) höher einschätzt als den daraus resultierenden Nutzen. Mithin unterbleiben solche Vergleiche. Zu den Convenience-Gütern gehören für viele Konsumenten Lebensmittelprodukte. Eine Zuordnung ist jedoch stets subjektiv.

Convenience-Güter

Als *Preference-Güter* werden gleichfalls Güter des täglichen Bedarfs bezeichnet. Im Gegensatz zu den vorher genannten Convenience-Gütern werden bei diesen Produkten jedoch durchaus Vergleiche unternommen und Produktunterschiede wahrgenommen. Es besteht also für den Konsumenten bereits ein geringes Risiko einer Fehlentscheidung. Beispiele für diese Klasse sind wohl für viele Konsumenten markierte Lebensmittel und Körperpflegemittel.

Preference-Güter

Mit dem Begriff *Shopping-Güter* werden Güter charakterisiert, die im Vergleich zu den bereits angesprochenen Güterklassen relativ selten erworben werden. Es wird ein mittlerer Anteil des zur Verfügung stehenden Budgets beansprucht. Bei der Auswahl dieser Güter ist eine aktive Informationssuche des Konsumenten notwendig, da ihm zu Beginn des Kaufentscheidungsprozesses nur sehr unvollkommene Informationen bezüglich des Gutes zur Verfügung stehen. Preis- und Qualitätsvergleiche seitens der Nachfrager sind also die Regel. Als Beispiele für solche Güter können Möbel, Automobile und höherwertige Haushaltswaren genannt werden. Bei diesen Gütern ist i. d. R eine ausgeprägte Informationssuche anzutreffen.

Shopping-Güter

Speciality-Güter sind Güter, für die aus der Sicht der Nachfrager zumeist keine geeigneten Substitute existieren. Diese Güter sind dem Nachfrager so wichtig, dass er gewillt ist, einen erheblichen Such- und Informationsaufwand auf sich zu nehmen. Es handelt sich somit um Güter, die aufgrund

Speciality-Güter

---

[99]   Zur Klassifikation von Konsumgütern und auch zu einer Darstellung des Ansatzes von Holbrook und Howard vgl. Wind 1982, S. 70 ff.

ihrer Sonderstellung in der Wahrnehmung der Nachfrager im ‚Normalfall‘ sehr selten gekauft werden, wie z. B. ‚Einfamilienhäuser‘.[100]

Bei der Klassifizierung von Holbrook und Howard ist zu beachten, dass keine alleinig gültige Zuordnung von Produkten zu den oben genannten Güterklassen möglich ist, da jeder Konsument eine eigene Klassifizierung des jeweiligen Produktes vornimmt. So kann für einen Nachfrager ein edler Wein ein Preference-Gut sein, für einen anderen Nachfrager kann dieses Produkt jedoch ein Speciality-Gut darstellen und für wenige Nachfrager ist dieses Gut bereits ein Convenience-Gut.

Involvement und Erfahrung

In der Abbildung 28 sind die oben beschriebenen Güterklassifizierungen anhand der Merkmale *Involvement* und *Erfahrung* gegenübergestellt. Unter Involvement ist hier das Ausmaß an ‚Betroffenheit‘ zu verstehen, das letztlich zu einem mehr oder weniger ausgeprägten subjektiven Kaufrisiko bezüglich des in Frage stehenden Gutes führt.

Für die Produktpolitik und auch die anderen Instrumentalbereiche ist diese Klassifikation von Bedeutung, da sie Anhaltspunkte für die Größe von Marktsegmenten liefert. Ist z. B. mit Blick auf ein bestimmtes Produkt ein erheblicher Anteil der Nachfrager dazu übergegangen, dieses als Convenience-Gut aufzufassen (z. B. Mehl, Zucker, Mineralwasser), so gelingt es Anbietern i. d. R. nur mit geschickter Kommunikationspolitik die Aufmerksamkeit der Nachfrager in diesem Segment zu erregen. Besteht also z. B. das Ziel darin, den Marktanteil auszudehnen, so muss zunächst das Involvement vieler Nachfrager gesteigert werden, um neue Informationen über das betreffende Gut überhaupt aufzunehmen (z. B. über die für die Gesundheit relevanten Inhaltsstoffe). Es muss also das Segment heraus aus der Convencience-Orientierung in Richtung Preference-Orientierung geführt werden.

---

[100] Vgl. Kotler/Bliemel 2001, S. 720 f. Kotler/Bliemel fassen die Begriffe Convenience-Güter und Preference-Güter unter dem Begriff Convenience-Gut zusammen und führen zusätzlich die Klasse der Güter des fremdinitiierten Kaufs (unsought goods) ein. Diese Güter kennzeichnen Produkte, mit deren Anschaffung ein Konsument sich im Regelfall nicht auseinandersetzt oder Produkte, die dem Konsumenten unbekannt sind. Kotler/Bliemel nennen als Beispiel Grabsteine.

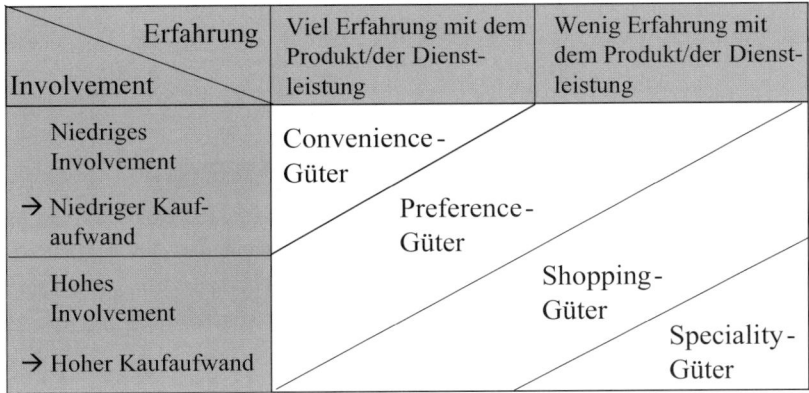

Abb. 28:   Klassifikation von Konsumgütern

6.2.2.   Produkt- und sortimentspolitische Basisentscheidungen

Im Rahmen der Produktpolitik haben Entscheidungen hinsichtlich des Angebotsprogrammes einen grundlegenden Charakter. Die Veränderung des Angebotsprogrammes (des Sortimentes also) kann dabei auf verschiedenen *Strategien* beruhen. Das Unternehmen kann zum einen versuchen, ein für den Markt völlig neues Produkt zu erfinden (so genannte ‚*echte*‘ *Innovation*). Zum anderen kann ein bereits vorhandenes Produkt nur in Teilen seiner Eigenschaften verändert werden (*Produktvariation*). Darüber hinaus stellt auch die *Elimination* eines Produktes, also das Entfernen aus dem derzeitigen Produktprogramm, eine wichtige Entscheidung dar, die ein Unternehmen im Rahmen der Produktpolitik berücksichtigen muss.

(Marginalien:) ‚echte‘ Innovation · Produktvariation · Elimination

Abbildung 29 gibt eine Übersicht über die produkt- und sortimentspolitischen Basisentscheidungen. Mit Blick auf die Sortimentspolitik führen die Produktinnovation und die Produktvariation zu einer Sortimentsausweitung, die Produktelimination hingegen zu einer Sortimentseinengung. Das *Sortiment* besteht dabei aus der Summe der angebotenen Produkte.

(Marginalie:) Sortiment

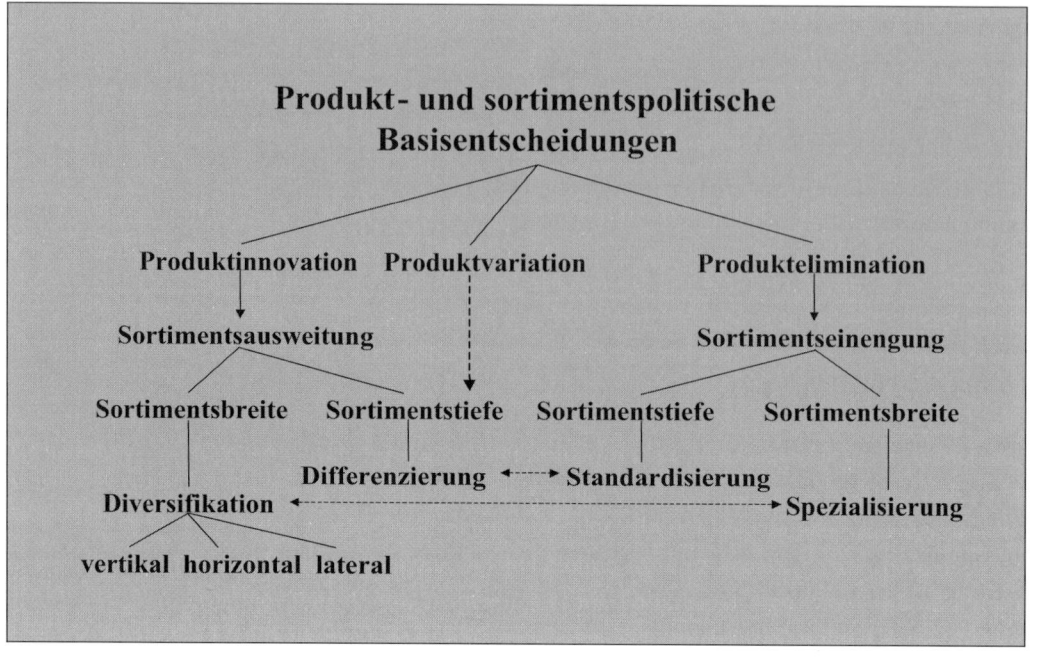

Abb. 29:   Produkt- und sortimentspolitische Basisentscheidungen

6.2.2.1.   Innovation und Variation

6.2.2.1.1.   Allgemeine Charakteristika

Eine mögliche Einteilung von Produktinnovationen[101] ist die in

- Marktneuheiten (‚echte' Innovationen) und

- Unternehmensneuheiten.

Marktlücke   Im Fall der Markneuheit handelt es sich um ein Produkt, das eine Marktlücke schließt. Der Begriff der *Marktlücke* bezeichnet hier denjenigen Teil
des relevanten Marktes, in dem durch die momentan verfügbaren Produkte
die Bedürfnisse der Nachfrager nicht befriedigt werden. Es wird somit für
diesen Teil des relevanten Marktes eine ‚echte' Innovation geschaffen.

---

[101] Vgl. zu weiteren Formen von Produktinnovationen Meffert 2000, S. 373 ff.; Boden-
stein/Spiller unterscheiden hier zwischen Basis-, Verbesserungs- und Schein- bzw.
Quasiinnovationen. Vgl. Bodenstein/Spiller 1998, S. 156 f.

Um ein neues Produkt zu generieren, wird ein so genannter Innovations-
prozess durchlaufen. Ein möglicher Ablauf eines solchen Innovationsprozesses kann – wie in Abschnitt 3.1. erläutert wurde – idealtypisch in folgende *Phasen* gegliedert werden:[102]

(Randnotiz: Phasen eines Innovations- prozesses)

• Ideengenerierung,

• Selektion von geeigneten Produktideen,

• Prognose der Wirtschaftlichkeit,

• Entwicklung von Prototypen,

• Test der Prototypen,

• Selektion und Modifikation geeigneter Prototypen,

• Markteinführung.

Die Anzahl an Produktideen, die einen derartigen Prozess erfolgreich bis
zur Einführung durchlaufen, ist jedoch sehr begrenzt. Studien, die durchgeführt wurden, um die *Misserfolgsquote* von Produktinnovationen zu
schätzen, kommen mitunter zu dem Ergebnis, dass die Misserfolgsquote bis
zu 99% beträgt.[103] Gleichwohl bleibt zu beachten, dass gerade Produktinnovationen vor dem Hintergrund immer kürzerer Produktlebenszyklen
und gesättigter Märkte Wachstumschancen eröffnen. Hinzu kommt, dass
eine Vielzahl von ‚Innovationen' probeweise eingeführt wird, wohlwissend,
dass später der größte Teil wieder vom Markt genommen wird. Unternehmen ‚sparen' auf diese Weise Marktforschungskosten.

(Randnotiz: Misserfolgsquote)

Weniger risikoreich ist dagegen i. d. R. die Entscheidung, bereits existierende Produkte anderer Unternehmen zu imitieren oder mit teilweise geän-
derten Leistungselementen auf den Markt zu bringen. Durch diese beiden
Vorgehensweisen wird versucht, an dem Erfolg von Produkten mit einer
hohen Marktakzeptanz teilzuhaben oder diesen noch zu übertreffen.

Wird ein bereits bestehendes Produkt in Teilen seines Leistungsbündels
verändert und anschließend auf den Markt gebracht, so handelt es sich um

(Randnotiz: Produktvariation)

---

102 Vgl. ähnlich in Nieschlag/Dichtl/Hörschgen 2002, S. 692 ff.

103 Vgl. zur Misserfolgswahrscheinlichkeit von Produktinnovationen Meffert 2000,
S. 374.

den Fall der *Produktvariation*. Unternehmen verfolgen die Strategie der Produktvariation zum einen, um ein bisher erfolgreiches Produkt von den Konkurrenzangeboten abzusetzen. Andererseits können Produkte aus Konsumentensicht ‚veraltern‘. Dieser Umstand erfordert, dass einzelne Produktbestandteile verändert oder sogar vollends neu zu konzipieren sind. Eine Produktvariation kann somit ebenso durch den Umstand notwendig werden, dass sich im Zeitablauf die Ansprüche der Konsumenten an das Produkt und dessen Nutzen ändern. Eine derartige Produktvariation kann die Qualität, die Ausstattung oder auch das ‚Styling‘ des Produktes betreffen.[104]

Revival und Relaunch

Werden lediglich wenige Komponenten eines Produktes modifiziert, so wird dies in der Literatur als so genanntes ‚*Revival*‘ bezeichnet. Umfassender ist diese Modifikation bei einem so genannten ‚*Relaunch*‘, bei dem eine grundsätzliche Neukonzipierung des Produktes zur Neupositionierung im Markt vorgenommen wird. Das Prinzip der Verbesserung des Leistungsangebotes steht hierbei im Vordergrund. Allerdings sind in der Literatur durchaus unterschiedliche Definitionen der Begriffe Revival und Relaunch zu finden.[105]

Zwei spezielle Formen der Sortimentsausweitung, zum einen bezogen auf die Sortimentsbreite und zum anderen mit Blick auf die Sortimentstiefe, sind die Diversifikation und die Differenzierung bzw. mit Blick auf die Sortimentseinengung ihr Gegensatzpaar Spezialisierung und Standardisierung. Diese zwei Ausprägungen sind mögliche produkt- bzw. sortimentspolitische Stoßrichtungen, die stets zu einer Zunahme bzw. Abnahme des Sortimentsumfanges führen.

6.2.2.1.2. Diversifikation

Sortimentsbreite

Bei der Diversifikation wird die *Sortimentsbreite*, also die Anzahl unterschiedlicher Produktbereiche, als Aktionsparameter der Sortimentspolitik

---

[104] Vgl. zu den drei genannten Ansätzen (Qualität, Ausstattung, Styling) einer Produktvariation Kotler/Bliemel 2001, S. 730 ff., die in diesem Zusammenhang von Produktmodifikation sprechen.

[105] Vgl. zu einem differenzierenden Ansatz der Abgrenzung des Begriffspaars Revival und Relaunch Becker 2001, S. 740. Becker grenzt die Begriffe Revival und Relaunch durch den Zeitpunkt ihres Einsatzes im Lebenszyklus eines Produktes ab. Vgl. zum Begriff Relaunch auch Bodenstein/Spiller 1998, S. 132.

berührt. Die so genannte Diversifikationsstrategie ist durch die Orientierung
an neuen Produkten und neuen Märkten gekennzeichnet. Sie lässt sich
idealtypisch in die folgenden drei Richtungen aufteilen:

Die *vertikale Diversifikation* beschreibt eine marktstufenbezogene Aus-   vertikale
weitung des Sortimentes. Diese kann ‚vorwärts' aber auch ‚rückwärts'   Diversifikation
gerichtet sein. Die vorwärts orientierte Erweiterung zielt auf den Nach-
fragersektor ab. Eine vorwärts orientierte vertikale Diversifikation liegt beispielsweise vor, wenn ein Stahlunternehmen zukünftig auch im Bereich
Schiffsbau tätig wird. Im Gegensatz hierzu führt eine rückwärtige Orientierung zum Engagement auf dem Zulieferersektor. Ein Beispiel für eine
rückwärtig gerichtete vertikale Diversifikation ist ein Automobilhersteller,
der einen seiner vorgelagerten Teilehersteller aufkauft.

Die *horizontale Diversifikation* beinhaltet die Erweiterung des Sortiments   horizontale
durch Produktbereiche, die auf der gleichen Marktstufe wie das bisherige   Diversifikation
Produktsortiment stehen. Ziel der horizontalen Diversifikation ist nicht selten die Schaffung von Verbundwirkungen. Ein Beispiel für eine derartige
Strategie ist das Vordringen des Sportschuh-Herstellers Nike in den Bereich
der Sportbekleidung.

Die *laterale Diversifikation* kennzeichnet die Aufnahme solcher Produkt-   laterale
bereiche, die in keinerlei Beziehung zum bisherigen Angebotsprogramm   Diversifikation
stehen und somit aus Unternehmenssicht ein völlig neues Gebiet darstellen.
Aufgrund der völligen Neuartigkeit des hinzugekommenen Produktbe-
reiches ist hier i. d. R. ein hohes Risiko zu konstatieren. Gleichwohl bietet
sich hier die Möglichkeit der Risikostreuung durch die Unterschiedlichkeit
der jeweiligen Produkte.[106] Als Beispiel einer lateralen Diversifikation
kann ein Sportartikelhersteller angesehen werden, der sich dazu entschließt,
sein Angebotsprogramm durch die Aufnahme von Produkten aus dem
Bereich der Unterhaltungselektronik (z. B. Musik-CDs) zu erweitern.

---

[106] Vgl. zu den verschiedenen Formen der Diversifikation Nieschlag/Dichtl/Hörschgen
2002, S. 714 ff.

6.2.2.1.3. Differenzierung

Produkt-
differenzierung

Produktdifferenzierung beruht auf einem der Produktvariation ähnlichen Grundgedanken. Im Vergleich zur Produktvariation wird bei der Produktdifferenzierung durch das *gleichzeitige* Angebot verschiedener Produktvarianten das Ziel verfolgt, den unterschiedlichen Bedürfnissen von verschiedenen Zielgruppen besser zu entsprechen.

Sortimentstiefe

Die Differenzierung beeinflusst somit die *Sortimentstiefe*, also die Anzahl der unterschiedlichen Produkte innerhalb der einzelnen Produktbereiche. Die Produktvariation kann demgegenüber auch in Form einer zeitlichen Abfolge des Angebotes unterschiedlicher Varianten auftreten. Zu beachten bleibt jedoch, dass die Begriffe ‚Differenzierung‘, ‚Variante‘ und ‚Variation‘ in der Literatur und der Praxis durchaus in unterschiedlicher Weise verwendet werden und somit zur Kennzeichnung verschiedener Sachverhalte genutzt werden. So bezeichnet beispielsweise Kotler das Angebot mehrerer ‚Varianten‘ von Schokoladenriegeln durch das Unternehmen Mars (z. B. Mars, Bounty, Twix) als ‚Produktvarianten-Marketing‘.[107] Diese Form des gleichzeitigen Angebotes ähnlicher Produkte würde jedoch nach Meffert und Nieschlag/Dichtl/Hörschgen als Produktdifferenzierung charakterisiert werden.[108]

6.2.2.2. Elimination

6.2.2.2.1. Allgemeine Charakteristika

Produkt-
elimination

Eine *Produktelimination* wird i. d. R. dann vorgenommen, wenn ein Produkt nicht (mehr) den Erwartungen des Unternehmens entspricht. Dies kann unterschiedliche Ursachen haben. Zum einen können negative Auswirkungen des Produktes auf das betriebswirtschaftliche Ergebnis, z. B. in der Form sinkender Umsätze, Marktanteile oder Deckungsbeiträge, zum anderen können hierbei aber auch andere Faktoren, wie die Beeinträchtigung des Firmenimages durch das Produkt oder geänderte rechtliche Rah-

---

[107] Vgl. Kotler/Bliemel 2001, S. 418.

[108] Vgl. zum Begriff Produktdifferenzierung Meffert 2000, S. 439 f., der noch in die Subgruppen Produktdifferenzierung im engeren Sinne und Produktdifferenzierung im weiteren Sinne (Produktvarietät) unterteilt, und Nieschlag/Dichtl/Hörschgen 2002, S. 710.

menbedingungen, eine Rolle spielen. Zu beachten ist, dass eine Produktelimination nicht zwangsläufig ein Produkt nach einer langen Marktpräsenz
betrifft. Vielfach liefern Produkte bereits in ihrer Einführungs- oder Wachstumsphase den Anlass zu einer vorzeitigen Elimination und scheiden somit
als ‚Flop' aus.

Als *Ansatzpunkte für die Prüfung einer Eliminationsentscheidung* werden
unter anderem Checklisten, Punktbewertungsverfahren oder computergestützte Kennziffernvergleiche genutzt, deren Verwendung jedoch aufgrund
subjektiver Wertungen nicht unproblematisch ist.[109]

Verfahren zur
Prüfung von
Produkt-
eliminations-
entscheidungen

Grundsätzlich existieren zwei Strategien zur Produktelimination. Als
‚radikalere' ist der unverzügliche Ausstieg mit der *sofortigen Elimination*
des betreffenden Produktes anzusehen. Diese Strategie wird oftmals aus
Unternehmenssicht präferiert, obwohl dadurch etliche Probleme und Gefahren entstehen können. So kann z. B. für den Fall, dass die Ersatzteillieferung oder die technische Beratung für ein zu eliminierendes Produkt
eingestellt wird, ein immenser ‚Goodwill-Verlust' seitens der Nachfrager
entstehen. Damit dies nicht eintritt, ist es erforderlich, zumindest für eine
angemessene Zeit entsprechende Serviceleistungen anzubieten.[110]

sofortige
Elimination

Weiterhin können bei einer sofortigen Elimination auch *negative Verbundwirkungen* in Richtung anderer Produkte des Sortimentes auftreten. Als
z. B. die Produktion von (Vinyl-)Schallplatten größtenteils eingestellt wurde, resultierte daraus zwangsläufig für viele Unternehmen die Elimination
des Produktes Schallplattenspieler.

negative Verbund-
wirkungen

Die etwas ‚mildere' Form der Elimination eines Produktes ist die *schrittweise Produktelimination*. Hierbei wird das Produkt nicht sofort vom Markt
genommen. Allerdings wird auch nicht mehr in die Weiterentwicklung des
Produktes investiert. Die Kunden können aber übergangsweise Serviceleistungen und Ersatzteillieferungen in Anspruch nehmen. Die positive
Signalsetzung des Unternehmens gemäß dem Motto ‚Wir lassen den Kunden nicht im Regen stehen' hat nicht selten positive Auswirkungen auf das

schrittweise
Elimination

---

[109] Vgl. zu möglichen Verfahren, die die Eliminationsentscheidung unterstützen sollen
Bänsch 1998, S. 103 ff.; für einen detaillierten Ansatz zur Produkteliminations-
entscheidung vgl. Brauckschulze 1983.

[110] Vgl. Becker 2001, S. 741 für ein Fallbeispiel zu einer gelungenen Produktelimination der Braun AG.

Firmenimage, wobei jedoch genau abgewogen werden sollte, für welchen Zeitraum diese Art der Desinvestitionsstrategie betrieben werden soll.

,Marktaustritts-
barriere'

Für den Fall, dass für ein Produkt bereits zugesagte Nachkaufgarantien bestehen, liegt eine ,*Marktaustrittsbarriere*', also ein Hemmnis gegenüber Marktaustrittsversuchen, vor, da man zu einer Einhaltung dieser Garantie verpflichtet ist.[111]

Ressourcen-
bindung

Im Bereich der Investitionsgüter liegt oftmals der Fall der *Ressourcenbindung* durch spezifische Investitionen, beispielsweise Spezialmaschinen, deren Einsatzmöglichkeiten auf die Herstellung des zu eliminierenden Produktes begrenzt sind, vor. Hier gilt es zu prüfen, inwieweit solche Maschinen noch weiterverkauft werden können, da ansonsten eine Produktelimination durch sehr hohe Austrittskosten (die zwar aufgrund ihres ,Vergangenheitsbezuges' und der mangelnden ,Kapitalisierbarkeit' nicht mehr relevant sind) nicht selten auf Widerstände in der Organisation stößt.

Entsprechend den bereits erläuterten Strategien zur Sortimentsausweitung (Diversifikation und Differenzierung) existieren korrespondierende Möglichkeiten der Sortimentseinengung im Rahmen der Elimination.

6.2.2.2.2. Standardisierung

Standardisierung

Die *Standardisierung* ist die der Differenzierung entgegengerichtete Möglichkeit der Beeinflussung der Sortimentstiefe. Im Gegensatz zur Differenzierung hat die Standardisierung die Einengung der Sortimentstiefe zum Ziel. Dies bedeutet eine Verringerung der Anzahl an bislang angebotenen verschiedenen Produkt,varianten'.

Eine derartige Sortimentseinengung kann durch verschiedene Zielsetzungen begründet sein. Zum Beispiel können hierbei Kosten- oder Erlösaspekte eine wesentliche Rolle spielen. So kann es sein, dass bestimmte Produktvarianten aufgrund ihres geringen Absatzes den Gewinn (z. B. durch die Notwendigkeit aufwendiger Produktionsverfahren) letztlich vermindern. Des Weiteren ist es möglich, dass die begrenzte Kapazität des herstellenden Unternehmens eine Einschränkung der Produktvielfalt erforderlich macht, da die vom Nachfrager gewünschte Menge einer bestimmten Variante an-

---

[111] Vgl. zu weiteren Marktaustrittsbarrieren Bodenstein/Spiller 1998, S. 132.

sonsten nicht hergestellt werden kann und auch andere Produktvarianten die
vorhandene Kapazität beanspruchen.[112]

6.2.2.2.3. Spezialisierung

Als *Spezialisierung* bezeichnet man das ‚Bereinigen' der Sortimentsbreite.   Spezialisierung
Die Sortimentsbreite wird insofern eingeengt, als dass bisher angebotene
Produktbereiche ‚aufgegeben' werden. Eine Spezialisierung kann mit Blick
auf ihre Richtung genau wie eine Diversifikation durch Aufgabe von Bereichen erfolgen, die vertikal vor- oder nachgelagert, horizontal oder auch
lateral gelagert sind.

6.2.3.   Weitere Gestaltungsparameter des Leistungsangebotes

6.2.3.1.   Markierung

6.2.3.1.1. Zur Entwicklung des Markenartikels

Vor dem Hintergrund der historischen Entwicklung von der anonymen
Ware zum Markenartikel ist festzustellen, dass zwar bereits im Mittelalter
erste Ansätze einer ‚Markierung' von Produkten existierten, der Ursprung
der ‚modernen' Markenartikel jedoch Anfang des 19. Jahrhunderts anzusiedeln ist. Das Bedürfnis der Hersteller nach einer Möglichkeit der Pro-
duktkennzeichnung wuchs mit dem zunehmenden Angebot an austausch-
baren Konsumgütern zu Beginn des 19. Jahrhunderts. Es galt, Mittel und
Wege zu finden, die es ermöglichten, die eigene Ware so zu kennzeichnen,
dass sie durch die potenziellen Nachfrager sofort identifiziert werden konnte.[113]

Diese Entwicklung führte zum heutigen ‚Markenartikelkonzept'.

Für den Oberbegriff *Markenware* existiert eine Legaldefinition innerhalb   Legaldefinition für
des Gesetzes gegen Wettbewerbsbeschränkungen (GWB). Entsprechend   den Begriff
                                                                             Markenware
dieser Definition handelt es sich bei Markenware um „Erzeugnisse, deren

---

112   Vgl. zu dieser Problematik Olbrich/Battenfeld 2000 u. 2005.

113   Vgl. zur historischen Entwicklung des Markenartikels Dichtl 1992, S. 2 ff.

Lieferung in gleichbleibender oder verbesserter Güte von dem preisempfehlenden Unternehmen gewährleistet wird und

1. die selbst oder

2. deren für die Abgabe an den Verbraucher bestimmte Umhüllung oder
   Ausstattung oder

3. deren Behältnisse, aus denen sie verkauft werden,

mit einem ihre Herkunft kennzeichnenden Merkmal (Firmen-, Wort- oder
Bildzeichen) versehen sind." [114]

Markenartikel   Gelegentlich wird der Begriff *Markenartikel* als ein mit einer Marke versehenes Produkt mit hohem Bekanntheitsgrad, stabilem Qualitätsniveau, ubiquitärer Erhältlichkeit (es sei denn, es liegt eine bewusst herbeigeführte
Exklusivität vor) und eindeutigem Produkt- und Absatzkonzept bezeichnet.[115] Der Markenartikel ist also nach dieser, sehr restriktiven Abgrenzung
mehr als ‚nur' das markierte Produkt, es handelt sich vielmehr um ein Produkt mit einem geschlossenen Absatzsystem.

Ein Markenartikel kann darüber hinaus sowohl auf einem Konsumgut als
auch auf einer Dienstleistung oder einem Investitionsgut basieren.

6.2.3.1.2. Zwecke der Markierung und verschiedene Markentypen

Das Konzept des Markenartikels ermöglicht einem Unternehmen die Differenzierung im Wettbewerb und erleichtert den Nachfragern die Wieder-
erkenn- bzw. Identifizierbarkeit des Markenproduktes.

Die jeweilige Markenkonzeption ermöglicht es einem Nachfrager, sich mit
dem Produkt zu identifizieren. Sie unterstützt den Versuch, eine Marken-
bindung zu erreichen, die sich in der ‚Markentreue' und ‚Lieferantentreue'
manifestiert. Bezüglich der Händlermarken (Handelsmarken), auf die im
Weiteren noch eingegangen wird, dominiert das Ziel der ‚Ladentreue'.

---

[114] § 23 Abs. 2 Satz 1 Gesetz gegen Wettbewerbsbeschränkungen (GWB).

[115] Vgl. zu möglichen Definitionen des Begriffes Markenartikel Böcker 1987, S. 193
       und Meffert 2000, S. 847 ff.

Weiterhin wird durch einen Markenartikel nicht selten der konkrete Bezug des Produktes zu einem Hersteller oder Händler hervorgehoben, die ‚Markenträgerschaft‘ also offenbart. In diesem Falle soll die Kompetenz und das Qualitätsbewusstsein des entsprechenden Unternehmens verdeutlicht werden. Durch das Herausheben des eigenen Produktes aus der ‚anonymen Masse‘ soll der sonst stattfindende Preiswettbewerb möglichst durch einen auf Präferenzen beruhenden Leistungswettbewerb abgelöst werden.[116]

Es existiert eine Vielzahl von Marken-Typen. Diese unterschiedlichen Typen sollen, nach einer Definition des Begriffs Marke, im Folgenden näher charakterisiert werden.[117]

Als *Marke* gelten beispielsweise Eigennamen (West), Bilder bzw. Symbole (Mercedes-Stern), Zahlenkombinationen (4711), Akronyme (Hanuta für Hasel-Nuss-Tafel) und Phantasieworte (Twix).[118]

Marke

Die Begriffe *Produkt- bzw. Einzel- oder Monomarken* bezeichnen Marken, die sich auf ein einzelnes Produkt beziehen. Diese können jedoch durchaus unterschiedliche Formen der Darbietung, wie unterschiedliche Packungsgrößen, aufweisen (z. B. Mars im ‚3er Pack‘ oder als Familienpackung). Oftmals sind gerade klassische Einzelmarken (z. B. Nivea-Creme) Ausgangspunkt für eine sukzessive Erweiterung, die zur Bildung von Produktlinienmarken führen kann.

Produktmarke
Einzelmarke
Monomarke

Produktlinienmarken stellen Kennzeichnungen von Produkten dar, die durch eine gemeinsame Markenphilosophie verbunden sind. Diese Verbindung kann beispielsweise im Vorliegen eines Bedarfszusammenhanges bestehen. Als Beispiel lässt sich hier die Produktlinienmarke ‚Nivea Hair Care‘ mit ihren Produktmarken Haarschaum, Haargel, Haarlack etc. anführen.

Produktlinien-marke

Als *Sortimentsmarke* bezeichnet man die Gesamtheit von mehreren Produktlinien, die ähnlich konzipiert sind. Die Sortimentsmarke ‚Nivea‘ be-

Sortimentsmarke

---

[116] Vgl. zum ‚präferenz-strategischen‘ Wettbewerb durch ein Markenartikelkonzept ausführlich Becker 2001, S. 179-214 und Rüschen 1994, S. 122.

[117] Vgl. zu den einzelnen Markentypen Bodenstein/Spiller 1998, S. 162 ff.; zu Marken außerhalb des Konsumgütersektors vgl. Berekoven 1992, S. 40 ff.

[118] Vgl. hierzu Dichtl 1992, S. 6, der in diesem Zusammenhang die abweichende Terminologie des Gesetzgebers erwähnt, der anstelle des Begriffs Marke den Begriff Warenzeichen oder Zeichen verwendet.

inhaltet beispielsweise die Produktlinien Nivea Sun Care, Nivea Hair Care, Nivea Body Care und Nivea Face Care.

Dachmarke

Als *Dachmarke* wird eine mit einheitlichem Namen (oft ein Hersteller-name) versehene Sortimentsmarke bezeichnet (z. B. Bahlsen oder Melitta). Der Herstellername als ‚Firmenmarke' und eine Produkt-, Produktlinien- oder Sortimentsmarke können aber auch in Kombination auftreten (z. B. Henkel und Sidol). Der Kreativität sind letztlich keine Grenzen gesetzt.

Tandemmarke

Der Begriff *Tandemmarke* beschreibt z. B. die gleichzeitige Nutzung einer Firmen- und einer Produktmarke (z. B. VW Beetle).

Lizenzmarke

Als *Lizenzmarken* werden diejenigen Marken bezeichnet, die gegen ein Entgelt anderen Unternehmen zur Nutzung für deren eigene Produkte ange-boten werden. Die Möglichkeit des Transfers eines positiven Markenimages wird dabei als ein Hauptziel angesehen. Als Beispiel sei hier die Marke ‚Porsche' genannt, die von Brillenherstellern zur Markierung von Sonnen-brillen ‚gemietet' wird. Sehr verbreitet ist auch die Verwendung von be-kannten Charakteren aus dem Film-, Sport- und Comic-Bereich (Mickey-Maus Schulhefte, Air-Jordan Turnschuhe).

Zweitmarke

Vielfach bieten Unternehmen für verschiedene Marktsegmente unter-schiedliche Marken an. Bei einer *Zweitmarke* handelt es sich um ein quali-tativ ausgereiftes, in Bezug auf die Erstmarke jedoch vereinfachtes Produkt, das i. d. R. unterhalb der ‚Preisregion' der Erstmarke angesiedelt wird. Die Schaffung einer Zweitmarke ist insofern ein Sonderfall im Bereich der Markenartikel, als dass der sonst angestrebte Imagetransfer zwischen Mar-kenartikel und Unternehmen bei einer Zweitmarke bewusst vermieden werden soll. Vielmehr sollen Zielgruppen mit unterschiedlicher Preisbereit-

‚verdeckter' Vertrieb

schaft angesprochen werden. Durch einen *‚verdeckten'* Vertrieb soll dieses Ziel erreicht werden. Dieser Begriff charakterisiert in diesem Zusammen-hang den Umstand, dass die Zweitmarke unter einem anderen Hersteller-nachweis als die Erstmarke vertrieben wird. Im Vordergrund steht hierbei das Anliegen, das Image und die Positionierung der Erstmarke nicht zu schädigen.[119] Die Schaffung einer Gegenposition zu den meist ebenfalls im unteren Preissegment angesiedelten Handelsmarken kann ein weiterer Grund für die Schaffung einer Zweitmarke sein.

---

[119]   Vgl. zum Begriff der Zweitmarke und insbesondere des verdeckten Vertriebs bzw. der verdeckten Zweitmarke Höhl-Seibel, 1994, S. 584-587.

Bei *Handelsmarken* handelt es sich um Artikel, die i. d. R. zwar von   Handelsmarke
unabhängigen Herstellerunternehmen produziert, aber von Handelsunternehmen mit einem individuellen Markenkonzept versehen werden. Marken-
inhaber sind in diesem Fall Handelsunternehmen, die die Handelsmarken
dann nur in ihren Geschäften oder Katalogen vertreiben.

Die spezifische Zielvorstellung bei den jeweiligen Handelsunternehmen ist
i. d. R., durch ein exklusives Angebot der jeweiligen Handelsmarke eine
Differenzierung gegenüber anderen Handelsunternehmen und konkurrierenden Markenartikeln der Industrie zu erreichen. Auf diesem Wege soll nicht
zuletzt preisliche Intransparenz im Markt erzeugt werden, da niemand sonst
die Handelsmarken zu anderen Preisen anbieten kann, die Nachfrager also
keine ‚transparenten‘, auf die gleichen Produkte gerichteten Preisvergleiche
anstellen können. Darüber hinaus sollen Kunden mittels Handelsmarken zur
‚Ladentreue‘ bewegt werden und nationale Werbeanstrengungen sollen den
‚eigenen‘ Produkten zugute kommen und damit einen hohen Grad an
Werbewirkung erzeugen. Ein weiterer, übergeordneter Grund ist die Erzeugung einer Gegenmachtposition zu den Herstellermarken.[120]

Eine spezielle Form der Handelsmarke stellt die *Gattungsmarke*, auch ‚No-   Gattungsmarke
Name Produkt‘ genannt, dar. Die Besonderheiten dieses Markentyps sind
zum einen eine ausgeprägte Discountorientierung bezüglich Qualität und
Preis, zum anderen eine meist die Gattungsbezeichnung der Ware in den
Vordergrund stellende und recht ‚simpel‘ gestaltete Verpackung (z. B. die
Handelsmarke ‚Tip‘ von Real und Extra).

Abbildung 30 zeigt eine viel zitierte Positionierung von Handelsmarken im
Vergleich zu Herstellermarken unter Heranziehung der Dimensionen Qualität und Preisniveau. Die klassische Vorstellung, die sich mit dieser Positionierung verbindet, ist, dass Handelsmarken eine Art ‚Kopie‘ von Herstellermarken sind, die eine mehr oder weniger ausgeprägte Preis-/Qualitäts-
region erreichen.

---

[120]   Vgl. Olbrich 2001b und Olbrich/Buhr/Grewe/Schäfer 2005.

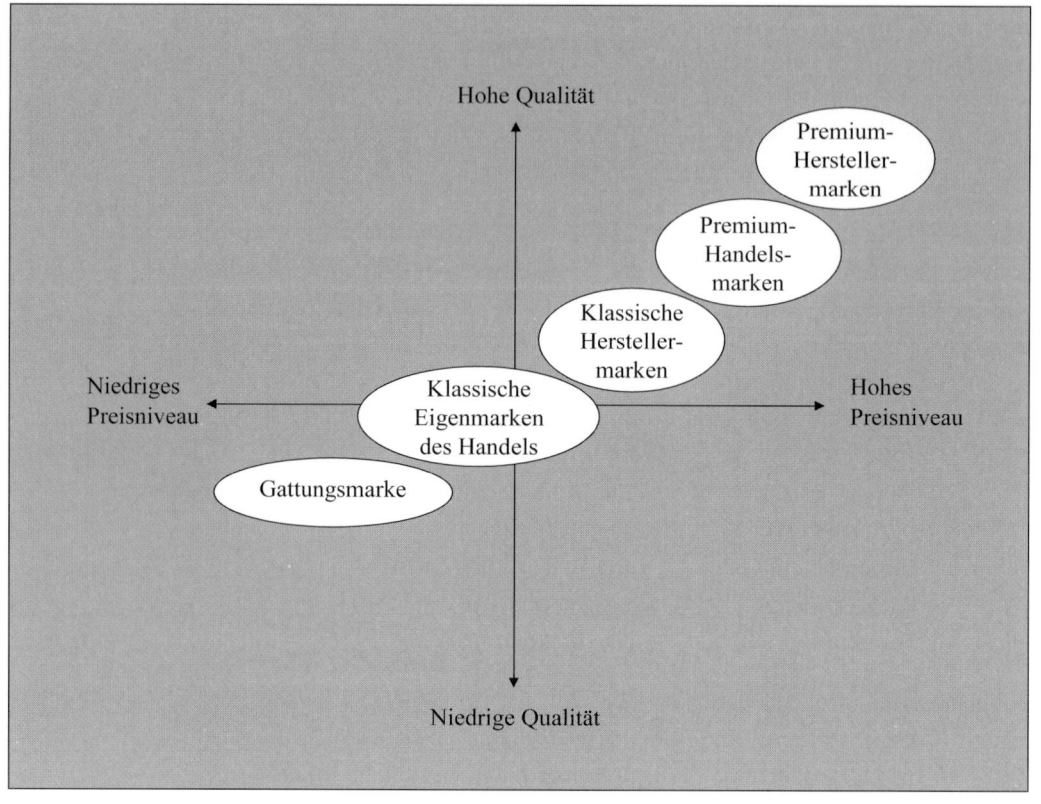

Abb. 30:   Preis- und Qualitätsniveau unterschiedlicher Markentypen
           (in Anlehnung an Meffert 1998, S. 803)

Ähnlich zeigt Abbildung 31, dass Handelsmarken, ausgehend von der ‚No-
Name-Generation' schrittweise die Positionierung von Herstellermarken erreichen (sollen). Beide Abbildungen vereinfachen durch Typisierung, um
eine Tendenzaussage abzuleiten: Eine klare Abgrenzung von Hersteller-
und Handelsmarke scheitert an der zunehmenden ‚Eigenständigkeit' der
Handelsmarkenkonzepte. In der Konsumgüterdistribution spiegelt sich in
diesem Sachverhalt letztlich ein ‚Machtkampf' zweier Wirtschaftsstufen um
Wertschöpfung, knapper werdende Gewinnmargen, akquisitorische Potenziale und wirtschaftliche Unabhängigkeit.

Zeit	70er Jahre	80er Jahre	90er Jahre	2010
Generation Merkmal	Erste Generation	Zweite Generation	Dritte Generation	Vierte Generation
Marke	No Name	„Quasi-Marken"	Dachmarke des Handels	Segmentierte Handelsmarken, „Gestalt-Marken"
Produkte	Basislebensmittel	Großvolumige Einzelartikel	Große Kategorien	Imagebildende Produkte
Technologie	Basistechnologie mit niedrigen Barrieren	Eine Generation im Rückstand gegenüber Markenführer	Näher an Marktführer	Innovativ
Qualität/Image	Geringer als beim Hersteller-Markenprodukt	Mittel, aber als geringer wahr-genommen	Wie führende Marken, Qualitätsgarantie des Handels	Besser oder genauso gut wie führende Marke, Imageaura des Handels
Kaufmotivation	Preis	Preis	Produktqualität/ Preis	Besseres Produkt
Hersteller	National, meist nicht spezialisiert	National, zum Teil Handels-markenspezialist	National, meist Handelsmarken-spezialist	International, meist Handels-markenspezialist

Abb. 31:   Phasen der Handelsmarkenentwicklung (in Anlehnung an Busch
1995, S. 9)

6.2.3.1.3. Aktuelle Problembereiche der Markierung

Die Entwicklung zu Beginn des 19. Jahrhunderts hin zu nicht mehr diffe-
renzierbaren Massenkonsumgütern hat den heutigen Markenartikel schon
fast wieder eingeholt. Die heutige Vielfalt und teilweise Unüberschau-

barkeit der Markenartikel mindert das ursprüngliche Differenzierungspotenzial des Markenartikelkonzeptes erheblich. Diese Abschwächung des Differenzierungspotenzials wird durch die teilweise sehr geringe Marken‚substanz‘ noch verstärkt. Gerade im Bereich der weniger komplexen Produkte sind Marken zum Teil nur noch über die Kommunikation zu differenzieren (so genannte informatorische Produktdifferenzierung). Dies trifft beispielsweise auf die Produktkategorien Bier, Waschmittel und Benzin zu.

‚Lockvogelangebot‘
‚Markenerosion‘

Ein weiteres Problem ist die immer wieder anzutreffende ‚Verschleuderung‘ von Markenartikeln. Dies tritt vor allem bei dem Vertrieb über Discounter oder großflächige SB-Warenhäuser und Verbrauchermärkte auf, die angesehene Markenartikel als ‚Lockvogelangebot‘ nutzen und missbrauchen. Häufig kommt es dabei zu einer so genannten ‚Markenerosion‘. Der Begriff ‚Markenerosion‘ beinhaltet, dass die ursprüngliche Positionierung und das Image des Markenartikels ‚Schaden‘ nehmen.[121]

Neben der eigentlichen Markierung werden von den Unternehmen sehr häufig auch andere Zeichen, wie Güte- und Prüfzeichen, zur Differenzierung im Wettbewerb verwendet. Aufgrund der Masse der in Umlauf gebrachten Zeichen, wird ‚der Verbraucher‘ zunehmend verunsichert, zumal die Seriosität dieser Gütezeichen für den Verbraucher teilweise nicht ohne weiteres nachprüfbar ist.[122]

6.2.3.2. Verpackung

Anforderungen an einen Markenartikel

In engem Bezug zur Markierung steht die Verpackung des jeweiligen Produktes. Mit Blick auf die Verpackung soll ein Markenartikel folgenden *Anforderungen* genügen:

Die Verpackung muss sowohl das Markenzeichen erkennen lassen als auch eine Produktbeschreibung hinsichtlich des Anwendungsgebietes und der Produkteigenschaften aufführen.

---

[121] Vgl. zur Bedeutung der Wahl des Absatzweges mit Blick auf die Gefahr der Markenerosion Bänsch 1998, S. 84. Vgl. auch Klante 2003.

[122] Vgl. zu verschiedenen Gütezeichen Bodenstein/Spiller 1998, S. 165 f.

Weiterhin sollte die Gestaltung der Packung der jeweiligen Produktkonzeption angepasst sein. Dies bedeutet beispielsweise, dass eine ‚Luxusuhr' auch dementsprechend ‚aufwendig' verpackt wird.

Die Packungsgrößen sollten entsprechend den Anwendungsgewohnheiten der Konsumenten dimensioniert sein und die Packung selbst eine Schutzfunktion für den Inhalt ausüben.

Allgemein lässt sich festhalten, dass die Verpackung einerseits die Primärfunktionen Schutz, Lager- und Transportfähigkeit und andererseits die Sekundärfunktionen Information, Verkaufsförderung und Verwendungsunterstützung zu erfüllen hat.[123] Nicht zuletzt durch die Entwicklung zum so genannten ‚*Konsumerismus*', also zur institutionalisierten Vertretung der Konsumenteninteressen (z. B. in Form von Verbraucherschutzverbänden), entstand eine dritte Anforderungsdimension, die immer bedeutender wird. Es handelt sich hierbei um die ökologische Dimension. Als Anforderung definiert, soll die Verpackung sowohl eine hohe Umweltverträglichkeit als auch eine möglichst hohe Recyclingfähigkeit aufweisen.[124]

allgemeine Funktionen der Verpackung

Konsumerismus

Diese dritte Anforderungsdimension wird mitunter auch als richtungsweisend für eine zukünftige Marketingorientierung (so genanntes *Öko-Marketing*) gesehen.[125]

Öko-Marketing

6.2.3.3. Zunehmende Bedeutung der Ökologieorientierung bei der Konzeption von Produkten

Durch die zunehmende Sensibilität der gesamten Öffentlichkeit gegenüber Schädigungen der Umwelt, wie beispielsweise:

• die ansteigende Schädigung der Ozonschicht,

• der damit verbundene unerwünschte Treibhauseffekt und

• das Abfallvermeidungs- und -beseitigungsproblem

---

[123] Vgl. Haedrich/Tomczak 1996, S. 33 f.

[124] Zu einer detaillierten Gliederung der Anforderungen an die Verpackung nach drei Bezugsgruppen vgl. Nieschlag/Dichtl/Hörschgen 2002, S. 671 f.

[125] Vgl. zum Begriff Öko-Marketing bspw. Becker 2001, S. 613-620.

wird eine stärkere ökologische Ausrichtung von Produktkonzeptionen immer wichtiger.[126]

Produkte gelten als ökologisch verträglich, wenn bei ihrer Herstellung Rohstoffe sparsam verwendet werden und die Hersteller im Rahmen der Produktion die Inanspruchnahme von endlichen Ressourcen durch die Verwendung erneuerbarer Ressourcen ersetzen. Darüber hinaus gilt es, die Abfallmenge zu verringern. Dies sollte sowohl im Verpackungsbereich als auch im Herstellungsprozess geschehen. Auch die Beachtung der gesundheitlichen Unbedenklichkeit von Produkten und Herstellungsprozessen spielt in diesem Zusammenhang eine zunehmend wichtigere Rolle.

defensive Strategie   Als mögliche Strategien zu einer verstärkten Ökologieorientierung stehen defensive und offensive Strategieausrichtungen zur Wahl. Wird eine *defensive Strategie* gewählt, so liegt das Hauptbestreben des Unternehmens in der Wahrung der gesetzlichen Vorschriften bezüglich der ökologischen Unbedenklichkeit von Produkten und Prozessen. Bei defensiven Strategien werden größtenteils ökologische Eigenschaften bereits bestehender Konkurrenzprodukte imitiert. Dies reicht oft aus, um den gesetzlichen Vorlagen zu entsprechen. Zur Differenzierung im Anbieterwettbewerb ist diese Strategie nicht geeignet, da keine Wettbewerbsvorteile geschaffen werden.

offensive Strategie   Entscheidet sich ein Unternehmen für eine *offensive Strategie*, so gilt es, einen möglichst nicht sofort einholbaren ökologischen Vorteil der Produkte zu schaffen. Dies kann dauerhaft nur durch die Schaffung echter Innovationen gelingen.[127]

Zu beachten ist weiterhin, ob die jeweilige Zielgruppe den zusätzlichen ökologischen Nutzen überhaupt als solchen wahrnimmt und honoriert. Sollte dies nicht der Fall sein, können auch negative Folgen entstehen. Dies wird insbesondere dann eintreten, wenn der vermeintliche ökologische Zusatznutzen gleichzeitig eine Kostenerhöhung und eventuell sogar eine Beeinträchtigung der Gebrauchseigenschaften mit sich bringt (z. B. Beeinträchtigung der Farbqualität bei Umweltpapier). In einer derartigen Situation muss sich die Unternehmensführung letztlich zwischen der Schonung

---

[126]   Vgl. für eine Darstellung der ökologischen Problembereiche auch Meffert/Kirchgeorg 1998, S. 3 ff.

[127]   Vgl. zu den Begriffen offensive und defensive Strategie im Rahmen der Ökologieorientierung Meffert/Kirchgeorg 1998, S. 288 f.

der Umwelt und dem (auf das betreffende Unternehmen begrenzten und u. U. kurzfristigen) ökonomischen Vorteil bei Verzicht auf die umwelt-schonende Gestaltung der Produkte entscheiden.

6.2.3.4. Service

Der *produktbegleitende Service* lässt sich zum einen in technische Service-leistungen, zum anderen in kaufmännische Leistungen aufgliedern. Zu den technischen Serviceleistungen gehören Dienstleistungen, die direkt am Produkt ‚ansetzen', wie Reparaturen und Installationen. Kaufmännische Leistungen umfassen *Dienstleistungen mit indirektem Produktbezug*, wie z. B. Finanzberatung und Beschwerdebearbeitung. Bei ‚reinen' Dienst-leistungen (z. B. einer Versicherung) besitzen letztere Dienstleistungen auch direkten Produktbezug.

produkt-begleitender Service

Service mit indirektem Produktbezug

Die zwei Servicearten lassen sich weiterhin danach abgrenzen, ob sie vor, während oder nach dem Kauf geleistet werden. Einige Beispiele sind in der folgenden Abbildung angegeben.

	Pre-Sales	**kaufbegleitend**	**After-Sales**
technisch	• technische Beratung • Spezifikation der technischen Leistungselemente	• Schaffung technischer Liefervoraussetzungen	• Wartung • Schulungen
kaufmännisch	• Kostenvoranschläge • Wirtschaftlichkeits-analysen	• individuelle Verträge • Finanzierungskonzept	• Ersatzteil-versorgung • Einsatz-optimierung

Abb. 32:   Servicearten (in Anlehnung an Becker 2001, S. 511)

Obwohl man dazu neigen könnte, das Produkt als solches in den Mittel-punkt der Betrachtung zu stellen und gleichzeitig eine ebenso geartete Sichtweise der Nachfrager auf das Produkt zu unterstellen, kommt dem Service bzw. den entsprechenden Dienstleistungen doch eine immer *be-*

Bedeutung des Service

deutendere Rolle zu. Dienstleistungen nehmen immer mehr den Charakter des kaufentscheidenden Faktors an. Dies wird durch eine Umfrage der Canadian Management Association deutlich, die Abwanderungsgründe von Kunden untersuchte (vgl. Abb. 33).

Nach dieser Untersuchung entschließen sich 68% der Nachfrager zu einem Lieferantenwechsel, wenn ihrer Meinung nach der Service unzureichend ist. Dieses Ergebnis verdeutlicht die große Bedeutung des Serviceaspektes. Gerade bei Produkten, die über ihre eigentlichen Leistungsmerkmale schwierig zu differenzieren sind, bieten sich Dienstleistungen als Möglichkeit zur Differenzierung an.

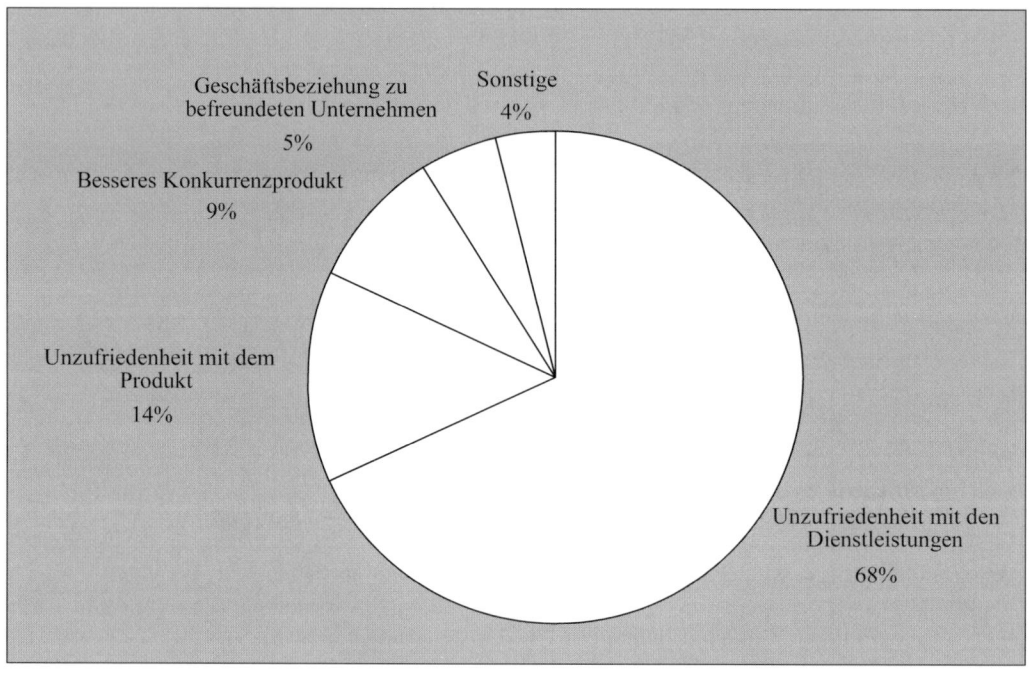

Abb. 33:   Abwanderungsgründe von Kunden (in Anlehnung an Runge 1994, S. 116)

Übungsaufgaben

Aufgabe 15: Nutzenkomponenten und Positionierung von Produkten

Die Produktpolitik beschäftigt sich mit Entscheidungen, die in einem engen Zusammenhang mit der Gestaltung des Leistungsprogramms eines Unternehmens stehen. Ein zentrales Anliegen der Produktpolitik ist in diesem Zusammenhang die Erzeugung eines ‚Kundennutzens'.

a) Beschreiben Sie mögliche Nutzenkomponenten von Produkten und verdeutlichen Sie diese mithilfe aussagekräftiger Beispiele! Erläutern Sie in diesem Zusammenhang mögliche Konzeptionsebenen von Produkten! Grenzen Sie diese mithilfe geeigneter Beispiele voneinander ab!

b) Durch die zunehmende Sensibilität der Öffentlichkeit gegenüber Schädigungen der Umwelt wird eine stärkere ökologische Ausrichtung von Produktkonzeptionen immer wichtiger. Beschreiben Sie mögliche Strategieoptionen und wägen Sie Vor- und Nachteile beider Optionen gegeneinander ab!

c) Diskutieren Sie anhand geeigneter Kriterien, welche möglichen Ziele Handelsunternehmen mit der Positionierung ökologischer Eigenmarken (z. B. ‚Füllhorn' (REWE), ‚Bio-Wertkost' (EDEKA)) verfolgen!

Aufgabe 16: Produktqualität und Qualitätswahrnehmung

Erklären Sie den Begriff ‚Produktqualität' und weisen Sie in diesem Zusammenhang auf Problemfelder im Bereich der ‚Qualitätswahrnehmung' und ‚-messung' hin!

Aufgabe 17: Involvement und Erfahrung

Definieren Sie den Begriff ‚Involvement' und gehen Sie in diesem Zusammenhang auf das Konstrukt ‚Erfahrung' ein!

Aufgabe 18: Markierung von Produkten

Was ist ein ‚Markenartikel'? Nennen Sie die Zwecke einer Markierung von Produkten!

Weiterführende Literatur

HAEDRICH, G./TOMCZAK T. 1996: Produktpolitik, Stuttgart, Berlin, Köln.

HERRMANN, A. 1998: Produktmanagement, München.

KOPPELMANN, U. 2001: Produktmarketing – Entscheidungsgrundlagen für Produktmanager, 6., überarb. und erw. Aufl., Berlin u. a.

6.3.   Preispolitik

6.3.1.   Preisentscheidungen in der Praxis

Interdependenzen zwischen der Preispolitik und anderen Aspekten der Unternehmenspolitik

Die Entscheidung über den Preis der angebotenen Produkte und Leistungen gehört mit zu den wichtigsten unternehmerischen Aktivitäten. Zu hohe Preise führen zu einem Nachfragerückgang, Leerkapazitäten in der Produktion und schließlich zu einem Gewinnrückgang oder gar Verlusten. Zu geringe Preise ‚verschenken' Deckungsbeiträge und können Konkurrenzreaktionen nach sich ziehen, die u. U. in einen existenzbedrohenden Preiskampf münden. Die Preispolitik[128] als Teilbereich des Marketing stellt somit nicht ein isoliertes Entscheidungsfeld dar, sondern muss im Kontext des gesamten unternehmerischen Handelns gesehen werden. Es bestehen z. B. Interdependenzen zu den Bereichen Produktion und Finanzierung. In der Produktion muss die Kapazitätsplanung mit der Preispolitik koordiniert werden. Mit Blick auf die Finanzierung ist ein Preiskampf nur dann durchführbar, wenn die Zahlungsfähigkeit des Unternehmens sichergestellt werden kann.

Formen der Preissetzung
- lineare Preise
- nicht-lineare Tarife
- Preisbündelungen

Die Preispolitik betrifft allerdings nicht nur Fragen über die Höhe des Preises, es muss auch über die Form der Preissetzung entschieden werden. In der Praxis können neben so genannten *linearen Preisen* (fester Verkaufspreis pro Mengeneinheit) z. B. auch *nicht lineare Tarife* und *Preisbündelungen* beobachtet werden. Nicht lineare Tarife beinhalten nach Verkaufsmengen gestaffelte Preise oder eine Teilung des Preises in eine Grundgebühr und ein mengenabhängiges Entgelt – wie es in der Telekommunikationsbranche und bei vielen Versorgungsunternehmen üblich ist. Bietet ein Unternehmen eine Kombination von Produkten oder Dienstleistungen zu einem Preis an, so spricht man von Preisbündelung. I. d. R. verlangt das Unternehmen für dieses 'Set' einen geringeren Preis als die Summe der Einzelpreise. Beide Maßnahmen sollen den Abnehmer dazu veranlassen, einen höheren Umsatz (pro Geschäftsvorfall) mit dem Unternehmen zu tätigen. Im ersten Fall (nicht lineare Tarife) soll der Abnehmer eine größere Menge, im zweiten Fall (Preisbündelung) weitere Produkte kaufen.

Beide Effekte wirken sich nicht nur positiv auf die Erlöse des Unternehmens, sondern auch auf die Kosten aus. Ein Geschäftsvorfall führt

---

[128]   Zur Preispolitik vergleiche umfassend Simon 1992.

schließlich nicht nur zu Umsatz, sondern ist auch mit Kosten für die Auftragsabwicklung (Verwaltung, Lager usw.) verbunden.

Die Nachfrager können aber nicht nur durch geschickten Einsatz der Preispolitik hinsichtlich der Abnahmemenge und des Umsatzes beeinflusst werden. Umgekehrt ist es Aufgabe des Marketing, die *Zahlungsbereitschaft* des Abnehmers zu ermitteln (Marktforschung) bzw. durch den gezielten Einsatz der anderen Marketinginstrumente (z. B. Kommunikationspolitik und Produktpolitik) zu erhöhen. Die Preispolitik muss deshalb immer im Zusammenhang mit den übrigen Marketinginstrumenten gesehen werden.

Beziehung zwischen Marktforschung und Preispolitik

Eine vereinfachende Sichtweise des Planungsprozesses in der Preispolitik führt über die Ermittlung der Marktform (in welcher Art von Wettbewerbsbeziehung steht die angebotene Leistung?), der Zahlungsbereitschaften potenzieller Nachfrager und der Kostenentwicklung zu einer für adäquat erachteten Preisstrategie. Zwischen dem Status quo des aktuellen Marktes und der Preisstrategie steht die Prognose so genannter ‚dynamischer Effekte‘, die letztlich die Auswahl der Preisstrategie mitbestimmen (vgl. Abb. 34).

Bei diesen dynamischen Effekten handelt es sich um Ursache-Wirkungs-Beziehungen (z. B. zwischen den Absatzmengen der ersten Periode und den zu erwartenden Absatzmengen der Folgeperioden), die quasi ex ante Aufschluss über adäquate Preise im Zeitablauf geben sollen. Die Preispolitik sollte dabei stets berücksichtigen, dass einmal gesetzte Preise die Marktform der Zukunft und die zukünftigen Zahlungsbereitschaften der Nachfrager erheblich beeinflussen.

In der Praxis richten Unternehmen ihre Preisentscheidungen z. B. an folgenden Determinanten aus:

Determinanten der Preisfindung in der Praxis

- den Kosten,

- der Nachfrage bzw. Zahlungsbereitschaft der Kunden,

- den Konkurrenzpreisen.

Möchte ein Unternehmen möglichst viele dieser Determinanten in seine Preisentscheidungen mit einbeziehen, so führt dies nicht nur zu einem erheblichen Informationsbedarf. Die Aufgabe, einen ‚optimalen‘ Preis zu bestimmen, ist zudem auch theoretisch außerordentlich komplex.

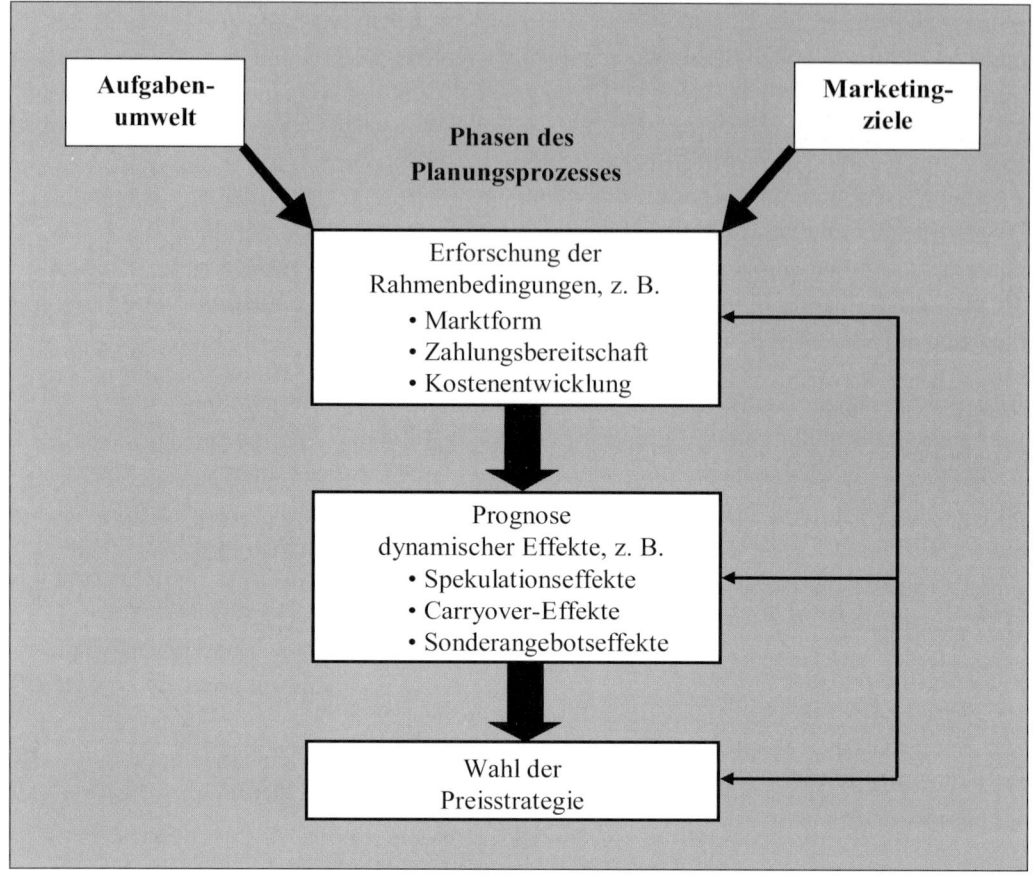

Abb. 34:   Planung der Preisstrategie

Während Informationen über das Nachfragerverhalten mit großer Unsicherheit behaftet sind, stößt die Aufgabe, Produktkosten zu ermitteln, auf das Problem der Kostenspaltung in fixe und variable Kosten. Aber auch unter der Voraussetzung vollständiger Informationen würde sich das entstehende Modell als nicht beherrschbar herausstellen.

fixe und variable Kosten

Diesen Problemen begegnet die Unternehmenspraxis, indem sie eine der oben genannten Determinanten in den Vordergrund stellt. So ist im Handel eine kostenorientierte Preissetzung in Form einer ‚Zuschlagskalkulation‘ weit verbreitet. Das Handelsunternehmen berechnet aus dem Einkaufspreis mithilfe eines branchenüblichen, prozentualen Zuschlagsatzes den Verkaufspreis. Diese einfache Form der kostenorientierten Preissetzung findet im Handel vor allem aufgrund der hohen Anzahl an Produkten großen An-

Vorgehensweise des Handels

‚Zuschlagskalkulation‘

klang. Bei Aktionsartikeln, die zu besonders günstigen Preisen angeboten werden sollen, wird dagegen der Konkurrenzpreis systematisch unterboten, so dass eine konkurrenzorientierte Preissetzung vorliegt. Eine an der empirisch ermittelten Nachfrage orientierte Preissetzung scheitert im Handel dagegen an der Aufgabe, für nicht selten mehrere tausend Artikel einen Zusammenhang zwischen Verkaufspreis und Absatzmenge zu bestimmen.

Einerseits besteht für die Unternehmen also ein Zwang, die Komplexität der Preisentscheidungen durch erhebliche Vereinfachungen zu reduzieren. Andererseits ergeben sich hierdurch aber auch Gefahren. Betrachten wir z. B. ein Industrieunternehmen, das den Preis durch einen prozentualen Zuschlag auf die Vollkosten, also auf sämtliche Kosten pro Stück, festsetzt. Führt ein Nachfragerückgang zu einer geringeren Produktionsmenge, dann verteilen sich die fixen Kosten auf eine geringere Anzahl an hergestellten Mengeneinheiten. Damit steigen die Vollkosten pro Mengeneinheit und folglich im Zuge erneuter Kalkulation auch der Verkaufspreis. Eine Preiserhöhung hat nun wiederum zur Folge, dass die Nachfrage weiter sinkt. Das Unternehmen kalkuliert sich somit selbst aus dem Markt.

Gefahren der an Vollkosten orientierten Preissetzung

6.3.2.   Forschungsrichtungen in der Preistheorie

In der Preistheorie haben sich zwei wesentliche Forschungsrichtungen etabliert. Der *entscheidungstheoretische Ansatz* fragt in der Tradition der Mikroökonomie nach gewinnmaximalen Preisen. Hierzu werden formale Modelle herangezogen, die das Entscheidungsproblem durch teilweise realitätsferne Prämissen einer mathematischen Behandlung zugänglich machen. Jedes formale Modell wählt aus der Vielzahl der Determinanten, die den Absatz eines Produktes beeinflussen, eine vergleichsweise geringe Anzahl aus. Marktstufen, die zwischen Hersteller und Endverbraucher liegen (Großhandel, Einzelhandel), werden i. d. R. vernachlässigt. Nur durch solche Vereinfachungen und die Voraussetzung, dass alle erforderlichen Informationen bekannt sind bzw. zumindest eine Wahrscheinlichkeitsverteilung für diese verfügbar ist, wird eine Behandlung des Preissetzungsproblems durch exakte Verfahren möglich.

Der entscheidungstheoretische Ansatz in der Tradition der Mikroökonomie

Einfachere mathematische Verfahren werden zwar auch in der Praxis eingesetzt. I. d. R. greifen Unternehmen jedoch auf heuristische, traditionell angewendete Verfahren zurück. Der Wert eines preistheoretischen Modells besteht somit nicht unbedingt darin, in einer bestimmten praktischen Situation den ‚optimalen Preis' anzugeben, sondern in dem Erklärungsbeitrag, den das Modell im Hinblick auf ausgewählte und isolierte Wirkungszusammenhänge bietet. Die partielle Betrachtungsweise (notwendige Komplexitätsreduktion) muss dabei zu Gunsten der isoliert geltenden Wirkungszusammenhänge in Kauf genommen werden.

Der verhaltenswissenschaftliche Ansatz

Der *verhaltenswissenschaftliche Ansatz* versucht, empirische Beobachtungen über das Verhalten von Nachfragern für Preisentscheidungen nutzbar zu machen. Hier werden keine exakten Lösungen bereitgestellt, sondern die Vorteile und Nachteile verschiedener Preissetzungsstrategien diskutiert. Allenfalls können Tendenzaussagen gewonnen werden, die unter bestimmten Voraussetzungen Empfehlungen für eine noch näher zu präzisierende Preisstrategie geben. Der Preis für diese ganzheitliche Vorgehensweise besteht in erheblichen Interpretationsspielräumen, die subjektiv gefüllt werden müssen, um zu einer konkreten Preisstrategie zu gelangen. Bekannte Ergebnisse verhaltenswissenschaftlicher Untersuchungen sind z. B. die *psychologischen Preisschwellen*, die *preisorientierte Qualitätsbeurteilung* oder der *Snob-Effekt*:

Psychologische Preisschwellen

Über *psychologische Preisschwellen*, d. h. der Absatz eines Produkts steigt bei Unterschreiten z. B. eines vollen Euro-Betrages deutlich an, wurde vor wenigen Jahren mit Blick auf die Umrechnung der DM-Beträge in den Euro diskutiert.

Preisorientierte Qualitätsbeurteilung

Snob-Effekt

Ein hoher Preis kann nicht nur absatzhemmend wirken, sondern von den Konsumenten auch als Qualitätsindikator gedeutet werden. Wenn hohe Preise Exklusivität und Sozialprestige versprechen, kann eine Preissenkung sogar einen Absatzrückgang, eine Preiserhöhung hingegen eine Absatzsteigerung bewirken. In diesem Fall spricht man von einem *Snob-Effekt*.

Unternehmen können sich verhaltenswissenschaftliche Erkenntnisse zu Nutze machen, indem sie z. B. bewusst eine andere Preisstruktur als ihre Konkurrenten wählen und dadurch Preisvergleiche auf Seiten der Nachfrager erschweren. Eine daraus resultierende weitgehende Preisintransparenz lässt sich z. B. auf dem Telekommunikationsmarkt beobachten und führt dazu, dass Anbieter mit (etwas) höheren Preisen trotz gleicher Qualität Marktanteile behalten. Eine hohe Preisintransparenz kann über eine Verärgerung der Kunden aber auch zu einem Absatzrückgang führen.

Neben solchen Maßnahmen, die das Nachfragerverhalten durch geschickte Wahl der Preisstruktur beeinflussen sollen, muss ein Unternehmen aber auch die Höhe der Preise und seine Preisstruktur gegenüber den Nachfragern rechtfertigen. Preiserhöhungen werden z. B. in der Mineralölbranche über gestiegene Einkaufspreise ‚legitimiert‘. In der Telekommunikationsbranche, in der es so gut wie keine variablen Produktionskosten gibt, fehlt diese Argumentationsmöglichkeit. Die enge Beziehung zwischen der Kommunikationspolitik und der Preispolitik eines Unternehmens wird hier noch einmal besonders deutlich.

6.3.3.   Grundbegriffe der Preistheorie

6.3.3.1.   Marktformen

Ein entscheidendes Kriterium für die Gliederung preispolitischer Überlegungen ist die *Marktform*. Es wird unterschieden, wie viele Anbieter und Nachfrager eines Produktes (oder allgemein: einer Leistung) sich am Markt gegenüberstehen.

Betrachtet werden jeweils alle Kombinationen aus einem, wenigen und vielen Marktteilnehmern auf Anbieter- und Abnehmerseite. Die Unterscheidung zwischen wenigen und vielen Marktteilnehmern zielt dabei auf die Frage, ob einer der Marktteilnehmer durch seine Aktionen Gegenreaktionen auslöst. So wird eine Preissenkung eines Anbieters in einem Oligopol (vgl. Abbildung 35) von seinen Konkurrenten wahrgenommen, die dann z. B. ebenfalls ihre Preise senken. In einem Polypol ist die Anzahl der Marktteilnehmer dagegen so groß, dass eine Preissenkung von den meisten Konkurrenten nicht bemerkt wird und damit eine spürbare Gegenreaktion ausbleibt.

Anbieter / Nach-Frager	einer	wenige	viele
Einer	Bilaterales Monopol	Beschränktes Nachfragemonopol	Nachfragemonopol
Wenige	Beschränktes Angebotsmonopol	Bilaterales Oligopol	Nachfrageoligopol
Viele	(Angebots-)monopol	(Angebots-)oligopol	Polypol

Abb. 35:   Marktformenklassifikation

6.3.3.2.   Preisabsatzfunktionen, Kosten- und Gewinnfunktionen

Preisabsatz-
funktionen

Eine Preisabsatzfunktion f ist ein mathematisches Modell, das einen Zusammenhang zwischen dem Preis p und dem mengenmäßigen Absatz x eines Produktes beschreibt:

$$(1.1) \qquad x = f(p)$$

In der Literatur wird oft anstelle von (1.1) die umgekehrte Schreibweise mit der Menge x als unabhängiger Variable bevorzugt:

$$(1.1a) \qquad p = f(x)$$

Mit Blick auf eine ökonomische Interpretation ist allerdings die Schreibweise (1.1) sinnvoller. Schließlich ist der Preis die unabhängige Variable und die Absatzmenge ergibt sich als abhängige Variable aus der Reaktion der Nachfrager. Die umgekehrte Schreibweise (1.1a) ist deshalb verbreitet, da sie in vielen Fällen den Rechenaufwand reduziert.[129]

---

[129]   Da Preisabsatzfunktionen i. d. R. streng monoton fallend sind (eine Preiserhöhung führt zu einem Absatzrückgang) ist die Bildung der Umkehrfunktion problemlos möglich.

Einfache Beispiele für Preisabsatzfunktionen sind die lineare Funktion:

(1.2) $x = a - b \cdot p$ mit $a, b > 0$

und das multiplikative Modell:

(1.3) $x = ap^{\alpha}$ mit $a > 0$, $\alpha < 0$

Natürlich ist der Preis nicht die einzige Determinante des Absatzes. Neben exogenen Gegebenheiten, die vom Unternehmen nicht beeinflusst werden können (z. B. Konkurrenten, Konjunktur usw.) hängt der Absatz von weiteren endogenen Gegebenheiten, also dem Einsatz anderer Marketinginstrumente (z. B. Werbung) ab. Die Preisabsatzfunktion abstrahiert hiervon, indem alle Einflussgrößen außer dem Preis als konstant angenommen werden. Eine Modifikation einer einzigen dieser Einflussgrößen zieht eine Veränderung der Preisabsatzfunktion nach sich.

Alternativ können aber auch ausgewählte, weitere Einflussgrößen des Absatzes, z. B. bei Vorliegen eines Oligopols die Konkurrenzpreise $p_1, \ldots, p_n$, mit in die Preisabsatzfunktion aufgenommen werden:

(1.4) $x = f(p, p_1, \ldots, p_n)$

Das mit einem solchen Modell verfolgte Ziel, die Berechnung eines optimalen (z. B. gewinnmaximalen) Preises p, wird natürlich mit zunehmender Anzahl der berücksichtigten Einflussgrößen immer schwieriger. Zum einen werden immer umfangreichere Informationen über die Zusammenhänge zwischen den Einflussgrößen und dem Absatz benötigt. Zum anderen wird auch die mathematische Bestimmung eines Gewinnmaximums komplizierter. In dieser entscheidungstheoretischen Forschungsrichtung des Preismanagements werden daher – gemessen an der Komplexität der Realität – äußerst einfache Modelle verwendet, um Grundzusammenhänge zu analysieren.

Um eine Preisabsatzfunktion praktisch zu bestimmen, müssen zunächst Informationen, die über den Zusammenhang zwischen Preis und Absatz Aufschluss geben, erhoben werden. Insbesondere mithilfe der Scannerkassentechnologie des Einzelhandels können derartige Informationen in ersten Ansätzen bereitgestellt werden.[130] Anschließend muss in Form eines Preis-

---

[130] Vgl. hierzu Olbrich 1997, S. 145 ff.; Olbrich/Battenfeld/Grünblatt 1999; Olbrich/Grünblatt 2004.

Absatz-Modells (z. B. das lineare oder multiplikative Modell) eine Hypothese über den Zusammenhang zwischen Preis und Absatz gebildet werden.

Ökonomische
Fundierung von
Preisabsatz-
funktionen

Eine *ökonomische Fundierung* dieser Hypothese in Form einer theoretischen Begründung oder einer empirischen Überprüfung bereitet jedoch erhebliche Probleme. So konnte im Oligopol für das lineare Modell bisher keine plausible Begründung gefunden werden. Eine lineare Preisabsatzfunktion impliziert, dass eine Preisänderung um eine Einheit bei unverändertem Konkurrenzpreis immer eine Mengenänderung um b Einheiten nach sich zieht. Es ist aber nicht unmittelbar einsichtig, dass die Mengenänderung unabhängig vom Ausgangspreis immer proportional zum Umfang der Preisänderung ist.

Ebenso können empirische Studien keinen Hinweis darauf geben, welches Modell den Zusammenhang zwischen Preis und Absatz in einer bestimmten Situation besonders gut wiedergeben kann. Alle Modelle erzielen paradoxerweise ordentliche Ergebnisse, so dass bisher kein systematischer Zusammenhang zwischen exogenen Gegebenheiten (z. B. der Marktform) und dem Modelltyp gefunden werden konnte. Die Probleme einer statistischen Fundierung rühren vor allem daher, dass die Preise in einem empirisch erhobenen Datensatz meistens nur ein geringes Intervall abdecken. In diesem Intervall besitzen aber viele empirisch gefundenen Funktionen einen

asymptotisch

asymptotisch linearen Verlauf (vgl. Abb. 36). Zusammen mit der einfachen mathematischen Handhabbarkeit führt dies dazu, dass lineare Funktionen in der Preistheorie häufig verwendet werden.[131]

---

[131] Vgl. zu mathematischen Preisabsatzfunktionen SIMON 1992, S. 94-108.

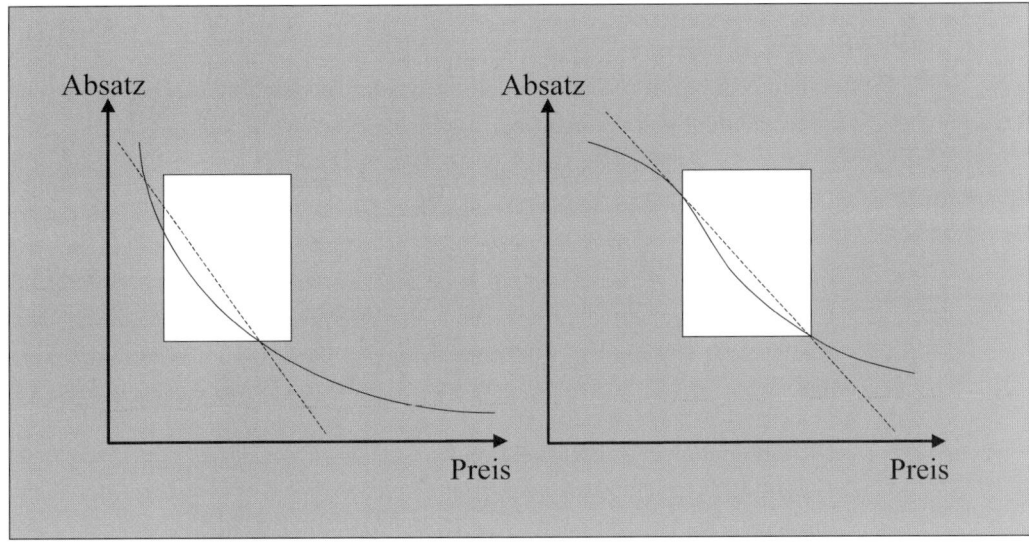

Abb. 36:   Abschnittsweise, asymptotisch lineare Funktionen
            (in Anlehnung an Simon 1992, S. 101)

Nachdem die Entscheidung für einen Funktionstyp der Preisabsatzfunktion
gefallen ist, werden mittels regressionsanalytischer, statistischer Verfahren
die Parameter in der allgemeinen Preisabsatzfunktion (z. B. a und b in
Gleichung 1.2) geschätzt. Die Preisabsatzfunktion soll die beobachteten
Preis-Absatz-Kombinationen mit möglichst geringen Abweichungen wiedergeben.

Um einen optimalen Preis zu bestimmen, werden nicht nur Informationen   Kostenfunktionen
über den Zusammenhang zwischen Preis und Absatz, sondern auch Informationen über Kosten benötigt. Diese werden in einer *Kostenfunktion*, die
den Zusammenhang zwischen der Produktionsmenge x und den Gesamt-
kosten K beschreibt, zusammengefasst. Eine lineare Kostenfunktion (vgl.
Gleichung 1.5) beinhaltet die Annahme, dass die variablen Kosten pro
Mengeneinheit k_v (z. B. Materialeinzelkosten) nicht von der Produktionsmenge abhängen und somit konstant sind. Es werden also in der Produktion
keine Mengendegressionseffekte (economies of scale), z. B. Einsparungen   Mengen-
bei den variablen Kosten, erzielt. Zu den variablen Kosten treten dann noch   degressionseffekt
die Fixkosten k_{fix}.

(1.5) $K(x) = k_v \cdot x + k_{fix}$

Sollen economies of scale modelliert werden, so kann man z. B. die folgende Kostenfunktion verwenden:

(1.6) $K(x) = k \cdot x^{\alpha} + k_{fix}$ mit $0 < \alpha < 1$ und $k > 0$

Im praktischen Anwendungsfall kann die Kostenfunktion durch empirische Untersuchungen auf der Basis von Vergangenheitsdaten oder durch eine Analyse der technischen Zusammenhänge in der Produktion ermittelt werden.

Grenzkosten-funktionen
Grenzkosten

Die Ableitung der Kostenfunktion wird als *Grenzkostenfunktion* bezeichnet. Vereinfacht spricht man auch von Grenzkosten, die allerdings bei nicht linearen Kostenfunktionen von der Produktionsmenge abhängen. Die Grenzkosten geben an, welcher Betrag für *eine* zusätzlich zu produzierende Mengeneinheit aufzuwenden ist. Im Falle einer linearen Kostenfunktion (1.5) betragen sie k_v und sind identisch mit den variablen Kosten. Die Fixkosten k_{fix} fallen durch das Differenzieren weg und gehen daher in die Grenzkostenfunktion nicht ein.

Die Kostenfunktion (1.6) führt zu der Grenzkostenfunktion:

(1.7) $K'(x) = k\alpha x^{\alpha-1}$

k kann im Gegensatz zu k_v in der linearen Kostenfunktion nicht als Kostenbetrag pro Mengeneinheit interpretiert werden. Da α-1<0 ist, sinken die Grenzkosten mit steigender Produktionsmenge x. Die Kostenfunktion (1.6) hat also einen degressiven Verlauf.

Umsatz- und Gewinnfunktion

Um ein Gewinnmaximum zu bestimmen, kann zunächst die Umsatz- (1.8) und anschließend die Gewinnfunktion (1.9) ermittelt werden:

(1.8) $U(p) = p \cdot x = p \cdot f(p)$

(1.9) $G(p) = U(p) - K(x) = p \cdot f(p) - K(f(p))$

Letztlich zeigt diese stark vereinfachende Formalisierung auf, dass bei Kenntnis der Preisabsatz- und Kostenfunktion der Gewinn eines Unternehmens von der Preispolitik abhängt.

6.3.3.3.   Die Preiselastizität der Nachfrage

6.3.3.3.1. Definition der Preiselastizität

Abschließend soll noch der Begriff der *Preiselastizität* vorgestellt werden. Preiselastizität
Die Preiselastizität ε ist ein Maß dafür, wie stark der Absatz eines
Produktes auf eine Preisänderung reagiert. Führt eine Preisänderung von p_1
nach p_2 zu einer Absatzänderung von x_1 nach x_2, dann ist die Preiselastizität
ε definiert als:

$$(1.10) \qquad \varepsilon = \frac{\dfrac{x_1 - x_2}{x_1}}{\dfrac{p_1 - p_2}{p_1}} = \frac{x_1 - x_2}{p_1 - p_2} \cdot \frac{p_1}{x_1}$$

$x_1\text{-}x_2/x_1$ steht in dieser Formel für die Änderung der Absatzmenge in
Relation zur Ausgangsmenge (relative Mengenänderung). Analog be-
schreibt $p_1\text{-}p_2/p_1$ die relative Preisänderung. Der Quotient ε gibt das
Verhältnis zwischen relativer Mengen- und Preisänderung an. Da Preis- und
Mengenänderung i. d. R. verschiedene Vorzeichen besitzen (eine Preis-
erhöhung führt zu einem Mengenrückgang und umgekehrt), ist die
Preiselastizität i. d. R. (d. h., wenn kein Snobeffekt vorliegt) negativ. Eine
Preiselastizität von -2 bedeutet somit, dass die relative Mengenänderung
doppelt so groß ausfällt wie die verursachende, relative Preisänderung.
Etwas weniger präzise formuliert, führt eine Preissenkung um 1 % zu einer
Mengenerhöhung von 2 %.

Es müssen an dieser Stelle *relative* Änderungen betrachtet werden, da es
einen großen Unterschied macht, ob eine Erhöhung der Absatzmenge um
20 % (z. B. von 100 auf 120 ME) durch eine Preissenkung von 20 auf 10
GE (relative Preisänderung: Abnahme um 50 %) oder von 100 auf 90 GE
(relative Preisänderung: Abnahme um 10 %) verursacht wird. Im ersten Fall
beträgt die Preiselastizität -0,4 und im zweiten Fall -2.

Ist $\varepsilon < -1$, so spricht man von einer elastischen Nachfrage. Die relative
Mengenänderung ist in diesem Fall größer als die relative Preisänderung.
Eine schwache Preisänderung führt bei betragsmäßig großem ε zu einer
starken Mengenänderung. Umgekehrt entspricht $0 > \varepsilon > -1$ einer unelastischen Nachfrage. Die Absatzmenge reagiert hier schwächer auf Preisänderungen. Unterstellt wird bei diesen Definitionen, dass es sich um eine
fallende Preisabsatzfunktion handelt, also z. B. kein ,Snob-Effekt' vorliegt.

Liegt eine steigende Preisabsatzfunktion vor, so spricht man bei $\varepsilon > 1$ von einer elastischen, bei $1 > \varepsilon > 0$ hingegen von einer unelastischen Nachfrage. Ist $\varepsilon = 0$ so liegt eine vollkommen unelastische Nachfrage vor. Positive Werte von ε sind – wie bereits am Beispiel des Snob-Effektes erläutert – durchaus in der Realität anzutreffen. Sie können auch auf eine größere Wertschätzung höherpreisiger Produkte in den Augen der Nachfrager zurückgeführt werden. Diese Wertschätzung kann z. B. auch auf einer entsprechenden Vermutung hinsichtlich der Qualität des Produktes oder auch auf einer besonderen Eignung höherpreisiger Produkte als Geschenk beruhen. Es ist also nicht stets davon auszugehen, dass Preissenkungen von den Nachfragern mit einer erhöhten Nachfrage belohnt werden!

6.3.3.3.2. Punkt- und Bogenelastizität

Bogenelastizität und Punktelastizität

Die Preiselastizität ε wird auch als *Bogenelastizität* bezeichnet, da sie sich auf zwei verschiedene Punkte der Preisabsatzfunktion bezieht. Diese beiden Punkte definieren auf einer gekrümmten Preisabsatzfunktion (im allgemeinen Fall) ein Bogenstück. Wird der erste Punkt festgehalten und der zweite Punkt auf den ersten zubewegt, oder mit anderen Worten der Grenzübergang $\lim_{p2 \to p1} \varepsilon$ gebildet, dann ergibt sich als Grenzwert die Punktelastizität $\dot{\varepsilon}$:

$$(1.11) \qquad \dot{\varepsilon} = \frac{\dfrac{dx}{x}}{\dfrac{dp}{p}} = \frac{dx}{dp} \cdot \frac{p}{x}$$

$\dot{\varepsilon}$ hängt nur von einem Punkt (p, x) der Preisabsatzfunktion ab und beschreibt das Verhältnis zwischen relativer Preis- und Mengenänderung bei einer infinitesimal kleinen Preisänderung.

Die Preiselastizität bei linearer Preisabsatzfunktion

Zur Veranschaulichung wollen wir die Punktelastizität für eine lineare Preisabsatzfunktion berechnen. Ausgehend von der Preisabsatzfunktion (1.2) berechnen wir mithilfe von (1.11) die Punktelastizität:

(1.12) $\dot{\varepsilon} = \dfrac{dx}{dp} \cdot \dfrac{p}{x} = -b \cdot \dfrac{p}{a-bp} = \dfrac{-a+a-bp}{a-bp} = 1 - \dfrac{a}{a-bp} = 1 - \dfrac{a}{x}$

Damit ist die Punktelastizität kleiner (größer) als -1, wenn $x < a/2$ bzw.

$p > \dfrac{a}{2b} (x > a/2$ bzw. $p < \dfrac{a}{2b})$. Für $x = a/2$ bzw. $p = \dfrac{a}{2b}$ ist die Punkt-

elastizität genau -1. An dieser Stelle der Preisabsatzfunktion heben sich die
Wirkungen von Preisänderungen und der resultierenden Mengenänderung
auf den Umsatz gerade auf. Deshalb nimmt die Umsatzfunktion hier ihr
Maximum an. Die Zusammenhänge werden durch die Abbildung 37 veranschaulicht.

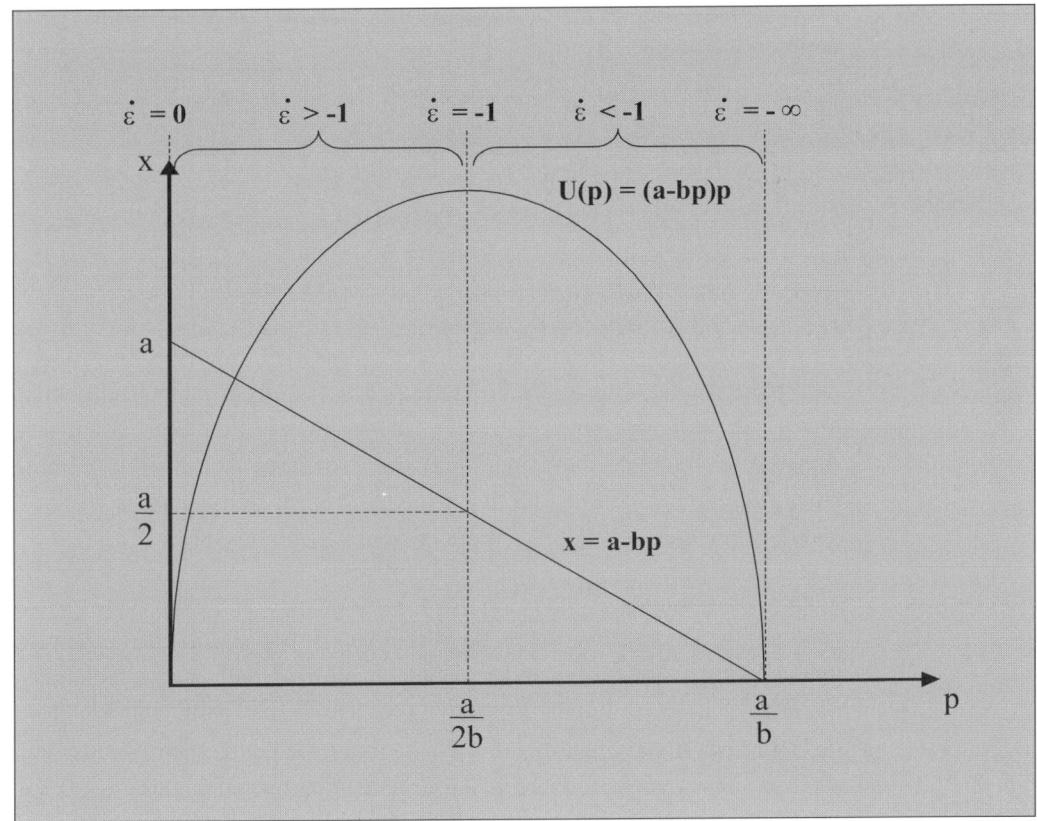

Abb. 37:   Die Preiselastizität bei linearer Preisabsatzfunktion

6.3.3.3.3. Kreuzpreiselastizität

Im Falle von zwei verschiedenen Produkten A und B kann die *Kreuzpreiselastizität* definiert werden:

$$(1.13) \qquad \varepsilon_{AB} = \frac{\dfrac{x_{A1} - x_{A2}}{x_{A1}}}{\dfrac{p_{B1} - p_{B2}}{p_{B1}}} = \frac{x_{A1} - x_{A2}}{p_{B1} - p_{B2}} \cdot \frac{p_{B1}}{x_{A1}}$$

x_{A1} bzw. x_{A2} bezeichnen dabei die Absatzmengen des Produktes A und p_{B1} bzw. p_{B2} stehen für die Verkaufspreise des Produktes B in den Zeitpunkten t_1 bzw. t_2. Analog zur Preiselastizität der Nachfrage kann auch die Kreuzpreiselastizität als Bogenelastizität (1.13) und als Punktelastizität (1.14) definiert werden:

$$(1.14) \qquad \dot{\varepsilon}_{AB} = \frac{\partial x_A}{\partial p_B} \cdot \frac{p_B}{x_A}$$

Dabei bezeichnen

$$(1.15) \qquad \begin{aligned} x_A &= f_A(p_A, p_B) \\ x_B &= f_B(p_A, p_B) \end{aligned}$$

die Preisabsatzfunktionen der Produkte A bzw. B. Die Kreuzpreiselastizität misst, wie stark sich eine relative Preisänderung des Produktes B auf den Absatz (die relative Absatzänderung) des Produktes A auswirkt. Vereinfacht ausgedrückt, gibt ε_{AB} an, um wie viel Prozent sich der Absatz von A ändert, wenn der Preis von B um ein Prozent verändert wird.

Stehen die Produkte A und B in einer Konkurrenzbeziehung, dann ist ε_{AB} positiv. ε_{AB} ist negativ, wenn die Produkte A und B in einer komplementären Beziehung zueinander stehen. In diesem Fall ist die Ableitung $\partial x_A / \partial p_B$ negativ, d. h. eine Preiserhöhung von B führt zu einem Mengenrückgang bei A (und natürlich bei B). x_A und p_B haben keinen Einfluss auf das Vorzeichen von ε_{AB}, da beide Ausdrücke immer positiv sind.

6.3.4.   Dynamische Preistheorie und strategisches Preismanagement

6.3.4.1.   Dynamische Preistheorie

6.3.4.1.1. Dimensionen der Dynamisierung

Die statische Preistheorie verzichtet darauf, Interdependenzen zwischen verschiedenen Planungsperioden zu berücksichtigen. Der statisch optimale Preis berücksichtigt z. B. nicht, dass in der nachfolgenden Periode ein Wettbewerber neu in den Markt eintritt, die Produktionskosten durch einen Erfahrungskurveneffekt sinken werden oder der Absatz in der betrachteten Periode über Wiederbeschaffungen und ‚Mundwerbung' die Absatzmenge der Folgeperiode positiv beeinflusst. *(statische Preistheorie)*

Eine *Dynamisierung der Preistheorie*, d. h. eine explizite Berücksichtigung zeitlicher Interdependenzen, führt zu komplizierten Entscheidungskalkülen. Gleichzeitig wird die Planung der Preisstrategie aber auch deutlich realitätsnäher. Zunächst sollen die auftretenden dynamischen Effekte systematisiert werden. Dabei wird deutlich, dass eine dynamische Marketingplanung nicht standardisiert werden kann. Aufgrund der Vielzahl möglicher Interdependenzen zwischen den Perioden des Planungszeitraums ist immer eine individuelle Analyse durchzuführen. Die wesentliche Aufgabe des Planenden besteht darin, einflussreiche von weniger einflussreichen Effekten zu trennen und die einflussreichen Effekte in seiner Entscheidung über die Preisstrategie zu berücksichtigen. *(Dynamisierung der Preistheorie)*

Die folgenden Bereiche dynamischer Effekte können unterschieden werden:[132]

- Lebenszyklusdynamik

- Wettbewerbsdynamik

- Kostendynamik

- Zielfunktionsdynamik

---

[132] Vgl. Simon 1992, S. 240 ff.

Lebenszyklus-
dynamik

Unter ‚*Lebenszyklusdynamik*‘ eines Produktes versteht man die Entwicklung des Umsatzes eines Produktes im Zeitverlauf (vgl. Abschnitt 5.1.). Die
statische Preistheorie wählt den (statisch optimalen) Verkaufspreis so aus,
dass der Gewinn der betrachteten Periode maximal wird. Sie vernachlässigt,
dass der Absatz in dieser Periode den Absatz der Folgeperioden beeinflussen kann. So kann ein geringerer Preis nicht nur zu zusätzlichen
Abverkäufen in der betrachteten Periode führen, sondern über Wiederbeschaffungen durch markentreue Konsumenten auch zu weiteren Abverkäufen in den Folgeperioden. Die dynamische Preistheorie berücksichtigt
im strategisch-optimalen Verkaufspreis die Auswirkungen periodenüber-
greifender Effekte. Das Konsumentenverhalten (z. B. die Wiederkaufquote)
bestimmt, wie stark der strategisch-optimale Verkaufspreis vom statisch
optimalen Verkaufspreis abweicht. Die ‚Berechnung‘ des strategisch-optimalen Verkaufspreises basiert in diesem Fall auf einer Analyse des zu
erwartenden Konsumentenverhaltens.

Wettbewerbs-
dynamik

Unter *Wettbewerbsdynamik* versteht man die Entwicklung der Konkurrenzsituation im Zeitablauf. Der dynamisch optimale Verkaufspreis liegt bspw.
unter dem statisch optimalen Verkaufspreis, wenn der Markteintritt von
Wettbewerbern durch den geringeren Preis verzögert oder gar ganz verhindert werden kann. Der geringe Preis wirkt in diesem Fall als Marktein-
trittsbarriere. Voraussetzung für einen geringeren dynamisch optimalen
Verkaufspreis (im Vergleich zum statisch optimalen) ist, dass der Verzicht
an Deckungsbeitrag, der aus der Abweichung vom statisch optimalen Preis
resultiert, in späteren Perioden kompensiert werden kann. Die Kompensa-
tionsmöglichkeit kann aus höheren Absatzmengen aus denjenigen Perioden
bestehen, in denen eine Konkurrenzsituation vermieden wird, oder aber aus
höheren Preisen (z. B. durch vermiedene Preiskämpfe). Beide Effekte
(höhere Mengen als auch höhere Preise) können auch zusammen auftreten.

Kostendynamik

Die variablen Stückkosten können nur bei kurzfristiger Betrachtung als
konstant angenommen werden. Langfristig ist dagegen mit sinkenden variablen Stückkosten zu rechnen, wenn das Unternehmen mit zunehmender
Erfahrung effizienter produzieren kann (vgl. Abschnitt 5.2.). Das ‚klassische‘ Erfahrungskurvenkonzept nach Henderson trennt allerdings nicht
klar zwischen fixen und variablen Kosten.[133] Vereinfacht kann man davon
ausgehen, dass jede Ausdehnung der Produktionsmenge dazu führt, dass die

---

[133] Vgl. Abschnitt 5.2. und Henderson 1984, S. 10 und 19 ff.

inflationsbereinigten Stückkosten um einen Prozentsatz α, die so genannte *Lernrate*, sinken.

Lernrate

Die dynamische Preistheorie trägt einer hohen Lernrate Rechnung, indem geringere Verkaufspreise gewählt werden. Diese sorgen für höhere Absatzmengen pro Periode und damit kommt das Unternehmen früher in den Genuss sinkender Produktionskosten. Der anfängliche Verlust an Deckungsbeitrag wird durch größere Deckungsbeiträge aufgrund sinkender Stückkosten in späteren Perioden überkompensiert.

In der dynamischen Preistheorie werden alle Gewinne auf einen Entscheidungszeitpunkt t_0 abgezinst (*Zielfunktionsdynamik*). Die zuvor geschilderten Effekte, bei denen kurzfristige Gewinnmöglichkeiten zu Gunsten eines höheren langfristigen Gewinns aufgegeben werden, müssen daher relativiert werden. Ein solcher Tausch ist nur dann vorteilhaft, wenn der Gegenwartswert zusätzlicher zukünftiger Periodengewinne den Gegenwartswert des gegenüber der statischen Betrachtung vorgenommenen Gewinnverzichts kompensiert. Je weiter die Gewinne in der Zukunft liegen, um so größer ist der ‚Abschlag‘ durch den Abzinsungsfaktor.

Zielfunktionsdynamik

Gegenwartswert

Abzinsungsfaktor

6.3.4.1.2. Dynamische Effekte

Nachfolgend werden einige dynamische Effekte, die zu Abweichungen des (dynamisch) optimalen Preises vom statisch optimalen Preis führen können, beschrieben. Diese Effekte führen (u. a.) zur oben beschriebenen Lebenszyklusdynamik. Eine statische Preisabsatzfunktion vernachlässigt diese Effekte. Der abgeleitete (statisch) optimale Preis maximiert daher nur den Gewinn der aktuellen Periode. Um den dynamisch optimalen Preis, der den Barwert aller zukünftigen Periodengewinne maximiert, zu bestimmen, müssten besonders einflussreiche Effekte in einer dynamischen Preisabsatzfunktion explizit modelliert werden.

Unter einem Preisänderungsresponse versteht man die Reaktion der Nachfrager auf Preisänderungen. Zu Grunde liegt diesem Effekt die Erkenntnis, dass die Nachfrage nach einem Produkt nicht nur vom absoluten Preis, sondern auch vom Verhältnis des neuen Preises zum vorhergehenden Preis abhängt. Preissenkungen wirken stimulierend und Preiserhöhungen wirken sich negativ auf den Absatz aus. Ausschlaggebend ist dabei die prozentuale

Preisänderungsresponse

und nicht die absolute Preisänderung. Eine absolute Preisänderung von 5,- €
wirkt nach dieser These bei einem Ausgangspreis von 20,- € (relative Preisänderung 25 %) deutlich stärker als bei einem Ausgangspreis von 100,- €
(relative Preisänderung 5 %). Ältere empirische Untersuchungen deuteten
sogar darauf hin, dass die Absatzwirkung in einzelnen Fällen nicht proportional zum Ausmaß der Preisänderung ist. Kleine relative Preisänderungen
(unter ca. 10 %) entfalteten eine unterproportionale Wirkung und größere
Preisänderungen (über ca. 10 %) eine überproportionale Wirkung.[134]

Erwartungs- oder Spekulationseffekte Neben dieser Reaktion auf Preisveränderungen können aber auch noch
weitere Preiseffekte, die als *Erwartungs-* oder *Spekulationseffekte* be-
zeichnet werden, auftreten. Diese Effekte beruhen auf der Erwartung der
Nachfrager über die zukünftige Preisentwicklung. Viele Nachfrager vermuten, dass sich eine Preisveränderung in die eingeschlagene Richtung
fortsetzen wird. Bei einer Preiserhöhung eines lagerfähigen Verbrauchsgutes (z. B. Heizöl) wollen sich die Verbraucher vor einem weiteren Anstieg des Preises schützen und reagieren (kurzfristig) mit einer erhöhten
Nachfrage. Sinkende Preise bei Gebrauchsgüterinnovationen (z. B. die neu-
este Computergeneration) führen in Erwartung fallender Preise zu einem
kurzfristigen Nachfragerückgang.

Die Reaktion der Nachfrager geht bei dieser zuletzt beschriebenen Form
des Erwartungseffekts im Vergleich zum oben beschriebenen, allgemeinen
Preisänderungsresponse (Nachfrageanstieg) in die entgegengesetzte Richtung (Nachfragerückgang). Die Nachfrager können allerdings auch erwarten, dass eine Preisveränderung nur vorübergehend ist. Dann ergeben sich
die gleichen Implikationen wie bei dem allgemeinen Preisänderungsresponse.

Sonderangebotseffekt Der *Sonderangebotseffekt* beschreibt die Reaktion der Nachfrager auf eine
kurzfristige, deutliche Preisreduktion (Sonderangebot). Die Nachfrager
reagieren mit einer kurzfristigen Steigerung der Nachfrage und legen einen
Vorrat des Produktes an. Anschließend sinkt die Nachfrage jedoch, weil
aufgrund ihres Lagerbestandes weitere Käufe nicht mehr notwendig sind.
Nach einiger Zeit normalisiert sich der Absatz wieder.

---

[134] Vgl. Abrams 1964 zitiert bei Simon 1992, S. 255.

Der Carryover-Effekt bezeichnet alle Einflüsse des Absatzes in einer gegebenen Periode auf den Absatz einer zukünftigen Periode. Ein *intra-* intrapersoneller
personeller Carryover-Effekt entsteht z. B. durch das Wiederkaufverhalten. Carryover-Effekt
Je mehr von einem Verbrauchsgut in einer Periode abgesetzt wird, umso
mehr Wiederkäufe erfolgen - zufriedene Kunden vorausgesetzt - in den
nachfolgenden Perioden. In diesem Fall spricht man von einem positiven
Carryover-Effekt. Ist ein Großteil der Kunden unzufrieden, dann wirkt sich
ein hoher Absatz in einer Periode über einen negativen Carryover-Effekt
absatzmindernd auf die folgenden Perioden aus.

Bei Gebrauchsgütern sind *interpersonelle Carryover-Effekte* von beson- interpersoneller
derer Bedeutung. Zum einen verbreiten sich Gebrauchsgüter über Mund- Carryover-Effekt
werbung und Imitation. Imitation spielt dann eine bedeutende Rolle, wenn
das Produkt bzw. sein Gebrauch durch Dritte beobachtet werden kann (z. B.
,Inlineskates'). Zum anderen führt eine hohe Absatzmenge aber auch dazu,
dass das Abnehmerpotenzial späterer Perioden reduziert wird. Nähert sich
die kumulierte Absatzmenge der Sättigungsmenge, dann wirken sich hohe
Absatzmengen negativ auf den Absatz der Folgeperioden aus.

Der Carryover-Effekt kann sich deshalb im Zeitablauf auch ändern oder
sogar umkehren. Als weiteres Beispiel hierfür kann modische Bekleidung
angeführt werden. Besteht über einen *Imitationseffekt* zunächst ein positiver Imitationseffekt
Carryover, sorgt das Bedürfnis nach Abwechslung und Individualität nach
entsprechender Verbreitung des Produktes für einen negativen Carryover-
Effekt.

Die Analyse des Carryovers klärt die Frage, wie sich ein Produkt bei einem
gegebenen Nachfragepotenzial verbreitet. Demgegenüber beschreibt die
Obsoleszenzrate die Entwicklung des Nachfragepotenzials im Zeitablauf. Obsoleszenzrate
Produkte mit hoher Obsoleszenzrate (z. B. hoch modische Bekleidung oder
Tageszeitungen) veralten schnell, das Nachfragepotenzial wird demnach
immer kleiner. Bei Produkten mit geringer Obsoleszenzrate wird das
Nachfragepotenzial nicht durch Produktinnovationen, die das betrachtete
Produkt substituieren, geschmälert.

Im Mittelpunkt der dynamischen Preistheorie stehen Effekte, die auf zeitlichen Interdependenzen zwischen den Perioden beruhen. Der Gewinn
nachfolgender Perioden wird durch die Preissetzung in einer vorhergehen- Effekte, die nicht
auf zeitlichen
den Periode beeinflusst. Neben solchen zeitlichen Interdependenzen Interdependenzen
zwischen verschiedenen Perioden gibt es aber noch eine Vielzahl *weiterer* beruhen

Interdependenzen. Z. B. können sich die Preisentscheidungen verschiedener Produkte gegenseitig beeinflussen. Ausgenutzt werden kann ein solcher ‚Verbundeffekt', indem das Basisprodukt zu Gunsten einer großen Marktdurchdringung besonders günstig angeboten wird. Die Deckungsbeiträge werden dann über verbundene Artikel (z. B. teures Zubehör oder Ersatzteile) erzielt. Der Handel wendet mit so genannten Lockvogelangeboten diese Strategie auf sein gesamtes Sortiment an.

Realitätstreue der dynamischen Preistheorie

An dieser Stelle wird deutlich, dass die Dynamisierung der Preistheorie gegenüber der statischen Preistheorie zwar eine deutliche Annäherung an die Realität darstellt. Keinesfalls kann die dynamische Preistheorie aber ein realitätsgetreues Modell entwickeln. Diesem Anspruch kann eine betriebswirtschaftliche Theorie aber auch nur in Ausnahmefällen gerecht werden. Bei der Suche nach einer Preisstrategie bietet die Preistheorie allerdings eine Strukturierungshilfe für die individuelle Analyse in der Unternehmenspraxis. Aufgrund des zu erwartenden Konsumentenverhaltens muss die Stärke der dynamischen Effekte geschätzt und eine adäquate Preisstrategie entwickelt werden.

6.3.4.1.3. Strategisch optimale Preise bei verschiedenen dynamischen Effekten

Nachfolgend soll nun untersucht werden, wie sich dynamische Effekte auf die Gestaltung einer optimalen Preisstrategie auswirken.[135] Es sollen Aussagen über das Verhältnis zwischen dem statisch optimalen Preis und dem

dynamisch-gewinnmaximaler Preis

strategisch (dynamisch) optimalen Preis getroffen werden. Wenn z. B. niedrigere Preise den zukünftigen Absatz fördern, liegt der strategisch optimale Preis unter dem statisch optimalen Preis. Der kurzfristige Deckungsbeitragsverzicht wird durch zusätzliche Deckungsbeiträge in späteren Perioden kompensiert.

Preisänderungs-response

Ein hoher *Preisänderungsresponse* spricht für einen höheren Preis im Vergleich zum statisch-optimalen Preis. Der statisch betrachtet zu hohe Anfangspreis führt über eine geringere Nachfrage kurzfristig zu einem Verlust an Deckungsbeitrag. Das aufgebaute Preissenkungspotenzial kann hingegen in nachfolgenden Perioden durch Preissenkungen genutzt werden, um den

---

[135] Vgl. Simon 1992, S. 300 ff.

anfänglichen Deckungsbeitragsverzicht zu kompensieren. Die Preissenkungen führen dann zu einer höheren Absatzmenge als sie über einen geringeren Ausgangspreis hätte erreicht werden können.

Diese Preisstrategie, ausgehend von einem relativ hohen Ausgangspreis sukzessive im Preis nachzugeben, wird als *Skimmingstrategie* bezeichnet. Skimmingstrategie
Im nächsten Abschnitt werden wir uns ausführlich mit den Einsatzvoraussetzungen und den Vor- bzw. Nachteilen dieser Preisstrategie beschäftigen.

Verhält sich die Absatzsteigerung sogar überproportional zur Preisänderung, und ist der Effekt hinreichend stark ausgeprägt, dann ist eine *Pulsa-* Pulsationsstrategie
tionsstrategie sinnvoll (vgl. Abb. 38). Diese besteht aus zyklischen, starken Preissenkungen gefolgt von mehreren kleinen Preiserhöhungen. Die Absatzzuwächse durch die starken Preissenkungen wirken sich aufgrund des *überproportionalen Preisänderungsresponse* stärker auf den Gewinn aus überproportionaler
als der kumulierte Absatzrückgang, der durch die nachfolgenden kleinen Preisänderungs-
Preiserhöhungen ausgelöst wird. response

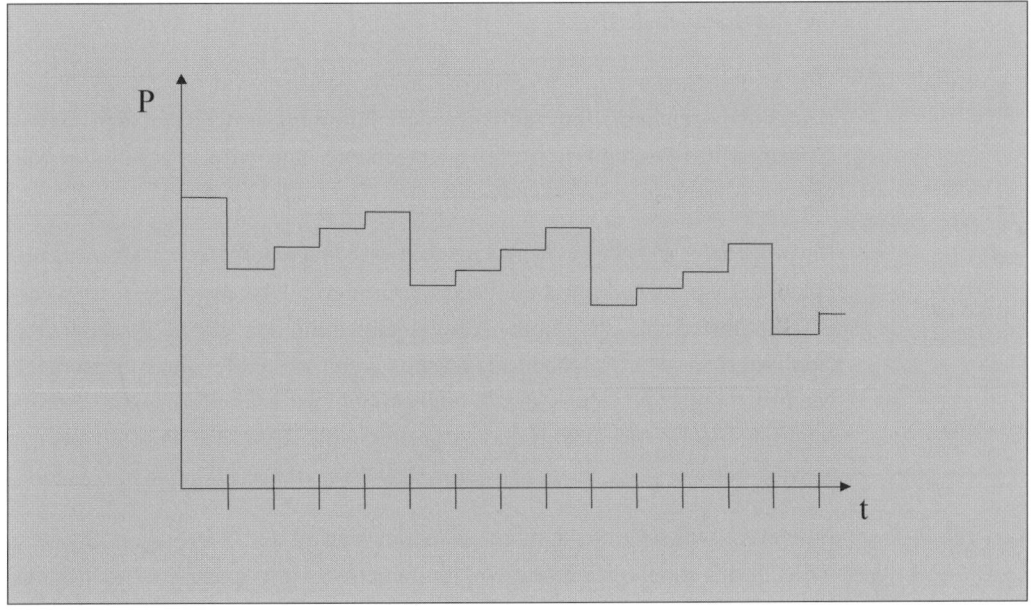

Abb. 38:   Pulsationsstrategie (Diller 1985, S. 201)

Erwartungseffekt bzw. Spekulationseffekt	Wirkt ein *Erwartungs-* bzw. *Spekulationseffekt* in der Weise, dass die Kunden ihre Nachfrage bei Preissenkungen zurückstellen bzw. bei Preiserhöhungen das Produkt vermehrt nachfragen, dann ist der strategisch optimale Preis geringer als der statisch optimale Preis. Preissenkungen würden in diesem Fall den Absatz reduzieren, deshalb ist es nicht attraktiv, ein Preissenkungspotenzial aufzubauen, vielmehr lohnt sich ein ,Preissteigerungspotenzial'. Nehmen die Nachfrager dagegen an, dass Preisänderungen nur vorübergehend sind, dann lohnt der Aufbau eines Preissenkungspotenzials und der strategisch optimale Preis liegt über dem statisch optimalen Preis.
positiver Carryover-Effekt	Ein *positiver Carryover-Effekt* wird durch einen vergleichsweise geringen Preis ausgenutzt. Der geringe Anfangspreis sorgt für eine entsprechend höhere Absatzmenge in der ersten Periode. Die Absatzmenge steigt durch den Carryover-Effekt in den nachfolgenden Perioden an. Je größer die anfängliche Absatzmenge ist, um so stärker kann sich der Carryover-Effekt auf die zukünftigen Absatzmengen auswirken. Ist der Carryover-Effekt stark genug ausgeprägt, dann wird der Deckungsbeitragsverzicht in den ersten Perioden durch zusätzliche Deckungsbeiträge in zukünftigen Perioden überkompensiert.
Penetrations-strategie	Die Preisstrategie eines niedrigen Anfangspreises wird als *Penetrationsstrategie* bezeichnet. Sie zählt mit der Skimmingstrategie zu den Basisstrategien des strategischen Preismanagements und wird ebenfalls im folgenden Abschnitt genauer analysiert.
negativer Carryover-Effekt	Ein *negativer Carryover-Effekt* bewirkt das Gegenteil: Jetzt ist es ratsam, einen vergleichsweise hohen Preis zu fordern. Der negative Carryover-Effekt führt dazu, dass hohe Absatzmengen in den ersten Perioden die Nachfrage in den Folgeperioden reduzieren. Im Falle eines begrenzten Nachfragepotenzials muss das Produkt möglichst schnell Gewinne erwirtschaften, bevor die Nachfrage so gering wird, dass das Produkt ersetzt werden muss.
hohe Obsoleszenz	Eine *hohe Obsoleszenz*, d. h. ein schneller Verfall des Nachfragepotenzials, wirkt in die gleiche Richtung wie ein negativer Carryover. Je schneller das Produkt altert, umso höher sollte der Ausgangspreis gewählt werden. Auch hier ist es nicht sinnvoll, durch niedrige Preise in Marktanteil zu investieren, da das Produkt veraltet ist, bevor sich die starke Marktstellung in Form von Gewinnen auszahlt.

Ein *Erfahrungskurveneffekt* erhöht die Attraktivität einer Penetrations- Erfahrungskurven-
strategie. Je schneller eine große Absatz- bzw. Produktionsmenge erreicht effekt
wird, umso früher kann das Unternehmen geringere Stückkosten aufgrund
seiner Produktionserfahrung realisieren. Im Extremfall liegt der Einführungspreis eines neuen Produktes unter den kurzfristigen Grenzkosten. Das
Unternehmen investiert in Marktanteile und erreicht den Break-even erst in
späteren Perioden, wenn die Stückkosten hinreichend weit gesunken sind.

Economies of scale können dagegen schon in der ersten Periode realisiert
werden. Das Unternehmen dimensioniert seine Produktionsanlagen so groß,
dass die aus dem Penetrationspreis resultierende hohe Nachfrage befriedigt
werden kann und kommt sofort in den Genuss entsprechend geringer
Stückkosten. Der Erfahrungskurveneffekt führt anschließend mit steigender
Produktionserfahrung dazu, dass die Stückkosten noch weiter sinken.

Abbildung 39 fasst die dargelegten Auswirkungen auf den ‚strategisch-
optimalen‘ Preis zusammen:

Dynamischer Effekt	Strategisch-optimaler Preis im Verhältnis zum statisch-optimalen Preis
Positiver Carryover-Effekt	niedriger
Negativer Carryover-Effekt	höher
Preisänderungsresponse	höher
Erwartungs- und Spekulationseffekt	niedriger
Obsoleszenz	höher
Erfahrungskurveneffekt	niedriger

Abb. 39:   Auswirkungen dynamischer Effekte auf den optimalen Preis[136]

---

[136] In Anlehnung an Simon 1992, S. 319.

6.3.4.2. Strategisches Preismanagement

6.3.4.2.1. Die individuelle Analyse zur Bestimmung einer situationsadäquaten Preisstrategie

Innovation oder
bereits bestehender
Markt

Eine individuelle Analyse zur Festlegung der Preisstrategie geht zunächst von der Frage aus, ob eine *Innovation in den Markt eingeführt oder ein Produkt auf bereits bestehenden Märkten* angeboten werden soll. Auf bereits bestehenden Märkten bietet sich für die Abnehmer die Möglichkeit, Preise zu vergleichen. Der Wahl einer Preisstrategie sind deshalb relativ enge Grenzen gesteckt. Die Preisstrategie kann i. d. R. aus einer Markt- und Konkurrenzanalyse abgeleitet werden. Auf einem Markt mit hoher Preistransparenz gibt es im Extremfall einen relativ einheitlichen Marktpreis, der nicht wesentlich überschritten werden darf.

Preistransparenz

Gebrauchs- und
Verbrauchsgut

Weiterhin ergeben sich Unterschiede im Hinblick auf die relevanten dynamischen Effekte bei der Betrachtung von *Gebrauchs- und Verbrauchsgütern*.[137] Diese resultieren aus dem unterschiedlichen Nachfragerverhalten. Bei Verbrauchsgütern spielt im Gegensatz zu Gebrauchsgütern ein *Imitationseffekt* eine eher untergeordnete Rolle. Hingegen ist eher eine Bevorratung durch die Nachfrager bei Verbrauchsgütern zu erwarten. Ebenso ist hier das Wiederkaufverhalten eine bedeutende Determinante des Käuferverhaltens.

Imitationseffekt

Prognose der
dynamischen
Effekte

Letztlich müssen die relevanten *dynamischen Effekte* im Hinblick auf ihre Wirkungsrichtung bzw. Intensität prognostiziert werden. Neben den absatzbezogenen Effekten ist hier insbesondere eine Prognose über den Kostenverlauf und über mögliche Konkurrenzreaktionen relevant.

Bewertung von
Preisstrategien

Schließlich müssen alternative Preisstrategien generiert und vor dem Hintergrund dieser Informationen bewertet werden. Der nachfolgende Abschnitt verdeutlicht die Diskussion der Vor- und Nachteile mehrerer Preisstrategien am Beispiel der beiden bereits bekannten Strategien, der Skimming- und der Penetrationsstrategie, die in der Literatur für Neuprodukteinführungen vorgeschlagen werden.[138]

---

[137] Vgl. Simon 1992, S. 259 und 262.

[138] Vgl. Dean 1951, S. 419 f.

Diese idealtypischen Strategien werden auch als Hilfsverfahren in der Unternehmenspraxis eingesetzt. Anstatt von einer beliebigen Folge von periodenbezogenen Verkaufspreisen auszugehen, wägt das Unternehmen ab, welche Strategie – gegebenenfalls in modifizierter Form – geeignet erscheint.

Der übernächste Abschnitt beschäftigt sich schließlich tiefer gehend mit dem Problem, wie eine *,geeignete' Preisstrategie ausgewählt* werden kann. Neben der oben genannten pauschalen Diskussion kann auch auf mathematische Modelle zurückgegriffen werden. Die Vor- und Nachteile beider Methoden werden gegenübergestellt.   Auswahl der ,geeigneten' Strategie

6.3.4.2.2. Klassische Strategien des strategischen Preismanagement

Zu den klassischen Strategien des strategischen Preismanagements zählen die hier exemplarisch behandelte Skimmingstrategie und die Penetrationsstrategie. Zunächst sollen beide Strategien näher beschrieben und die Ziele und Voraussetzungen zu ihrem Einsatz geklärt werden. Anschließend wird analysiert, unter welchen Bedingungen welche Strategie vorzuziehen ist.

Die *Skimmingstrategie* sieht für ein neues Produkt einen vergleichsweise hohen Einführungspreis vor, der dann sukzessive gesenkt wird. ,Vergleichsweise hoch' soll bedeuten, dass der Preis ,deutlich' über dem statisch-gewinnmaximalen Preis liegt.[139]   Skimmingstrategie   statisch-gewinnmaximaler Preis

Die Skimmingstrategie zielt auf eine zeitliche Preisdifferenzierung ab. Der geforderte Preis hängt davon ab, welche Zahlungsbereitschaften die Nachfrager besitzen. Konsumenten die ihr Bedürfnis nach dem Produkt zurückstellen, erhalten u. U. eine so genannte *Konsumentenrente*. Die Konsumentenrente entsteht in Höhe der Differenz zwischen Zahlungsbereitschaft und gezahltem Preis. Ziel der Skimmingstrategie ist es, diese Konsumentenrenten sukzessive abzuschöpfen. Im Idealfall erwerben die Konsumenten das Produkt genau dann, wenn der Preis mit ihrer Zahlungsbereitschaft zusammenfällt.   Ziele   Zahlungsbereitschaft   Konsumentenrente

---

[139] Vgl. Simon 1976, S. 97 f.

Voraussetzungen   Die Skimmingstrategie setzt daher voraus, dass ein erstes Käuferpotenzial
                     mit starken Bedürfnissen nach dem Produkt vorhanden ist. Insbesondere bei
                     qualitativ hochwertigen Gebrauchsgüterinnovationen mit einem hohen
                     Prestige sind nicht selten ausreichend viele Konsumenten bereit, den hohen
                     Anfangspreis zu bezahlen. In dieser Konsumentengruppe reagiert die Nach-
                     frage unelastisch, so dass trotz des hohen Preises ein hinreichend großes
                     Käuferpotenzial vorhanden ist.

Penetrations-   Die *Penetrationsstrategie* stellt quasi das Gegenteil der Skimmingstrategie
strategie   dar. Hier wird der Anfangspreis deutlich unter den statisch-gewinnmaxi-
                     malen Preis festgesetzt. Über die Preisentwicklung in späteren Phasen des
                     Produktlebenszyklus trifft die Penetrationsstrategie keine Aussagen. Hier
                     kommen letztlich alle denkbaren Möglichkeiten (weitere Preissenkung,
                     konstante Preise und Preiserhöhungen) in Betracht (vgl. Abb. 40).

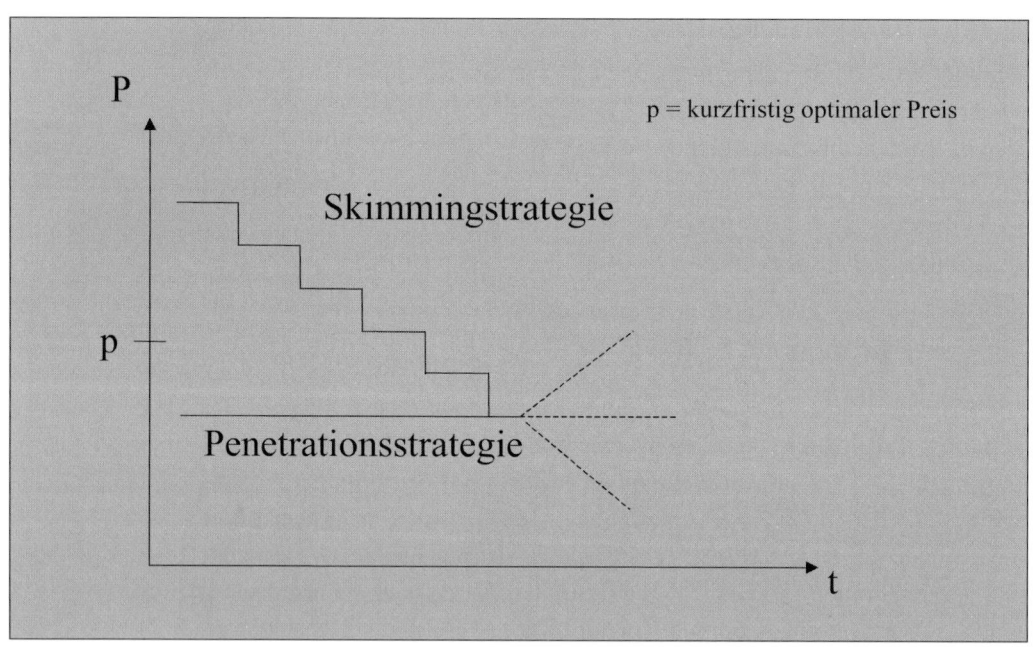

Abb. 40:   Penetrations- und Skimmingstrategie (Diller 1985, S. 192)

Ziele   Die Penetrationsstrategie setzt auf eine rasche Marktdurchdringung und die
                     frühzeitige Sicherung hoher Marktanteile. Die geringen Verkaufspreise sol-
                     len potentielle Konkurrenten vom Markteintritt abhalten.

Diese Strategie setzt eine hinreichend elastische Nachfrage bei potenziellen   Voraussetzungen
Abnehmern voraus. Nur dann führt der Penetrationspreis zu der gewünsch-
ten hohen Nachfrage. Im Gegensatz zur Skimmingstrategie sollten die
Nachfrager nicht zu einer preisorientierten Qualitätsbeurteilung neigen.

Ein stark ausgeprägter Erfahrungskurveneffekt, hohe economies of scale   Dynamische
(vgl. Abb. 41 und Abb. 42), starke positive Carryover-Effekte, geringe Ob-   Effekte
soleszenz und ein schwacher Preisänderungsresponse sind Merkmale, die
eine Penetrationsstrategie begünstigen. Umgekehrt führen gegenteilige Ausprägungen dieser Effekte dazu, dass die Skimmingstrategie attraktiver ist.

Die Penetrationsstrategie stellt höhere Ansprüche an die finanziellen Res-   Risikopräferenz
sourcen des Unternehmens. Zum einen müssen deutlich größere Kapazi-
täten als bei einer Skimmingstrategie aufgebaut werden, um die hohe Nachfrage befriedigen zu können. Engpässe würden z. B. die Carryover-Effekte
bremsen und sollten daher vermieden werden.

Zum anderen führt der Tausch kurzfristiger Gewinne gegen ein langfristiges
Marktpotenzial dazu, dass Gewinne erst relativ spät im Lebenszyklus anfallen. Anfängliche Investitionen sowie geringe oder gar negative Stück-
deckungsbeiträge müssen finanziert werden. Insgesamt geht daher mit einer
Penetrationsstrategie ein höheres Risiko einher. Ein Unternehmen, das im
Investitionszeitpunkt weitere Produkte herstellt, die sich bereits in Gewinn
bringenden Lebenszyklusphasen befinden, wird hier risikofreudiger agieren
können als z. B. ein Einproduktunternehmen. Abbildung 43 fasst abschließend die Diskussion ‚Penetrationsstrategie versus Skimmingstrategie'
zusammen.

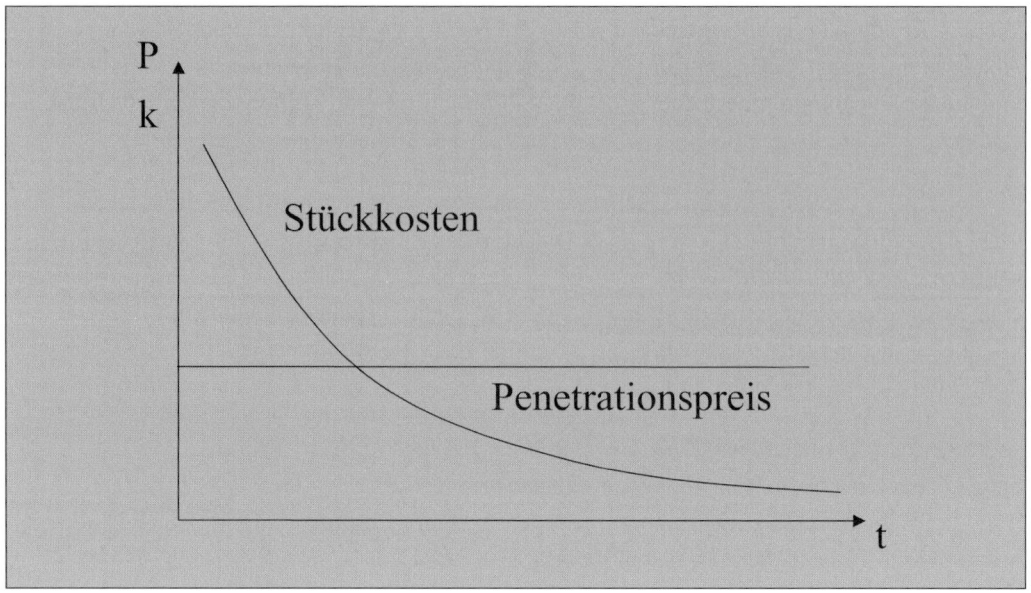

Abb. 41:   Penetrationspreis und Stückkostenverlauf

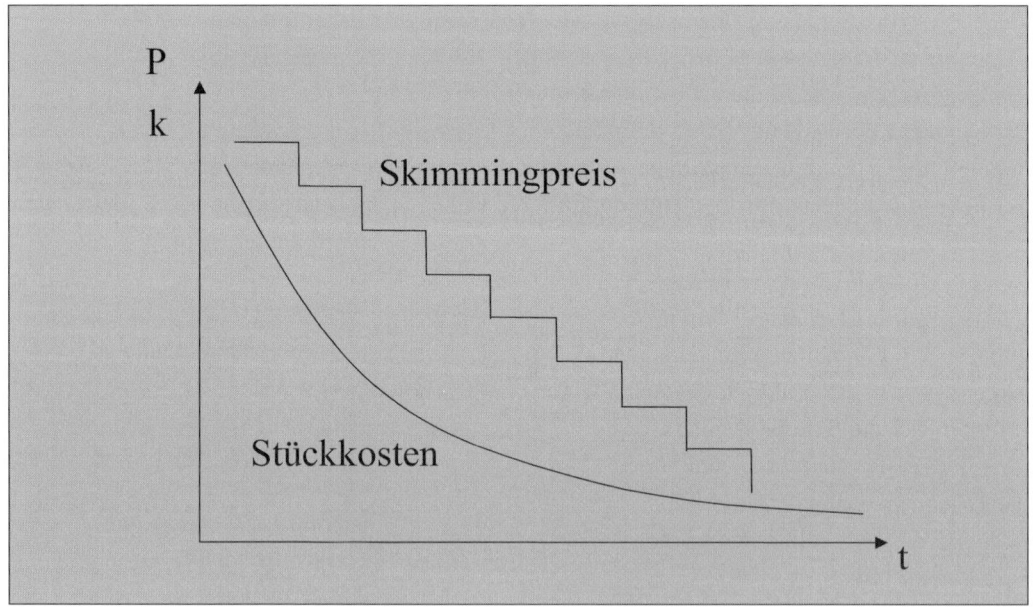

Abb. 42:   Skimmingpreis und Stückkostenverlauf

Skimmingstrategie	Penetrationsstrategie
Ziele	
zeitliche Preisdifferenzierung	schnelle Gewinnung von Marktanteilen
Abschöpfung von Konsumentenrenten	Errichtung von Markteintrittsbarrieren
Voraussetzungen	
Käuferpotenzial mit (anfänglich) hoher Zahlungsbereitschaft (z. B. durch hohen Innovationsgrad des Produkts)	keine preisorientierte Qualitäts-beurteilung
unelastische Nachfrage (z. B. durch qualitativ hochwertiges Produkt)	elastische Nachfrage
Begünstigende Faktoren	
geringer oder negativer Carryover	großer Carryover
starker Preisänderungsresponse	schwacher Preisänderungsresponse
hohe Obsoleszenz	geringe Obsoleszens
schwacher Erfahrungskurveneffekt (geringe Lernrate)	starker Erfahrungskurveneffekt (hohe Lernrate)
geringe economies of scale	hohe economies of scale
Ergebnis	
geringere Kapazitäten erforderlich	höhere Kapazitäten erforderlich
Gewinne fallen kurzfristig an	Gewinne fallen eher langfristig an
daraus folgt:	
geringer Liquiditätsbedarf	hoher Liquiditätsbedarf
geringeres Risiko	höheres Risiko

Abb. 43:   Penetrationsstrategie versus Skimmingstrategie

Im nachfolgenden Abschnitt wird der Frage nachgegangen, inwieweit es möglich ist, eine geeignete Preisstrategie zu bestimmen. Die obige Diskussion der Skimming- und Penetrationsstrategie stellt schließlich schon eine deutliche Vereinfachung dar, indem nur zwei Strategien aus dem Kontinuum aller möglichen Preisverläufe betrachtet werden. Solche praxisnahen Methoden sollen der theoretisch exakten Vorgehensweise gegenübergestellt werden.

6.3.4.2.3. Wahl der Preisstrategie

Trade-off zwischen kurzfristigen Gewinnen und langfristigen Investitionen in akquisitorisches Potenzial

Die vorstehenden Ausführungen haben verdeutlicht, dass die wesentliche Überlegung des strategischen Preismanagements darin besteht, zwischen kurzfristigen Gewinnen und langfristigen Investitionen in akquisitorisches Potenzial zu entscheiden. Diese Entscheidung hängt davon ab, inwieweit die getätigten Investitionen (im Sinne von Deckungsbeitragsverzicht) tatsächlich geeignet sind, ein akquisitorisches Potenzial aufzubauen und wie groß die resultierenden (unsicheren) Gewinne in späteren Perioden im Verhältnis zum ‚Investitionsvolumen‘ sind.

Einfluss dynamischer Effekte auf das akquisitorische Potenzial

Der Aufbau und die spätere Nutzung eines ausreichend großen akquisitorischen Potenzials gelingt wiederum nur dann, wenn dynamische Effekte, wie z. B. Carryover-Effekte und Obsoleszenzrate, entsprechend ausgeprägt sind. Ein Produkt mit großer Obsoleszenzrate würde veralten, bevor hohe Gewinne aufgrund einer starken Marktstellung zu erwarten sind.

Die Ordnung der Zusammenhänge gerät nun in der Unternehmenspraxis nicht selten ‚durcheinander‘. Zum einen überlagern sich häufig verschiedene dynamische Effekte mit gegensätzlicher Wirkung. Dies hat eine unbekannte Gesamtwirkung zur Folge. Zum anderen bleibt offen, ob und wann die dynamischen Effekte hinreichend stark (bzw. schwach) ausgeprägt sind.

Berechnung einer optimalen Preisstrategie?

Um diesen Fragen nachzugehen, müsste eine Zielfunktion, bestehend aus den diskontierten Periodengewinnen, gebildet werden. Die dynamischen Effekte müssten quantifiziert werden, um eine dynamische Preisabsatzfunktion und eine (dynamische) Kostenfunktion zu bilden. Die Schätzung dynamischer Effekte ist in der Praxis jedoch nicht unproblematisch. Hier kann zwar auf empirische Untersuchungen für ‚vergleichbare‘ Produkte oder Analysen im Rahmen von Markttests zurückgegriffen werden. Dies führt jedoch nicht nur zu einem erheblichen Aufwand, es ist auch unsicher, ob die erwarteten dynamischen Effekte in der prognostizierten Stärke eintreten werden.

In empirischen Untersuchungen konnten dynamische Preisabsatzfunktionen geschätzt werden, die mit einer hinreichend großen Genauigkeit die Varianz des Absatzes erklärten und als Grundlage für strategische Preisentscheidungen herangezogen wurden.[140] Auffällig ist dabei, dass es unmöglich ist, bestimmte grundlegende Zusammenhänge (z. B. eine additive oder multiplikative Verknüpfung in der Preisabsatzfunktion) nachzuweisen. Märkte und Branchen unterscheiden sich so stark, dass in jedem Fall eine individuelle und aufwendige Analyse durchgeführt werden muss. Unternehmen greifen aufgrund des großen Aufwandes i. d. R. zu den oben beschriebenen Hilfsverfahren. Um die komplexen Wirkungsmechanismen der dynamischen Preisbildung theoretisch zu durchdringen und auf klare Aussagen zurückzuführen, sind exakte Methoden in Form von Modellen jedoch unverzichtbar.

Hilfsverfahren oder exaktes Verfahren?

---

[140] Vgl. z. B. Simon 1992, S. 273 f.

Übungsaufgaben

Aufgabe 19: Schätzung von Preisabsatzfunktionen

Auf welche Probleme stößt man bei der Schätzung von Preisabsatz-funktionen?

Aufgabe 20: Berechnung von Preiselastizitäten

	Mengeneinheiten		Preis in €		Elastizität	Nachfrage	
	x_1	x_2	p_1	p_2	ϵ	elastisch	unelast.
01	120	130	12	10			
02	100	100	14	12			
03	200	220	400	380			
04	1000	2000	1,60	1,59			

a) Berechnen Sie für die Zahlenbeispiele aus der obigen Tabelle die Preis-elastizität der Nachfrage und geben Sie durch Ankreuzen an, ob es sich um eine elastische oder um eine unelastische Nachfrage handelt!

b) Welches Vorzeichen hat die Preiselastizität stets, wenn ein Snob-Effekt vorliegt? Begründen Sie Ihre Antwort!

Aufgabe 21: Preiselastizität und Gewinnmaximierung

Ein Unternehmen verkauft 100 Mengeneinheiten eines Produktes zum Stückpreis von 2 €. Die variablen Kosten in der Produktion betragen 1 €. Ist eine Preisänderung auf 1,50 € unter der Zielsetzung Gewinnmaximierung sinnvoll, wenn die Preiselastizität -2 oder in einem anderen Fall -10 beträgt?

Aufgabe 22: Preiselastizität

Eine allgemeine lineare Preisabsatzfunktion hat die Form x = a - bp. Die Preiselastizität ε beim Ausgangspreis p_1 (mit zugehöriger Verkaufsmenge x_1) und einer Preisänderung auf p_2 (mit zugehöriger Verkaufsmenge x_2) ist definiert als:

$$\varepsilon = \frac{x_1 - x_2}{p_1 - p_2} \cdot \frac{p_1}{x_2} = \frac{\dfrac{x_1 - x_2}{x_1}}{\dfrac{p_1 - p_2}{p_1}}$$

Da sich diese Form der Preiselastizität auf zwei Punkte bezieht, wird sie auch als Bogenelastizität bezeichnet.

a) Wie ist die Preiselastizität ökonomisch zu interpretieren? Berechnen Sie für diese allgemeine Preisabsatzfunktion die Preiselastizität im Punkt (p_1, x_1) bei einer Preisänderung auf (p_2, x_2)! Wie verändert sich die Preiselastizität entlang einer fallenden, linearen Preisabsatzfunktion?

b) Zeigen Sie, dass bei einer beliebigen linearen Preisabsatzfunktion das Umsatzmaximum genau dort liegt, wo die Preiselastizität -1 beträgt!

c) Die Punktelastizität $\dot{\varepsilon}$ in einem Punkt *(x, p)* der Preisabsatzfunktion ist definiert als: *(dx/dp)·(p/x)*. Zeigen Sie, dass bei einer allgemeinen linearen Preisabsatzfunktion Punkt- und Bogenelastizität identisch sind!

Aufgabe 23: Kreuzpreiselastizitäten

Die Hersteller A und B produzieren die Produkte A bzw. B. Gegeben sind die Preisabsatzfunktionen:

$$x_A = 100 - 15 p_A + 20 p_B$$
$$x_B = 150 - 10 p_B + 10 p_A$$

a) Der Preis des Produktes A betrage p_A=6. Der Produzent von B hebt den Preis von p_{B1}=8 auf p_{B2}=10 an. Berechnen Sie die Kreuzpreiselastizität als Bogenelastizität! Erklären Sie, wie dieser Wert zu Stande kommt und interpretieren Sie ihn ökonomisch!

b) Zeigen Sie, dass für eine allgemeine, lineare Preisabsatzfunktion $x_A = a_1 + a_2 p_A + a_3 p_B$ die Kreuzpreiselastizität als Punkt- und Bogenelastizität identisch ist!

c) Welcher Parameter in der allgemeinen Preisabsatzfunktion aus Aufgabe b) bestimmt, ob die Produkte A und B in einer Konkurrenz- oder einer Komplementärbeziehung stehen und wie stark diese Beziehung ausgeprägt ist? Begründen Sie ihre Antwort, indem Sie die Kreuzpreiselastizität berechnen und zeigen, dass das Vorzeichen und die Größe der Kreuzpreiselastizität von diesem Parameter abhängen!

Aufgabe 24: Dynamische Preistheorie

Im Rahmen der dynamischen Preistheorie werden verschiedene Effekte untersucht, die einen Einfluss auf die Wahl einer Preisstrategie ausüben.

a) Was ist ein Preisänderungsresponse? Wie sollten Preisänderungen im Zusammenhang mit dem Preisänderungsresponse gemessen werden?

b) Wie beeinflusst die Ausprägung eines Preisänderungsresponse die Wahl des Einführungspreises für ein neues Produkt?

c) Worin besteht der Unterschied zwischen der Preiselastizität der Nachfrage und einem Preisänderungsresponse?

Aufgabe 25: Skimming- versus Penetrationspreisstrategie

Im Rahmen des dynamischen Preismanagements wird u. a. der Einfluss einer Preisstrategie auf den Gewinn eines Unternehmens untersucht. Die Skimming- und die Penetrationspreisstrategie werden dabei als idealtypische Preisstrategien diskutiert.

a) Charakterisieren Sie die Skimming- und die Penetrationspreisstrategie und stellen Sie die Voraussetzungen zum Einsatz der beiden Strategien dar!

b) Unter einem Carryover-Effekt versteht man den Einfluss der verkauften Mengen vergangener Perioden auf die Verkaufsmengen zukünftiger Perioden. Carryover-Effekte entstehen z. B. durch Wiederholungskäufe oder ein imitierendes Kaufverhalten der Nachfrager. Wie beeinflusst die Ausprägung eines Carryover-Effektes die Wahl der Preisstrategie?

c) Die Penetrationspreisstrategie wird auch als eine ‚Investition' in Markt-
   anteile betrachtet. Erklären Sie diese Aussage unter Bezugnahme auf den
   Carryover-Effekt! Worin bestehen die Ein- und Auszahlungen dieser
   ‚Investition'?

**Aufgabe 26: Skimming- versus Penetrationspreisstrategie in Abhängigkeit
von der Güterart**

Die Einteilung von Gütern in Convenience-, Preference-, Shopping- und
Speciality-Güter geht u. a. auf Copeland zurück. Diskutieren Sie die Einflüsse der unterschiedlichen Güterarten auf die Wahl der Preisstrategie! Verdeutlichen Sie Ihre Ausführungen, indem Sie typische Beispiele nennen!

Weiterführende Literatur

DILLER, H. 2000: Preispolitik, 3., überarb. Aufl., Stuttgart, Berlin u. a. (2. Aufl. 1985).

PECHTL, H. 2005: Preispolitik, Stuttgart 2005.

SIMON, H. 1992: Preismanagement – Analyse, Strategie, Umsetzung, 2., vollst. überarb. und erw. Aufl., Wiesbaden.

6.4.   Kommunikationspolitik

6.4.1.   Aktuelle Rahmenbedingungen der Kommunikationspolitik

Für Unternehmen besteht zunehmend das Problem, ihr Angebot mit Blick auf bereits in hohem Maße gesättigte Märkte zu differenzieren. Aufgrund der Homogenität und des Überangebotes vieler Leistungen wird von vielen Anbietern versucht, eine *'psychologische Differenzierung'* gegenüber den Mitbewerbern herbeizuführen. Dies erfolgt mittels unterschiedlicher kommunikationspolitischer Maßnahmen.

'psychologische Differenzierung'

Allgemein umfasst die Kommunikationspolitik die Gestaltung der auf die Märkte gerichteten Informationen und der 'Informationskanäle'. Bei vielen Verbrauchern ist – nicht zuletzt aufgrund der Nutzung der Kommunikationspolitik zur Differenzierung und der angestiegenen Anzahl entsprechender Werbebotschaften – ein stark nachlassendes Informationsinteresse zu konstatieren. Besonders im Rahmen der TV-Werbung ist ein ausgeprägtes Reaktanzverhalten (z. B. bei Werbeeinblendungen) festzustellen, das sich durch so genanntes *'Zapping'* (also durch Wechseln des Programmes) manifestiert. Allerdings lässt sich auch bei Auftreten eines derartigen Reaktanzverhaltens durch Anwendung des kommunikationspolitischen Instrumentariums 'gegensteuern'. So können Produkte im Rahmen des *'Product Placement'* z. B. in Spielfilmen und Shows platziert werden.

'Zapping'

'Product Placement'

Insgesamt kommt es aufgrund des vorhandenen *Informationsüberschusses* jedoch zu einer selektiven Wahrnehmung der Werbung, d. h. es kann lediglich ein Bruchteil der bereitgestellten Informationen überhaupt von den Adressaten aufgenommen und verarbeitet werden. Für gedruckte Werbung wird eine Informationsüberlastung von etwa 95 Prozent vermutet. Das würde bedeuten, dass nur 5 Prozent des Inhalts der angebotenen Werbeinformationen bei den Adressaten 'ankommen'. Diesem Problem wird durch Minimierung der Textelemente und stärkere Konzentration auf visuelle Botschaftsübermittlung begegnet.[141]

Informationsüberschuss

---

[141]   Vgl. Kroeber-Riel/Esch 2004, S. 17.

hybrides
Kaufverhalten

Polarisierung der
Nachfrage

Ein weiterer Faktor, der im Rahmen der Planung der Kommunikationspolitik von Bedeutung ist, ist das zunehmend zu beobachtende *hybride
Kaufverhalten*. Darunter ist zu verstehen, dass ein Konsument z. B. einerseits versucht, Produkte des täglichen Bedarfs möglichst preisgünstig zu
erwerben, andererseits jedoch bereit ist, für Luxusgüter eine Menge Geld
auszugeben. Weiterhin ist dieses Kaufverhalten dadurch charakterisiert,
dass die gleichen Produkte in regelmäßig wiederkehrenden Situationen
(z. B. dem wöchentlichen Einkauf) möglichst preiswert, in anderen Situationen (z. B. auf einer Reise oder in Gesellschaft) aber auch zu viel höheren
Preisen erworben werden. Das hybride Kaufverhalten bewirkt in einigen
Branchen eine *Polarisierung der Nachfrage*, d. h. ein gleichzeitiges Wachstum des Hoch- und des Niedrigpreissegmentes.

6.4.2.   Die Planung der Kommunikationspolitik

Planungsprozess
der Markt-
kommunikation

Der effektive Einsatz kommunikationspolitischer Instrumente erfordert in
besonderer Weise eine systematische, zielorientierte Planung. In Abbildung 44 ist ein idealtypischer *Planungsprozess der Marktkommunikation*
dargestellt. Im Folgenden werden die zentralen Entscheidungstatbestände
dieses Prozesses näher beleuchtet.

6.4.2.1.   Definition der Kommunikationsziele

Operationalisier-
barkeit der Ziele

Bevor die konkrete Ausgestaltung einer Kommunikationsstrategie erfolgt,
ist eine Definition der anzustrebenden Ziele erforderlich. Bereits hier sind
mehrere Faktoren zu berücksichtigen, wie z. B. die Kompatibilität mit den
Unternehmens- und Marketingzielen sowie *Operationalisierbarkeit der
Ziele* bezüglich Inhalt, Ausmaß, Zeit- und Marktsegmentbezug.

Marketingziele
Kommunikations-
ziele

Aus den *Marketingzielen* (z. B. Erhöhung des Marktanteils, Erschließung
neuer Kunden) werden konkrete *Kommunikationsziele* (z. B. Erhöhung des
Bekanntheitsgrades eines bestimmten Produktes, Beeinflussung bestehender Konsumgewohnheiten) abgeleitet, die mithilfe der unterschiedlichen
psychologischen Funktionen der Kommunikation erreicht werden sollen.

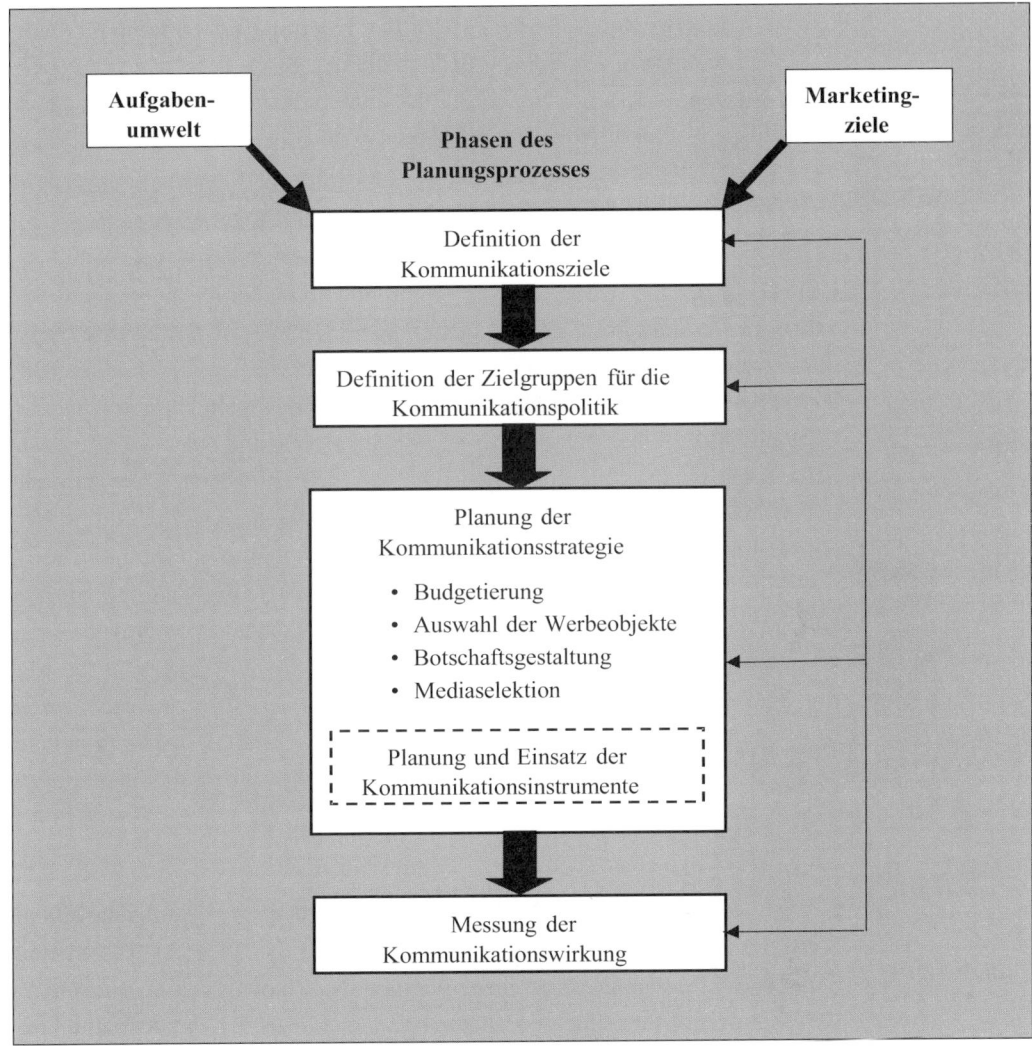

Abb. 44:   Planungsprozess der Marktkommunikation

Als generelle psychologische Funktionen der Kommunikation können   psychologische
                                                                       Funktionen der
                                                                       Kommunikation

• die Informationsfunktion,

• die Beeinflussungsfunktion und

• die Bestätigungsfunktion

unterschieden werden. Ein Zielsystem der Kommunikationspolitik könnte z. B. sein, einerseits den Bekanntheitsgrad einer neuen Biermarke (alkoholfreies Pilsener) zu steigern (Ziel A) und andererseits die Konsumenten zu beeinflussen, alkoholfreies Bier zu trinken (Ziel B).

6.4.2.2. Definition der Zielgruppen

Um eine Strategie im Rahmen der Kommunikationspolitik möglichst prägnant gestalten und diese gezielt ausrichten zu können, bedarf es eines Segmentbezuges. Es sollten also *Zielgruppen* gebildet werden, die ,homogener' auf entsprechende kommunikationspolitische Maßnahmen reagieren als der Gesamtmarkt. Eine derartige Zielgruppenabgrenzung kann z. B. nach demographischen, geographischen oder psychographischen Kriterien oder mit Blick auf das beobachtbare Verhalten erfolgen. Als Zielgruppe der Kommunikationspolitik kann jede Art von Anspruchsgruppe definiert werden, z. B. Konsumenten, Käufer, Verwender, Großhändler, Einzelhändler oder auch Meinungsführer.[142] Bei der Ansprache mehrerer Zielgruppen ist auf eventuelle Zielkonflikte zu achten.

Zielgruppe (margin note)

6.4.2.3. Planung der Kommunikationsstrategie

6.4.2.3.1. Corporate Identity als Bezugsrahmen der Kommunikationsstrategie

Nachdem die Kommunikationsziele mit Blick auf die Auswahl der zu bearbeitenden Zielgruppen feststehen, beginnt die Planung der Kommunikationsstrategie. Einen übergeordneten Bezugsrahmen für die Kommunikationsstrategie eines Unternehmens liefert das Konzept einer so genannten ,*Corporate Identity*'. Hinter diesem Begriff verbirgt sich die einheitliche Selbstdarstellung und Verhaltensweise eines Unternehmens nach innen (,Wir-Gefühl') und nach außen, wobei insbesondere die jeweiligen Besonderheiten des eigenen Unternehmens im Vergleich zu Wettbewerbern

Corporate Identity (margin note)

---

[142] Vgl. zu einer differenzierten Strukturierung von Zielgruppenmerkmalen Bruhn 2004, S. 207 ff.

hervorgehoben werden sollen.[143] Dieser strategisch ausgerichtete Aufbau einer ‚Unternehmenspersönlichkeit' mit dem zusätzlichen Ziel einer Angleichung von Selbstbild und Fremdbild soll durch ein einheitliches Verhalten (Corporate Behavior), durch ein einheitliches Erscheinungsbild (Corporate Design) und durch eine einheitliche Kommunikation (Corporate Communication) geleistet werden (vgl. Abb. 45).

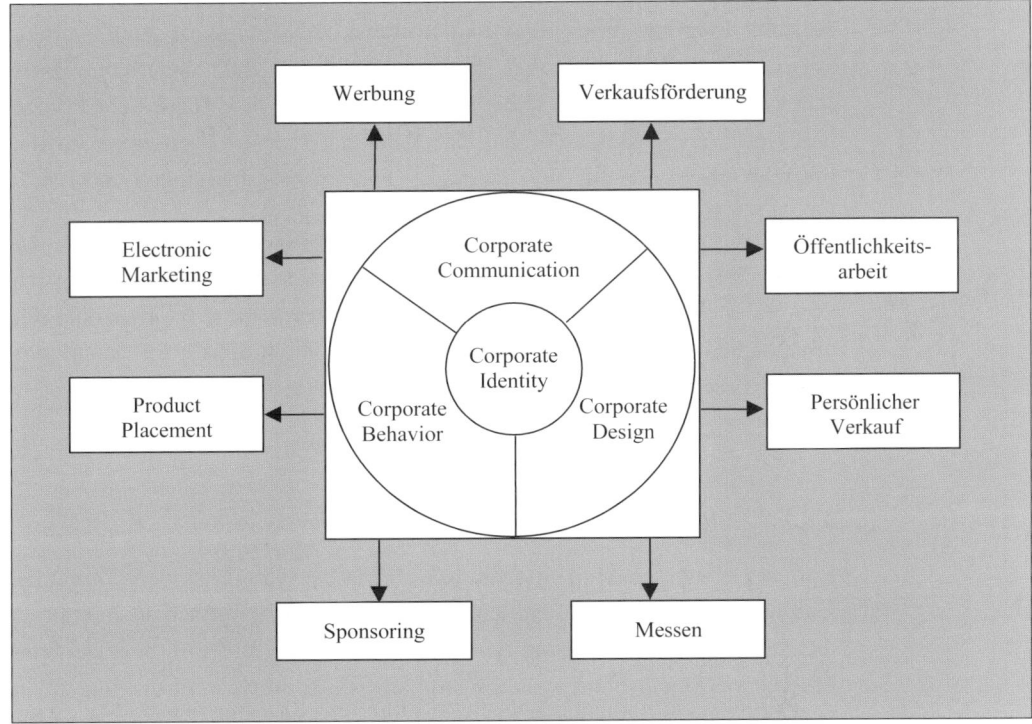

Abb. 45:   Corporate Identity als Bezugsrahmen der Kommunikations-
              strategie[144]

Die Zielsetzung des *Corporate Behavior* ist die Harmonisierung der Inter- Corporate
aktionsprozesse sämtlicher Unternehmensmitglieder mit Blick auf das in- Behavior
terne und externe Umfeld einer Unternehmung. Dadurch soll die angestreb-

---

143   Vgl. Nieschlag/Dichtl/Hörschgen 2002, S. 78 sowie 669 f.

144   In Anlehnung an Berndt 1993, S. 12.

te ,Unternehmenspersönlichkeit' systematisch durch das individuelle Verhalten kommuniziert werden.[145] Eine der zentralen Aufgaben einer CI-Strategie besteht folglich in der Vermittlung der Unternehmensleitsätze an die Mitarbeiter.

Corporate Design   Aufgabe des *Corporate Design* ist es, ein einheitliches visuelles Erscheinungsbild des Unternehmens zu schaffen, um eine sich einprägende Wirkung mit Blick auf den Bekanntheitsgrad zu erlangen. Diese ,symbolische Identitätsvermittlung' soll mittels des systematisch aufeinander abgestimmten Einsatzes aller visuellen Elemente der ,Unternehmenserscheinung', wie z. B. unternehmenstypische Zeichen, Farben, Schrifttypen und Gestaltungsraster, erfolgen. Dabei können sich die Richtlinien für die optische Gestaltung auf Verpackungen, Fahrzeugbeschriftungen und Briefbögen bis hin zur Kleidung der Mitarbeiter erstrecken.

Corporate Communication   Durch *Corporate Communication* soll schließlich über den systematisch kombinierten Einsatz aller Kommunikationsinstrumente die Einstellung der allgemeinen Öffentlichkeit oder bestimmter Zielgruppen im Sinne des Unternehmens beeinflusst werden.[146]

6.4.2.3.2. Budgetierung

Eine der schwierigsten Aufgaben im Rahmen der Gestaltung der Kommunikationsstrategie ist die Budgetierung, da ex ante (und vielfach auch ex post) die Zurechnung der Wirkung der Kommunikationspolitik auf die jeweiligen Maßnahmen nicht ohne weiteres möglich ist. Es treten also die folgenden Probleme auf:

- Die Werbewirkung ist nur schwer zu prognostizieren. Hieraus erwachsen Probleme, da die Höhe des Werbebudgets von der (noch nicht bekannten) Wirkung der zur Verfügung stehenden Werbeinstrumente abhängt.

---

[145]   Hermanns/Püttmann 1993, S. 28.

[146]   Vgl. zum Corporate Design und zur Corporate Communication Raffeé/Wiedmann 1993, S. 51.

- Die Werbewirkung tritt i. d. R. nicht nur in der gleichen Periode auf, in der die Produkte beworben wurden. Aus diesem Grunde ist es ex ante besonders schwierig, die Werbewirkung zu prognostizieren und ex post die Werbewirkung zu bestimmen.

- Die Werbewirkung ist i. d. R. ein Ergebnis vieler unterschiedlicher Werbeaktivitäten. Eine exakte Zurechnung der Werbewirkung zu den einzelnen Aktivitäten ist vielfach nicht möglich.

Die Festlegung des *Werbebudgets* (Budgetallokation) erfordert allerdings   *Allokation des Werbebudgets*

- eine Bestimmung der ‚optimalen‘ Budgethöhe für einen Zeitraum und damit auch

- eine Bestimmung der ‚optimalen‘ Budgetallokation innerhalb dieses Zeitraumes,

- eine Bestimmung der Budgetverteilung auf die potenziell zu bewerbenden Produkte,

- eine Bestimmung der Budgetverteilung auf die zu verwendenden Werbeträger.

Diese Entscheidungsprobleme sind letztlich interdependent, d. h. jedes Problem hängt von der Lösung der übrigen Probleme ab. Hier kann nur eine simultane Planung weiterhelfen. Die Budgetallokation erfolgt durch die Erstellung eines so genannten ‚*Mediaplans*‘. Als Entscheidungsverfahren zur Bestimmung der Budgethöhe und zur Aufteilung des Budgets werden sowohl *heuristische Prinzipien* als auch *Optimierungsverfahren* angewendet.   *‚Mediaplan‘*

Abbildung 46 stellt eine stark vereinfachende heuristische Methode zur *Ermittlung des gewinnmaximalen Werbebudgets* dar. Die Abszisse dient als Maßstab für die Variable ‚Werbebudget‘ und die Ordinate als Maßstab für die Variablen ‚Deckungsspanne‘ (DSP), ‚Deckungsbeitrag‘ (DB) und ‚abgesetzte Menge in Abhängigkeit vom Werbebudget‘ (X_W). Hier wird (vielfach realitätsnah) unterstellt, dass sich die Absatzmenge bei zunehmender Ausdehnung des Werbebudgets einem Sättigungsgrad annähert.   *heuristische Ermittlung des gewinnmaximalen Werbebudgets*   *‚Deckungsspanne‘*   *‚Deckungsbeitrag‘*

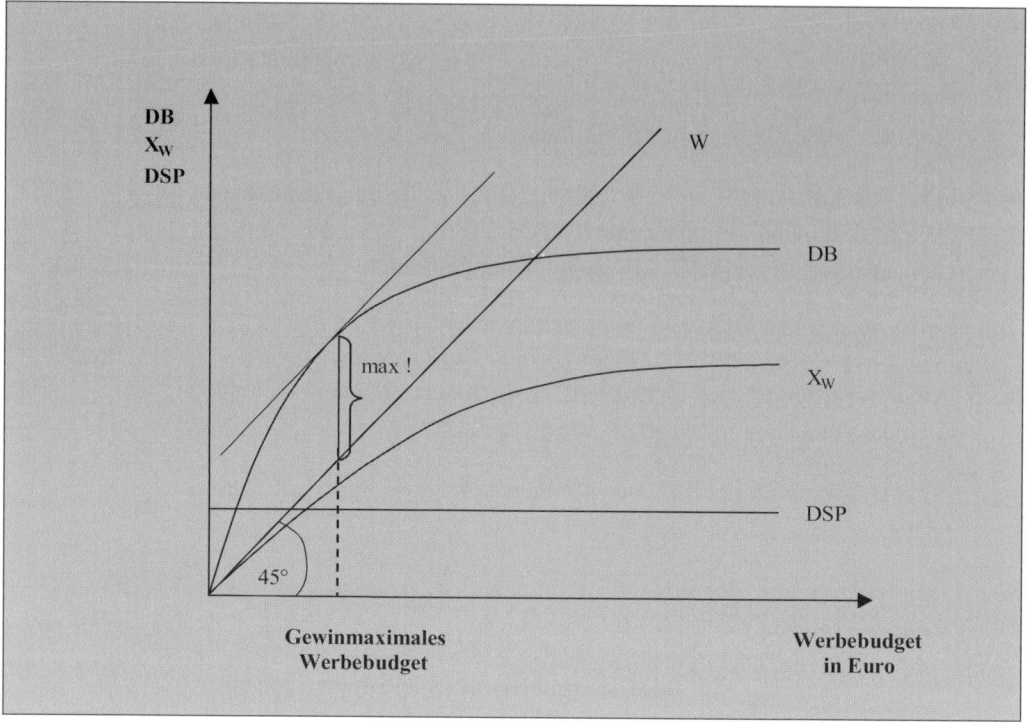

Abb. 46:   Das gewinnmaximale Werbebudget

Weiterhin wird die Deckungsspanne (DSP) als konstant unterstellt.[147]
Mithilfe dieses Modells lässt sich das gewinnmaximale Werbebudget
formal ermitteln, indem das Werbebudget in derjenigen Höhe gewählt wird,
bei der die Parallele zur Werbebudget-Geraden (diese ergibt sich durch
einen 45°-Winkel) die DB-Kurve tangiert. Dass eine derartige Vorgehensweise jedoch nur heuristischen Wert hat, ist offensichtlich, da z. B. die
funktionale Abhängigkeit der abgesetzten Menge von der Höhe des Werbe-

---

[147]   Als Deckungsspanne wird die Differenz zwischen Preis und variablen Kosten, als
        Deckungsbeitrag das Produkt aus Absatzmenge und Deckungsspanne bezeichnet.
        Unter Vernachlässigung von Fixkosten führt die Maximierung des um das Werbe-
        budget bereinigten Deckungsbeitrages zum Gewinnmaximum. Lägen Fixkosten
        vor, so müssten diese zur Gewinnermittlung subtrahiert werden. Sie beeinflussen
        die Höhe des gewinnmaximalen Werbebudgets allerdings nicht, es sei denn, dass
        durch ihre Berücksichtigung ein vermeidbarer Verlust entstünde. Dies wäre dann
        der Fall, wenn die entsprechenden Fixkosten noch abbaubar wären. Das Werbe-
        budget wäre in diesem Fall = 0.

budgets ex ante nicht ohne weiteres bestimmt werden kann und auch längerfristige Wirkungen der Werbung vernachlässigt werden.

6.4.2.3.3. Auswahl der Werbeobjekte

In dieser Phase des Entscheidungsprozesses der Marktkommunikation gilt es, die Werbeobjekte, also die Objekte, ‚über die kommuniziert wird‘, festzulegen. Als *Werbeobjekte* kommen beispielsweise einzelne Produkte, Pro   Werbeobjekte
duktlinien, Geschäftsbereiche, aber auch das gesamte Unternehmen (z. B. im Rahmen einer Image-Kampagne) in Betracht. Sind geeignete Werbeobjekte ausgewählt worden, kann mit der Gestaltung der eigentlichen Werbebotschaft begonnen werden.

6.4.2.3.4. Botschaftsgestaltung

6.4.2.3.4.1. Planungsaspekte der Botschaftsgestaltung

Bei der Gestaltung der *Werbebotschaft* ist zum einen auf formale und zum   Werbebotschaft
anderen auf inhaltliche Anforderungen zu achten. Die Botschaftsgestaltung sollte sich an einer systematischen Planung orientieren. Für diese Vorgaben werden in der Unternehmenspraxis unterschiedliche, zumeist englischsprachige Begriffe verwendet (z. B. ‚*Copy Strategy‘*).[148] Diese Fixierung   ‚Copy Strategy‘
der werbestrategischen Ausrichtung eines Unternehmens sollte zumindest folgende Elemente enthalten:

1. die relevante Zielgruppe, die durch eine entsprechende Werbebotschaft anzusprechen ist;

2. den speziellen Nutzen, den ein Produkt bietet (‚Consumer benefit‘, ‚unique selling proposition‘);

3. eine Aufforderung zum Handeln durch eine Begründung des spezifischen Leistungsvorteils (‚Reason why‘);

---

[148]   Vgl. hierzu z. B. Schweiger/Schrattenecker 2001, S. 196 ff.

4. eine klare Tonart und einen klaren Stil der Botschaft, z. B. Zurück-
   haltung versus Aufdringlichkeit, Extravaganz versus Anlehnung an die
   Konkurrenz (‚Tonality').

Sinn und Zweck der Botschaftsgestaltung ist es zumeist, potenzielle Nachfrager auf das beworbene Objekt aufmerksam zu machen und sich von den
direkten Wettbewerben abzuheben, um auf diesem Wege eine Kaufhandlung auszulösen. Aufgrund der Informationsüberlastung wird es jedoch
zunehmend schwieriger, den Kontakt zum Adressaten der Werbebotschaft
herzustellen. Es bedarf daher nicht selten einer in formaler Hinsicht
besonders auffälligen Gestaltung, um sich von Werbebotschaften der Konkurrenz abzusetzen und die Aufmerksamkeit auf die eigene Botschaft zu
lenken.

Aktivierung

Die Bereitschaft zur Aufnahme und Verarbeitung einer Werbebotschaft ist
dabei umso größer, je stärker die durch die Werbung ausgelöste *Aktivierung*
ist. Kroeber-Riel/Esch definieren Aktivierung in diesem Zusammenhang als
einen „...Zustand vorübergehender oder anhaltender innerer Erregung oder
Wachheit ..., der dazu führt, dass sich die Empfänger einem Reiz zuwenden."[149]

6.4.2.3.4.2. Involvement als Grad der Aktivierung

Als Grad der Aktivierung lässt sich die Stärke des so genannten ‚Involve-
ments' eines potenziellen Konsumenten auffassen. Involvement kann definiert werden als die innere Beteiligung bzw. das gedankliche Engagement
und die damit verbundene Aktivierung, mit der sich ein Konsument einem
Sachverhalt oder einer Aktivität zuwendet.[150]

Vereinfachend wird in der Literatur i. d. R. zwischen einer starken und
einer geringen Beteiligung der Konsumenten unterschieden (High- und
Low-Involvement), um die unterschiedliche Abfolge von Kenntnisnahme

---

[149] Kroeber-Riel/Esch 2004, S. 172.

[150] Vgl. z. B. Kroeber-Riel/Weinberg 2003, S. 345 sowie Bruhn 2003c, S. 358. Der
Involvement-Begriff wurde im Zusammenhang mit der Werbeforschung von
Krugman (1965 u. 1967) eingeführt.

und Verständnis der Werbebotschaft ('Learn'), der Bildung einer Meinung
bzw. Einstellung zum beworbenen Produkt ('Feel') und des Verhaltens in
Form eines Kaufes ('Do') darzustellen.[151] Allerdings kann der Grad an
Beteiligung innerhalb dieser beiden Extreme unterschiedlich stark ausgeprägt sein.

Bei so genanntem *High-Involvement* wird von einer aktiven und be-   High-Involvement
wussten Auseinandersetzung der Konsumenten mit der Werbebotschaft
ausgegangen, da die Kaufentscheidungen für die Konsumenten wichtig und
daher im Vorfeld meist mit intensiver Informationssuche und sorgfältigem
Abwägen verbunden sind. Es liegt eine Abfolge von der Aufnahme einer
Werbebotschaft über deren Verständnis bis hin zur Veränderung von
Meinungen und Einstellungen mit dem daraus resultierenden Kaufverhalten
zu Grunde (Learn-Feel-Do).

Low-Involvement-Kaufentscheidungen sind für den Konsumenten eher   Low-Involvement
unwichtig oder habitualisiert, so dass Produkte oftmals einfach 'ausprobiert' oder ohne weiteres Informationsinteresse regelmäßig gekauft werden. Bei so genanntem *Low-Involvement* wirkt sich vielmehr der häufige
Kontakt mit Werbebotschaften positiv auf das Kaufverhalten aus, ohne dass
dabei nachhaltig Einstellungen verändert werden. In der Kaufsituation wird
auf das aus der Werbung bekannte Produkt zurückgegriffen. Erst nach dem
Kauf kommt es – z. B. durch Erfahrungen mit dem gekauften Produkt –
u. U. zu Einstellungsänderungen (Learn-Do-Feel).

Ein Sonderfall der Werbewirkung tritt bei einer 'Nachkaufdissonanz'
ein.[152] Dabei handelt es sich um einen Zustand von Unsicherheit der sich
im Anschluss an eine (risikobehaftete) Kaufentscheidung einstellt. Die
Spannung zwischen der vorhandenen bzw. sich entwickelnden Einstellung
und dem schon vollzogenen Verhalten wird dabei als *kognitive Dissonanz*   kognitive
bezeichnet. Bei der 'Nachkaufdissonanz' steht – wie der Name schon   Dissonanz
impliziert – der Kauf am Anfang. Erst danach werden bestimmte Werbebotschaften aufgenommen. Im Falle einer vom Anbieter bewusst in Kauf
genommenen Nachkaufdissonanz zielt die Werbebotschaft dann auf die

---

151   Vgl. Ray 1982, S. 184 ff. Die Abfolge unter High-Involvement wird von Ray als
      „Lernhierarchie" bezeichnet.

152   Vgl. Kroeber-Riel/Weinberg 2003, S. 184 ff.

Phase nach der ersten Nutzung des Produktes, um die getroffene Entscheidung zu bestätigen und die Dissonanz zu verringern (Do-Feel-Learn). Damit kehrt sich bei Vorliegen einer ‚Nachkaufdissonanz‘ die idealtypische Abfolge unter High-Involvement genau in das Gegenteil um.

6.4.2.3.4.3. Formen aktivierender Reize

Zur zielgerichteten Auslösung der Aktivierung können viele Reize eingesetzt werden, die mit Blick auf ihre Wirkung hier differenziert werden in:

- physisch intensive Reize,

- emotionale Reize,

- gedanklich-überraschende Reize.[153]

Diese Formen aktivierender Reize werden nachfolgend am Beispiel von Werbeanzeigen in Printmedien illustriert.

physische Reize   *Physische Reize* sichern sich allein aus formalen Gründen Aufmerksamkeit. Zu den physischen Reizen zählen beispielsweise großflächige, satte Farben, die Größe einer Anzeige insgesamt oder des gewählten Bildausschnittes sowie Kontraste und Prägnanz (vgl. Abb. 47, die im Original flächendeckend rot gehalten ist. Aus Kostengründen hat der Verlag einen schwarz-weiß-Abdruck vorgenommen). Durch derartige Gestaltungsmerkmale sticht die Werbebotschaft dem Betrachter unmittelbar ‚ins Auge‘ und wird somit im wahrsten Sinne des Wortes ‚unübersehbar‘.

Ein Vorteil von physischen Reizen ist, dass sie bei nahezu jeder Produktkategorie einsetzbar und weitgehend unabhängig von der jeweiligen Zielgruppe sind. Als nachteilig ist zu bewerten, dass ihre Wirkung häufig nur schwer einschätzbar ist. So wird durch physisch intensive Reize zwar häufig Aufmerksamkeit erzeugt, ohne dass jedoch eine weitergehende Verarbeitung der Werbebotschaft erfolgt.

---

[153] Vgl. zu den nachfolgenden Ausführungen insbesondere Meyer-Hentschel 1993, S. 29 ff.; Bänsch 2002, S. 12 ff. sowie Kroeber-Riel/Weinberg 2003.

Abb. 47:   Aktivierung durch die Farbe Rot als Beispiel für physisch
intensive Reize (Anzeige der LTU aus dem Jahr 1999)

emotionale Reize

Emotionale Reize, die die Gefühle oder Bedürfnisse eines Menschen ansprechen, zählen zum klassischen Repertoire der Werbung. Zu den Schlüsselreizen, die als emotional wirkend einzustufen sind, zählen vor allem Liebe, Glück, Geborgenheit, Vertrautheit, Freundschaft, Gesundheit, Erotik, Freiheit, Selbstverwirklichung, Neugier sowie der Beschützerinstinkt, den kleine Kinder oder bestimmte Tiere auslösen. Auch Gesichter, insbesondere Augen, zählen zu emotional aktivierenden Reizen. Mitunter sollen bei den Adressaten zunächst negative Gefühle, wie Angst oder Schuldgefühle, ausgelöst werden, um sie etwa von bestimmten (Konsum-) Gewohnheiten, wie z. B. Rauchen oder zu fettem Essen, abzubringen oder zur Verwendung bestimmter Produkte zu bewegen (z. B. Anti-Karies-Zahncreme).

'Kindchenschema'

Da derartige Emotionen i. d. R. jedem Menschen 'in die Wiege gelegt' werden, sind die Reaktionen auf emotionale Reize auch weitgehend spontan und einheitlich.[154] Sehr stark sollen Babies und Kleinkinder aktivieren (siehe Abb. 48). Dieses so genannte *'Kindchenschema'* wird in letzter Zeit insbesondere innerhalb von Fernsehspots häufig eingesetzt, wobei sich die Bandbreite der Werbeobjekte vom Altersvorsorgeplan der 'Sparkasse', über die 'Gelben Seiten' bis hin zum PKW erstreckt. Es gilt jedoch zu beachten, dass ein gewisser Zusammenhang zwischen dem Werbemotiv und dem Produkt erkennbar sein sollte, da ansonsten Fehlinterpretationen erfolgen können, die die gewünschte Wirkung u. U. verhindern.

erotische Reize

Gleiches trifft auf *erotische Reize* zu, die zwar ebenfalls ein starker Auslöser für Emotionen sein können und darüber hinaus den Vorteil bieten, dass sie sich im Zeitablauf kaum abnutzen, aber in ihrer Darstellung auch die Nutzenkomponenten des beworbenen Produktes verdeutlichen sollten. Verhältnismäßig problemlos erscheint dies beispielsweise bei Parfum, Dessous oder alkoholischen Getränken möglich (siehe Abb. 49). Verallgemeinerungsfähige Erkenntnisse über die Grenzen der Nutzung bestimmter Stimuli können jedoch nicht vorliegen, da letztlich vielfältige 'Brücken' zwischen aktivierendem Reiz und den möglichen Nutzenkomponenten von Produkten denkbar sind. Die besondere Herausforderung für die Botschaftsgestaltung ist somit, derartige Bezüge in den Botschaften zu verankern.

---

[154] Vgl. Kroeber-Riel/Weinberg 2003, S. 103 f.

Abb. 48: Aktivierung durch das so genannte ‚Kindchenschema' als
Beispiel für emotionale Reize (Anzeige von Antenne Bayern
aus dem Jahr 1999)

Abb. 49:   Aktivierung durch Erotik als Beispiel für emotionale Reize
            (Anzeige von Carolina Herrera aus dem Jahr 1999)

Gedanklich-überraschende Reize aktivieren den Adressaten, indem sie seine Sinne bzw. seinen Verstand „vor unerwartete Aufgaben stellen".[155] Zu diesen Reizen zählen Wörter oder Bilder, die Verwunderung auslösen (siehe Abb. 50), zum Nachdenken anregen oder in Widerspruch zu etwas Bekanntem stehen. Auch ein bewusster Widerspruch zwischen Bild und Text kann gedanklich aktivieren. Es sollte aber ein gewisser Wiedererkennungseffekt gewahrt bleiben, d. h. es gilt, vertraute Dinge auf neue, überraschende Weise darzustellen. Insgesamt wirken gedankliche Reize allerdings nicht so ‚automatisch' wie physische oder emotionale Reize. Zudem ist die Entschlüsselung der Botschaft oftmals schwieriger und die Gefahr von Abnutzungserscheinungen größer.

gedanklich-überraschende Reize

Die beschriebenen Reizarten können darüber hinaus miteinander *kombiniert* werden, wodurch das Aktivierungspotenzial i. d. R. erhöht wird. Dies ist etwa bei der LTU-Anzeige (Abb. 47) der Fall, bei der ein physischer Reiz (Farbe Rot) mit einem gedanklichen Reiz verbunden wird (Wortspiel: ‚Aleman', das gelesen wird wie ‚Alle Mann', gleichzeitig aber auch die spanische Übersetzung für ‚deutsch' bzw. ‚der Deutsche' ist).

Kombination unterschiedlicher Reizarten

Die Gestaltung der Werbebotschaft birgt in Bezug auf die unterschiedlichen Aktivierungstechniken allerdings auch einige *Risiken* in sich, die es zu berücksichtigen gilt. Kroeber-Riel/Esch sprechen in diesem Zusammenhang von drei möglichen Effekten: dem so genannten ‚Vampireffekt', dem so genannten ‚Bumerangeffekt' und ‚Irritationen'.[156]

Risiken der Aktivierung

Von einem *Vampireffekt* wird gesprochen, wenn der aktivierende Reiz die eigentliche Werbebotschaft überlagert, d. h. die Botschaft in den Hintergrund rückt. Dies ist etwa dann der Fall, wenn ein Bildelement die Blicke derart auf sich zieht, dass das Werbeobjekt (z. B. das Produkt, das Markenzeichen oder das Firmenlogo) vom Betrachter der Anzeige und damit auch der Bezug der Werbebotschaft nicht mehr wahrgenommen wird.

Vampireffekt

---

[155] Vgl. hierzu und zu den nachfolgenden Ausführungen Meyer-Hentschel 1993, S. 40 ff.

[156] Vgl. Kroeber-Riel/Esch 2004, S. 181 ff. sowie Kroeber-Riel/Weinberg 2003, S. 98 ff.

GORE-TEX® MAY CHANGE YOUR LIFE.

Zu Beginn war unser
Leben frei. Wir waren
den Wäldern, den Bergen,
den Meeren ganz nah.
Das ist Vergangenheit.

Heute leben wir in
Städten. Büromenschen,
Fernsehgucker, Party-
gänger. Manchmal
sehnen wir uns zurück.

Mit GORE-TEX® Pro-
dukten können Sie die
Natur neu entdecken –
bei jedem Wetter.

Die GORE-TEX® Membrane macht gute Produkte noch besser. Führende Marken-Hersteller verarbeiten sie zu Kleidung aller Art,
Schuhen, Handschuhen und Mützen. Nur für GORE-TEX® Produkte gilt: „Guaranteed To Keep You Dry". Haben Sie sich schon
mal gefragt, warum das sonst keiner verspricht? Telefon Service: 00800-23 14 40 00. Internet: www.gore-tex.com

Abb. 50:   Aktivierung durch Verfremdung als Beispiel für gedanklich-
überraschende Reize (Anzeige von Gore-Tex aus dem Jahr 1999)

Bumerangeffekt   Die Gefahr einer vollkommenen Verfälschung der Werbebotschaft impliziert der *Bumerangeffekt,* bei dem die Wirkung des aktivierenden Reizes
nicht mit dem Werbeziel korrespondiert. D. h. der aktivierende Reiz stimuliert in diesem Fall die Speicherung von Informationen, die nicht dem Wer-

beziel entsprechen. Während beim Vampireffekt also von der Werbebotschaft und dem Werbeobjekt abgelenkt wird, wird sie beim Bumerangeffekt vom Adressaten falsch interpretiert.

Irritationen werden insbesondere durch aufdringliche, unglaubwürdige und nichtssagende Werbeinhalte hervorgerufen. Aufdringliche Reize oder solche, die ethisch-moralische Grenzen überschreiten, können bei den Adressaten eine gewisse Abwehrhaltung auslösen. Beispielhaft für die Diskussionen, die durch irritierende Werbung in Gang gesetzt werden können, ist eine Werbekampagne der Firma ‚Benetton' zu nennen, die auf ihren Plakaten etwa HIV-infizierte Menschen darstellten.

Irritationen

Die Irritation war hier nicht zuletzt darauf zurückzuführen, dass kein offensichtlicher Zusammenhang zwischen dem beworbenen Produkt, nämlich modischer Bekleidung, und den Bildmotiven gesehen wurde.

6.4.2.3.4.4. Inhalte der Werbebotschaft

Die Inhalte der Werbebotschaft sind mit Blick auf die Adressaten typischerweise eher rational oder eher emotional positioniert. Im ersten Fall wird mehr oder weniger sachlich und objektiv über die Leistungsmerkmale des Werbeobjektes informiert, während im zweiten Fall an Gefühle und Bedürfnisse, wie Glück oder Geborgenheit, appelliert werden soll.[157] Darüber hinaus gibt es Mischformen, die sowohl rationale als auch emotionale Elemente aufweisen.

Inhalte der Werbebotschaft

Informierende Werbung enthält beispielsweise Angaben über die Preiswürdigkeit der angebotenen Leistung, über spezifische Eigenschaften, die Aufschluss über Qualität und Nutzen des Angebotes oder aber über besondere Aktivitäten des anbietenden Unternehmens (z. B. Engagement für den Umweltschutz) liefern. Dabei beschränkt sich die Information aber i. d. R. auf motivierende Aspekte, um die Adressaten durch Hinweise auf die positiven Produkteigenschaften und die Besonderheiten des Produktes zum Kauf zu bewegen. Objektivität wird hierbei vielfach durch einen Ver-

informierende Werbung

---

[157] Vgl. zur Gestaltung von Inhalten einer Werbebotschaft Kotler/Bliemel 2001, S. 943-947.

weis auf neutrale Dritte (z. B. Stiftung Warentest) zu vermitteln versucht. Grundsätzlich ist hierbei zu beachten, dass eine Werbebotschaft einen offenen (d. h. artikulierten) oder verdeckten (d. h. z. B. suggerierten) Informationsgehalt aufweisen kann.

Informierende Werbung sollte insbesondere dann eingesetzt werden, wenn die Adressaten ein klar definiertes Bedürfnis haben, das durch das angebotene Produkt bzw. die angebotene Leistung offensichtlich befriedigt wird (z. B. Urlaubsreise), oder wenn es sich um ein innovatives oder besonders erklärungsbedürftiges Produkt handelt, dessen Vorzüge gegenüber Konkurrenzprodukten anhand von Informationen oder gar bestimmter Daten deutlicher herausgestellt werden können als mittels emotionaler Positionierung (z. B. ein ‚neues Arzneimittel', vgl. Abb. 51).

Sofern ausreichend starke Bedürfnisse angesprochen werden, ist damit zu rechnen, dass neue Produkte oder innovative Eigenschaften bereits auf dem Markt befindlicher Produkte das Informationsinteresse der Adressaten anregen. Die informierende Werbung dient dann der Befriedigung dieses Informationsbedürfnisses zur Beseitigung des vorhandenen Informationsdefizits.

Wichtig ist daher die Glaubwürdigkeit und Überzeugungskraft der Aussagen sowie die leichte Erkennbarkeit der Werbebotschaft. Die rein informative Form der Beeinflussung hat im Zuge der zunehmenden Informationsüberlastung allerdings an Bedeutung verloren, was nicht bedeutet dass sie weniger wirkungsvoll eingesetzt werden kann als emotionale Werbung.

emotionale
Werbung

Im Gegensatz zur informierenden Form der Ansprache wird ein Produkt im Rahmen *emotionaler Werbung* zur Vermittlung eines speziellen ‚Konsumerlebnisses' mit psychologischen Merkmalen in Verbindung gebracht, die man nicht so ohne weiteres mit ihm assoziieren würde. Dies sollte vor allem dann geschehen, wenn die Eigenschaften des Produktes allgemein bekannt sind und sich das eigene Produkt (die eigene Marke) kaum von Angeboten der Konkurrenz unterscheidet.

ANTI-AGING* MIT

KWAI

*GEGEN DEN ALTERUNGS-PROZESS.

JUNG BLEIBEN VON INNEN HERAUS

Was in den USA gerade Trend ist, wird bei uns schon seit vielen Jahren erfolgreich praktiziert: Anti-Aging. Doch statt auf Schönheitschirurgie und Hormonpillen, setzen gesundheitsbewußte Menschen in Deutschland auf die „Jugend von innen". Das Lebenselixier heißt Kwai N. Einfach und preiswert hilft dieses pflanzliche Arzneimittel, Vitalität und Leistungskraft zu erhalten.

Jeder ist so alt wie seine Gefäße. Wie jung man wirklich ist, zeigen die Blutgefäße. Denn der Mensch ist so alt wie seine Arterien, und deren Verkalkung beginnt schon in jungen Jahren. So sind manche Menschen mit 50 bereits so verkalkt wie andere erst mit 80.
100.000 Kilometer Blutbahn wollen gepflegt werden. Mit zunehmendem Alter verlieren die Blutgefäße an Elastizität und werden brüchig. Dieser natürliche Alterungsprozeß wird verstärkt durch Rauchen,

Bluthochdruck und Übergewicht.
Gefäßverkalkung macht dem Herzen das Leben schwer. Ein immer höherer Blutdruck ist nötig, um das Blut durch die verengten Arterien zu pumpen. Und es kann zu spürbaren Durchblutungsstörungen kommen.
Kwai N, der Gefäßentkalker. Für Menschen ab 40 ist es ratsam, dem Verengungs- und Verkalkungsprozeß der Arterien rechtzeitig durch die Wirkung des Knoblauchs entgegenzutreten. Knoblauch **(Kwai N, rezeptfrei)** hält die Gefäße länger gesund, indem er die Fließeigenschaften des Blutes verbessert. Man fühlt sich wieder vitaler und leistungsfähiger.

Mehr über die Knoblauch-Therapie mit **Kwai N** erfahren Sie von Lichtwer Pharma, Postfach 26 03 26, 13413 Berlin, oder im Internet unter **www.kwai.de**

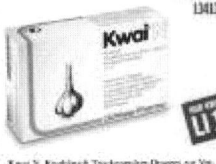

Kwai – konzentrierte Knoblauch-Kraft, die zur Vorbeugung der allgemeinen Arterienverkalkung beiträgt und das Blut fließfreudiger erhält. Kwai N enthält den hochwertigen chinesischen Knoblauch, der für Lichtwer Pharma angebaut wird und unser besonderes Gütesiegel `LI 111` trägt.

Kwai N. Knoblauch-Trockenpulver-Dragees zur Vorbeugung allgemeiner Arterienverkalkung (allg. Arteriosklerose). Zu Risiken und Nebenwirkungen lesen Sie die Packungsbeilage und fragen Sie Ihren Arzt oder Apotheker. Lichtwer Pharma AG, 13435 Berlin.

KWAI

Lebe jung
und
unverkalkt

Abb. 51: Informierende Werbung (Anzeige von Lichtwer Pharma
aus dem Jahr 1999)

Die Übertragung der emotionalen Reize erfolgt in Form von Bildern oder wenigen Signalwörtern. Dabei kann sich die emotionale Werbebotschaft direkt auf das Werbeobjekt beziehen oder lediglich in einem bestimmten Zusammenhang mit dem Objekt dargestellt werden (vgl. nochmals Abb. 49).

Bei der Gestaltung der Werbebotschaft ist v. a. auf emotionale Authentizität, Identifikationsmöglichkeiten und Originalität zu achten.

gemischte
Werbung

Am gebräuchlichsten ist die ‚gemischte Werbung', die sowohl informative als auch emotionale Komponenten enthält. Hier sollte zunächst an ein (latentes) Bedürfnis des Adressaten appelliert werden, um zugleich aufzuzeigen, inwiefern das eigene Angebot geeignet ist, dieses zu befriedigen. So wird in der Lufthansa-Werbung das bekannte Image von Paris als ‚Stadt der Liebe' eingesetzt, um gezielt Personen anzusprechen, die ‚mehr für die Liebe tun' möchten (vgl. Abb. 52). Als Lösungsvorschlag bietet Lufthansa einen Flug in die Hauptstadt Frankreichs an und liefert Informationen über Preis und Termine gleich mit.

Der Zentralverband der Augenoptiker bedient sich der Sehtafel als bekanntem Instrument zum Testen der Sehstärke (vgl. Abb. 53). Auch hier wird mittels Frage und Antwort in einem ersten Schritt ein Problem thematisiert (‚Tomaten auf den Augen?') und anschließend darüber informiert, wie dieses Problem gelöst werden kann (durch Sehberatung beim Augenoptiker).

Gemeinschafts-
werbung

Diese Anzeige verdeutlicht auch einen anderen Aspekt. Es handelt sich nämlich um eine so genannte ‚Gemeinschaftswerbung',[158] die vom Zentralverband im Interesse sämtlicher Augenoptiker in Auftrag gegeben wurde. Bei dieser Konzipierung treten die einzelnen beteiligten Unternehmen folglich nicht namentlich hervor.

---

[158] Nieschlag/Dichtl/Hörschgen 2002, S. 1080. Abzugrenzen ist diese Art der Werbung insbesondere von der so genannten ‚Sammelwerbung', bei der die Beteiligten genannt werden.

Abb. 52:   ‚Gemischte Werbung' mit informativen und emotionalen
             Komponenten (1)

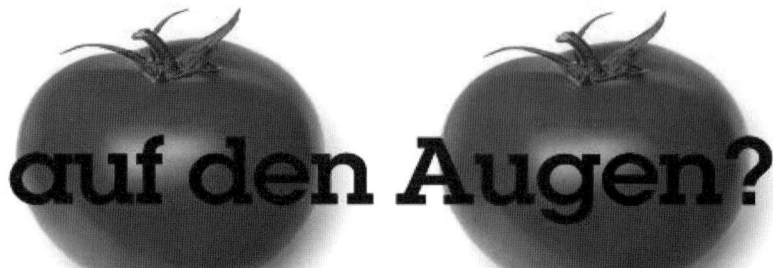

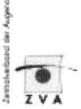

Abb. 53:   Gemischte Werbung mit informativen und emotionalen
           Komponenten (2)

Als weiteres Beispiel zur Gestaltung von Werbebotschaften ist die so ge- Testimonial-
nannte ‚*Testimonialwerbung*‘[159] zu nennen. Hierbei handelt es sich um eine werbung
Form der Werbung, in der mehr oder weniger bekannte Personen als zufriedene Verwender des beworbenen Produktes auftreten. I. d. R. werden
entweder Stars oder anerkannte Experten als Botschaftsübermittler eingesetzt, um entweder die Bekanntheit oder die Glaubwürdigkeit der jeweiligen Person für Werbezwecke zu nutzen und auf das Produkt zu übertragen
(vgl. Abb. 54).

Unabhängig davon, welche Gestaltung die Werbebotschaft aufweist, sollte
sie eine eindeutige Positionierung der ‚eigenen Sache‘ gegenüber Konkurrenzangeboten bewirken. In der Praxis werden jedoch oftmals nahezu
austauschbare Konzepte der Botschaftsgestaltung für bestimmte Produktgruppen verwendet (z. B. ‚erlebnisorientierte‘ Bierwerbung), obwohl als
eigentliche Intention eine Differenzierung gegenüber dem Konkurrenzpro-
dukt angestrebt wird.

Ein weiterer wichtiger Aspekt bezüglich inhaltlicher Anforderungen ist die
Glaubwürdigkeit einer Werbebotschaft, obwohl diesbezüglich durchaus
konträre Meinungen vertreten werden. So besagt der so genannte ‚Sleeper- ‚Sleeper-Effekt‘
Effekt‘, dass auch nicht-glaubwürdige Informationen (wie ein ‚fragwürdi-
ger Fernsehspot‘) langfristig positive Wirkungen entfalten können, weil
nach einer gewissen Zeit solche Informationen nicht mehr mit der ‚un-
glaubwürdigen‘ Informationsquelle in Verbindung gebracht werden. Dieser
Sleeper-Effekt ist indes in der Literatur nicht unumstritten, da nach der
Theorie der Lernkurven die Wirkung einer Kommunikationsmaßnahme
wieder abnimmt, wenn keine regelmäßige Wiederholung der Kommunikation erfolgt. Durch eine derartige Wiederholung würde der Sleeper-Effekt
unwirksam.[160]

---

[159]   Zum Begriff ‚Testimonialwerbung‘ vgl. etwa Diller 2001, S. 1664 oder Nie-
          schlag/Dichtl/Hörschgen 2002, S. 1078.

[160]   Vgl. dazu Kroeber-Riel/Weinberg 2003, S. 505; Zentes 1997, S. 372.

Abb. 54:   Testimonialwerbung mit Boris Becker als zufriedenem Kunden
           von AOL (Anzeige von AOL aus dem Jahr 2000)

Des Weiteren sollten auch die *Aktualität*, die *Attraktivität* und die *Prägnanz* der inhaltlichen Gestaltung beachtet werden. Schließlich ist es mit Blick auf Synergieeffekte und die damit verbundenen Kostensenkungspotenziale ratsam (aber längst noch nicht gängige Praxis), sämtliche kommunikations-politischen Maßnahmen aufeinander abzustimmen. Diese Vorgehensweise wird in der Literatur als *‚integrierte Kommunikation'* bezeichnet.[161] Für ihre Umsetzung stehen verschiedene ‚Integrationsmittel' zur Verfügung, die formaler oder inhaltlicher Natur sein können.[162] Einer *formalen Integration* der Kommunikation dient insbesondere ein Corporate Design, d. h. eine nach außen einheitliche Gestaltung der einzelnen Produkte und auch der Symbolik, die das Unternehmen als Ganzes repräsentiert. Dies bindet meist Markensymbole (Wort-Bild-Zeichen oder Präsenzsignale) ein. Ein Wort-Bild-Zeichen verbindet die Darstellung des Marken- bzw. Firmennamens mit einem Bild, welches den Namen quasi übersetzt (z. B. der Apfel von ‚Apple'). Präsenzsignale beinhalten nicht unbedingt den Marken- bzw. Firmennamen, werden aber unmittelbar mit ihm assoziiert (z. B. das Ferrari-Pferd).[163] Die einprägende Wirkung eines Corporate Design kann aber auch durch eine bestimmte Farbenwahl oder bestimmte Schrifttypen entfaltet werden. Beides wird durch die Anzeige von Nivea veranschaulicht (vgl. Abb. 55)

integrierte Kommunikation

formale Integration

Die *inhaltliche Integration* kann über sprachliche oder bildliche Elemente vorgenommen werden. Das am häufigsten eingesetzte sprachliche Mittel sind Slogans, die möglichst kurz, einprägsam und bildhaft formuliert sein sollten.[164] Zu den bekanntesten Beispielen zählen etwa ‚AEG – Aus Erfahrung gut', ‚Nichts ist unmöglich' (Toyota), ‚Wir geben Ihrer Zukunft ein Zuhause' (LBS) und ‚Da weiß man, was man hat' (Persil).

inhaltliche Integration

Die Integration über Bildelemente kann entweder mittels verschiedener Motive erfolgen, die dieselbe Positionierung des Produktes bewirken (so genannte *‚semantische Bildintegration'*) oder mittels eines so genannten *‚Schlüsselbildes'*, das als Grundmotiv zur visuellen Untermauerung des

‚semantische Bildintegration'

‚Schlüsselbild'

---

[161] Vgl. z. B. Bruhn 2003a.

[162] Vgl. Esch 2001, S. 71 ff.

[163] Vgl. Kroeber-Riel/Esch 2004, S. 117 ff.

[164] Vgl. zu den Ausgestaltungsmöglichkeiten von Slogans z. B. Gass 1982, S. 1027 ff.

Positionierungsinhaltes über Jahre hinweg unverändert bleibt und in sämtlichen Werbemitteln eingesetzt wird.

Abb. 55:   Formale Integration durch einheitliche Farbe und Schrifttypen
           (Anzeige von Nivea aus dem Jahr 1999)

Das Unternehmen AEG etwa beabsichtigte in einer Kampagne, die Um- Beispiel für
weltfreundlichkeit ihrer Wasch- und Spülmaschinen in den Vordergrund zu semantische
stellen und platzierte die Produkte zu diesem Zweck in unterschiedliche Bildintegration
Naturszenen, z. B. zwischen zwei Elefanten oder zwei Bären am Wasser
(vgl. Abb. 56 und Abb. 57).

Beispiele für Schlüsselbilder in der Werbung sind der ‚Marlboro-Mann', Beispiele für
der jahrzehntelang das ‚männlich-unabhängige' Bild dieser Zigarettenmar- Schlüsselbilder
ke repräsentierte, ‚Meister Proper', der als kraftstrotzender Mann die starke
Reinigungskraft des Produktes verkörpern soll, oder ‚Dr. Best', der als
Präsenter für die gleichnamigen Zahnbürsten wissenschaftliche Kompetenz
und Glaubwürdigkeit vermitteln soll.

Vom ‚Schlüsselbild' abzugrenzen sind Markensymbole wie das Lacoste-
Krokodil oder der Lufthansa-Kranich, die mit deutlich abgeschwächter
rationaler oder emotionaler Aussagekraft weniger dazu dienen, die Marke
zu positionieren. Sie haben eher symbolhaften, der Wiedererkennung die-
nenden Charakter, indem sie einen Beitrag zum Corporate Design der jeweiligen Marke leisten.

Abb. 56:   Semantische Bildintegration durch Verbindung des Produktes
           mit dem Thema Umwelt (Anzeige des Unternehmens AEG aus
           dem Jahr 1999)

Abb. 57:   Semantische Bildintegration durch Verbindung des Produktes
           mit dem Thema Umwelt (Anzeige des Unternehmens AEG aus
           dem Jahr 1999)

6.4.2.3.5. Mediaselektion

Die Botschaftsgestaltung führt unmittelbar zur Mediaselektion, wobei an dieser Schnittstelle recht deutliche Interdependenzen bestehen. So hängt die Botschaftsgestaltung naturgemäß sehr stark von den Gestaltungsmöglichkeiten der Werbemittel ab. Die zwei zentralen Fragen im Rahmen der Mediaselektion sind die

- Auswahl der Werbemittel und die

- Auswahl des Werbeträgers.

Werbemittel Als *Werbemittel* kommen beispielsweise Plakate, Anzeigen, Spots oder Werbebriefe in Betracht.

Werbeträger Die Auswahl des *Werbeträgers* gliedert sich noch weiter in die zwei Unterfälle:

- Intermediale Selektion (Auswahl der Werbeträgergruppen) und

- Intramediale Selektion (Auswahl innerhalb der Werbeträgergruppen).

Während im ersten Unterfall entschieden wird, welche ‚Kernmedien' zur Nutzung herangezogen werden sollen (wie z. B. TV-Medien, Printmedien), wird im zweiten Unterfall die konkrete Erscheinungsform des gewählten Kernmediums (z. B. FAZ oder Handelsblatt) festgelegt. Bei der intramedialen Selektion sind sowohl qualitative Kriterien, wie Image des Werbeträgers, werbliches Umfeld und die Zusammensetzung der erreichten Personen (*qualitative Reichweite*), als auch quantitative Kriterien, wie die Anzahl potenzieller Kontakte mit der Zielgruppe (*quantitative Reichweite*), die sich bei einer Zeitschrift z. B. über die Anzahl der Abonnements schätzen lässt, zu berücksichtigen.

qualitative Reichweite

quantitative Reichweite

6.4.2.4. Planung und Einsatz der Kommunikationsinstrumente

Die Planung und der Einsatz der Kommunikationsinstrumente sind keinesfalls ausschließlich durch operative Entscheidungen geprägt. Strategische Entscheidungen sind auch auf dieser Ebene anzutreffen, da etwa durch die

Gestaltung einer Werbebotschaft das Image eines Unternehmens in der Wahrnehmung der Nachfrager (nachhaltig) beeinflusst werden kann und somit u. U. Erfolgspotenziale erst geschaffen werden.

Die bereits im Vorfeld der Planung der Kommunikationsstrategie definierten Ziele und Zielgruppen grenzen den Einsatz der zur Verfügung stehenden kommunikationspolitischen Instrumente ein. Soll z. B. zur Steigerung des Bekanntheitsgrades ein möglichst umfassender Personenkreis angesprochen werden, so sind i. d. R. ‚breit streuende‘ Instrumente mit einer hohen Kontaktwahrscheinlichkeit zu verwenden (z. B. klassische Werbung). Ist hingegen die Zielgruppe durch eine bestimmte, u. U. gar kleine Gruppe potenzieller Nachfrager charakterisiert, so muss viel eher auf persönliche Kommunikationsinstrumente zurückgegriffen werden (z. B. Messen, persönlicher Verkauf).

Das Budget grenzt die Auswahl von Kommunikationsinstrumenten insofern ein, als dass die verschiedenen Instrumente das Werbebudget sehr unterschiedlich beanspruchen. Grundsätzlich existieren folgende Instrumente der Kommunikationspolitik:

6.4.2.4.1. Klassische Werbung

Die ‚*klassische Werbung*‘[165] dient dem gezielten Versuch, (potenzielle) Nachfrager von Produkten zu einem Verhalten zu bewegen, das den absatzwirtschaftlichen Zielen des Anbieters dient. Dabei geht es oft nicht unmittelbar um Verkäufe, sondern um vorgelagerte kommunikative Ziele (z. B. die Veränderung einer Einstellung). ‚klassische Werbung‘

Als grundlegende Formen der Werbung kommen der Einsatz von Insertionsmedien und die Verwendung von elektronischen Medien in Betracht.

---

[165] Vgl. zu überblicksartigen Vertiefungen Meffert 2000, S. 712-720 und Becker 2001, S. 565-586 sowie Nieschlag/Dichtl/Hörschgen 2002, S. 989 ff.; zu den verhaltenswissenschaftlichen Grundlagen vgl. Kroeber-Riel/Weinberg 2003.

Insertionsmedien

Als *Insertionsmedien* gelten z. B. Zeitschriften (Fach- oder Publikums-zeitschriften), Zeitungen (z. B. Tages-, Wochenzeitungen) und Außenwer-bung (z. B. in Form von Plakaten oder auch Werbeaufdrucken auf Fahr-zeugen).

elektronische
Medien

Radio, Fernsehen, Kino und in zunehmendem Maße auch das Internet zählen zu den *elektronischen Medien*. Insbesondere die drei letztgenannten elektronischen Medien erlauben i. d. R. eine stärkere Aktivierung der potenziellen Nachfrager, da eine multisensorische Beeinflussung der Betrachter erfolgt. Mit Blick auf die Kinowerbung tritt zu diesem Aspekt noch die sehr starke Einschränkung der Möglichkeit eines Reaktanz- bzw. ‚Flucht'-Verhaltens hinzu, da während eines Kinofilms kein einfaches ‚Zapping' möglich ist. Allerdings ist auf der anderen Seite die Reichweite eines Kinospots im Vergleich zu einem Fernsehspot i. d. R. sehr viel geringer.

6.4.2.4.2. Verkaufsförderung

‚Verkaufs-
förderung'

Die *‚Verkaufsförderung'* ist die Komponente des kommunikationspoli-tischen Instrumentariums, mit deren Hilfe der Absatz kurzfristig und un-mittelbar stimuliert werden soll.[166] Zu den typischen Instrumenten zählen Verköstigungen im Einzelhandel, Probe- oder Probierpackungen usw.

‚Incentives'

Adressaten können einerseits Verbraucher sein, andererseits können auch eigene Absatzorgane (z. B. der Außendienst) durch sogeannte *‚Incentives'* zu einer Steigerung der Bemühungen in ihrem Aufgabenbereich angeregt werden. Ebenso kann der Handel, z. B. durch versteckte Konditionenzuge-ständnisse (wie Werbekostenzuschüsse), als Adressat angesprochen wer-den.

---

[166] Vgl. zu den Zielen und Funktionen der Verkaufsförderung z. B. Blattberg/Neslin 1990; Pflaum/Eisenmann/Linxweiler 2000; Gedenk 2002.

6.4.2.4.3. Öffentlichkeitsarbeit

Die *‚Öffentlichkeitsarbeit'*[167] bezeichnet den Teil der Unternehmenskom- ‚Öffentlichkeits-
munikation, der das grundlegende Vertrauen für das Unternehmen bei den arbeit'
jeweiligen Anspruchsgruppen verstärken soll. Solche Anspruchsgruppen,
auch *‚Stakeholder'* genannt, können Nachfrager, Lieferanten, Anteilseigner ‚Stakeholder'
(‚Shareholder'), Arbeitnehmer, Politiker und weitere Interessengruppen
(wie z. B. Vereine) sein.

Durch die Vielzahl an Anspruchsgruppen wird das Problem der potenziellen Zielkonflikte deutlich. Existieren zu starke Gegensätze zwischen den
einzelnen Gruppen, so besteht kaum eine Möglichkeit, eine sinnvolle
Öffentlichkeitsarbeit zu betreiben.

6.4.2.4.4. Persönlicher Verkauf

Der Begriff *‚persönlicher Verkauf'*[168] kennzeichnet die Akquisition von ‚persönlicher
Kunden und die Erlangung von Aufträgen durch unmittelbare Einwirkung Verkauf'
auf die Abnehmer. Auf die Nutzung von Medien wird i. d. R. verzichtet.
Dieses Instrument ist vor allem im Investitionsgüterbereich und im Fach-
einzelhandel von großer Bedeutung. Dabei ist die Möglichkeit zur unmittelbaren Rückkopplung der anderen Marktseite entscheidend, da auf diesem
Weg sowohl Potenziale zur Erlangung von Wettbewerbsvorteilen als auch
die Option der vorrangigen Bindung an den Verkäufer entstehen. Allerdings
ist der persönliche Verkauf aufgrund zahlreicher Einflussfaktoren auf den
Erfolg durch erhebliche Steuerungsprobleme gekennzeichnet.

Einflussfaktoren auf den Erfolg des persönlichen Verkaufs sind neben der Einflussfaktoren
Begabung des Verkäufers seine Motivation, Rollenwahrnehmung, Kennt- auf den Erfolg des
nisse, Erfahrungen, seine ‚Zufriedenheit im Job' sowie sein persönlicher persönlichen
‚Background'. Probleme können sich auch aus der fehlenden Zurechenbar- Verkaufs
keit von Erfolgen ergeben, da Verkaufsabschlüsse oft nicht unmittelbar getätigt werden. Deren bloße Vorbereitung kann jedoch nur schwer zuge-
rechnet werden.

---

167 Vgl. zur Öffentlichkeitsarbeit Haedrich/Barthenheier/Kleinert 1982.

168 Vgl. Churchill u. a. 2000 sowie Kotler/Bliemel 2001, S. 915 ff.

Eine Dilemma-Situation besteht auch auf der Kostenseite, denn entweder entstehen hohe Fixkosten (z. B. durch eine Reisenden-Organisation) oder durch hohe Provisionsanteile ein rein kurzfristig orientierter ‚Verkaufsdruck‘ (nicht selten im Bereich des Vertriebs über Kommissionäre).

6.4.2.4.5. Messen

Messen

Verschiedenartigkeit der ausgestellten Objekte

Unter *Messen*[169] versteht man regelmäßige Veranstaltungen an bestimmten Orten, an denen einem Publikum Ausstellungsobjekte präsentiert werden. Je nach der *Verschiedenartigkeit der ausgestellten Objekte* kann man Universal-, Fach- und Mehrbranchenmessen unterscheiden. Solange keine Verkaufsabschlüsse auf der Messe selbst getätigt werden, besteht das Problem, die entstandenen Kosten zu ‚legitimieren‘.

Richtet sich die Messe vor allem auf konkrete Verkäufe, liegt gleichzeitig ein distributionspolitisches Instrument vor.

6.4.2.4.6. Sponsoring

Sponsoring

‚Sponsoring‘[170] bezeichnet die Beziehung zwischen Sponsoringgeber und Gesponsertem, bei der der Gesponserte i. d. R. unmittelbar monetäre Leistungen erhält. Der Gesponserte ‚bekennt‘ sich als Gegenleistung zu seinem Sponsor.

Beim Sponsoring von Projekten, wie etwa einer Kunstausstellung, finden sich Hinweise auf den Sponsor, sei es z. B. durch Plakate oder den Firmenaufdruck auf dem Kunstkatalog.

Formen des Sponsoring

Ziele des Sponsoring sind nicht selten die Umgehung von Werbeverboten und die Imageübertragung vom ‚Gesponserten‘ auf den Sponsor. Vorzufinden ist Sponsoring z. B. in den Formen Sport-, Kultur-, Öko- und Soziosponsoring. Der ökonomische Erfolg hängt oft von steuerlichen Aspekten

---

[169] Vgl. Meffert 2000, S. 741 ff.

[170] Vgl. Bruhn 2003b sowie Meffert 2000, S. 729-736.

ab, z. B. von der Anerkennung der Gemeinnützigkeit des Gesponsorten beim ‚Soziosponsoring'. Die Glaubwürdigkeit der Beziehung zwischen dem Gesponserten und dem Sponsoringgeber und seinen Leistungsangeboten stellt eine entscheidende Voraussetzung erfolgreichen Sponsorings dar.

6.4.2.4.7. Product Placement

Als *‚Product Placement'*[171] wird die gezielte Platzierung von (Marken-) Produkten als reale Requisite in Filmen und TV-Sendungen bezeichnet. Ziel ist hierbei u. a., die Reaktanzen der Nachfrager gegen die klassische Werbung zu neutralisieren.

‚Product Placement'

Film-Produzenten müssen i. d. R. reale Requisiten benutzen, um die Filmhandlung glaubhaft zu gestalten. Der Erwerb aller Requisiten zum Marktpreis würde die Filmproduktion erheblich verteuern. So ergibt sich für kostspielige Güter mit dem Product Placement ein Weg zur Erlangung von Requisiten. Darüber hinaus zahlt der Hersteller von Produkten i. d. R. einen Festbetrag für das ‚Vorzeigen' seines Produktes. Eines der Hauptprobleme ist die wettbewerbsrechtliche Abgrenzung zur so genannten *Schleichwerbung* im TV-Bereich, besonders im öffentlich-rechtlichen Fernsehen. Weniger strenge Regeln gelten indes für Kinofilme. Allgemeine Probleme des Product Placement liegen in der Glaubwürdigkeit und der eventuell von den Konsumenten empfundenen Aufdringlichkeit bei der Verwendung der Produkte.

Schleichwerbung

6.4.2.4.8. Electronic Marketing

‚Electronic Marketing'[172] stellt einen relativ jungen Zweig der Kommunikationspolitik zur Gestaltung der Innen- und Außenbeziehungen eines Unternehmens dar. Die Grundlage dieser neuen Entwicklungsrichtung des Marketing wurde durch die in jüngster Zeit immer rascher fortschreitende Entwicklung auf dem Gebiet der computergestützten Informations- und Kommunikationssysteme geschaffen.

‚Electronic Marketing'

---

[171]   Vgl. Sack 1987.

[172]   Vgl. Becker 2001, S. 639-647.

Die beiden grundlegenden Anwendungsbereiche des Electronic Marketing sind zum einen die Verbesserung der absatzmarktgerichteten Informations- und Entscheidungsprozesse innerhalb des Unternehmens und zum anderen die Verbesserung der Kundenbeziehungen. Die Nutzung von modernen, computergestützten *Datenbanken* führt zu einer effizienten Steuerung des Informationsflusses und einer schnelleren und konsistenten Informations- verarbeitung (z. B. durch verringerte Daten-Redundanzen). *Erfolgspoten- ziale von Datenbanken* liegen zudem in der Möglichkeit der effizienten An- sprache der Adressaten und in der Vermeidung von Streuverlusten. Aller- dings sind die Grenzen zu dem zweiten angesprochenen Bereich, den Kun- denbeziehungen, fließend, da eine Kundendatenbank letztlich beide Be- reiche tangiert.

Ein Beispiel für den Bereich ‚Kundenbeziehungen‘ stellt die *Nutzung des Internet* dar. Das Internet kann auf vielfältige Weise genutzt werden,[173] z. B. zur Kontaktaufnahme mit den Kunden bzw. potenziellen Nachfragern, zur Waren- oder Unternehmenspräsentation durch ‚Werbebanner‘ auf frem- den Webseiten oder durch eigene vollständige Werbeseiten. Es kann darüber hinaus als Vertriebsweg durch direkten Kaufvertrag per Internet- shopping und Internetauktionen, als Medium für Marktforschungsumfragen oder auch zu Servicezwecken (z. B. für das Beschwerdemanagement und die Beratung per e-mail) eingesetzt werden. Wichtige Voraussetzung ist jedoch die einfache Auffindbarkeit der jeweiligen Information, z. B. durch Suchmaschinen wie Google oder Yahoo.

Bei einer derartigen Nutzung des Internet ist insbesondere die Möglichkeit der unmittelbaren ‚*Zweiwege-Kommunikation*‘ hervorzuheben, die es bei der klassischen Werbung i. d. R. nicht gibt.

Mit Blick auf die Nutzung des Internet als international ausgerichtete Werbeplattform ist allerdings darauf hinzuweisen, dass die Möglichkeit zur Standardisierung von Werbebotschaften hierbei eine der bedeutendsten Probleme darstellt. Besonders im Rahmen einer emotionalen Ansprache der Nachfrager stößt man hier schnell an (kulturelle) Grenzen.

Margin notes:
Datenbanken

Erfolgspotenziale von Datenbanken

Nutzung des Internet

‚Zweiwege- Kommunikation‘

---

[173] Vgl. zu unterschiedlichen Nutzungsmöglichkeiten des Internet Becker 2001, S. 639- 647.

Zu beachten bleibt weiterhin, dass im Bereich des Electronic Marketing eine trennscharfe Abgrenzung zwischen Kommunikationspolitik und Distributionspolitik nicht erfolgen kann. Bei dem Bereich des so genannten *,Electronic Commerce'* liegt der Schwerpunkt der funktionalen Verankerung vielfach im Bereich der Distributionspolitik.

,Electronic Commerce'

6.4.2.5. Messung der Kommunikationswirkung

Die wichtigsten Unterschiede in der Werbewirkung ergeben sich u. a. aus der Zahl der Wiederholungen, der inhaltlichen und optischen Gestaltung der Werbung und dem unterschiedlich stark ausgeprägten Involvement der Adressaten. Mitunter werden die vier grundlegenden Werbewirkungsmuster von informativer Werbung und High-Involvement, informativer Werbung und Low-Involvement, emotionaler Werbung und High-Involvement sowie emotionaler Werbung und Low-Involvement unterschieden.[174]

Im Kern lassen sich die diesem Modell zu Grunde liegenden Annahmen wie folgt zusammenfassen: Eine informative Werbung wirkt i. d. R. nur auf hoch involvierte Adressaten, die der textlastigen Botschaft entsprechende Aufmerksamkeit entgegenbringen. Bei gering involvierten Adressaten wird besonders diese Art der Werbung lediglich ,am Rande' wahrgenommen. Die Informationen sollten daher in diesem Falle knapp und leicht verständlich gehalten werden.

Bei emotionaler Werbung und hohem Involvement können die emotionalen Wirkungen auch Einfluss auf die kognitiven Verarbeitungsprozesse nehmen. Daher kann es in diesem Fall – anders als bei gering involvierten Adressaten – eher zu ,gedanklichen Widersprüchen' und ,Gegenargumenten zur Werbung' kommen. Damit ist vor allem dann zu rechnen, wenn die emotionalen Bilder keinen sinnvollen Zusammenhang zum Werbeobjekt aufweisen bzw. dieser nicht herstellbar ist.[175] Bei gering involvierten Adressaten ist insbesondere entscheidend, mit emotionaler Werbung den ,Geschmack' der jeweiligen Zielgruppe zu treffen. Dass die Werbung den

---

[174] Vgl. Kroeber-Riel/Esch 2004, S. 158 ff.

[175] Vgl. Kroeber-Riel/Esch 2004, S. 168.

Adressaten gefällt, soll u. U. sogar wichtiger sein, als dass sie tatsächlich verstanden wird („Gefallen geht über Verstehen"). Derartige Hypothesen können jedoch nicht den Charakter von verallgcmeinerungsfähigen Aussagen besitzen.

Wirkung der Kommunikations-strategie

Um die *Wirkung der Kommunikationsstrategie* zu messen, existieren verschiedene Ansätze, die in die folgenden zwei Gruppen unterteilt werden können:

Pre-Tests

Pre-Tests werden vor dem Einsatz des jeweiligen Kommunikationsinstruments durchgeführt. Bei derartigen Tests werden sowohl apparative Methoden zur Messung der Aktivierung und Wahrnehmung der Testpersonen als auch Befragungen in Form von Einzel- oder Gruppeninterviews angewandt.

Post-Tests

Post-Tests werden erst nach dem Einsatz von Instrumenten der Kommunikationspolitik angewendet und unterscheiden sich somit von den zuvor skizzierten Pre-Tests weniger durch die Form ihrer Durchführung als vielmehr durch den Zeitpunkt ihrer Durchführung.[176]

Als Pre-Test kann z. B. die Befragung von Testpersonen bezüglich unterschiedlicher Ausgestaltungen eines Werbemittels gelten (z. B. verschiedene Gestaltungen einer Anzeige). Ziel einer derartigen Befragung kann die Auswahl eines möglichst publikumswirksamen Anzeigendesigns sein. Erfolgt eine Befragung hingegen bezüglich einer bereits geschalteten Anzeige, also nach dem tatsächlichen Einsatz des Kommunikationsinstrumentes (Post-Test), ist die Zielsetzung i. d. R. eine andere, z. B. die Analyse von Erinnerungswirkungen im Rahmen eines so genannten ‚Recall-Tests'.

Das Hauptproblem bei der Messung der Kommunikationswirkung liegt in der eindeutigen Zurechnung der kommunikationspolitischen Maßnahmen zu den entsprechenden Wirkungen. Eine exakte Bestimmung der Wirkung einzelner Instrumente der Kommunikationspolitik ist oftmals nicht möglich.

---

[176] Vgl. zu einer detaillierten Darstellung unterschiedlicher Testmethoden der Wirkungsforschung Meffert 2000, S. 832-836.

Übungsaufgaben

Aufgabe 27: Planungsprozess der Marktkommunikation

Nennen und erläutern Sie die unterschiedlichen Phasen im Planungsprozess der Marktkommunikation!

Aufgabe 28: ‚Corporate Identity‘

Erläutern Sie den Begriff der ‚Corporate Identity‘ anhand der drei Elemente ‚Corporate Behavior‘, Corporate Design‘ und ‚Corporate Communication‘!

Aufgabe 29: Involvement-Konzept und Wahrnehmung von Werbung

Die Aufnahme von Werbebotschaften durch den Konsumenten und deren Wirkung kann u. a. durch das so genannte Involvement-Konzept verdeutlicht werden. Das Involvement-Konzept ist ein Erklärungsansatz im Rahmen der Konsumentenforschung und dient insbesondere der Beschreibung und Analyse von Kaufentscheidungen anhand unterschiedlicher Modelle.

a) Stellen Sie zunächst die Unterschiede von informativ und emotional gestalteter Werbung heraus! Erläutern Sie anhand selbst gewählter Beispiele, unter welchen Bedingungen der Einsatz informierender Werbung und unter welchen Bedingungen der Einsatz emotionaler Werbung vorzuziehen ist! Worauf ist bei der Gestaltung der Werbebotschaft jeweils zu achten?

b) Geben Sie nun eine allgemeine Definition des ‚Involvement‘-Begriffes! Erklären Sie anschließend ausführlich drei ‚Involvement‘-Modelle und grenzen Sie diese mit Blick auf die Relevanz der Kaufentscheidung voneinander ab!

c) Nennen Sie zwei weitere Faktoren bzw. Stimuli, die außer einem mehr oder weniger starken Produktinteresse den Grad der Aktivierung in Bezug auf die Wahrnehmung von Werbung beeinflussen können! Veranschaulichen Sie ihre Antwort anhand von Beispielen!

Aufgabe 30: Aufnahme und Verarbeitung von Werbebotschaften

Die Bereitschaft zur Aufnahme und Verarbeitung einer Werbebotschaft ist abhängig vom Grad der Aktivierung. Dieser kann im Rahmen der Gestaltung der Werbebotschaft durch verschiedene Reize beeinflusst werden.

a) Welche Arten von Reizen können bei der Botschaftsgestaltung unterschieden werden? Verdeutlichen Sie Ihre Ausführungen jeweils an einem Beispiel!

b) Welche Risiken bzw. Effekte können bei der Verwendung von Reizen als Aktivierungstechnik entstehen?

c) Welche Probleme treten bei der Messung der Aktivierungswirkung mittels einer Befragung auf?

Aufgabe 31: Instrumente der Kommunikationspolitik

Welche Instrumente stehen im Rahmen der Kommunikationspolitik zur Verfügung? Charakterisieren Sie diese!

Aufgabe 32: Möglichkeiten zur Messung der Kommunikationswirkung

Welche Möglichkeiten existieren zur Messung der Kommunikationswirkung? Aus welchen Gründen ist eine derartige Messung nur in sehr eingeschränktem Maße möglich?

Weiterführende Literatur

BRUHN, M. 2003: Sponsoring: systematische Planung und integrativer Einsatz, 4. Aufl., Wiesbaden u. a.

CHURCHILL, G. A./FORD, N. M./WALKER, O. C. /JOHNSTON, M. W./ TANNER, J. F. 2000: Sales Force Management, 6. Aufl., Boston u.a.

HAEDRICH, G./BARTENHEIER, G./KLEINERT, H. (Hrsg.) 1982: Öffentlichkeitsarbeit – Dialog zwischen Institutionen und Gesellschaft, Berlin.

KROEBER-RIEL, W./ESCH, F.-R. 2004: Strategie und Technik der Werbung, 6., überarb. Aufl., Stuttgart u.a. 2004.

KROEBER-RIEL, W./WEINBERG, P. 2003: Konsumentenverhalten, 8., akt. und erg. Aufl., München.

6.5.   Distributionspolitik

6.5.1.   Distribution und Vertrieb

Häufig fallen Produktion und Konsumtion eines Absatzgutes auseinander (z. B. räumlich, zeitlich, institutionell), so dass eine Übermittlung des Absatzgutes vom Produzenten zum Konsumenten erforderlich ist. Die *Distributionspolitik* umfasst alle Entscheidungen, die die Übermittlung von materiellen und/oder immateriellen Gütern betreffen.[177] Sie kann mit Blick auf die zu unterscheidenden Planungsbereiche unterteilt werden in die Planung der Warenverkaufsprozesse (Abschnitt 6.5.2.) und die Planung der physischen Warenverteilungsprozesse (Abschnitt 6.5.3.).

Distributions-politik

Mit Blick auf die Warenverkaufsprozesse besteht eine enge Verzahnung zwischen den Begriffen Distribution und Vertrieb. Während die makroökonomische Sichtweise unter dem Begriff *Distribution* den Prozess der physischen Weiterleitung von Gütern zwischen Wirtschaftspartnern versteht, existiert in der Betriebswirtschaft keine einheitliche Begriffsdefinition. In der engsten Sichtweise wird die Distribution auf den technischen Güterumschlag (physische Distribution) begrenzt. Demgegenüber umfasst die tätigkeitsorientierte Begriffsdefinition die Summe der (Marketing-) Aktivitäten aller Wirtschaftssubjekte, die an der Überführung eines Wirtschaftsguts vom Hersteller zum Verbraucher beteiligt sind. Dabei werden zum Tätigkeitskomplex der Distribution außer den logistischen Warenverteilungsprozessen zumindest auch die davon separierbaren Akquisitionsprozesse in den Absatzkanälen (akquisitorische Distribution) gezählt. Der tätigkeitsorientierten Sichtweise steht die zustandsorientierte Fassung des Distributionsbegriffs gegenüber, die in der Marketingpraxis weit verbreitet ist. Sie kennzeichnet die Erhältlichkeit eines Produktes in den Einkaufsstätten eines Absatzgebiets (Distributionsgrad).

Distribution

Mit dem Begriff *Vertrieb* ist die Summe derjenigen Maßnahmen innerhalb der Distributionspolitik gemeint, die ein Anbieter ergreift, um seine Leistungen den Nachfragern rechtskräftig zu verkaufen (funktionale Sicht). Bei diesen Maßnahmen handelt es sich in erster Linie um die Gewinnung von Informationen über (potenzielle) Kunden, die Erlangung von Auf-

Vertrieb

---

[177]   Vgl. zu den Begriffen Distribution und Distributionspolitik Ahlert 1996, S. 8-10.

trägen, die Kundenberatung und die ansprechende Präsentation der Produkte. Als Vertrieb kann aber auch die organisatorische ‚Einheit' in einem Unternehmen bezeichnet werden (institutionelle Sicht), die sich aus internen Mitarbeitern und u. U. auch aus Absatzhelfern (z. B. Handelsvertretern, Kommissionären) zusammensetzt und die Aufgaben des Vertriebs im funktionalen Sinne wahrnimmt.

Abbildung 58 zeigt im Überblick die Planungsschrittfolgen der Distributionspolitik auf. Hierbei ist – wie bei sämtlichen Planungsprozessen des Marketing – zu beachten, dass die einzelnen Phasen nicht zeitlich sequenziell, sondern ‚simultan' zu planen sind. Die Reihenfolge verdeutlicht lediglich, dass von den ersten Planungsschritten eine vergleichsweise starke Beeinflussung der folgenden Planungsschritte ausgeht.

6.5.2.   Die Planung der Warenverkaufsprozesse

6.5.2.1.   Bestimmungsfaktoren für die Planung der Vertriebsstruktur

Die Planung der Distributionspolitik orientiert sich – wie die übrigen Instrumente des Marketing – an übergeordneten, absatzmarktgerichteten Grundsatzentscheidungen. So ist z. B. mit einer auf den Absatz großer Mengen gerichteten Marketingstrategie nahezu ausschließlich eine *flächendecken-* ‚flächendeckende *de*', also auf alle für das betreffende Produkt in Frage kommenden Ver- Distribution' kaufsstellen gerichtete Distributionspolitik verbunden, die als Ergebnis zum so genannten *Universalvertrieb*' führt. Ein Produzent eines ‚Massengutes' ‚Universalvertrieb' (z. B. eines Erfrischungsgetränkes) ist i. d. R. bestrebt, möglichst jedem potenziellen Nachfrager die Möglichkeit zu eröffnen, ohne große Mühen in möglichst unmittelbarer ‚Nähe' dieses Produkt erwerben zu können.

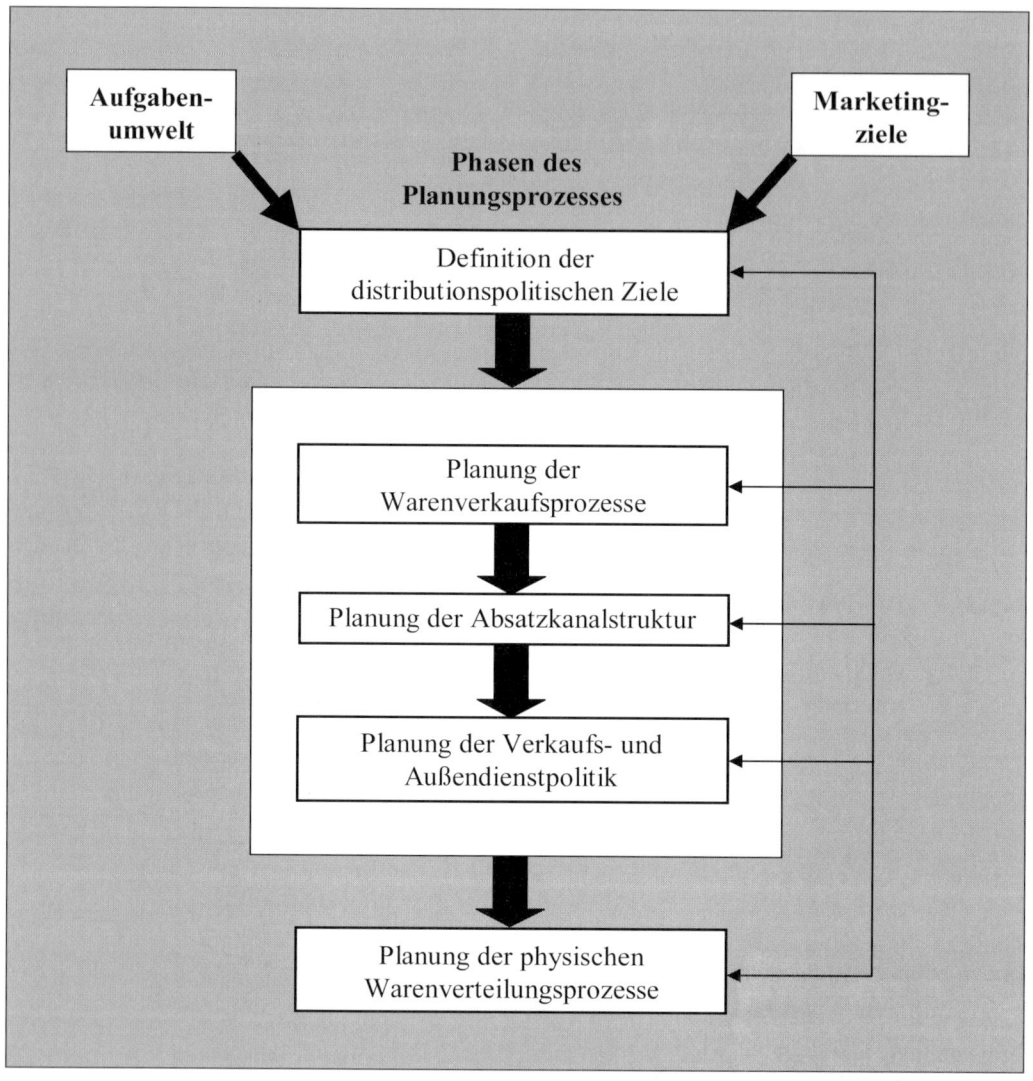

Abb. 58:   Planungsprozess der Distributionspolitik

exklusive
Distribution

Ubiquität

Umgekehrt ist es für einen anderen Produzenten eines Produktes des so genannten ‚gehobenen Bedarfes‘ (z. B. eines Sportwagens) durchaus sinnvoll, die Anzahl der Verkaufsstellen, die dieses Produkt führen (dürfen), nicht über ein gewisses Maß ansteigen zu lassen. Diesem Produzenten ist u. U. daran gelegen, dass das Produkt mit bestimmten Dienstleistungen versehen wird (z. B. Beratung, fachgerechte Montage und die Möglichkeit der Wartung bzw. Reparatur), die wiederum einen wesentlichen Beitrag zur

Qualitätswahrnehmung des Nachfragers leisten. Die Dienstleistungen sind damit von besonderer Bedeutung für den Erfolg des Marktauftritts dieses Produzenten. Oftmals ergibt sich in diesem Zusammenhang das Phänomen, dass gerade eine *exklusive Distribution*, also der bewusste Verzicht auf die ‚Überallerhältlichkeit' (die so genannte *Ubiquität*) oder gar die künstliche ‚Verknappung' des Angebotes, eine entscheidende Voraussetzung für die Akzeptanz des Produktes ist. Der Nachfrager ‚empfindet' in dieser Situation mitunter eine besondere Wertschätzung für ein ‚nicht überall erhältliches' Produkt.

Cremer hat die aus den Produkteigenschaften resultierenden Anforderungen des Herstellers an die Marketinginstrumente der Absatzmittler (z. B. Händler, Vertriebspartner) untersucht (vgl. Abb. 59). Letztlich müssen nach dieser Erklärung Absatzmittler in Abhängigkeit von bestimmten Produkteigenschaften bestimmte Anforderungen (z. B. Beratungsmöglichkeit, besondere Ausstattung der Verkaufsstelle, Wartungs-, Reparaturmöglichkeit) genügen, um für die Distribution des Erzeugnisses überhaupt in Frage zu kommen. Die einzelnen Produkteigenschaften determinieren allein betrachtet sicherlich nicht zwangsläufig bestimmte, idealtypisch zu planende Anforderungen an die Absatzmittler. Gleichwohl führen bestimmte Kombinationen dieser Produkteigenschaften zu einer recht klaren Beeinflussung der Distributionspolitik.

So ist es nahezu einsichtig, dass ein Produzent eines ‚Luxus-Sportwagens' eine gewisse Selektion unter den potenziell einschaltbaren Händlern bzw. Vertriebspartnern vornehmen muss, um einen *‚fachgerechten' Vertrieb* sei- ‚fachgerechter' Vertrieb
ner Erzeugnisse und das von ihm anvisierte Preisniveau realisieren zu können. Schwieriger sind diejenigen Fälle zu bewerten, in denen die Produkteigenschaften lediglich durch kommunikationspolitische Maßnahmen (z. B. die Stiftung des Zusatznutzens ‚Prestige') erzeugt werden. In diesen Fällen ist das Erfordernis einer Selektion innerhalb des Absatzkanals nicht eindeutig aus diesen Produkteigenschaften abzuleiten. Vielmehr geht mit den Ausprägungen der übrigen Marketinginstrumente der Verdacht einher, dass eine *selektive Distribution*, d. h. eine nach bestimmten Kriterien erfolgende selektive Distribution
Auswahl unter den Absatzmittlern, die Wirkung dieser Instrumente unterstützt. So liegt es nahe, Kosmetikartikel, die einer ‚Hochpreis-Marke' zugehören, nicht in jeder Verkaufsstelle anbieten zu lassen, um damit den Eindruck eines Massengutes zu vermeiden.

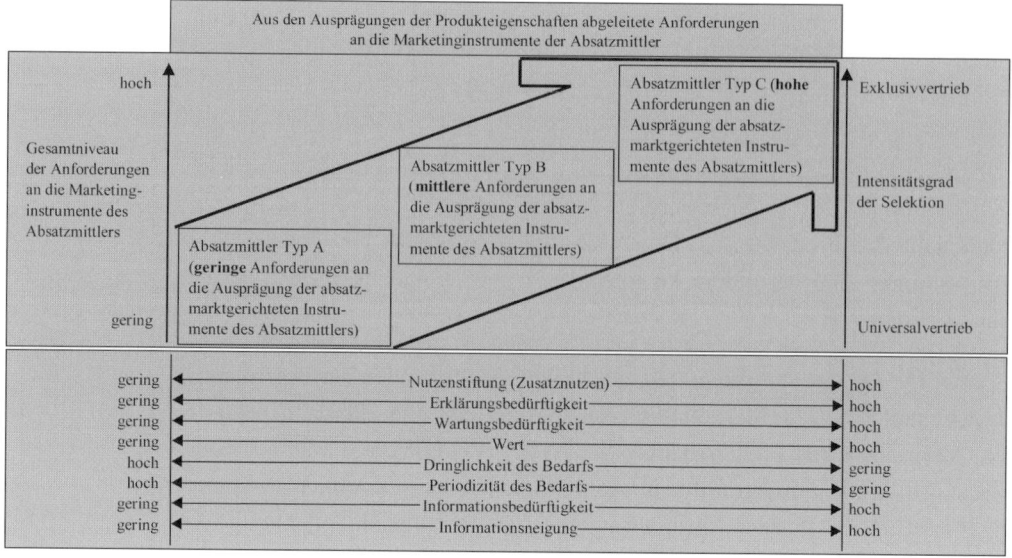

Abb. 59:   Produkteigenschaften und Anforderungen des Herstellers an die
            Absatzmittler (in Anlehnung an Cremer 1983, S. 79; vgl. zu
            dieser Darstellung auch Ahlert 1996, S. 44 f.)

Die Produkteigenschaften liefern somit einen Anhaltspunkt für die Planung
der Distributionspolitik, besitzen allerdings nicht den Charakter von Determinanten, die eine Zwangsläufigkeit innerhalb der Ausprägungen der distributionspolitischen Instrumente herbeiführen.

6.5.2.2.   Alternative Vertriebssysteme

Ist die Entscheidung für eine mehr oder weniger selektive Form des
Vertriebs gefallen, stellt sich die Frage, in welcher Form die gewählte Art
des Vertriebs gestaltet werden soll. Hier bieten sich unterschiedliche Arten

Vertriebssystem   von Absatzkanal- bzw. Vertriebssystemen an (vgl. Abb. 60). Ein *Vertriebs-*
                           system existiert, wenn die Beziehungen zwischen dem Hersteller und seinen

Absatzmittler   Absatzmittlern innerhalb eines Absatzkanals oder eines Teilbereichs hier-
                           von eine bestimmte Struktur aufweisen. Bei diesen Beziehungsstrukturen
                           handelt es sich um auf Dauer angelegte, vertraglich geregelte Organisa-
                           tionsformen der Distribution. Hierbei ist es unerheblich, ob die vertragliche

Regelung nur einzelne Vertriebsvereinbarungen oder gar komplette Bindungssysteme zum Gegenstand hat.[178]

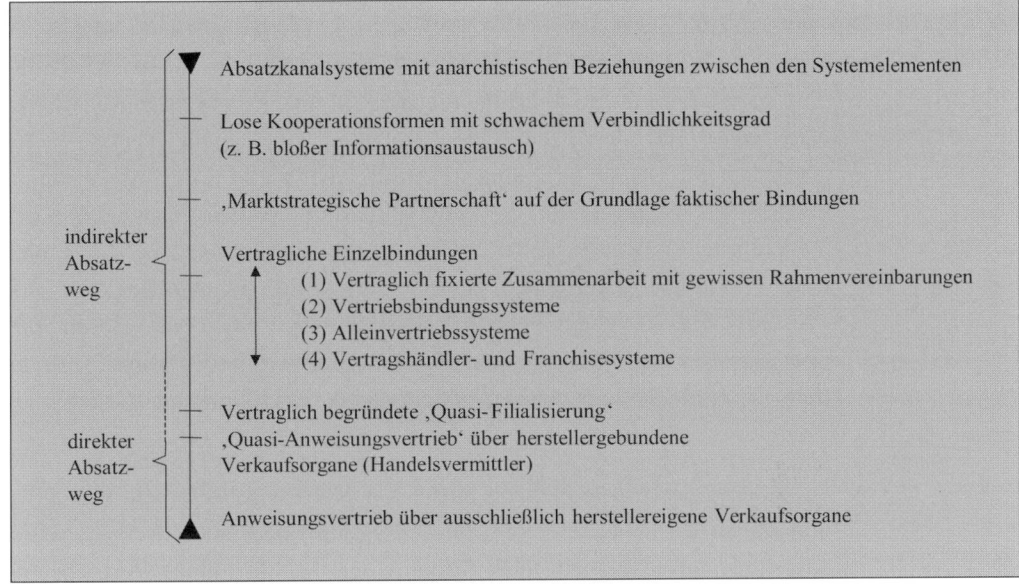

Abb. 60: Intensitätsskala der Verhaltensabstimmung in Absatzkanalsystemen (in Anlehnung an Ahlert 1996, S. 165)

Während „Absatzkanalsysteme mit *anarchistischen Beziehungen* zwischen den Systemelementen" durch keinerlei Verhaltensabstimmung gekennzeichnet sind, ist das andere Extrem, der *„Anweisungsvertrieb über ausschließlich herstellereigene Verkaufsorgane"*, sogar durch „Anweisungen", d. h. gar nicht abgestimmte Entscheidungsprozesse, gekennzeichnet. Diese beiden Extreme möglicher Vertriebssysteme spannen ein Kontinuum auf, innerhalb dessen unterschiedliche Intensitätsgrade der Verhaltensabstimmung möglich sind. Während der Anweisungsvertrieb, d. h. mit Blick auf die Handelsstufe die Filialisierung, insbesondere dann in Frage kommt, wenn die Verkaufsprozesse gegenüber den potenziellen Nachfragern unter eigener Kontrolle stehen sollen, werden ‚anarchistische Systeme', d. h. mit Blick auf den Handel der keinen Selektionskriterien unterliegende und keine Abstimmung der Entscheidungsprozesse aufweisende Vertrieb, immer

anarchistische Beziehungen

Anweisungs-
vertrieb

---

178 Vgl. zu dieser Sichtweise Ahlert 1996, S. 152 ff. Zu den nachfolgend erläuterten Vertriebssystemen vgl. ausführlich Ahlert 1996, S. 165 ff.

dann gewählt, wenn es auf die Kontrolle der Verkaufsprozesse nicht weiter ankommt. Entsprechend harmoniert das ,anarchistische System' eher mit dem Universal-, die Form des Anweisungsvertriebs eher mit dem Exklusivvertrieb.

Da die Filialisierung für viele Produzenten aus den verschiedensten Gründen ausscheidet (z. B. fehlende Finanzkraft, mangelnde Bereitschaft des Nachfragers, für den Erwerb des Produktes eine eigene Verkaufsstelle aufzusuchen), ist der Erfindungsreichtum, die Vorteile des Anweisungsvertriebs (z. B. Einfluss auf die Preispolitik und die Dienstleistungen in der Verkaufsstelle) mit den Vorteilen der ,anarchistischen Systeme' (z. B. niedrige Fixkosten) zu verbinden, besonders groß. So reicht das Spektrum der zwischen den Extremen liegenden Kooperationsformen von „losen Kooperationsformen" über „marktstrategische Partnerschaften" und „vertragliche Einzelbindungen" bis zu „herstellergebundenen Verkaufsorganen".

Vertriebsbindungs-system — Das *Vertriebsbindungssystem* stellt im Rahmen dieses Spektrums eine besondere Form vertraglicher Vertriebssysteme zwischen einem Hersteller und seinen Erstabnehmern (einstufiges System) oder auch nachgelagerten Abnehmerstufen (mehrstufiges System) dar. Mithilfe eines Vertriebsbindungssystems kann ein Hersteller Handelsunternehmen nach qualitativen Kriterien selektieren. In zumeist gleichlautenden Verträgen mit ausgewählten Handelsunternehmen wird dann festgelegt, mit wem die Vertragspartner Geschäftsbeziehungen eingehen dürfen. Gründe für die Etablierung eines Vertriebsbindungssystems liegen zunächst in der organisatorischen Erleichterung der Verhaltensabstimmung aber auch in einem Schutzbedürfnis der Hersteller gegen Außenseiter, die z. B. Markenprodukte rufschädigend ,verschleudern'. Negativ kann sich jedoch das gegenseitige Abhängigkeitsverhältnis zwischen dem Hersteller und seinen Händlern auswirken, da dieses ein gewisses Konfliktpotenzial beinhaltet.

Vertriebsbindung — Die *Vertriebsbindung* stellt für den Wiederverkäufer einer Ware eine vertragliche Verpflichtung dar, die von einem bestimmten Hersteller bezogene Ware nur an von diesem festgelegte Abnehmer weiterzuveräußern. Teilweise regelt die Vertriebsbindung auch wann und wo die Produkte des Herstellers weiter zu vertreiben sind. Die Vertriebsbindung ist unter bestimmten Voraussetzungen zulässig, da den Herstellern ein möglichst breiter Spielraum bei der Gestaltung ihrer Vertriebssysteme gegeben werden soll.

Vertriebsbindungssysteme können eine Reihe unterschiedlicher Arten von Bindungen beinhalten, von denen hier die wichtigsten skizziert werden:[179]

Die *Ausschließlichkeitsbindung* beschränkt ein Unternehmen darin, Waren oder gewerbliche Leistungen von Dritten zu beziehen oder an Dritte abzugeben. Besonders häufig ist diese Art von Verträgen als *Bezugsbindung* in der Getränkebranche als so genannter ‚Bierlieferungsvertrag' anzutreffen. Die Bezugsbindung stellt also die Verpflichtung eines Unternehmens dar, nur Produkte eines bestimmten Anbieters zu beziehen.

Ausschließlich-keitsbindung

Bezugsbindung

Darüber hinaus tritt die Ausschließlichkeitsbindung in vielen Branchen des Konsumgüterhandels auch als vertraglicher Bestandteil im Rahmen des exklusiven Vertriebs auf. In diesem Fall untersagt die Ausschließlichkeitsbindung dem Hersteller, seine Produkte an andere als die ausgewählten und vertraglich begünstigten Händler zu liefern. Die begünstigten Händler kommen somit in den Genuss der Vorteile einer so genannten ‚Alleinvertriebsklausel', die dazu führt, dass den Absatzmittlern eine in der Regel gebietsbezogene Alleinvertriebsberechtigung gewährt wird. Während der Händler also von der Exklusivität des Sortimentes einen höheren Nutzen hat, profitiert der Hersteller von der Aufnahme seiner Erzeugnisse in das Sortiment des Händlers.

‚Alleinvertriebs-klausel'

Die Zulässigkeit einer Ausschließlichkeitsbindung ist für den Einzelfall anhand bestimmter Kriterien zu überprüfen (angemessene Beteiligung der Verbraucher an dem anstehenden Gewinn, Verbesserung der Warenerzeugung oder -verteilung, Förderung des technischen oder wirtschaftlichen Fortschrittes sowie Vermeidung einer Marktbeherrschung). Dies regelt Art. 81 Abs. 3 EG-Vertrag. Erfüllt die Ausschließlichkeitsbindung diese Kriterien nicht, so stellt sie im Sinne von Art. 81 Abs. 1 EG-Vertrag eine Wettbewerbsbeschränkung dar und ist damit nichtig.

Die Freistellung von Art. 81 Abs. 1 EG-Vertrag erfolgt grundsätzlich in Form einer Einzelfallgenehmigung durch die Europäische Kommission. Daneben hat die Europäische Kommission für bestimmte als unschädlich erkannte Typen von Vereinbarungen eine so genannte Gruppenfreistellungsverordnung (GVO) erlassen. Hierzu gehört die EG Verordnung Nr. 1215/1999 für den Kraftfahrzeugsektor (gestützt auf die Verordnung Nr. 19/65/EWG des Rates vom 2. März 1965). Diese wurde jedoch mit Wir-

---

[179] Vgl. hierzu vertiefend Ahlert 1996, S. 192 ff.

kung zum 30. September 2002 modifiziert. In der Folge ist es Herstellern beispielsweise nicht länger gestattet, den Vertragshändlern bestimmte Beschränkungen, wie in Form des Verbotes, Neuwagen konkurrierender Herstellermarken zu vertreiben, aufzuerlegen.

Absatzbindung | *Absatzbindungen* im engeren Sinne sind Beschränkungen, denen sich der Lieferant (Hersteller) hinsichtlich des Absatzes seiner Erzeugnisse unterwirft. Hierzu zählt die Alleinvertriebsklausel im Rahmen des exklusiven Vertriebs. Im weiteren Sinne umfassen Absatzbindungen auch Vertriebsbindungen. Absatzbindungen lassen sich sowohl nach dem Gegenstand als auch nach dem Inhalt charakterisieren.

Dem Gegenstand nach lassen sich Absatzbindungen danach unterscheiden, ob sie die rechtsgeschäftliche Handlungsfreiheit des gebundenen Unternehmers betreffen oder ihm Beschränkungen tatsächlicher Art auferlegen. Insbesondere die Beschränkungen der ersten Art sind sehr weit verbreitet. Sie können sich z. B. auf den Abschluss von Verträgen beziehen, indem sie dem Gebundenen den Vertragsabschluss mit bestimmten Abnehmern gestatten oder bestimmte Abnehmer von der Belieferung ausnehmen. Beschränkungen tatsächlicher Art stellen demgegenüber Bindungen dar, die das tatsächliche Unternehmensverhalten betreffen (z. B. Ausgestaltung der Verkaufsräume). In den Fällen, in denen der Hersteller eine intensive Distribution beabsichtigt, kann die Absatzbindung für den Hersteller von Nachteil sein. Hätte der Hersteller in diesem Fall die freie Wahl, zu entscheiden, über welche Vertriebswege er verfügen darf, dann würde er mehrere oder gar alle in Frage kommenden Händler in den Vertrieb seiner Erzeugnisse einschalten, um einen hohen Distributionsgrad zu erreichen.

Inhaltlich lassen sich die Absatzbindungen in räumliche, sachliche, personelle und zeitliche Beschränkungen einteilen. Räumliche Bindungen sind vor allem im Rahmen von Alleinvertriebssystemen zu finden. Zur Sicherung des Systems und zur Gewährleistung einer möglichst gleichmäßigen Marktbearbeitung kann der Hersteller dem Händler die Belieferung von weiteren Abnehmern innerhalb des Vertragsgebiets untersagen und diesen auch verpflichten, keine Erzeugnisse anderer Hersteller anzubieten. Die sachlichen Bindungen sind vielseitig. Sie können sich z. B. auf den Inhalt von Verträgen beziehen, die der gebundene Hersteller mit Dritten abschließt, wie z. B. die Lieferungs- und die Konditionenbindung. Personelle Bindungen haben ähnlich wie die räumlichen Bindungen die Funktion, die

Vertriebswege für die Vertragswaren festzulegen. Hier werden im Gegensatz zu den räumlichen Bindungen keine territorialen Kriterien herangezogen. Stattdessen werden die in den Weitervertrieb eingeschalteten Unternehmen konkret festgelegt, was zu einem selektiven Vertrieb führt. Letztlich sind auch zeitliche Bindungen auf Seiten der Hersteller zu finden. Hier sind z. B. zeitliche Beschränkungen des Angebots auslaufender Modelle denkbar.

Werden Absatzmittler für einen Hersteller im Rahmen von speziellen ‚Agenturverträgen‘ tätig, spricht man von einem *Agentursystem*. Die Agentursysteme können nach dem Grad der Abhängigkeit des Absatzmittlers vom Hersteller klassifiziert werden. Auf der einen Seite befinden sich Vertragshandels-(oder -händler)systeme, in denen Eigengeschäfte mit Produkten anderer Hersteller weitgehend ausgeschlossen werden sollen. Auf der anderen Seite wird der Agent als Makler tätig und vermittelt Geschäfte für unterschiedliche Hersteller, ohne auf eigenen Namen tätig zu werden. Je nach Vertragswerk kann also ein Agent mehr oder weniger eng an den Hersteller gebunden werden.

Agentursystem

Das Agentursystem führt im Falle einer rein vermittelnden Tätigkeit des Händlers zu den so genannten Absatzhelfern.[180]

Absatzmittler und Absatzhelfer konkurrieren nicht nur untereinander, sondern gegebenenfalls auch mit den unternehmensinternen Organen des Herstellers (z. B. Vertriebsabteilungen, Verkaufsniederlassungen, Reisende) und mit den Verbrauchern, die teilweise bereit sind, für entsprechende Preisnachlässe an der Distribution von Waren und Dienstleistungen aktiv mitzuwirken. Zur näheren Abgrenzung der Begriffe ‚Absatzhelfer‘ und ‚Absatzmittler‘ dienen die folgenden Kriterien:

Absatzhelfer

1.   Die rechtliche und wirtschaftliche Selbstständigkeit

Sowohl Absatzhelfer als auch Absatzmittler sind nicht nur rechtlich selbstständig, sondern hinsichtlich der Anzahl und Austauschbarkeit ihrer Auftraggeber i. d. R. auch wirtschaftlich weitgehend unabhängig. Damit gehören sie zu den unternehmensfremden Organen einer Marketing-Organisation des Herstellers, während es den unternehmenseigenen Absatzorganen

rechtliche und wirtschaftliche Selbstständigkeit

---

[180] Vgl. zur nachfolgenden Abgrenzung von Absatzmittlern und Absatzhelfern Olbrich/Schröder 1995, Sp. 12-19.

einer Marketing-Organisation an der rechtlichen und wirtschaftlichen Selbstständigkeit fehlt.

2. Der Erwerb von Eigentum an der Ware

Erwerb von Eigentum an der Ware

Das maßgebliche Kriterium, um zwischen Absatzhelfern und Absatzmittlern zu unterscheiden, ist die Art, wie die Verkaufsfunktion ausgefüllt wird. Absatzhelfer, zu denen im Rahmen der Verkaufsfunktion Handelsvertreter, Kommissionäre, Makler und ebenso überbetriebliche Veranstaltungen (z. B. Auktionen, Messen und Ausstellungen, Warenbörsen) gezählt werden, erwerben kein Eigentum an der Ware, sondern werden lediglich vermittelnd tätig. Im Gegensatz zu den Absatzhelfern geht die Ware in das Eigentum der Absatzmittler (z. B. Großhändler, Einzelhändler, Importeure) über. Sie treten als Eigenhändler auf, d. h. sie kaufen Ware im eigenen Namen und auf eigene Rechnung. Damit tragen sie das gesamte Absatzrisiko, das z. B. in der Unverkäuflichkeit der Ware besteht.

3. Die Weisungsgebundenheit

Weisungsgebundenheit

Eng mit dem Erwerb von Eigentum ist die Frage verknüpft, in welchem Umfang Absatzhelfer bzw. Absatzmittler an die Weisungen eines Herstellers gebunden sind. Die Weisungsgebundenheit der Absatzhelfer, die im Rahmen der Verkaufsfunktion tätig werden, leitet sich daraus ab, dass der Auftraggeber während der Absatzbemühungen der Absatzhelfer das Eigentum an der Ware behält. Die Weisungsgebundenheit der Absatzhelfer ist ausschlaggebend dafür, sie der (unternehmensfremden) Marketing-Organisation des Auftraggebers zuzurechnen, obwohl sie rechtlich und wirtschaftlich selbstständig sind. Im Unterschied zu den Absatzhelfern sind die Absatzmittler nicht weisungsgebunden. Es existiert keine Interessenwahrungspflicht. Ein Absatzmittler wird die Absatzgüter nach seinen eigenen Zielsetzungen fördern, die nicht mit denen des Herstellers übereinstimmen müssen. Für einen Hersteller, der ein bestimmtes absatzpolitisches Verhalten der Händler herbeiführen möchte, entsteht dadurch ein besonderer Bedarf, die Aktivitäten der Absatzmittler zu koordinieren und zu kontrollieren.

An dieser Stelle sollen zunächst Handelsvertreter und Kommissionäre zur Illustration des Begriffes ‚Absatzhelfer‘ herangezogen werden, bevor das

Franchising als eine Form der vertikalen Kooperation von Herstellern und Absatzmittlern charakterisiert wird:

Handelsvertreter sind selbständige Gewerbetreibende, die als Absatzhelfer über einen längeren Zeitraum für ein oder mehrere Unternehmen Geschäfte vermitteln und abschließen. Bei der Vermittlung von Waren agiert der Handelsvertreter nicht in eigenem Namen und erwirbt auch nicht das Eigentum an der Ware. Somit bleibt er von typischen Verkäuferrisiken, wie z. B. das Verderben der Ware oder einem Preisverfall weitgehend unberührt. Im Gegensatz zu einem Handelsmakler besteht zwischen einem Handelsvertreter und seinem Auftraggeber ein festes und längerfristiges Vertragsverhältnis. Handelsvertreter

Kommissionäre sind Personen oder Unternehmen, die gewerbsmäßig im Rahmen des so genannten Kommissionsvertriebs in mehr oder weniger regelmäßigen Abständen im eigenen Namen für Rechnung eines Dritten (Kommittent) gegen ein entsprechendes Entgelt Waren kaufen oder verkaufen. Rechte und Pflichten, sowohl des Kommissionärs als auch des Kommittenten, sind im Handelsgesetzbuch (§§ 383-406 HGB) geregelt. Hervorzuheben sind in diesem Zusammenhang einerseits die Rechenschafts-, sowie die Ausführungs- und Interessenwahrungspflicht des Kommissionärs, andererseits das Weisungsrecht des Kommittenten gegenüber dem Kommissionär. Dieses Weisungsrecht bildet die Grundlage für den Kommittenten zur Steuerung des Kommissionärs. Kommissionäre

Beim *Franchising* handelt es sich um eine Form der vertikalen Kooperation, bei der der Franchisegeber aufgrund langfristiger, individualvertraglicher Regelungen rechtlich selbstständig bleibenden Franchisenehmern gegen Entgelt das Recht einräumt und die Pflicht auferlegt, bestimmte Güter und/oder Dienstleistungen unter Verwendung von Namen, Warenzeichen und sonstigen Schutzrechten sowie des technischen und gewerblichen Know-hows des Franchisegebers unter Beachtung der von diesem aufgestellten ‚Spielregeln' auf eigene Rechnung an Dritte abzusetzen. Franchising

Sobald sich ein Produzent für ein bestimmtes Vertriebssystem entschieden hat, muss er geeignete Partner (*Vertriebspartner* im Sinne von Absatzmittlern und Absatzhelfern) gewinnen, motivieren, ihre Leistung bewerten und gegebenenfalls im Zeitablauf durch andere Partner ersetzen. Bei der Gewinnung geeigneter Vertriebspartner ist es für einen Hersteller wichtig, festzustellen, was gute Partner auszeichnet (z. B. hohe Kooperationsbereit- Vertriebspartner schaft und Reputation) und diese anschließend für seine Zwecke zu gewinnen. Die Motivation dieser Partner kann einerseits durch die Gestaltung der Konditionen geschehen und andererseits durch entsprechende Schulung und Unterstützung durch den Hersteller. Darüber hinaus muss der Hersteller in regelmäßigen Abständen die Leistung seiner Partner bewerten. Hierzu dient u. a. der Vergleich zwischen Normwerten und Istwerten, z. B. die Erfüllung von Verkaufsquoten. Je nach Ergebnis dieser Bewertung sind u. U. einzelne Partner zu ersetzen.

Die Möglichkeit einer Beeinflussung des Vertriebspartners auf der Handelsstufe durch den Produzenten ist umso wichtiger, je mehr dieser auf die Verkaufsprozesse der Handelsstufe Einfluss nehmen will. Idealtypischerweise plant der Konsumgüterhersteller oder auch derjenige, der eine Dienstleistung ‚vertreiben‘ möchte, die Ausprägung der Marketinginstrumente der Absatzmittler in eben der von ihm gewünschten Form. Die vertragliche Fixierung gewisser Ausprägungen dieser Marketinginstrumente (z. B. Beratung und Gestaltung der Verkaufsräume) dient letztlich der Durchsetzung einer nachfrageorientierten ‚Marketingstrategie‘.

Handels-
konzentration
Die Distributionspolitik ist allerdings nur scheinbar ‚der Erfüllungsgehilfe‘ von Marketingstrategien. Sie ist vielfach das ‚Nadelöhr‘, also der Ausgangspunkt der strategischen Marketingplanung. Ursache ist die zunehmende Macht der Absatzmittler, die *‚Handelskonzentration‘*[181] in Konsumgüter- und auch Dienstleistungsmärkten, die nicht selten die Planung des Marketing-Mix maßgeblich beeinflusst. Mit zunehmender ‚Vermachtung‘ des Handels kehrt sich die Initiative und die Durchsetzungsfähigkeit von produktspezifischen Marketingstrategien nicht selten zugunsten des Handels um. Die Abstimmung des herstellereigenen Marketing-Mix übernimmt dabei der Handel – oft in Form von ‚Anweisungen‘.

---

[181] Vgl. hierzu ausführlich Olbrich 1998.

6.5.2.3. Absatzkanalpolitik

6.5.2.3.1. Entscheidungen im Rahmen der Abnehmerselektion

Im Rahmen der Gestaltung der Warenverkaufsprozesse ist der Hersteller bestrebt, den Absatzweg seiner Güter entsprechend seiner Distributionsziele zu gestalten und zu beeinflussen. Unter *Absatzweg* soll hier jener Weg eines Absatzgutes verstanden werden, der alle Wirtschaftssubjekte, die für dieses Gut eine Verkaufsfunktion übernehmen, berücksichtigt.[182] Ein Beispiel für einen Absatzweg ist die Folge Hersteller, Großhandel und Einzelhandel. Die Gesamtheit aller Absatzwege, die ein Unternehmen für seine Produkte auswählt, wird als Absatzkanalsystem (Distributionskanalsystem) bezeichnet. Ein Absatzkanal umfasst also die Gesamtheit aller miteinander verbundenen Organisationen, die am Distributionsprozess von Gütern beteiligt sind.

[Marginalie: Absatzweg]

Die Absatzkanalpolitik (auch Absatzwegepolitik) bezeichnet die Möglichkeit der Einflussnahme auf die Warenverkaufsprozesse in mehrstufigen Distributionssystemen durch den Hersteller. Diese Möglichkeiten gehen über die Verkaufsanstrengungen der eigenen Verkaufsorganisationen sowie die speziellen Maßnahmen der Förderung des (Weiter-)Verkaufs hinaus. Im Rahmen der Absatzkanalpolitik entscheidet ein Hersteller insbesondere über die vertikale und horizontale Struktur des Absatzweges eines Produktes. Darüber hinaus wird im Rahmen der Absatzkanalpolitik auch die Art des Vertriebssystems (z. B. Vertragshändlersystem) gewählt.[183] Abbildung 61 stellt die entsprechenden *Abnehmerselektionsentscheidungen* im Überblick dar.

[Marginalie: Absatzkanalpolitik]

[Marginalie: Abnehmer-selektions-entscheidungen]

Die Gestaltung eines Absatzkanals berücksichtigt drei Dimensionen, die in den nachfolgenden Abschnitten noch vertiefend dargestellt werden: Länge, Tiefe und Breite. Die *Absatzkanallänge* ist bestimmt durch die Anzahl der Wirtschaftsstufen, die ein Erzeugnis bis zum Verbraucher durchläuft. Unter der *Absatzkanaltiefe* versteht man die Anzahl der verschiedenen Handelsbetriebstypen (z. B. Supermärkte, Drogerien), über die das Produkt vertrieben wird. Darüber hinaus wird für jeden ausgewählten Handelsbetriebs-

[Marginalie: Absatzkanallänge]

[Marginalie: Absatzkanaltiefe]

---

[182] Vgl. zum Absatzweg Ahlert 1996, S. 26 ff.

[183] Vgl. Ahlert 1996, S. 151-165.

Absatzkanalbreite   typ die Anzahl der zugehörigen Vertriebsstätten (*Absatzkanalbreite*) festgelegt.

Bei der ‚durchlaufenden Selektion' wird zugleich auf mehreren Stufen des
Absatzkanals selektiert. Z. B. unter den Großhändlern und unter den von
diesen belieferten Einzelhändlern. In diesem Beispiel würde den Großhändlern die Belieferung bestimmter Einzelhändler durch vertragliche Bindung oder ‚Anbietermacht' vorgeschrieben.

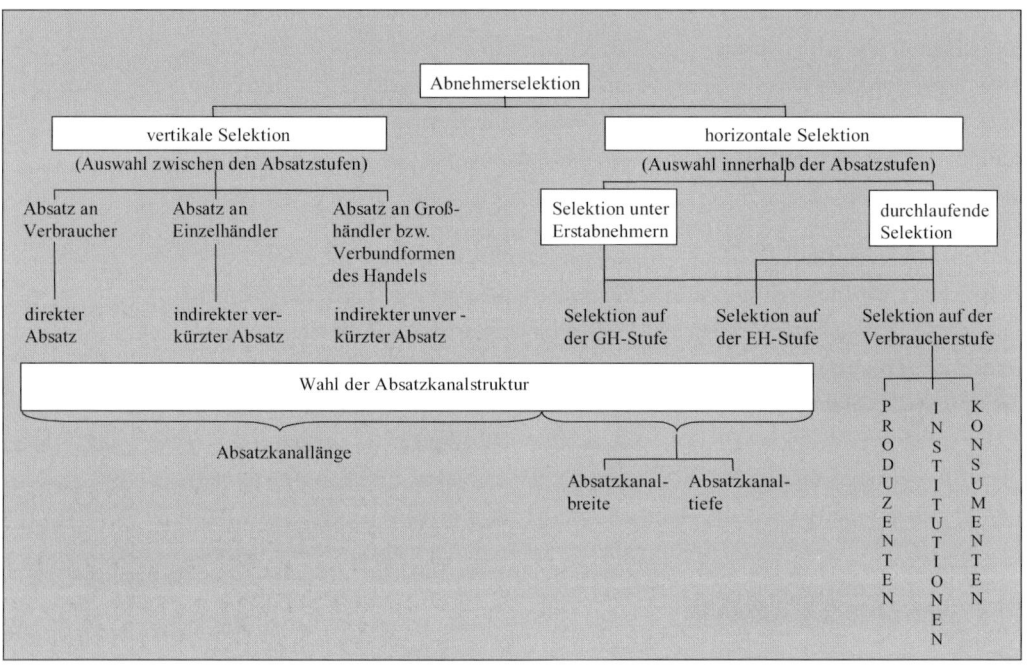

Abb. 61:   Typologie der Abnehmerselektionsentscheidungen
(in Anlehnung an Ahlert 1996, S. 154)

Grundsätzliche Entscheidungen über die genannten Dimensionen sind
Gegenstand der Absatzkanalwahl. Im Mittelpunkt der Gestaltung von
Absatzkanälen stehen allerdings nicht nur der Güterstrom, sondern auch
andere Ströme, die für den Absatz besonders wichtig sind. Zu diesen
Strömen gehören z. B. der Strom der absatzfördernden Maßnahmen, der
Zahlungs- und der Informationsstrom. Diese Ströme können in unter-
schiedliche Richtungen fließen. Während sich der Güterstrom vom Her-
steller zum (End-)Abnehmer bewegt, fließt der Zahlungsstrom vom (End-)

Abnehmer zum Hersteller. Der Informationsfluss kann sich dagegen in beide Richtungen bewegen. Die Steuerung dieser Ströme stellt eine wesentliche Aufgabe des Absatzkanalmanagements dar.

6.5.2.3.2. Planung der vertikalen Absatzkanalstruktur

Die *Absatzkanallänge* bildet einen wichtigen Entscheidungsparameter im Rahmen der Absatzkanalwahl. Ein Absatzkanal kann stufenlos sein. Dies ist z. B. bei dem *direkten Vertrieb* (auch direkter Absatz genannt) eines Herstellers an Konsumenten durch Nutzung eines eigenen Internetauftritts der Fall. Der Absatzkanal kann aber auch mehrere Stufen aufweisen, die zwischen Hersteller und (End-) Abnehmer liegen. Man spricht dann von indirektem Vertrieb oder auch indirektem Absatz. Der *indirekte Vertrieb* ergibt sich i. d. R. aus der Einschaltung des Handels, und zwar unter Einschaltung einer oder mehrerer Handelsstufen. Vorteile für den Hersteller ergeben sich in diesem Falle durch die Möglichkeit, die Marktkenntnisse und die Vertriebsstätten des Handels zu nutzen. Die wichtigsten Nachteile aus Herstellersicht ergeben sich aus einer drohenden Abhängigkeit vom Handel und dem mit der Länge des Absatzkanals sinkenden Einfluss auf die konkrete Vermarktung der Produkte. Die begriffliche Abgrenzung zwischen direktem und indirektem Vertrieb erweist sich dann als problematisch, wenn die zwischengeschalteten Absatzmittler an den Hersteller gebunden sind, wie es etwa bei Vertragshändlersystemen oder Franchisesystemen der Fall ist.[184]

Absatzkanallänge

direkter Vertrieb

indirekter Vertrieb

Im Rahmen des direkten Vertriebs verkauft ein Hersteller eine Leistung (z. B. ein Produkt) ohne Zwischenschaltung eines Absatzmittlers (z. B. eines Handelsbetriebs) direkt an den Kunden. Das Gut gelangt also direkt vom Verfügungsbereich des Anbieters in den des Nachfragers. Bei diesem unmittelbaren Kontakt zwischen dem Hersteller und den Kunden sind unterschiedliche Grade der Einbindung externer Faktoren (hier insbesondere des Kunden) zu unterscheiden. So kann diese Form des Vertriebs einen hohen Aufwand des Kunden erfordern (z. B. Einkauf eines Konsumenten in einer relativ weit entfernten Produktionsstätte eines Modeherstellers) oder für diesen mit relativ wenig Eigenleistung (z. B. telefonische oder ,Online-Bestellung' und anschließender Anlieferung eines Produktes) verbunden

---

[184] Vgl. Ahlert 1996, S. 153.

sein. Der direkte Vertrieb erfolgt entweder über unternehmensinterne Absatzorgane des Herstellers (z. B. Verkaufsniederlassungen) oder aber mithilfe von unternehmensexternen Absatzhelfern (z. B. Handelsvertretern). Eine traditionell große Bedeutung kommt dem direkten Vertrieb beim Verkauf von Industriegütern zu. In neuerer Zeit wird der direkte Vertrieb durch die zunehmende Vermachtung des Handels, die sich aus dessen Nachfragemacht ergibt, auch von der Konsumgüterindustrie in immer stärkerem Maße genutzt.

Factory Outlets
Fabrikverkauf

Im Konsumgüterbereich zählen z. B. der Vertreterverkauf und der Vertrieb mittels Fabrikverkauf oder *Factory Outlets* zu den Formen des Direkt-vertriebs. Der *Fabrikverkauf* stellt eine Form des Direktabsatzes dar, im Rahmen derer ein Hersteller seine Erzeugnisse über an die ‚Fabrik‘ ange-schlossene Läden oder herstellereigene Verkaufsniederlassungen (Factory Outlets) an die Konsumenten absetzt. Dabei handelte es sich zunächst in erster Linie um Überhang-, Ausschuss-, leicht fehlerhafte und saison-versetzte Waren, die i. d. R. zu deutlichen niedrigeren Preisen angeboten wurden. Weit verbreitet ist der Fabrikverkauf in der Bekleidungsbranche. Unter *Factory Outlets* sind solche herstellereigenen Verkaufsniederlassun-gen zu verstehen, die in den Anfängen durch eine schlichte Aufmachung der Verkaufsstelle und ein eingeschränktes Serviceangebot gekennzeichnet waren. Ursprünglich wurden sie im Sinne des ‚Fabrikverkaufs‘ in der Nähe einer Produktionsstätte oder eines Außenlagers des Herstellers errichtet. In

Factory-Outlet-
Center

den letzten Jahren finden so genannte *Factory-Outlet-Center* eine zuneh-mende Verbreitung. Dabei handelt es sich um einen räumlichen Zusammen-schluss unterschiedlicher Factory Outlets verschiedener Hersteller. Sie befinden sich häufig an für Großflächen günstigen Standorten, z. B. auf aufgegebenem Militärgelände oder in der Nähe von Verkehrsknotenpunkten (z. B. Autobahnkreuz). Sie werden von Handelsbetrieben in den nahege-legenen Stadtzentren häufig als Bedrohung empfunden.

Wählt der Hersteller den indirekten Vertrieb, so ist zu entscheiden, ob eine oder mehrere Absatzstufen an der Distribution eines Produktes beteiligt werden. Im Rahmen des indirekten Vertriebs unterscheidet man zwischen *indirekt verkürzten und indirekt unverkürzten Absatzwegen.*

Ein *indirekt verkürzter Absatzweg* liegt vor, wenn lediglich die Einzel- indirekt verkürzter
Absatzweg
handelsstufe in den Absatzweg eingeschaltet wird. Diese Vorgehensweise
wird häufig von Markenartikelherstellern gewählt, die die Distribution ihrer
Marken weitgehend kontrollieren und beeinflussen möchten. Im Rahmen
dieses Vertriebsweges besteht kein direkter Kontakt zwischen Hersteller
und Kunden. Entscheidet sich ein Produzent für einen *einstufigen Vertrieb*, einstufiger
Vertrieb
distribuiert er eine bestimmte Produktgruppe nur über eine einzige
Zwischenstufe zum Konsumenten. Vielfach wird im Rahmen des einstufigen Vertriebs nur der Einzelhandel zwischen den Produzenten und den
Konsumenten geschaltet. Denkbar ist aber auch die Einschaltung des
Großhandels als Mittler zwischen Hersteller und Konsument. Das Gegen- mehrstufiger
Vertrieb
stück zum einstufigen Vertrieb stellt der *mehrstufige Vertrieb* dar.

Bei den *indirekt unverkürzten Absatzwegen* existiert eine Vielzahl mög- indirekt
unverkürzter
Absatzweg
licher Formen. In der Praxis werden dabei meist Handelssysteme in den
Absatzweg einbezogen. Ebenso ist aber auch die Einschaltung mehrerer
‚hintereinandergeschalteter' Großhändler denkbar. Entscheidet sich ein
Produzent für einen *mehrstufigen Vertrieb*, distribuiert er eine bestimmte
Produktgruppe über mindestens zwei Handelsstufen zum Konsumenten.
Typisch für einen zweistufigen Vertrieb ist die Zwischenschaltung von
Groß- und Einzelhandel zwischen Produzent und Konsument.

Eine Zwischenform zwischen direktem und indirektem Vertrieb bildet die kombinierte
Distribution
so genannte kombinierte Distribution. Hierbei handelt es sich um eine Form
der Distribution, bei der die Produkte sowohl vom Hersteller direkt als auch
mithilfe von Absatzmittlern oder Absatzhelfern an den Endkunden überführt werden.

Obwohl auch im Konsumgüterbereich der Versuch unternommen wird,
verstärkt den direkten Vertrieb zu nutzen, sind viele Konsumgüterhersteller
zur Distribution ihrer Produkte immer noch auf den Handel angewiesen.

6.5.2.3.3. Planung der horizontalen Absatzkanalstruktur

Hat ein Unternehmen die vertikale Absatzkanalstruktur festgelegt, wird für
jede einbezogene Absatzstufe (Einzelhandel und/oder Großhandel) die Anzahl der verschiedenen Handelsbetriebstypen (*Tiefe des Absatzkanals*)
bestimmt. Die *Absatzkanaltiefe* kennzeichnet die Anzahl unterschiedlicher Absatzkanaltiefe

Betriebstypen des Handels im Absatzkanal. Die verschiedenen Betriebstypen können z. B. aus dem Bereich der Betriebsformen SB-Warenhaus,
Supermarkt oder Discountgeschäft stammen.[185]

Die Absatzkanaltiefe stellt neben der Absatzkanalbreite und der Absatzkanallänge einen wichtigen Entscheidungsparameter im Rahmen der Absatzkanalwahl dar. Die Distribution eines Produktes mithilfe verschieden-
artiger Betriebstypen des Handels kann die Intensität der Distribution erheblich steigern. Gleichzeitig wird die Abhängigkeit des Produzenten von
bestimmten Betriebstypen des Handels verringert. Eine Distribution eines
Produktes über verschiedene Betriebstypen stößt jedoch auf Schwierigkeiten, wenn sich die Spezifika des Produktes mit den Eigenheiten der jeweiligen Betriebstypen nicht vereinbaren lassen. Zum Beispiel kann ein
sehr erklärungsbedürftiges und mit Serviceleistungen versehenes Produkt
neben den Betriebstypen des Facheinzelhandels nur bedingt in denen der
Discounter angeboten werden.

Absatzkanalbreite

Darüber hinaus wird für jeden ausgewählten Handelsbetriebstyp die Anzahl
der zugehörigen Vertriebsstätten festgelegt (*Breite des Absatzkanals*). Die
Absatzkanalbreite kennzeichnet die Anzahl der beteiligten Verkaufsstätten
von den im Absatzkanal vertretenen Handelsbetriebstypen. Ein breiter Absatzkanal empfiehlt sich, wenn eine intensive Distribution bzw. Ubiquität
des Produkts angestrebt wird. Das ist bei Gütern der Fall, die regelmäßig
und von sehr vielen Nachfragern an verschiedenen Orten gekauft werden.
Beispiele dafür finden sich im Lebensmittelbereich. Vice versa ergibt sich
aus einem exklusiven Vertrieb ein relativ schmaler Absatzkanal.

Tiefe und Breite des Absatzkanals determinieren die horizontale Absatzkanalstruktur. Die Festlegung der horizontalen Absatzkanalstruktur kann
auf drei Prinzipien basieren: dem ‚Universalvertrieb‘, dem ‚Selektivvertrieb‘ und dem ‚Exklusivvertrieb‘:[186]

Universalvertrieb/ intensiver Vertrieb/ intensive Distribution

Im Rahmen des *Universalvertriebs (oder intensiven Vertriebs/intensive
Distribution)* strebt ein Unternehmen die Überallerhältlichkeit (Ubiquität)
seiner Produkte an. Der Universalvertrieb ist dadurch gekennzeichnet, dass
der Auswahl belieferter Absatzmittler keine quantitativen oder qualitativen
Selektionskriterien zugrunde liegen, sondern die Belieferung durch die

---

[185] Vgl. Olbrich 1998, S. 113.

[186] Vgl. zu Selektion und Akquisition von Absatzmittlern Ahlert 1996, S. 157 ff.

Bereitschaft der Absatzmittler, die Produkte in ihr Sortiment aufzunehmen, determiniert wird. Aus Herstellersicht liegen die möglichen Vorteile des intensiven Vertriebs in einer vollständigen Marktabdeckung und der Vermeidung einer Abhängigkeit von einigen wenigen Absatzmittlern. Mit zunehmender Handelskonzentration, d. h. Verlagerung der Umsätze auf wenige Handelssysteme, wird dieser ‚Vorteil' allerdings kaum noch zu realisieren sein. Der Hauptnachteil dieser Vertriebsform besteht in dem extremen Distributionsaufwand zur Bedienung aller möglichen Absatzstellen. Die intensive Distribution wird vorrangig für Güter des täglichen Bedarfs genutzt, damit möglichst viele Verbraucher diese Produkte mühelos erwerben können.

Von den Vorteilen, die sich durch den intensiven Vertrieb für den Handel ergeben, seien hier nur die Sicherheit, hochbekannte Produkte im Sortiment zu führen und die damit verbundene Imagesteigerung angesprochen. Nachteile ergeben sich für den Handel vor allem durch eine Verschärfung des Wettbewerbs, die sich primär auf eine weitgehende Vergleichbarkeit der Angebote in den belieferten Handelsunternehmen zurückführen lässt.

Im Rahmen des *Selektivvertriebs* unterliegt die Auswahl der Absatzmittler überwiegend qualitativen Selektionskriterien. Nur diejenigen Absatzmittler, die bestimmte Kriterien erfüllen, wie z. B. Geschäftslage, Kundendiensteinrichtungen, Bereitschaft zur kooperativen Verhaltensabstimmung, werden beliefert. Damit soll ein *‚sach- und fachgerechter Vertrieb'* gewährleistet werden. Selektivvertrieb ‚sach- und fachgerechter Vertrieb'

Aus Handelssicht besteht der Hauptvorteil des selektiven Vertriebs vor allem in einem gewissen Konkurrenzschutz, der sich aus der begrenzten Anzahl anderer Absatzstellen in seinem Gebiet ergibt. Nachteilig ist für ihn insbesondere die hohe Abhängigkeit vom Hersteller. In der Praxis findet diese Vorgehensweise vor allem bei solchen Gütern Anwendung, für deren Erwerb die Käufer bereit sind, gewisse Anstrengungen auf sich zu nehmen, (z. B. Uhren, Bekleidung).

Ein für die Praxis bedeutsames Kriterium stellt darüber hinaus auch die Abnahmemenge dar. Zieht man also zur Auswahl von Absatzmittlern zusätzlich zu diesen qualitativen Auswahlmerkmalen auch quantitative Kriterien heran, spricht man von *Exklusivvertrieb*, der eine Sonderform des selektiven Vertriebs darstellt. Im Extremfall wird einem Absatzmittler eine Exklusivvertrieb auf das gesamte Absatzgebiet oder auf einzelne Gebiete bezogene Allein-vertriebsberechtigung gewährt.

Hersteller erhoffen sich vom Exklusivvertrieb eine bessere Kontrolle und Steuerung der Leistungen der belieferten Handelsbetriebe und eine Ver-meidung von Preiskämpfen rivalisierender Absatzmittler. Sie wird z. B. von Markenartikelherstellern der Kosmetikindustrie genutzt. Negativ für den Hersteller stellt sich bei dieser Form des Vertriebs insbesondere die große Abhängigkeit von Motivation und Fähigkeit einiger weniger Absatzmittler dar. Aus Handelssicht ergibt sich aus dem exklusiven Vertrieb der Vorteil eines ausgesprochenen Konkurrenzschutzes durch die sehr begrenzte Zahl anderer Absatzstellen. Dieser Vorteil geht aber gleichzeitig mit einer hohen Abhängigkeit vom Hersteller einher, die vor allem aus der engen Ein-bindung in seinen Absatzkanal resultiert.

6.5.2.3.4. Akquisition und Koordination der Absatzmittler

Die oben beschriebenen Formen der Auswahl geeigneter Absatzmittler sind nur dann anwendbar, wenn eine hinreichend große Anzahl von Handels-unternehmen bereit ist, die Produkte des Herstellers im Sortiment zu führen. Die *Akquisition von Absatzmittlern* zielt deshalb darauf ab, diese Bereit-schaft zu erzeugen bzw. aufrechtzuerhalten. Über die Akquisition hinaus muss ein Hersteller die Zusammenarbeit mit den verschiedenen Absatz-mittlern koordinieren. Durch diese Koordination wird insbesondere der Teil der Beziehungen eines Herstellers zu den Abatzmittlern gestaltet, der nicht in den Vertragsbedingungen enthalten ist. Die Koordinationsanstrengungen umfassen die aktive und passive Bindungspolitik, das Konfliktmanagement und die Steuerung und Kontrolle des Absatzkanalsystems.

Akquisition von Absatzmittlern

Im Rahmen der Akquisition von Absatzmittlern stehen einem Hersteller grundsätzlich zwei Strategien zur Verfügung: Die Push-Methode und die Pull-Methode.

Zum einen können Hersteller ihre Akquisitionsanstrengungen vorrangig auf die selektierten Händler ausrichten und damit einen Angebotsdruck auslösen, der die Händler nahezu zwingt, die Produkte in das Sortiment aufzunehmen (*Push-Methode*). Zum anderen können Hersteller einen Nachfragesog erzeugen, indem sie mithilfe der Kommunikationspolitik (z. B. durch endverbrauchergerichtete Produktwerbung in den Massenmedien) eine Kaufabsicht bei den Konsumenten erzielen. Diese soll dazu führen, dass die Verbraucher das Produkt im Handel verlangen und somit für die Aufnahme des Produkts in das Sortiment des Handels sorgen (*Pull-Methode*). Häufig wird auch eine Kombination beider Methoden eingesetzt.

Push-Methode

Pull-Methode

Im Rahmen der *Koordination von Absatzmittlern* spielen Absatzkanalkonflikte und die Möglichkeit, derartige Konflikte zu vermeiden, eine besondere Rolle. Als *Absatzkanalkonflikt* bezeichnet man ein Spannungsfeld zwischen den Mitgliedern eines Distributionssystems. Die Konflikte im Absatzkanal können unterschiedlicher Art sein. Man unterscheidet zwischen vertikalen, horizontalen und Multikanal-Konflikten.[187] Ein vertikaler Konflikt liegt vor, wenn Mitglieder der unterschiedlichen Stufen im Distributionssystem miteinander in Konflikt geraten (z. B. Hersteller und Großhändler). Spannungen zwischen Mitgliedern auf derselben Stufe des Distributionssystems werden als horizontale Konflikte bezeichnet (z. B. zwischen Großhändlern). Ein Multikanal-Konflikt liegt z. B. vor, wenn der Hersteller zwei oder mehr Absatzkanäle eingerichtet hat, die miteinander im Wettbewerb stehen und an den gleichen Markt verkaufen (z. B. Fachhändler, Kaufhäuser und Online-Shopping).

Koordination von Absatzmittlern

Absatzkanalkonflikt

Die Gründe für Konflikte sind i. d. R. inkompatible Ziele der einzelnen Mitglieder im Distributionssystem. So resultieren Konflikte z. B. aus unterschiedlichen Interessen von Herstellern (z. B. hohe Verkaufspreise an den Handel) und Händlern (z. B. hohe Handelsspannen). Mögliche Lösungsansätze sind hier u. a. die Bildung von annehmbaren übergeordneten Zielen für alle Mitglieder des Distributionssystems, der Personalaustausch zwischen den einzelnen Stufen, um die Probleme des Partners besser zu verstehen, sowie die Beteiligung von Führungskräften der Marktpartner bei wichtigen Entscheidungen, um unterschiedliche Meinungen bei der Entscheidungsfindung zu berücksichtigen.

---

[187] Vgl. ausführlich zu diesen unterschiedlichen Konfliktarten und den sich anschließenden Lösungsansätzen Kotler/Bliemel 2001, S. 1118 ff.

6.5.2.4. Vertikales Marketing

6.5.2.4.1. Praktische Bedeutung des Vertikalen Marketing

6.5.2.4.1.1.   Der betriebswirtschaftliche Problemkreis im Überblick

Als Ausgangspunkt von Untersuchungen zum Vertikalen Marketing ist
i. d. R. ein Hersteller eines bestimmten Produktes oder einer Produktlinie
anzutreffen, der bestrebt ist, den Absatz dieser Erzeugnisse über ihre Distri-
butionsstufen hinweg zu koordinieren. Damit ist eine *einzelwirtschaftliche*
Betrachtungsperspektive gegeben, an der sich die Zielsetzungen und Instrumente des Vertikalen Marketing orientieren. Gleichwohl ist die Berücksichtigung der Interessen des Handels in Marketingkonzeptionen der Industrie als ein prägendes Merkmal des Vertikalen Marketing zu bezeichnen.
Beide Wirtschaftsstufen agieren somit im Rahmen ihrer absatzpolitischen
Zielsetzungen und mit Blick auf den Verbraucher, stimmen sich jedoch in
Teilbereichen ab.

Als Motor einer derartigen *vertikalen Kooperation* kann das Bestreben des
Herstellers gesehen werden, den Marktauftritt seiner Produkte möglichst
vollständig zu koordinieren und zu kontrollieren. Der Marktauftritt von Absatzgütern wird neben dem Hersteller insbesondere vom Einzelhandel bzw.
den in vielen Branchen zunehmend anzutreffenden Filialsystemen und
kooperierenden Gruppen mitgestaltet. Der Einzelhandel verfügt über den
unmittelbaren Kontakt zum Endabnehmer und kann durch den gezielten
Einsatz seiner absatzpolitischen Instrumente, d. h. durch die Gestaltung
derjenigen Instrumente des Handelsmarketing, die auf die Abnehmer gerichtet sind, ihre Kaufentscheidungen wesentlich beeinflussen. Dabei orientiert er den Einsatz produktspezifischer Marketinginstrumente (z. B. Preis,
Platzierung) nicht allein an produktspezifischen Zielen, sondern lässt sortimentspolitische Zielsetzungen (z. B. die Realisierung einer Mischkalkula-
tion) und geschäftsstättenpolitische Erwägungen (z. B. die Beeinflussung
des Geschäftsstättenimage) in die Auswahl und den Einsatz der Instrumente
einfließen.

(Randbemerkung: einzel-
wirtschaftliche
Betrachtungsweise)

(Randbemerkung: vertikale
Kooperation)

6.5.2.4.1.2.   Rahmenbedingungen des Vertikalen Marketing

Die Entwicklung zu folgenden Rahmenbedingungen hat in den vergangenen zwei Jahrzehnten dazu geführt, dass die stufenübergreifende Koordina-

tion und Kontrolle des Marktauftritts für den Hersteller immer bedeutender wird:

1. Durch den *Wegfall der vertikalen Preisbindung* in fast allen Bereichen der Konsumgüterdistribution ist der Endabnehmerpreis - eines der wichtigsten absatzpolitischen Instrumente des Herstellers - seiner unmittelbaren Kontrolle entzogen worden.[188]

   Wegfall der vertikalen Preisbindung

2. Die *Konzentration in vielen Branchen des Handels* und die damit einhergehende Bündelung von Umsatzvolumina auf eine immer geringer werdende Anzahl eigenständig agierender Handelskonzerne haben die Verhandlungsposition vieler Herstellerunternehmen im Wettbewerb um den Regalplatz, bei Verhandlungen über Einkaufskonditionen und bei der wechselseitigen Abstimmung absatzpolitischer Instrumente geschwächt.

   Konzentration in vielen Branchen des Handels

3. Die zunehmende *Produkt- und Markenvielfalt* im Konsumgüterbereich sorgt dafür, dass eine ausgeprägte Profilierung produktspezifischer Marketingkonzeptionen Grundvoraussetzung ist, um im Wettbewerbsumfeld vom Verbraucher überhaupt wahrgenommen zu werden.

   Produkt- und Markenvielfalt

4. Der Handel betreibt sowohl gegenüber den Verbrauchern als auch gegenüber den Lieferanten zunehmend ein eigenständiges, profilsetzendes Handelsmarketing. Sortiments- und Geschäftsstättenprofilierung treten in den Mittelpunkt seiner absatzmarktgerichteten Zielgrößen. Im Hinblick auf diese Zielgrößen tritt er durch das *Angebot von Handelsmarken* vielfach in unmittelbare Konkurrenz zu Herstellermarken.

   Angebot von Handelsmarken

6.5.2.4.1.3. Rollen des Handels im Absatzkanal des Herstellers

Aus der Perspektive des Herstellers kann der Handel, sofern er die betreffenden Produkte gelistet hat, d. h. Mitglied des Distributionssystems ist, vor dem Hintergrund der skizzierten Rahmenbedingungen drei verschiedene Rollen einnehmen:

1. Er kann einerseits als *Störfaktor* auftreten, d. h. der vom Hersteller intendierte Marktauftritt wird zum Nachteil des Herstellers verzerrt.

   Störfaktor

---

[188] Vgl. Olbrich 2001a, S. 32 ff. und 2001b, S. 253 ff.

Beispielhaft sei angeführt, dass eine vom Hersteller intendierte Hoch-
preisstrategie durch wiederholte Sonderpreisaktionen des Handels zu-
nichte gemacht werden kann.

neutraler Bote 2. Er kann gegenüber dem Verbraucher lediglich als *neutraler Bote* der
Marketingkonzeption des Herstellers fungieren. Der Einsatz von Instrumenten des Handelsmarketing dient dann lediglich dazu, am POS
die Voraussetzungen für den Marktauftritt zu schaffen, den der Hersteller aus eigener Kraft (z. B. im Rahmen des verbrauchergerichteten
Absatzkommunikation) herbeiführen kann.

Katalysator 3. Die für den Hersteller interessanteste Rolle des Handels liegt hingegen
vor, wenn er sich als *Katalysator* für die Marketing-Konzeption des
Herstellers erweist, d. h. über die reine Darbietungsfunktion hinaus im
Sinne des Herstellers unterstützende Instrumente des Handelsmarketing
einsetzt (z. B. Sonderplatzierungen, kommunikative Unterstützung und
Hervorhebung einzelner Produkte oder ganzer Absatzprogramme des
Herstellers).

Im Rahmen des vertikalen Marketing kann es somit nicht allein Zielsetzung
des Herstellers sein, vom Handel ausgehende Verzerrungen der intendierten
verbrauchergerichteten Marketingkonzeption zu vermeiden. Von besonderer Bedeutung ist vielmehr die Chance, Marketingkonzeptionen mit Unterstützung des Handels zu realisieren, die ohne diese Unterstützungs-
leistungen nicht möglich wären. In diesem letztgenannten Aspekt liegt der
eigentliche Kern und Grundgedanke des Vertikalen Marketing.

6.5.2.4.2. Begriffliche Grundlagen und Einordnung des Vertikalen Marketing in das Instrumentarium des Absatzmarketing

6.5.2.4.2.1. Begriffliche Grundlagen

Das Vertikale Marketing beinhaltet einen bestimmten Ausschnitt aus dem
handelsgerichtete Absatzmarketing. Betrachtet man die Absatzpolitik als Kernbereich des
Absatzpolitik Marketing, so umfasst die *handelsgerichtete Absatzpolitik* sämtliche Entscheidungsbereiche eines Herstellers, die mit Blick auf die Warenverkaufsprozesse den Handel als potenziellen Absatzmittler in irgendeiner Form
betreffen. Für diese Entscheidungsbereiche finden u. a. auch die Begriffe
Absatzkanalpolitik, Absatzkanalmanagement, gelegentlich auch die Be-

griffe handelsgerichtetes Marketing bzw. Trade Marketing Verwendung. Als Beispiel für Entscheidungstatbestände der handelsgerichteten Absatzpolitik sei die Wahl der Absatzwege angeführt. Damit zählt auch die Exklusion bestimmter, oder im Falle des Direktvertriebs gar aller in Frage kommender Handelsbetriebe zur handelsgerichteten Absatzpolitik. Sie kann in diesem Sinne als Kernbereich des Marketing-Submixbereiches Distributionspolitik bezeichnet werden.[189]

Mitunter wird Vertikales Marketing mit der handelsgerichteten Absatzpolitik gleichgesetzt.[190] Dieser Fall soll hier als *Vertikales Marketing i. w. S.* bezeichnet werden. Es unterstellt damit nicht zwingend eine Kooperation zwischen Hersteller und Handel.

Vertikales Marketing
i. w. S.

Vertikales Marketing i. e. S. geht hingegen stets von der eingangs skizzierten Kooperation zwischen Hersteller und Handel aus.[191] Diese Begriffsfassung wird auf die Untersuchung von McCammon zurückgeführt,[192] der in diesem Zusammenhang den Begriff des "vertical marketing-system" prägte, und kann als ursprüngliche Begriffsfassung bezeichnet werden. Sie ist in einigen späteren Untersuchungen mit dem Hinweis auf eine ungerechtfertigte begriffliche Einengung erweitert worden. Die beiden wesentlichen Erweiterungen erfolgten einerseits dahingehend, dass nicht zwingend von einer Kooperation zwischen Hersteller und Handel ausgegangen wurde (Vertikales Marketing i. w. S.). Andererseits wurde die einseitige Betrachtung der Hersteller-Händler-Dyade kritisiert - so z. B. von Kunkel,[193] der ausschließlich den Herstellerbereich betrachtet und in diesem Bereich die speziellen Gestaltungsmöglichkeiten ‚stufenübergreifender' Marketingkonzeptionen, die auf weiterverarbeitende Unternehmen gerichtet sind, untersucht.

Vertikales
Marketing i. e. S.

---

[189] Vgl. entsprechend Ahlert 1996, S. 18 ff.

[190] Vgl. Meffert/Kimmeskamp 1983 und Irrgang 1989, S. 12 ff. u. insbesondere S. 65.

[191] Vgl. Steffenhagen 1974, S. 675; Thies 1976, S. 49 ff.; Florenz 1992, S. 19 ff. u. S. 34 ff.

[192] Vgl. McCammon 1970; Vgl. hierzu auch Kunkel 1977, S. 21; Florenz 1992, S. 19.

[193] Vgl. Kunkel 1977.

6.5.2.4.2.2. Einordnung des Vertikalen Marketing in das Instrumentarium des Absatzmarketing

Gegenwärtig kann nicht von einer vorherrschenden Begriffsfassung ge-sprochen werden. Mit Blick auf den praktischen Untersuchungsgegenstand ist jedoch festzustellen, dass in dem Großteil der Untersuchungen nach einer allgemeinen Diskussion und Abgrenzung des Vertikalen Marketing die stufenübergreifende Kooperation in den Mittelpunkt der Betrachtung gestellt wird. Aus diesem Grunde wird hier von der engeren Begriffs-fassung ausgegangen (vgl. Abb. 62).

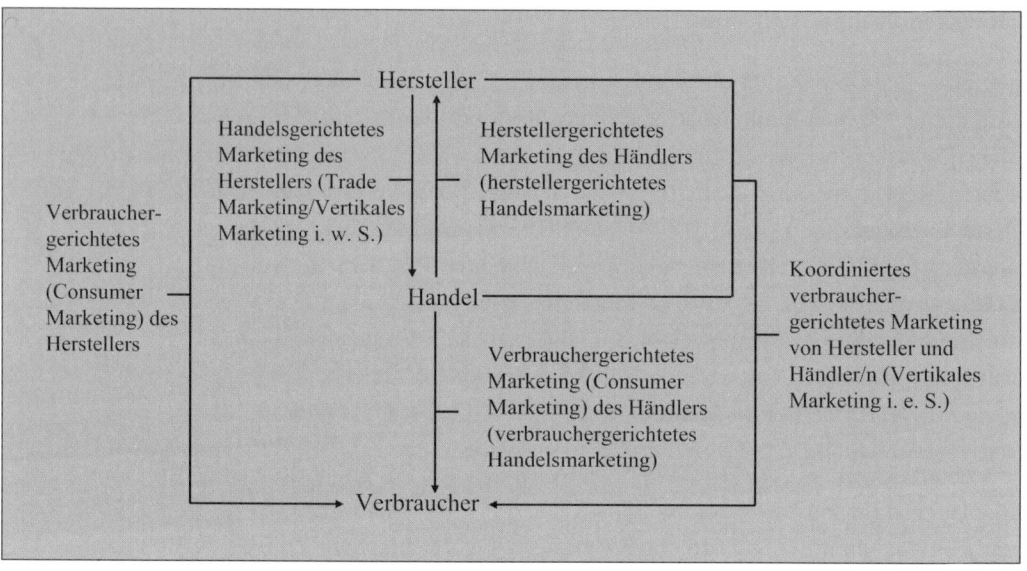

Abb. 62: Die Einordnung des Vertikalen Marketing in das Instrumentarium des Absatzmarketing[194]

Initiator des Vertikalen Marketing

Darüber hinaus wird als *Initiator des Vertikalen Marketing* i. d. R. ein Her-steller (bzw. eine Gruppe von Herstellern) unterstellt. In diesem Sinne wird Vertikales Marketing in der Literatur i. d. R. aus einzelwirtschaftlicher Perspektive definiert, obwohl es sich im Kern um die Konzeptionierung und Praktizierung eines abgestimmten Verhaltens von mindestens zwei Inte-ressensträgern handelt. Es soll an dieser Stelle schon darauf hingewiesen werden, dass gerade vor dem Hintergrund aktueller Entwicklungen ebenso

---

[194] Vgl. Olbrich 1995, Sp. 2615/16. Vgl. hierzu auch Abschn. 7.1.

der Handel als Initiator eines Vertikalen Marketing auftreten kann. Einerseits kann z. B. ein Großhändler als Vorstufenlieferant mit Blick auf den Einzelhandel Vertikales Marketing initiieren. Andererseits können Handelsunternehmen Hersteller dazu veranlassen, ihr absatzpolitisches Instrumentarium in einer bestimmten Weise auszurichten. Diese Perspektiven stellen jedoch derzeitig noch nicht einen gewichtigen Schwerpunkt der Untersuchungen zu Konzeptionen des Vertikalen Marketing dar.

Hier soll Vertikales Marketing zusammenfassend aus der Perspektive des Herstellers und im Hinblick auf die Hersteller-Händler-Dyade wie folgt definiert werden:

Vertikales Marketing ist derjenige Bereich des Absatzmarketing, der spezifisch darauf gerichtet ist, im Wege einer koordinierten Zusammenarbeit das Verhalten der Absatzmittler nach den absatzpolitischen Zielen des Herstellers auszurichten. **Vertikales Marketing**

Im Mittelpunkt des Vertikalen Marketing steht eine Abstimmung der absatzpolitischen Instrumente der ausgewählten Händlergruppe mit den absatzpolitischen Instrumenten des Herstellers - vom Ergebnis her betrachtet handelt es sich damit um ein koordiniertes verbrauchergerichtetes Marketing. Vertikales Marketing setzt folglich ein kooperatives Verhalten gegenüber den ausgewählten Händlern und damit nur eine von mehreren möglichen Verhaltensweisen im Rahmen der handelsgerichteten Absatzpolitik ein. Als Alternativen sind der Verzicht auf eine bewusste Abstimmung der absatzpolitischen Instrumente mit der ausgewählten Händlergruppe und darüber hinaus die Umgehung des Handels im Wege des Direktvertriebs zu nennen. Die Verhaltensweisen können im Hinblick auf verschiedene Händlergruppen auch unterschiedlich angewendet werden.

6.5.2.4.3. Ziele und Voraussetzungen des Vertikalen Marketing

6.5.2.4.3.1.   Ziele und Grundvoraussetzungen vertikaler Kooperationen

Die absatzpolitischen Zielsetzungen des Herstellers konkretisieren sich in seiner Marketingkonzeption. Sie legt den geplanten Marktauftritt fest. Damit ist es aus der Perspektive des Herstellers die primäre *Zielsetzung des Vertikalen Marketing*, Marketingkonzeptionen zu realisieren, die ein be- **Zielsetzung des Vertikalen Marketing** stimmtes absatzpolitisches Verhalten der ausgewählten Händlergruppe als unverzichtbaren Bestandteil aufweisen. Der Erfolg der Marketingkonzeption hängt mithin von dem Verhalten der Händlergruppe ab. Sowohl für den Hersteller als auch für die beteiligten Händler stellt sich damit unmittelbar die Frage, aus welchem Grund sie eine derartige Zusammenarbeit praktizieren sollten. Als Antwort ist herauszustellen, dass die Grundvoraussetzungen jeglicher Kooperation, die auf Dauer angelegt sein soll, auch im vertikalen Beziehungsfeld gelten müssen:[195]

1. Es muss unter Berücksichtigung der Kooperationskosten ein Kooperationsgewinn entstehen, der größer ist als die Summe der individuellen Gewinne, die bei einem individuellen Vorgehen der Beteiligten zu erzielen sind.

2. Des Weiteren muss die Aufteilung des Kooperationsgewinns so erfolgen, dass keiner der Kooperationspartner durch das individuelle Vorgehen eine Verbesserung erzielen könnte.

Vor dem Hintergrund dieser Erläuterungen können eine originäre und eine derivative Zielsetzung des Vertikalen Marketing unterschieden werden:

originäre
Zielsetzung des
Vertikalen
Marketing

Im Mittelpunkt der *originären Zielsetzung* steht die Umsetzung einer Marketing-Konzeption gegenüber der Verbraucherstufe, die gegenüber einem Verzicht auf eine vertikale Kooperation ein zusätzliches Gewinnpotenzial verspricht. Eine gemeinsame Ausrichtung der absatzmarktgerichteten Aktivitäten, gegebenenfalls ergänzt um Effizienzsteigerungen bei weiteren Aktivitäten, bietet den Anreiz für eine vertikale Kooperation.

derivative
Zielsetzung des
Vertikalen
Marketing

Als *derivative Zielsetzung* ist die Beeinflussung der Gewinnverteilung zwischen den beteiligten Kooperationspartnern anzuführen. Durch Einflussnahme auf die Funktionsverteilung und die davon abhängenden Konditionen wird der potenzielle Kooperationsgewinn zwischen Industrie und Handel aufgeteilt.

---

[195] Vgl. Ahlert 1996, S. 203 f.

Beide Zielsetzungen sind sowohl für den Hersteller als auch für die beteiligten Händler gültig. Aus den jeweiligen Zielvorstellungen können konkurrierende Zielbeziehungen und damit Konflikte resultieren, deren Handhabung Gegenstand des Konfliktmanagements in Absatzkanälen ist.[196]

6.5.2.4.3.2.   Marketingführerschaft und ihre Voraussetzungen

Wählt der Hersteller den indirekten Vertrieb, d. h. schaltet er Absatzmittler
in den Vertrieb seiner Erzeugnisse ein, und ist das Verhalten dieser Absatzmittler für den Marktauftritt seiner Produkte von immenser Bedeutung, so
entsteht für den Hersteller unmittelbar das Erfordernis zur Verhaltensabstimmung mit dem Handel. In welchem Umfang der Hersteller seine
Marketingkonzeption in diesem Falle durchsetzen kann, hängt dann davon
ab, ob er einen maßgebenden Einfluss auf die eingeschalteten Händler und
sonstigen Akteure in seinen Distributionssystemen besitzt, d. h. ob er die
Marketingführerschaft innehat. *Marketingführerschaft* bedeutet nach Küm- Marketingführer-
schaft
pers "... die Möglichkeit eines Mitglieds im Distributionssystem zur
Steuerung des Marketingmix für ein Produkt oder eine Produktgruppe, bzw.
für ein Leistungsangebot"[197]. Um diese Möglichkeit zu besitzen, d. h. um
erfolgreich auf die an der Realisierung der intendierten Marketingkonzeption beteiligten Institutionen einwirken zu können, sind für den Hersteller bestimmte Voraussetzungen erforderlich:[198]

1. Er muss zunächst über ein genügend großes *Machtpotenzial* verfügen, Machtpotenzial
   das, gestützt auf entsprechende Sanktionsgrundlagen (z. B. ein attrak-
   tives Absatzprogramm), ausreicht, um mit Blick auf den Handel von
   einer asymmetrischen Machtverteilung zu seinen Gunsten sprechen zu
   können. Er besitzt damit ein Machtübergewicht. Gegenläufige Ab-
   hängigkeitsbeziehungen und Sanktionsgrundlagen kompensieren sich
   also nicht völlig.

2. Er muss darüber hinaus eine entsprechende Befähigung zur Führung Fähigkeits-
   (*Fähigkeitspotenzial*) und   potenzial

---

196 Vgl. hierzu Steffenhagen 1975, S. 72 ff. u. 129 ff.

197 Kümpers 1976, S. 19 f.

198 Vgl. zur folgenden Systematik Kümpers 1976, S. 104 ff.; Vgl. hierzu auch Steffen-
     hagen 1975, S. 107 ff. und Ahlert 1996, S. 103 ff.

Motivations-
potenzial

3. eine entsprechende Bereitschaft zur Führung (*Motivationspotenzial*) mitbringen.

Die Durchsetzung der Interessen des Herstellers fällt ihm nach diesen Ausführungen umso leichter, je größer sein Macht-, Fähigkeits- und Motivationspotenzial im Vergleich zum Handel ausfällt.

Die Frage nach der Marketingführerschaft in Distributionssystemen ist jedoch gerade vor dem Hintergrund der skizzierten Rahmenbedingungen nicht automatisch zugunsten des Herstellers zu beantworten. Der bislang vorherrschenden Perspektive des Herstellers von Absatzgütern als Initiator und Träger von Entscheidungen im Rahmen des Vertikalen Marketing kann gerade im Hinblick auf die sich in jüngster Zeit weiter verändernden Rahmenbedingungen in einzelnen Bereichen der Konsumgüterdistribution eine umgekehrte Perspektive gegenübergestellt werden. So liegt z. B. bei der Produktion und Vermarktung von Handelsmarken die Initiative und die Koordination der auf den Absatz dieser Produkte gerichteten Instrumente in Händen des Handels.[199]

,sprunghaftes
Größenwachstum'

Des Weiteren ist mittlerweile ein *,sprunghaftes Größenwachstum'* der Handelskonzerne zu beobachten, das auf Akquisitionen und Fusionen unter ihren größten Vertretern beruht und für eine weitere Konzentration der Umsatzvolumina sorgt.[200] Das Wachstum der Handelskonzerne ist schon lange nicht mehr auf den Lebensmittelhandel beschränkt, sondern in vielen weiteren Branchen des Konsumgüterhandels anzutreffen, insbesondere allerdings in denjenigen, die über Konzernstrukturen mit dem Lebensmittelhandel ,verwandt' sind (so z. B. der Textilhandel und der Handel mit Unterhaltungselektronik). Hinzu kommt die Neigung der Handelskonzerne, auf europäischer Ebene im Wege der horizontalen Kooperation Organisationseinheiten für den europaweiten Einkauf und für weitere, hinsichtlich ihres Umfanges bislang noch nicht gänzlich abzusehende Koordinationsaufgaben zu gründen.

---

[199] Vgl. zu den Abhängigkeitsverhältnissen zwischen Markenartikelindustrie und Handel ausführlich Olbrich 2001a und 2001b.

[200] Vgl. Olbrich 1998.

6.5.2.4.3.3. Berücksichtigung ausgewählter Interessen des Handels als Beitrag zum Erwerb der Marketingführerschaft

Gerade vor dem Hintergrund dieser Entwicklungen können Hersteller die Praktizierung eines Vertikalen Marketing nicht davon abhängig machen, ob sie im Besitz der Marketingführerschaft sind bzw. ob ein Machtgleichgewicht im Distributionssystem herrscht. Insbesondere bei hoher Macht des Handels ist es für diejenigen Hersteller, die die entsprechende Handelsstufe u. U. nicht umgehen können, unerlässlich, eine Verhaltensabstimmung über den Einsatz der absatzpolitischen Instrumente am POS herbeizuführen. Vertikales Marketing ist vor allem in derartigen Fällen für viele Hersteller von existenzieller Bedeutung, gleichzeitig jedoch außerordentlich schwer zu praktizieren.

Ein Ansatzpunkt zur Herbeiführung einer *kooperativen Verhaltensabstimmung* ist in dieser Situation die frühzeitige Berücksichtigung der Interessen des Handels auf dem Gebiet der Funktionsverteilung zwischen den beiden Wirtschaftsstufen. Übernimmt der Hersteller außerhalb des engeren Bereiches des Absatzmarketing Funktionen für den Handel, so erleichtert dieses ein Entgegenkommen des Handels bei der Abstimmung des absatzpolitischen Instrumentariums. Beispielhaft sei auf die Bereiche Warenwirtschaft, Informationswirtschaft und Logistik verwiesen. Die koorganisatorische Handhabung dieser Funktionsbereiche (z. B. bei der Berücksichtigung von Normen für den elektronischen Datenaustausch und für Transportverpackungen) verspricht wesentliche Ökonomisierungseffekte in der Distribution.[201] Auf diesem Wege wird indirekt ein Beitrag zum Erwerb und zur Absicherung von Marketingführerschaft geleistet.

(Randnotiz: kooperative Verhaltensabstimmung)

6.5.2.4.4. Instrumente des Vertikalen Marketing

Vertikales Marketing kann einerseits selbst als Instrument begriffen werden, um die Marketingkonzeption und damit den intendierten Marktauftritt durchzusetzen. Andererseits beinhalten Konzeptionen zum Vertikalen Marketing selbst die planerische Grundlage für den Einsatz absatzpolitischer Instrumente.

---

[201] Vgl. hierzu Olbrich 1997.

Aus der Perspektive des Herstellers sind zwei Instrumentalbereiche des Vertikalen Marketing zu unterscheiden:

Anbahnung und Erhalt von Kooperationsbereitschaft

1. Instrumente, die der *Anbahnung und dem Erhalt von Kooperationsbereitschaft* auf der Seite des Handels dienen. Den zentralen Stellenwert in diesem Bereich besitzt die handelsgerichtete Kommunikation, d. h. die gezielte Information ausgewählter Entscheidungsträger im Handel über die Attraktivität des Absatzprogramms und mögliche Kooperationsgewinne bei einer Abstimmung des absatzpolitischen Instrumentariums. Neben der Kommunikation mit bereits ausgewählten Entscheidungsträgern sind als wichtige Instrumente für die Anbahnung von Kooperationsbeziehungen die Beschickung handelsgerichteter Messen und Ausstellungen zu nennen.

Beeinflussung der Funktionsverteilung

2. Instrumente, die Inhalt, Umfang und die Funktionsverteilung im Rahmen der vertikalen Kooperation festlegen. In diesem Bereich fallen die konkreten Formen und Intensitäten der Vertikalen Kooperation.

Die einzelnen Formen der vertikalen Kooperation dienen in unterschiedlichem Ausmaß der Abstimmung des absatzpolitischen Instrumentariums von Herstellern und Händlern und lassen sich nach dem Intensitätsgrad der Verhaltensabstimmung auf einer Skala unterscheiden (vgl. nochmals Abb. 60).

Die unterschiedlichen Formen der Verhaltensabstimmung dienen aus der Perspektive des Herstellers letztlich allesamt dazu, den Einsatz absatzpolitischer Instrumente, die die Produkte auf dem Weg zum Verbraucher betreffen, zu koordinieren und zu kontrollieren. Zwischen den beiden Extrempolen, die nicht zu den Kooperationsformen zählen (anarchistische Beziehungen, herstellereigene Verkaufsorgane), liegen vielfältige und mit unterschiedlichen Bindungen ausgestattete Kooperationsvereinbarungen von denen als wichtigste Instrumente der vertraglichen Verhaltensabstimmung Vertragliche Vertriebssysteme hervorzuheben sind.[202]

---

[202] Vgl. zu einer umfassenden betriebswirtschaftlichen, rechtlichen und volkswirtschaftlichen Beurteilung Vertraglicher Vertriebssysteme Ahlert 1981a, und zu einer Typologie Vertraglicher Vertriebssysteme Ahlert 1981b, S. 73 ff. u. 1982.

6.5.2.5. Verkaufs- und Außendienstpolitik

6.5.2.5.1. Funktionen und Formen der Verkaufs- und Außendienstpolitik

Im Rahmen der *Verkaufs- und Außendienstpolitik* übt der Hersteller über eigene Absatzorgane einen direkten Einfluss auf die Umstände der Kaufhandlungen seiner direkten Abnehmer (z. B. Händler oder Konsumenten) aus. Es werden damit Entscheidungen über den Verkaufsort, die Verkaufszeit und insbesondere über die personellen und sachlichen Aspekte des Verkaufsvorgangs getroffen oder beeinflusst. Ausgehend von dieser Problemlage ergeben sich bestimmte Anforderungen an den Verkaufs- und Außendienst eines Herstellers, wie z. B. an die organisatorische Strukturierung und Dimensionierung des ‚Verkaufs- und Außendienst-Apparats'.[203]

Verkaufs- und Außendienstpolitik

Die Verkaufs- und Außendienstpolitik wird bei der Einteilung des Marketing-Mix in die traditionellen absatzpolitischen Instrumente (Preis-, Produkt-, Kommunikations- und Distributionspolitik) nicht selten der Kommunikationspolitik zugeordnet.[204] Gleichwohl ist die Verkaufsfunktion elementarer Bestandteil der Distributionspolitik. Die kommunikativen Elemente der Verkaufs- und Außendienstpolitik treten in der Kommunikationspolitik neben solche Instrumente wie Werbung und Verkaufsförderung. Die partielle Zuordnung der Verkaufs- und Außendienstpolitik zur Kommunikationspolitik liegt in dem Umstand begründet, dass die Aufgabe des Verkaufspersonals zu einem erheblichen Anteil in der Kommunikation der Vorteile der zu verkaufenden Produkte besteht. Dies geschieht zumeist in direktem Kontakt mit den Kunden.

Mit Blick auf die hier vorgenommene Behandlung der Verkaufs- und Außendienstpolitik wird unter Außendienst der Teilbereich des Verkaufs verstanden, dessen Mitarbeiter den (potenziellen) Kunden auf dessen Wunsch oder aufgrund eigener Initiative aufsuchen. Aufgabe des Außendienstes ist es, Beziehungen zu Kunden anzubahnen und zu pflegen, Ge-

---

[203] Vgl. Ahlert 1996, S. 28 ff.

[204] Während Pepels 2000, S. 686 ff. sowie Weis 1997, S. 449-451 die Verkaufs- und Außendienstpolitik, und hierbei insbesondere den Persönlichen Verkauf dem Bereich der Kommunikationspolitik zuordnen, zählt sie u. a. bei Ahlert 1996 zum Instrumentarium der Distributionspolitik.

schäfte anzubahnen und abzuschließen sowie Informationen über den Markt zu sammeln.

Persönlicher Verkauf

Entscheidendes Charakteristikum des *Persönlichen Verkaufs* ist die unmittelbare Interaktion von Anbieter und Nachfrager. Dieser unmittelbare Kontakt zwischen den Marktpartnern ist insbesondere in Zeiten von Käufermärkten mit geringen oder negativen Wachstumsraten von großer Bedeutung. Diese Bedeutung resultiert in dieser speziellen Marktsituation insbesondere aus der besonderen Eignung des Persönlichen Verkaufs, Präferenzen für ein Angebot bei potenziellen Kunden zu schaffen, ohne hierdurch das Angebot wesentlich verändern zu müssen. Darüber hinaus gewinnt die Schaffung von Präferenzen heute fast auf allen Konsumgütermärkten an Bedeutung, da die angebotenen Leistungen häufig substituierbar sind. Von Persönlichem Verkauf spricht man also, wenn Anbieter im Rahmen einer persönlichen Kommunikation versuchen, potenzielle Nachfrager von ihrer angebotenen Leistung zu überzeugen.

Ziel des Persönlichen Verkaufs ist, mithilfe von Verkaufsgesprächen einen Verkaufsabschluss zu erzielen. Da im Rahmen des Persönlichen Verkaufs ein persönlicher Kontakt stattfindet, ist er darüber hinaus sehr gut für die Gewinnung von Informationen über den Markt und die Kundenbedürfnisse sowie als Instrument des Geschäftsbeziehungsmanagements (z. B. Kontaktpflege, Entwicklung spezieller Problemlösungen) geeignet.

Aufgaben des Verkäufers

Im Rahmen der persönlichen Kommunikation hat der Verkäufer eine Reihe an unterschiedlichen Aufgaben wahrzunehmen. Im Einzelnen handelt es sich hierbei um:[205]

- die Vorbereitung des Verkaufsgesprächs

- die Kontaktaufnahme mit potenziellen Kunden

- die Durchführung von Verkaufsgesprächen

- die Erzielung von Verkaufsabschlüssen

- und die Pflege von Geschäftskontakten.

---

[205] Vgl. zu diesen Aufgaben Weis 1995, Sp. 1981.

Idealtypisch lässt sich der Verkaufsprozess in vier Phasen einteilen:

Phasen des Verkaufsprozesses

• Kontaktanbahnungsphase

• Kernphase

• Abschlussphase

• Nachabschlussphase

In der Kontaktanbahnungsphase muss sich der Verkäufer vor der Terminierung alle wesentlichen Informationen über den Gesprächspartner sowie über mögliche Kaufmotive beschaffen. Darüber hinaus zählt zu dieser Phase die Eröffnung des Gesprächs. Hieran schließt sich die Kernphase an, die als zentrale Bestandteile die eigentliche Produktpräsentation/-demonstration, die Begegnung von kritischen Einwänden und die Konfliktüberwindung beinhaltet. Diese Phase sollte den Gesprächspartner am Ende dazu veranlassen, einen Kaufabschluss zu tätigen. Nach dem Kauf sollte der Käufer in seinem Entschluss bestätigt werden, damit keine *kognitiven Dissonanzen* (d. h. keine Zweifel an der Richtigkeit der Kaufhandlung im Nachhinein) auftreten.

kognitive Dissonanz

Der Persönliche Verkauf kann darüber hinaus mit Blick auf eine Reihe unterschiedlicher Kriterien systematisiert werden. Eine gängige Systematisierung des Persönlichen Verkaufs orientiert sich an dem Ort, an dem sich der persönliche Verkauf vollzieht. Hier unterscheidet man den Außen-, den Innen- und den Messeverkauf.

Beim *Außenverkauf* besucht ein Außendienstmitarbeiter einen potenziellen Kunden, um mit diesem ein Verkaufsgespräch zu führen und ihn von seinem Angebot zu überzeugen. Beim *Innenverkauf* sucht ein potenzieller Kunde dagegen einen Verkäufer auf, um sich hier über eine Leistung zu informieren. Angesichts der Eigeninitiative des Käufers besteht hier der Vorteil, dass der potenzielle Käufer u. U. schon eine Vorentscheidung für einen Kauf getroffen hat. Beim *Messeverkauf* findet das Verkaufsgespräch im Rahmen einer Marktveranstaltung statt, an der zumeist auch Konkurrenten teilnehmen. Zumeist dienen Messeauftritte von Unternehmen lediglich der Kontaktanbahnung mit möglichen Kunden, um zu einem späteren Zeitpunkt gegebenenfalls ein erfolgreiches Verkaufsgespräch folgen zu lassen.

Außenverkauf

Innenverkauf

Messeverkauf

Von besonderer Bedeutung ist der Persönliche Verkauf im Bedienungseinzelhandel, der Investitionsgüter-, der Bank- und Versicherungsbranche sowie grundsätzlich bei dem Verkauf von erklärungsbedürftigen Produkten (z. B. Antiquitäten/Kunst).

Reisender

Als traditionelle Form des Außendienstes gilt der *Reisende*. Als Reisende bezeichnet man weisungsgebundene Angestellte eines Unternehmens, die dessen Kunden in regelmäßigen Abständen aufsuchen, um die Leistungen des Unternehmens zu präsentieren und zu verkaufen. Als Leistungsvergütung erhalten Reisende i. d. R. ein Fixum, das in der Praxis bei der Erreichung besonderer Unternehmensziele zumeist durch Provisionen oder Prämien aufgestockt wird. Reisende besitzen entweder eine Vermittlungs- oder eine Abschlussvollmacht.

Handelsvertreter/ Kommissionär

Der Reisende als ‚unternehmenseigener Absatzmittler‘ ist von dem selbstständigen Handelsvertreter und dem Kommissionär zu unterscheiden, die von Unternehmen oftmals zur Ergänzung ihres Außendienstes eingesetzt werden. Beiden obliegt als rechtlich selbstständigen Gewerbetreibenden ebenfalls die Aufgabe, Verkäufe für die auch von ihnen vertretenen Unternehmen herbeizuführen. Sowohl Handelsvertreter als auch Kommissionäre können nur im weiteren Sinne zum Verkaufs- und Außendienst gezählt werden, da sie nicht zur eigenen unternehmensinternen Verkaufsorganisation zählen.

Tür-zu-Tür-Verkauf

Der *Tür-zu-Tür-Verkauf* (Haustürverkauf, Door-to-door-selling, Vertreterverkauf) bezeichnet die klassische Form des Außendienstes, im Rahmen dessen Reisende oder Handelsvertreter die Konsumenten zu Hause besuchen und in ihrer Wohnung die Angebote eines Unternehmens demonstrieren und verkaufen. Diese Haustürgeschäfte werden rechtlich erst wirksam, wenn der Kunde sie nicht binnen Zwei-Wochenfrist schriftlich widerruft. In bestimmten Ausnahmefällen, die das Wettbewerbsrecht regelt, entfällt dieses Widerrufsrecht des Käufers jedoch.

mobile Verkaufsstellen

Eine ganz spezielle Form des ‚Außendienstes‘ stellt die mobile Verkaufsstelle dar. Bei den *mobilen Verkaufsstellen* handelt es sich zumeist um Automobile, die zu ladenähnlichen Einkaufsstätten umgebaut wurden und spezielle, dem Konsumenten bekannte Haltestellen zu vorher fixierten Zeitpunkten regelmäßig anfahren und dort ein auf das Verkaufsgebiet abgestimmtes Sortiment (z. B. Nahrungs- und Genussmittel) anbieten. Besondere Vorteile bietet diese Form des ambulanten Handels in den Gebieten, in denen der stationäre Handel in unzureichendem Maße präsent ist oder vom Warenangebot Defizite aufweist. In der Praxis existieren mobile Verkaufsstellen vor allem in ländlichen Regionen.

Der *Party-Verkauf* stellt eine Form des Direktabsatzes dar, bei der eine Privatperson als Gastgeber Freunde, Bekannte oder Nachbarn sowie einen Vertriebsrepräsentanten zu sich nach Hause oder in andere private Räumlichkeiten einlädt. Neben einer allgemeinen Produktvorstellung können die Waren i. d. R. auch ausprobiert und erworben werden. Der Gastgeber erhält als Gegenleistung i. d. R. eine umsatzabhängige Provision, meist in Form von Waren.

Party-Verkauf

6.5.2.5.2. Organisation des Verkaufs- und Außendienstes

Gegenstand einer Organisation des *Verkaufs- und Außendienstes* ist insbesondere seine Gliederung. Es ist z. B. eine Segmentierung nach Kundengruppen, Sortimenten oder eine regionale Einteilung denkbar. Der Verkaufs- und Außendienst kann einstufig oder in Form einer mehrstufigen Hierarchie (Gebietsleiter, Bezirksleiter usw.) organisiert werden. Ebenso ist eine funktionale Unterteilung in Altkundenbetreuung und Akquisition von Neukunden möglich.

Verkaufs- und Außendienst-organisation

Unter dem *Verkaufsmanagement* (auch *Sales Management* oder Verkaufsleitung) versteht man die leitende (dispositive) Organisationseinheit in einem Unternehmen zur Planung, Steuerung und Kontrolle des Außendienstes. In der Praxis trifft man unterschiedliche Formen des Verkaufsmanagement an. So fasst ein Teil der Unternehmen den Außendienst und Innendienst (z. B. Reparaturabteilungen, verkaufsgerichtete Schulungsabteilungen) unter der Verkaufsleitung zusammen, während der andere Teil die Leitungen des Außendienstes und Innendienstes einer Vertriebsleitung unterstellt. Dieser untersteht neben dem Verkauf z. B. auch die Logistik und der Versand eines Unternehmens, so dass eine bessere Koordination unternehmensinterner Abläufe erfolgen soll.

Verkaufs-management/ Sales Management

6.5.2.5.3. Steuerung des Außendienstes

Außendienst-
steuerung

Die *Außendienststeuerung* bildet den zentralen Bestandteil der Vertriebs-steuerung. In diesem Kontext soll die Außendienststeuerung die Verkäufer motivieren, die Unternehmensziele zu realisieren. Eine solche Motivation erscheint vielfach notwendig, da sich die Außendienstmitarbeiter angesichts ihrer Reisetätigkeit vielfach dem direkten ‚Zugriff' des Unternehmens ent-ziehen.

Zur zielgerichteten Motivation seiner Mitarbeiter hat die Unternehmensfüh-rung prinzipiell zwei Alternativen. Zum einen kann sie Ziele für den zu leistenden Arbeitseinsatz vorgeben und zum anderen kann sie Vorgaben für die zu erzielenden Ergebnisse festlegen. Das Ergebnis wird meist in Form von Umsätzen oder Absatzzahlen, seltener in Form von Deckungsbeiträgen spezifiziert. Um diesen Steuerungsgrößen den notwendigen Nachdruck zu verleihen, wird die Nichteinhaltung der vorgegebenen Ziele vielfach sank-tioniert und das Erreichen oder die Übererfüllung der festgelegten Größen

Prämien

Provisionen

z. B. mithilfe von finanziellen Sonderleistungen prämiert. Somit stellen *Prämien* im Rahmen des Vergütungssystems eine leistungsorientierte Zu-satzvergütung dar, d. h. sie wird zusätzlich zu anderen Größen (Festgehalt und *Provision* als variablem, ergebnisabhängigem Bestandteil der Ent-lohnung) verwendet und dient zur ‚Belohnung' von Mitarbeitern, die spe-zielle Ziele realisiert haben. Solche Ziele können z. B. besonders hohe Verkaufszahlen oder Besuchsfrequenzen sein. I. d. R. werden Prämien somit für die Realisation von Zielen ausgeschüttet, die mithilfe anderer Vergütungssysteme wie Festgehalt oder Provisionen zumeist nicht erreicht werden.

Außendienst-
verträge

Ihre offizielle Regelung erfahren die Entlohnungsvereinbarungen in den *Außendienstverträgen*. Mit der Wahl des Entlohnungssystems verfolgt das Unternehmen also primär das Ziel, dem Außendienst Anreize zur Erfüllung der von der Unternehmensleitung gewünschten Ziele zu setzen. Neben der Fixierung des Entlohnungssystems enthält der Außendienstvertrag jedoch eine Reihe weiterer Vereinbarungen, z. B. Regelungen zur privaten Nut-zung von Firmenwagen.

Verkaufsberichte

Als Instrumente zur Kontrolle der Verkäufer, die im Außendienst arbeiten, dienen die so genannten Verkaufsberichte. Mithilfe des Verkaufsberichtes vermittelt der Außendienstmitarbeiter der Unternehmensleitung aber auch markt-, kunden- und mitarbeiterbezogene Informationen. Je nach Informationsbedarf lassen sich der Besuchs-, der Tages- und der Wochenbericht unterscheiden. Während der Besuchsbericht individuelle Informationen über Kunden liefert (z. B. primärer Ansprechpartner, Abnahmemenge, konkrete Probleme), dokumentieren die Tages- und Wochenberichte die Tätigkeit eines Vertriebsmitarbeiters.

Für die konkrete Ausgestaltung der Außendienststeuerung bieten sich unterschiedliche Möglichkeiten an, die unternehmensindividuell zugeschnitten werden sollten. In analoger Weise können die hier skizzierten Möglichkeiten auch auf die direkt im Unternehmen arbeitenden Vertriebsmitarbeiter angewandt werden. In der Praxis findet eine solche Übertragung eher selten statt, da hier die Ansicht vorherrscht, dass in diesen Fällen die Präsenz der Mitarbeiter und die bessere Kontrolle der An- und Abwesenheitszeiten eine weitere Steuerung zumeist obsolet werden lassen.

6.5.2.5.4. Schulung des Außendienstes

Die Schulung des Außendienstes bezeichnet diejenigen Maßnahmen, die zur Erhöhung der Motivation, des Verkaufspotenzials und der fachlichen Qualifikation des Verkaufspersonals dienen. In diesem Zusammenhang finden auch die Begriffe *Verkaufstraining* und *Verkaufsschulung* Verwendung. Die Ziele des Verkaufstrainings sind vor allem die Erneuerung von Fachwissen, um den zahlreichen Anforderungen unterschiedlicher Branchen, Produkte und Kunden gerecht zu werden, und das Training von Verkaufstechniken, um die Verkaufsabschlussquote möglichst auf einem hohen Niveau zu halten. Darüber hinaus soll das Verkaufstraining eine stärkere Kundenbindung und eine niedrige Fluktuationsrate des Verkaufspersonals schaffen.

Verkaufstraining/ -schulung

Die *Verkaufstechnik* bezeichnet eine bestimmte Vorgehensweise des Verkäufers im Verkaufsprozess. Das Ziel des Einsatzes verschiedener Verkaufstechniken ist der Verkaufsabschluss. Die Verkaufstechniken werden in verbale und non-verbale Techniken unterschieden. Zu den verbalen Verkaufstechniken zählen z. B. die Gesprächseröffnungstechniken, die Fragetechniken und die Abschlusstechniken. Mithilfe dieser Techniken versucht der Verkäufer, den Kommunikationsablauf so zu gestalten, dass er zu einem Verkaufsabschluss führt. Die non-verbalen Techniken, wie z. B. Kleidung,

Verkaufstechnik

Blickkontakt und Körperhaltung sorgen dagegen für ein freundliches Auftreten des Verkäufers und ein gutes ‚Klima‘ bei der Verkaufsverhandlung.

Verkaufs-
psychologie

Die *Verkaufspsychologie* beschäftigt sich mit dem Interaktionsprozess zwischen Käufer und Verkäufer. Im Mittelpunkt steht hier i. d. R. der persönliche Verkauf. Hierbei wird versucht, die psychologischen und soziologischen, die technisch-strategischen und die technisch-taktischen Aspekte des Verkaufsvorganges zu ermitteln, um anhaltend optimale Verkaufsergebnisse zu erzielen.

6.5.2.5.5. Der Einsatz von Reisenden oder Handelsvertretern als spezielles Problem der Verkaufs- und Außendienstpolitik

6.5.2.5.5.1. Allgemeine Probleme der Gestaltung von Vertriebsstrukturen

‚Make-or-Buy‘ in
der Distribution

Das Wahlproblem zwischen Eigen- oder Fremdleistung (‚Make-or-Buy‘) zählt zu den klassischen Problemen der Betriebswirtschaftslehre. Mit Blick auf die Distributionspolitik reduziert sich dieses Problem auf die Frage, ob der Hersteller die Verkaufsleistung eigenständig erbringen sollte (‚Make‘) oder ob betriebsfremde Verkaufsorganisationen (‚Buy‘) eingeschaltet werden sollten. Die Tragweite dieser Entscheidung wird dadurch deutlich, dass sie nicht kurzfristig revidierbar ist.

Im Folgenden soll dieses Wahlproblem zwischen Eigen- oder Fremdleistung mit Blick auf die Erbringung der Verkaufsleistung exemplarisch anhand der Entscheidung über den Einsatz von Reisenden oder Handelsvertretern diskutiert werden. Ähnliche Entscheidungsprobleme liegen z. B. in der Wahl zwischen der Filialisierung und dem Franchising vor. Grundsätzlich zeigt sich am Beispiel der Wahl zwischen Reisenden oder Handelsvertretern die Wahl zwischen einem relativ hohen Fixkostenblock und niedrigeren erfolgsabhängigen Kosten auf der einen Seite und einem vergleichsweise niedrigeren Fixkostenblock gepaart mit höheren erfolgsabhängigen Kosten auf der anderen Seite. Reisende und auch Handelsvertreter stellen nur ein Anschauungsbeispiel zur Illustration der Wahl zwischen eigenen Strukturen und Kooperation dar.

Abbildung 63 gibt zunächst einen Überblick über eigene sowie fremde Vertriebsorgane.

Abb. 63:   Eigene und fremde Vertriebsorgane

Vertriebsabteilungen, Vertriebsniederlassungen und Reisende sind als unternehmensinterne Organe des Herstellers Träger von Verkaufsfunktionen. Sie gehören der Verkaufsorganisation des Herstellers an und sind an seine Weisungen gebunden, d. h. der Hersteller legt Art und Umfang der von seiner Verkaufsorganisation zu übernehmenden Funktionen fest. Sämtliche Funktionen, die der Überbrückung zwischen der Produktion und der Verwendung von Gütern dienen, können aber auch von anderen Unternehmen erfüllt werden, die sich auf die Übernahme von Distributionsfunktionen spezialisiert haben. Hierzu zählen Absatzmittler (insbesondere der institutionelle Handel) und Distributionshelfer (Absatz- und Beschaffungshelfer). Sie bieten als selbstständige Unternehmen ihre Distributionsleistungen an und werden idealtypischerweise dann eingeschaltet, wenn sie

eigene versus fremde Vertriebsorgane

eine zu erfüllende Funktion (z. B. den Verkauf der Ware) zum günstigsten Preis-Leistungsverhältnis offerieren.[206]

Zur Lösung des Entscheidungsproblems bieten sich unterschiedliche Vorgehensweisen an. Neben der qualitativen Analyse einzelner Merkmale, wie z. B. dem Ausmaß der Verkaufsbemühungen, der Steuerbarkeit durch den Hersteller oder der fachlichen Qualifikation der Verkaufsorgane, sind unterschiedliche Modellansätze zur Vorteilhaftigkeitsberechnung entwickelt worden. Sie beruhen entweder auf Kosten-/Leistungsvergleichen[207], Investitionsrechnungen[208] oder versuchen die qualitativen Kriterien durch Gewichtung vergleichbar zu machen und in eine Gesamtrechnung zu integrieren (z. B. im Rahmen von Punktbewertungsverfahren)[209].

Kostenvergleich

Unter Berücksichtigung der Entlohnung beider Absatzformen wird die Auswahlentscheidung allerdings häufig ausschließlich anhand eines reinen Kostenvergleiches vorbereitet.[210] Diese Vorgehensweise beruht letztendlich darauf, dass mit der Einschaltung eigener oder fremder Vertriebsorgane unterschiedliche Kostenarten für den Hersteller verbunden sind. So steht bei der Entlohnung fremder Unternehmer der umsatzabhängige Provisionsanteil im Vordergrund, während die Einschaltung eigener Vertriebsorgane i. d. R. mit hohen Fixkosten verbunden ist. Somit ist der Aufbau eigener Vertriebsstrukturen erst ab dem Überschreiten eines bestimmten Umsatzes vorteilhaft, da dann die Effekte der Fixkostendegression zum Tragen kommen. Die Einschaltung selbstständiger Unternehmer ist hingegen durch die höhere Provision nur bis zu einem bestimmten Umsatzniveau für den Hersteller vorteilhaft (vgl. Abschnitt 6.5.2.5.5.3.)

---

[206] Vgl. zur Unterscheidung von unternehmensinternen Organen, Absatzmittlern und Distributionshelfern Olbrich/Schröder 1995, Sp. 13.

[207] Methoden des Kosten-/Leistungsvergleichs sind auf Ansätze von Hennig 1928 sowie Gutenberg 1984 zurückzuführen.

[208] Vgl. Männel 1997, S. 307 ff.

[209] Zur Anwendung von qualitativen Kriterien vgl. u. a. Dichtl/Raffée/Niedetzky 1981.

[210] Vgl. z. B. Meffert 2000, S. 627 ff.

Geht man davon aus, dass die Wahl zwischen alternativen Vertriebsstrukturen erlösneutral ist (was in der Praxis eher die Ausnahme darstellt),
dann erscheinen derartige Verfahren sinnvoll. Die Auswahlentscheidung
wird dann ausschließlich anhand eines Kostenvergleichs getroffen. Allerdings handelt es sich bei der Auswahl von Vertriebsstrukturen um eine   Investitions-
Entscheidung mit erheblicher Tragweite für den Hersteller.   rechnung

Nicht zuletzt aus Gründen der langfristigen Wirkung kann diese Entscheidung auch als Investition in die herstellereigene Vertriebsstruktur aufgefasst
werden. In diesem Zusammenhang ist der reine Kostenvergleich wenig
aussagekräftig. Alternativ bieten sich Verfahren der Investitionsrechnung
als Entscheidungshilfen an. Geht man von der Prämisse der Erlösneutralität
ab, dann kommt es darauf an, neben den Auszahlungsreihen für das
Unternehmen auch die Einzahlungen für alternative Vertriebsstrukturen zu
prognostizieren.

Positiv hervorzuheben ist neben der Berücksichtigung der Tragweite distri-
butionspolitischer Entscheidungen im Rahmen der Verfahren der Investitionsrechnung auch die explizite Zurechenbarkeit des mit einer Entschei-
dungsalternative jeweils verbundenen Mitteleinsatzes. Demgegenüber weisen die Verfahren der Investitionsrechnung erhebliche Schwierigkeiten mit
Blick auf die Gewinnung der Informationen auf, die für die Prognose der
Auszahlungs- und Einzahlungsreihen alternativer Vertriebsstrukturen notwendig sind.

6.5.2.5.5.2. Zentrale Merkmale von Handelsvertretern und Reisenden

Der Unterschied zwischen Handelsvertretern und Reisenden begründet sich
zunächst aus ihrer rechtlichen Position. Nach der Legaldefinition ist ein   rechtliche Stellung
Handelsvertreter, „…wer als selbstständiger Gewerbetreibender ständig
damit betraut ist, für einen anderen Unternehmer […] Geschäfte zu vermitteln oder in dessen Namen abzuschließen"[211]. Im Gegensatz zum Handelsvertreter wird der Reisende im Gesetz nicht ausdrücklich definiert. Da
dieser, ohne selbstständig im Sinne des Absatzes 1 des § 84 HGB zu sein,
ständig damit betraut ist, für einen Unternehmer Geschäfte zu vermitteln

---

[211] § 84 Abs. 1 HGB.

oder in dessen Namen abzuschließen, gilt der Reisende nach § 84 Abs. 2 HGB als Angestellter (abhängig Beschäftigter).

Entlohnung

Ein weiterer zentraler Unterschied zwischen Reisenden und Handelsvertretern liegt in ihrer Entlohnung. So erhält der weisungsgebundene Reisende ein fixes Gehalt, das unter bestimmten Umständen durch eine leistungsabhängige Provision ergänzt wird. Demgegenüber wird der selbstständige Handelsvertreter mithilfe eines umsatzorientierten Provisionsanteils entlohnt, der häufig mit einem gewissen fixen Gehaltsbestandteil gekoppelt ist.[212]

Typisch für den Reisenden ist demnach die direkte Abhängigkeit von dem Herstellerunternehmen, die ihren Niederschlag in einer unmittelbaren, arbeitsvertraglichen Weisungsgebundenheit und dementsprechend umfangreichen Kontrollrechten findet. Handelsvertreter sind aufgrund der fehlenden Zugehörigkeit zur eigenen unternehmensinternen Verkaufsorganisation nur im weiteren Sinne zum Verkaufs- und Außendienstinstrumentarium eines Herstellers zu zählen. Trotz dieser grundlegenden Unterschiede mit Blick auf die rechtliche Stellung von Handelsvertretern und Reisenden gegenüber dem zu vertretenden Unternehmen übernehmen beide Vertriebsorgane in ihrer Grundstruktur ähnliche Aufgabenbereiche. Das Entscheidungsproblem konzentriert sich daher auf die Frage, welches der beiden Vertriebsorgane die anstehenden Aufgaben im Hinblick auf die Distributionsziele des Unternehmens besser zu lösen vermag.[213]

6.5.2.5.5.3. Die Entscheidung zwischen Handelsvertretern und Reisenden

quantitative Aspekte

Mit Blick auf die Entscheidung über den Einsatz von Handelsvertretern oder Reisenden sollen hier einige elementare quantitative und qualitative Überlegungen angestellt werden. Die quantitativ zu behandelnden Aspekte

---

[212] Zu den zentralen Merkmalen von Reisenden und Handelsvertretern vgl. auch Abschnitt 6.5.2.5.1.

[213] Zur Beantwortung dieser Fragestellung werden in der Literatur unterschiedliche Theorien herangezogen. Beispielsweise überprüft Krafft 1996, ob die Ansätze der Neuen Institutionenlehre Aussagen über die Vorteilhaftigkeit von Reisenden und Handelsvertretern erlauben. Darüber hinaus untersuchen Albers/Krafft 1996 den Erklärungsbeitrag der Transaktionskostenanalyse sowie der Principal-Agenten-Theorie.

beziehen sich v. a. auf die anfallenden Kosten. Unter der Prämisse, dass es sich bei der Wahl zwischen Handelsvertretern und Reisenden um eine Entscheidung handelt, die sich i. d. R. auf mehrere Zeitperioden auswirkt, lassen sich die jeweils anfallenden Kosten auch als Investitionen begreifen, die ein Hersteller in den Aufbau seines Vertriebsapparates tätigt. Infolgedessen treten anstelle des Konstruktes ‚Kosten' Zahlungsströme, die in Form von Auszahlungen durch den Hersteller zu tätigen sind.

Der im Folgenden skizzierte Ansatz[214] zum Vergleich der beiden Alternativen geht allerdings vereinfachend davon aus, dass die Entscheidung lediglich für eine Periode getroffen werden muss. Infolgedessen fallen auch nur in einer Periode Auszahlungen an. Darüber hinaus wird unterstellt, dass der erzielbare Umsatz unabhängig von der Art der eingesetzten Außendienstmitarbeiter ist, dass also lediglich die entstehenden Auszahlungen für eine Entscheidung ausschlaggebend sind. Die Auszahlungen für einen Reisenden A_R (unter Vernachlässigung von Spesen, Reisekosten etc.) sind gegeben durch

$$A_R = F_R + q_R \cdot x \cdot p$$

und die Auszahlungen für einen Handelsvertreter A_V durch

$$A_V = F_V + q_V \cdot x \cdot p$$

mit F_R: Fixum für Reisende

F_V: Fixum für Vertreter

q_R: Provisionssatz für Reisende

q_V: Provisionssatz für Vertreter

x: erwarteter Absatz

p: Verkaufspreis des Produktes

Meist gilt auch $F_V < F_R$ und $q_R < q_V$.

---

[214] Zu einem ähnlichen Ansatz auf Kostenbasis vgl. Meffert 2000, S. 627 ff.

Im Mittelpunkt der Betrachtung steht jetzt die Ermittlung des kritischen Umsatzwertes U_K, bei dem die Auszahlungen für den Einsatz von Reisenden und Handelsvertretern gleich sind, bei dem also gilt

$$A_R = A_V$$

Durch Einsetzen erhält man

$$F_R + q_R \cdot U_K = F_V + q_V \cdot U_K$$

woraus unmittelbar

$$U_K = \frac{F_R - F_V}{q_V - q_R}$$

folgt.

Liegen die erwarteten Umsätze unter U_K, dann ist der Einsatz von Handelsvertretern vorteilhaft, liegen die erwarteten Umsätze über U_K, dann ist hingegen der Einsatz von Reisenden vorzuziehen. Abbildung 64 veranschaulicht den Zusammenhang.

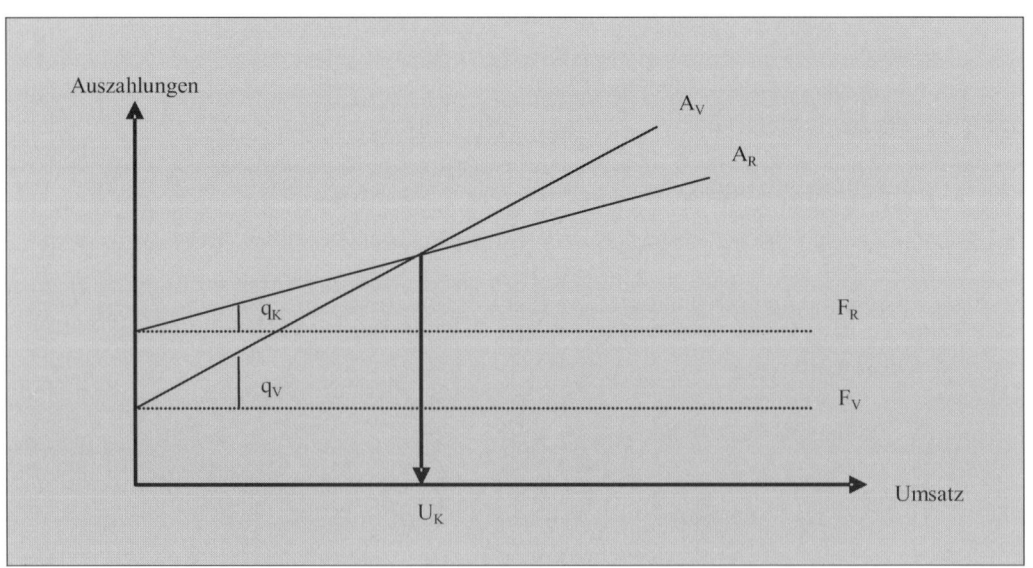

Abb. 64:   Vorteilhaftigkeitsvergleich zwischen Reisenden und Handelsvertretern (in Anlehnung an Hennig 1928, S. 66, vgl. hierzu auch Gutenberg 1984, S. 132 und Kuß 2003, S. 270)

Der reine Vergleich der Auszahlungen führt allerdings zu falschen Ergebnissen, wenn die verschiedenen Vertriebsstrukturen unterschiedlich hohe Umsätze realisieren. In diesem Fall ist eine Gewinnvergleichsrechnung erforderlich. Der ‚Gewinn' sollte als Deckungsbeitrag (Differenz zwischen Verkaufserlösen und Selbstkostenpreisen) bei möglichst langfristiger Planung definiert werden.

Geht man von der Prämisse der Erlösneutralität ab, erweitert sich das Entscheidungsproblem somit auf die Frage, mithilfe welcher Vorgehensweise der höhere Deckungsbeitrag erwirtschaftet werden kann:

$$U_R - A_R \geq \text{ oder } \leq U_V - A_v$$

Die linke Seite der Formel stellt die Verkaufserlöse, die das Unternehmen durch den Reisenden erzielt (U_R), abzüglich der für den Reisenden zu leistenden Auszahlungen (A_R) dar. Die rechte Seite gibt den Gewinn bei Inanspruchnahme von Handelsvertretern wieder. Dem Einsatz von Reisenden (Handelsvertretern) ist der Vorzug zu geben, wenn die linke (rechte) Seite des Ausdrucks größer ist als die rechte (linke) Seite.

Für das anbietende Unternehmen geht es also darum, neben den Auszahlungsreihen auch die Einzahlungsreihen der beiden Vertriebsstrukturen zu prognostizieren. In diesem Zusammenhang ist zu beachten, dass die beiden Absatzformen u. U. unterschiedlich hohe Verkaufspreise erzielen (so kann z. B. der Reisende in bestimmten Fällen etwas ‚freier' im Hinblick auf die Preisgestaltung sein als der über Verträge geführte Handelsvertreter. Damit ist auch die abgesetzte Menge je nach Absatzform unterschiedlich hoch:

$$x_R \cdot p_R - (F_R + q_R \cdot x_R \cdot p_R) \geq \text{ oder } \leq x_V \cdot p_V - (F_V + q_V \cdot x_V \cdot p_V)$$

mit x_R = Absatzmenge des Reisenden

x_V = Absatzmenge des Vertreters

p_R = durch den Reisenden erzielter Verkaufspreis

p_V = durch den Vertreter erzielter Verkaufspreis

Somit gestaltet sich das Wahlproblem erheblich komplexer als im Rahmen einer erlösneutralen Betrachtung. Jedoch ergeben sich Schwierigkeiten mit Blick auf die Gewinnung der Informationen, die für die Prognose der Auszahlungs- und Einzahlungsreihen alternativer Vertriebsstrukturen notwendig sind. In der Folge werden in der Praxis oftmals Methoden herangezogen, die über die quantitativen Überlegungen zur Gestaltung von Vertriebsstrukturen hinaus reichen.

qualitative
Aspekte

In diesem Sinne sollen nun einige qualitative Kriterien der Entscheidung ‚Handelsvertreter versus Reisende' betrachtet werden. Diese stehen mit den spezifischen Fähigkeiten der im Verkaufs- und im Außendienst Tätigen, mit ihrer Motivation und mit den Möglichkeiten des Unternehmens zu ihrer Steuerung und Kontrolle im Zusammenhang.

Mit Blick auf den letztgenannten Gesichtspunkt, die Steuerung und Kontrolle der Verkaufsorganisationen durch das anbietende Unternehmen, liegen die Vorteile aus Sicht des Unternehmens i. d. R. beim Reisenden, bei dem sich Tourenpläne, Besuchshäufigkeit und die Förderung bestimmter Produkte relativ leicht durch Vorgaben kontrollieren lassen. Im Hinblick auf Fähigkeiten der Verkäufer (z.B. Marktkenntnisse, Produktwissen) ergibt sich ein differenzierteres Bild: Während beim Handelsvertreter, der oftmals ein ganzes Sortiment ‚passender' Produkte verschiedener Hersteller vertritt, i. d. R. eine übergreifende Marktkenntnis und Kundenkontakte gegeben sind, verfügt der Reisende durch seine Ausrichtung auf die Produkte des Herstellers sowie eine entsprechende Schulung und unternehmensinterne Kontakte typischerweise über bessere Kenntnisse der Produkte und ihrer Einsatzmöglichkeiten.

Initiative und Engagement im Verkaufsprozess dürften nicht zuletzt durch den hohen Provisionsanteil bei der Bezahlung von Vertretern dort größer sein als bei Reisenden. Dagegen kann man bei Reisenden mit einer deutlicheren Ausrichtung der Verkaufsaktivitäten auf das jeweilige anbietende Unternehmen rechnen.

In Abbildung 65 sind die genannten Kriterien noch einmal ‚schematisch' zusammengefasst. Zu beachten bleibt, dass die positiven Ausprägungen der Merkmale (+) nicht generell Gültigkeit besitzen. In einzelnen Fällen ist durchaus mit abweichenden Konstellationen zu rechnen.

Kriterien	Vorteile aus der Sicht des anbietenden Unternehmens	
	Handelsvertreter	Reisende
Steuerung, Kontrolle		+
Ausrichtung der Verkaufsanstrengungen auf das anbietende Unternehmen		+
Produktwissen		+
Marktkenntnisse und –kontakte	+	
Initiative, Engagement (Abhängigkeit von Verkäufen)	+	

Abb. 65:   Qualitative Kriterien der Entscheidung zwischen
              Handelsvertretern und Reisenden

Da es sich hierbei um Kriterien handelt, die einander nicht unmittelbar
gegenübergestellt werden können, versucht man, mit Hilfe so genannter Scoring-Modelle
Punktbewertungsverfahren (Scoring-Modelle), eine Verdichtung im Sinne
einer aggregierten Vergleichsbasis zu erreichen.

Neben den verfahrensimmanenten Schwächen von Scoring-Modellen (z. B.
die Manipulierbarkeit der Ergebnisse) ist v. a. zu beachten, dass eine
derartige Analyse nur abgestimmt auf die spezifischen Gegebenheiten eines
Unternehmens sinnvoll sein kann. Der entscheidende Vorteil des Verfahrens als Ergänzung rein quantitativ orientierter Entscheidungstechniken
liegt jedoch in dem Versuch, alle für die Entscheidungsfindung relevanten
Faktoren zu verdeutlichen und gemäß ihrer Bedeutung in die Entscheidung
mit einzubeziehen.

6.5.2.6. Electronic Commerce im Vertrieb

6.5.2.6.1. Das Anwendungsspektrum des Electronic Commerce

,Electronic Commerce'

Die seit Mitte der 90er Jahre einsetzende Kommerzialisierung des Internet hat maßgeblich dazu beigetragen, dass der Begriff *,Electronic Commerce (auch E-Commerce)'* nicht länger nur für den standardisierten elektronischen Datenaustausch im Bereich der *Business-to-Business-Kommunikation* steht, sondern auch für geschäftliche Beziehungen zu den Konsumenten (*Business-to-Consumer*).[215]

Business-to-Business-Bereich

Innerhalb des *Business-to-Business-Bereiches* wickeln Hersteller untereinander oder mit einem Handelspartner ihre Transaktionen ab. In diesem Rahmen können auch andere Tätigkeiten, wie z. B. Online-Beschaffung, Datenaustausch zwischen Hersteller und Handel sowie Online-Lieferung von Software-Produkten durchgeführt werden. Der Konsument bleibt in diesem Falle ausgeklammert.

Business-to-Consumer-Bereich

Innerhalb des *Business-to-Consumer-Bereiches* wickeln Hersteller und Handel ihre Transaktionen direkt mit den Konsumenten ab. Die Offenheit des Internet und sinkende Preise in der Computerbranche ermöglichen einen zunehmenden elektronischen Geschäftsverkehr zwischen Unternehmen und Einzelpersonen auf globaler Ebene. Electronic Commerce ist aber aufgrund seiner technischen und psychologischen Besonderheiten nicht einfach zu implementieren und bedarf deshalb gewisser Vorbereitungen.[216]

Definitionsansätze des jungen Begriffes ,E-Commerce'

Grundsätzlich bildet E-Commerce Geschäftsprozesse zwischen Unternehmen bzw. zwischen Unternehmen und Konsumenten auf elektronischem Wege ab, d. h. es werden Transaktionen ganz oder teilweise auf elektronischen Marktplätzen abgewickelt. Eine klare Abgrenzung des Electronic Commerce im Sinne einer einheitlichen Begriffsdefinition bereitet aufgrund der verschiedenen Einsatzfelder jedoch Schwierigkeiten. So gibt es allgemeine Definitionsansätze, die darunter „.... jede Art wirtschaftlicher Tätigkeit auf der Basis elektronischer Verbindungen ..."[217] oder „.... die digitale Anbahnung, Aushandlung und/oder Abwicklung von Transaktionen zwi-

---

[215] Vgl. Link 2000, S. 6.

[216] Vgl. Albers/Clement/Peters/Skiera 1999, S. 161.

[217] Picot/Reichwald/Wigand 2003, S 337.

schen Wirtschaftssubjekten..."[218] verstehen. Etwas differenzierter betrachtet, handelt es sich bei E-Commerce „... um jene Transaktionen zwischen selbständigen Wirtschaftssubjekten, durch die der Austausch von wirtschaftlichen Gütern gegen Entgelt begründet wird (…), wobei nicht nur das Angebot elektronisch offeriert wird, sondern auch die Bestellung bzw. die Inanspruchnahme elektronisch unter Verwendung eines interaktiven Mediums erfolgt."[219]

Konstituierendes Merkmal des E-Commerce ist somit die Abwicklung von Transaktionen mittels so genannter ,Online-Kanäle'. Dies ist die allgemeine Bezeichnung für Datenübertragungssysteme, die den Transfer von Informationen zwischen einer Zentraleinheit (z. B. Datenbank auf dem Server eines Herstellers) und peripheren Geräten (z. B. Computer von Konsumenten) ermöglichen. Die technischen Voraussetzungen für den Online-Transfer von Daten sind ein Datennetz, dezentral angesiedelte Computer und geeignete Software. Die Übertragung von Daten kann sowohl innerhalb (Intranet) als auch außerhalb (Extranet, Internet) eines Unternehmens stattfinden. Während das Intranet und das Extranet Datennetze mit geschlossenem Adressatenkreis bezeichnen, stellt das Internet ein Datennetz mit offenem Adressatenkreis dar.

,Online-Kanäle'

In Unternehmen können z. B. mithilfe eines Online-Channels Informationen zwischen einzelnen Abteilungen übertragen werden (Electronic Data Interchange, EDI).[220] Zudem können im Zuge der Nutzung von ,Standards', also Normierungen, Daten zwischen Unternehmen und Behörden übertragen werden. Mit Blick auf die Beziehung zwischen Anbieter und Nachfrager spielt die Nutzung von Datenaustauschsystemen insbesondere bei der Abwicklung von Transaktionen (Electronic Shopping) eine wichtige Rolle.

Die *Einsatzmöglichkeiten des E-Commerce* können anhand einer Gegenüberstellung von Konsumenten, Unternehmen und öffentlicher Verwaltung als mögliche Anbieter bzw. Nachfrager einer Leistung differenziert werden (vgl. Abb. 66).

Einsatzmöglichkeiten des E-Commerce

---

218   Clement/Peters/Preiß 1998, S. 49.

219   Müller-Hagedorn/Kaapke 1999, S. 198.

220   Vgl. ausführlich zum Einsatz von EDI im Handel Olbrich 1997, S. 140 ff.

		Nachfrager der Leistung		
		Consumer	**Business**	**Administration**
Anbieter der Leistung	**Consumer**	**Consumer-to-Consumer** z. B. Internet-Kleinanzeigenmarkt	**Consumer-to-Business** z. B. Jobbörsen mit Anzeigen von Arbeitsuchenden	**Consumer-to-Administration** z. B. Steuerabwicklung von Privatpersonen (ESt etc.)
	Business	**Business-to-Consumer** z. B. Bestellung eines Kunden in einer Internet-Shopping-Mall	**Business-to-Business** z. B. Bestellung eines Unternehmen bei einem Zulieferer per EDI	**Business-to-Administration** z. B. Steuerabwicklung von Unternehmen (USt, KSt etc.)
	Administration	**Administration-to-Consumer** z. B. Abwicklung von Unterstützungsleistungen (Sozialhilfe, Arbeitslosenhilfe etc.)	**Administration-to-Business** z. B. Beschaffungsmaßnahmen öffentl. Institutionen im Internet	**Administration-to-Administration** z. B. Transaktionen zwischen öffentl. Institutionen im In- und Ausland

Abb. 66: Einsatzmöglichkeiten des E-Commerce
(in Anlehnung an: Hermanns/Sauter 2001, S. 25)

Da an dieser Stelle ausschließlich distributionspolitische Aspekte des E-Commerce von Interesse sein sollen, steht im Folgenden exemplarisch der Einsatz des Internet im Business-to-Business- und Business-to-Consumer-Bereich im Mittelpunkt.

6.5.2.6.2. Das Internet als Absatzkanal

Formen des Online-Vertriebs

Als Absatzkanal kann das Internet sowohl zum direkten Vertrieb (d. h. ohne Einschaltung einer Handelsstufe zwischen Hersteller und Konsument) als auch zum indirekten Vertrieb (d. h. mit Einschaltung des Handels) von Waren oder Leistungen eingesetzt werden. Auch der Handel kann seinen Vertrieb letztlich über das Internet direkt oder indirekt (mittels weiterer Handelsstufen) abwickeln.

Electronic Shopping

Das ‚Electronic Shopping' bildet den Oberbegriff für Anwendungen des Electronic Commerce, die auf den direkten Verkauf von Waren und Dienstleistungen an den Endverbraucher gerichtet sind und den Geschäftsverkehr elektronisch unterstützen. Das Electronic Shopping verfolgt im Wesentlichen das Ziel, die Zeit- und Raumgrenzen beim Einkauf von Produkten aufzuheben. Für die Durchführung des Electronic Shopping sind Medien für den Austausch von Informationen notwendig. Dabei wird zwischen Online-Medien (z. B. Internet), Offline-Medien (z. B. CD-Rom) und interaktiven Medien (z. B. Store-Terminals) unterschieden.

Die eigentliche physische Distribution, d. h. die Überbringung der Absatzleistung zum Konsumenten, kann allerdings nur bei digitalisierbaren Gütern, wie Software, elektronischen Dokumenten oder Musik, direkt über ein so genanntes Download (Herunterladen auf die Festplatte) erfolgen. In diesem Falle kann man von einer *Online-Distribution* im engeren Sinne sprechen. Bei nicht digitalisierbaren Gütern erfolgt die physische Distribution dagegen nach wie vor über traditionelle Formen der Zustellung (z. B. Postversand), d. h. ‚offline'. Neuere Gestaltungsformen der Offline-Distribution umfassen die Lieferung der Güter an so genannte Pick-Up-Points.[221] An diesen werden die Bestellungen einzelner Kunden gebündelt.

Online-Distribution

Eine allgemeine Bezeichnung für solche Vertriebsformen, bei denen der Kaufakt in dem Domizil des Käufers stattfindet, stellt das so genannte ‚*Home Shopping*' dar. Das Home-Shopping-Konzept wurde zunächst in den USA eingeführt. Der Erfolg des Home Shopping begann Ende der siebziger Jahre mit dem Verkauf von Sonderangeboten im Radio (Home Shopping Network). Später wechselten die Radiostationen ins TV-Kabelsystem, wodurch das Konzept eine größere Verbreitung fand. Mittlerweile ist das Konzept auch in Europa bekannt. Das Konzept des Home Shopping hat in Europa angesichts von Parkplatznot in den Innenstädten und problematischen Ladenöffnungszeiten immer mehr Akzeptanz bei den Konsumenten gefunden. Zur Vertriebsform des Home Shopping gehören insbesondere der Verkauf per Telefon und Fax, das Teleshopping sowie das Online-Shopping.

Home Shopping

Online-Shopping (auch Internet Shopping), bezeichnet den Verkauf von Produkten und Dienstleistungen über ein Datennetz, wie z. B. das Internet. Innerhalb des Internet existieren eine Reihe kommerzieller Online-Dienste, wie z. B. AOL, CompuServe und T-Online, die ihren Kunden das Online Shopping ermöglichen. Die Voraussetzungen für das Online-Shopping sind ein PC, Computersoftware und der Zugang zum Netz bzw. den Servern, auf denen sich die Software mit den Produktangeboten befindet. Die Angebote

Online-Shopping

---

221 Vgl. Petermann 2001; Olbrich/Engels 2003, S. 402.

können direkt von den Online-Händlern abgerufen oder mithilfe so genannter Suchmaschinen gesucht und verglichen werden. Die Vorteile des Online-Shopping gegenüber dem klassischen Versandhandel liegen aus Kundensicht in der Aktualität der Angebotspräsentation, in einem mitunter einfacheren Bestellvorgang und einem effizienteren Selektionsprozess der Angebote. Produktgruppen, die sich aufgrund ihrer Standardisierbarkeit und mehr oder weniger eindeutigen ,Beschreibbarkeit' besonders gut für das Online-Shopping eignen, sind Computersoft- und -hardware, Bücher, Bild- und Tonträger sowie Dienstleistungen im Reiseverkehr, im Bankwesen und im Bereich der Informations- und Kommunikationstechnik.

Internet-Auktion

Eine steigende Zahl an Vertragsabschlüssen verzeichnet eine spezielle Form des Online-Vertriebs: die so genannte *Internet-Auktion*, die als Business-to-Business-Versteigerung (über Ausschreibungen) und als Business-to-Consumer- oder Consumer-to-Consumer-Versteigerung (z. B. www.ebay.de) abgewickelt wird. Ebenfalls auf große Resonanz stoßen Verkaufsaktionen, bei denen der Preis für ein bestimmtes Produkt mit wachsender Anzahl der Nachfrager bis zu einem gewissen Grenzwert sinken kann (z. B. www.letsbuyit.com).

Vorteile des
Online-Vertriebs

Mit dem Online-Vertrieb per Internet können sowohl für die Anbieter von Gütern als auch für deren Nachfrager Vorteile verbunden sein, die auf die spezifischen Merkmale elektronischer Märkte zurückzuführen sind. Dies sind die *Geschwindigkeit* des Mediums, *die Orts- und Zeitungebundenheit*, die (mitunter anzutreffende) *Transparenz* (Erleichterung der Informationsbeschaffung), die *Offenheit* (Zugänglichkeit für alle Anbieter und Nachfrager) sowie die im Vergleich zu traditionellen Vertriebswegen vor allem bei digitalisierbaren Gütern sehr *geringen Transportkosten*.[222] Offen erscheint die Ausprägung der Transaktionskosten. Diese resultieren im Allgemeinen aus den Informationskosten, den Kosten des Vertragsabschlusses und der Vertragserfüllung sowie den Kontrollkosten.[223]

---

[222] Vgl. hierzu Fritz 2001, S. 128, sowie Fantapié Altobelli/Fittkau 1997, S. 408.

[223] Vgl. Kaas/Fischer 1993, S. 688. Möglichen Kosteneinsparungen für Anbieter müssen allerdings die oftmals nicht unerheblichen Anschaffungsinvestitionen und Wartungskosten des Internet-Auftritts gegenübergestellt werden.

6.5.2.6.3. Nutzenpotenziale des Internet aus Anbietersicht

Ein Anbieter sichert sich durch den (u. U. mehrsprachig gestalteten) Auftritt im Internet zunächst *globale Präsenz* und damit den Zugang zu neuen Märkten und neuen Zielgruppen. Darüber hinaus bietet das Internet mit Blick auf die Platzierung des Angebotes und auf die Sortimentsgestaltung eine deutlich höhere *Flexibiliät*, da im traditionellen Handel der vorhandene Regalplatz stets als möglicher Engpassfaktor zu betrachten ist. Im Internet können demgegenüber einem Sortiment bspw. problemlos neue Artikel hinzugefügt oder auch einzelne Artikel beliebig vielen Warengruppen zugeordnet werden. Die daraus resultierende (Tages-) Aktualität des Angebots verbessert u. U. die Wettbewerbsfähigkeit des Anbieters.

globale Präsenz

Flexibilität

Die Möglichkeit der *direkten Bestellannahme* führt zudem zu einer Verkürzung der Vertriebsketten und somit zu Zeit- und Kostenvorteilen, die sich in höheren Margen niederschlagen können. Auch die Möglichkeit zur Vermeidung von Händlerspannen wirkt sich i. d. R. positiv auf die Kostensituation des Anbieters aus.

direkte Bestellannahme

Über den Online-Vertrieb eröffnen sich einem Unternehmen auch große Chancen im Rahmen der *Gewinnung von Kundendaten*, da das tatsächliche Such- und Kaufverhalten innerhalb bestimmter Online-Vertriebssysteme nachvollzogen werden kann. Auf Basis der gesammelten Daten können Präferenzstrukturen erkannt werden, die es einem Anbieter z. B. ermöglichen können, Offerten zu unterbreiten, die speziell auf einen Kunden zugeschnitten sind. Derartige ,individualisierte Marketing-Maßnahmen' können wiederum zu einer engeren Kundenbindung beitragen. Der direkte Kontakt zum Kunden eröffnet einem Anbieter darüber hinaus so genannte Cross-Selling-Potenziale, d.die Möglichkeit zum Angebot weiterer Produktbereiche.

Gewinnung von Kundendaten

6.5.2.6.4. Nutzenpotenziale des Internet aus Konsumentensicht

Anywhere- und
Anytime-
Verfügbarkeit

Die Vorteile des ,Internet-Shopping' aus Sicht der Konsumenten beruhen vor allem auf der *Anywhere- und Anytime-Verfügbarkeit* des jeweiligen Angebotes. Der Bestellvorgang kann ,rund um die Uhr' und ,von jedem Ort' durchgeführt werden, d. h. im Bedarfsfall kann eine Order – unabhängig von Ladenöffnungszeiten – unmittelbar erteilt und im Fall von digitalisierbaren Gütern sogar die Leistung unmittelbar empfangen werden. Darüber hinaus hat der Konsument Zugang zum internationalen Markt und kann aus einem wesentlich reichhaltigeren Angebot auswählen als dies beim Einkauf im stationären Handel möglich wäre. Der Gefahr der Infor-

Suchmaschinen/
Software-Agenten

mationsüberflutung sollen dabei sogeannte *Suchmaschinen* (z. B. Google, Yahoo, Lycos) oder *Software-Agenten* (z. B. BargainFinder, Jango, Pricewatch) entgegen steuern. Software-Agenten führen nach Vorgabe des Nutzers z. B. Vergleiche von Preisen und Lieferzeiten durch und filtern die besten Offerten heraus. Die auf diese Weise verhältnismäßig einfache und

erhöhte
Markttransparenz

schnelle Vergleichbarkeit der Angebote soll eine *erhöhte Markttransparenz* verschaffen, die im günstigsten Falle dazu führt, dass der Konsument ohne großen Aufwand die für ihn optimale Alternative auswählen kann.

Multimedialität
und Interaktivität

Vorteile im Vergleich zum klassischen Versandhandel liegen in der *Multimedialität und Interaktivität* der Online-Medien begründet. Der Begriff ,Interaktivität' umschreibt die Fähigkeit eines Anwendungsprogrammes oder einer Benutzeroberfläche, bestimmte Aufgaben im Dialog mit dem Anwender zu lösen. So liefern bewegte Bilder und Ton parallel zu den ausführlichen Produktinformationen in Textform einen ,plastischeren' Eindruck vom jeweiligen Produkt als dies eine Abbildung in einem Versandhaus-Katalog könnte. Zudem lassen sich bestimmte Güter interaktiv den individuellen Wünschen des Kunden anpassen (z. B. Oberhemden, bei denen der Konsument den Stoff, das Muster, die Ärmellänge, die Kragenform und weitere Merkmale auswählen kann).

6.5.2.6.5. Nachteile des Online-Vertriebs gegenüber dem stationären Handel

Neben den Vorteilen des Internets lassen sich auch Nachteile des Online-Vertriebs gegenüber dem stationären Handel ausmachen. Diese sind vor allem auf die fehlenden physischen Kontakte mit dem jeweiligen Produkt zurückzuführen. So können nach dem heutigen Stand der Technik Produkte z. B. nicht gefühlt, gerochen und geschmeckt werden, was bei einigen Gütern die Wahrnehmung und damit die Kaufbereitschaft der Konsumenten einschränken kann. Derzeit sind zwar einzelne Prototypen in Planung, die mittels Sensortechnik z. B. die Übertragung von Gerüchen ermöglichen sollen. Die Verbreitung der dafür erforderlichen technischen Werkzeuge ist jedoch noch sehr ungewiss.

Bei digitalisierbaren Gütern besteht darüber hinaus die Gefahr einer Erleichterung der illegalen Vervielfältigung. Außerdem werden die Distributionskosten auf die Nachfrager verlagert, d. h. die Nachfrager müssen über geeignete Ausgabemedien verfügen und die anfallenden Kosten für den Download übernehmen.

Darüber hinaus ist der Aufbau von sozialen Kontakten im Internet nur eingeschränkt möglich. So genannte ‚Chat-Rooms‘ und ‚Virtuelle Gemeinschaften‘ stellen elektronische Surrogate dar, die einer Face-to-Face-Kommunikation nicht gleichgesetzt werden können. Problematisch ist ferner nach wie vor die Zahlungsabwicklung über das Internet. Weiterhin können Konflikte mit den traditionellen Vertriebskanälen des Anbieters aufgrund von Kannibalismuseffekten entstehen.

6.5.3. Die Planung der physischen Warenverteilungsprozesse

6.5.3.1. Gestaltungsbereiche

Die eigentliche *physische Distribution*[224] umfasst den Transport und die Lagerhaltung der Produkte. Transport und Lagerhaltung können sowohl von einem Hersteller als auch von den Absatzmittlern oder sogar von den Konsumenten übernommen werden. Aus der Sicht eines Herstellers hat dieser Teil der Distributionspolitik die physische Überbrückung des räumlichen und zeitlichen Auseinanderfallens von Produktion und Konsumtion zum Gegenstand.

physische Distribution

Ein Hersteller kann die physische Distribution gestalten, indem *Vereinbarungen über Lieferkonditionen* mit den Absatzmittlern oder Konsu-

Vereinbarungen über Lieferkonditionen

---

224 Vgl. hierzu Ahlert 1996, S. 22 ff.

menten getroffen werden. Im Rahmen der Lieferkonditionen werden z. B. die Kosten- und Gefahrentragung, die technische Abwicklung der Raumüberbrückung, die Lieferzeiten und Termine, die Beschaffenheit und Genauigkeit der Lieferung sowie die rechtlichen Verpflichtungen der Vertragsparteien festgelegt.

Absatz-/ Marketinglogistik

Die Einhaltung der Lieferkonditionen soll mithilfe der *Absatz-* oder auch *Marketinglogistik* gewährleistet werden. Die Marketinglogistik stellt den absatzbezogenen Teilbereich der Logistik eines Unternehmens dar. Sie beschäftigt sich mit der Transformation der betrieblichen Leistungen vom Ort ihrer Entstehung bis hin zur Ablieferung bei den Kunden. Somit betrifft sie Aktivitäten zur Zeit- und Raumüberbrückung von Waren durch Transport und Lagerung, aber auch durch effiziente Auftragsabwicklung und Auslieferung. Im Rahmen dieses logistischen Teilbereiches trifft ein Hersteller z. B. Entscheidungen über Formen, Standorte und Träger der Lagerhaltung, über Mittel und Träger des Transportes sowie über die Gestaltung einer aus logistischer Sicht adäquaten Verpackung.

Lieferungspolitik

Die beiden Gestaltungselemente der physischen Distribution (Lieferkonditionen und Marketinglogistik) können unter dem Begriff *Lieferungspolitik* zusammengefasst werden. Der tatsächlich eintretende Lieferservice eines Herstellers wird maßgeblich durch dessen Lieferungspolitik beeinflusst. Die Marketinglogistik hat in diesem Zusammenhang einen besonderen Stellenwert. So kann durch ihre spezifische Aufgabenerfüllung ein im Vergleich zu den Mitbewerbern überlegener Nutzen für die Abnehmer geschaffen werden. Eine pünktliche und sorgfältige Zustellung der Lieferung lässt häufig den Gesamtwert des Angebotes in den Augen des Kunden steigen und ermöglicht somit eine Bindung der bereits vorhandenen Kunden und u. U. die Gewinnung neuer Abnehmer.

6.5.3.2.   Festlegung des Lieferservice und der Lieferbereitschaft

Lieferservice

Allgemein bestimmt der ‚*Lieferservice*' die mit der physischen Warenversorgung verbundene Zufriedenheit der Abnehmer. Als Indikatoren zur Beurteilung des Lieferservice können die Lieferzeit, die Lieferzuverlässigkeit, die Lieferqualität und die Lieferbereitschaft herangezogen werden. Unter Lieferzeit versteht man die Zeitspanne zwischen Auftragserteilung durch den Kunden und Wareneingang beim Kunden.

Je höher die *Lieferbereitschaft* in diesem Zusammenhang ist, umso geringer ist das Risiko von Fehlmengen und umso höher sind die Lagerhaltungskosten, da i. d. R. größere Mindestlagerbestände vorgehalten werden müssen. Wenn ein Produkt nachgefragt wird, aber nicht lieferbar ist, spricht man von einer Fehlmenge. Ein Lieferbereitschaftsgrad von 100 % bedeutet, dass keine Fehlmengen entstehen können. Fehlmengen verursachen Fehlmengenkosten in Form der entgangenen Deckungsbeiträge des nicht lieferbaren Produktes. Weitere Fehlmengenkosten treten auf, wenn Konsumenten ihre zukünftige Nachfrage bei anderen Anbietern decken. Zur Vermeidung von Fehlmengen sind relativ große Mindestlagerbestände erforderlich. Es muss deshalb ein ökonomisch gerechtfertigter Kompromiss zwischen Fehlmengen- und Lagerkosten gefunden werden.

Lieferbereitschaft

6.5.3.3. Marketinglogistik als Element des integrierten Logistikmanagements

Allgemein umfasst die Logistik[225] sämtliche Transport-, Lager- und Umschlagvorgänge im Realgüterbereich in und zwischen Betrieben/Organisationen. Hierin eingeschlossen ist nicht nur die Aufgabe der Absatzlogistik (d. h. die Zuleitung der Güter von der Produktion zum Kunden), sondern auch die Beschaffungslogistik (d. h. die Zuleitung von Materialien an das eigene Unternehmen). Somit beinhaltet die Logistik alle Prozesse der Raum- und Zeitüberbrückung von Sachgütern. Hierzu zählen auch die zugehörigen Steuerungs- und Regelungsabläufe.

Logistik kann daher als ein von Unternehmen zu gestaltendes Flusssystem von Realgütern und Informationen angesehen werden, das die Beschaffungsmärkte mit den Produktionsstätten und Absatzmärkten verbindet. Zur optimalen Gestaltung dieses Flusssystems werden unternehmensindividuelle Logistikziele fixiert, die dann die Basis für die Entwicklung eines Logistiksystems darstellen.

Die Kernfunktionen der Logistik umfassen dabei die Auftragsbearbeitung, die Lagerung, das Bestandsmanagement und den Transport. Der Vorgang der Logistik beginnt damit, dass das Unternehmen von einem Kunden einen Auftrag erteilt bekommt. Somit benötigt das Unternehmen eine möglichst

---

225 Vgl. ausführlich zur Logistik Pfohl 2004.

kundengerechte Auftragsbearbeitung, die zudem effizient arbeitet. Daneben müssen viele Unternehmen eine gewisse Menge an Gütern lagern, die bei Bedarf verkauft werden können. Hierzu muss eine Entscheidung darüber getroffen werden, wie viele Lagereinrichtungen benötigt werden und welche Typen von Lagereinrichtungen geeignet sind. Da die Höhe und Vollständigkeit der Lagerhaltung einen großen Einfluss auf die Kundenzufriedenheit ausübt, muss das Unternehmen im Rahmen des Bestandsmanagement einen Kompromiss zwischen einem zu hohen und einem zu niedrigen Lagerbestand finden. Hier gilt es, die Kosten einer zu hohen Lagerhaltung mit den möglichen Gewinneinbußen durch Fehlmengen bei einer zu geringen Lagerhaltung abzugleichen.

Letztendlich müssen im Rahmen des Logistikkonzeptes auch Entscheidungen bezüglich des Transports, z. B. Wahl der Transportart und des Transportmittels getroffen werden.

Transport   Allgemein ist unter *Transport* die eigentliche Belieferung des Kunden mit Gütern aus eigenen oder fremden zentralen, regionalen oder lokalen Lagern zu verstehen. Hinter dieser betriebswirtschaftlichen Problemstellung verbergen sich die folgenden drei Problemfelder:

1. Welche Transportmittel sind geeignet, um die Versorgung der Kunden mit den betreffenden Waren sicherzustellen?

2. Soll die Transportleistung eigenständig vorgenommen oder an Dritte abgegeben werden?

3. Welche Planungs-, Steuerungs- und Organisationsinstrumente sollen für eine zweckmäßige Transportdurchführung eingesetzt werden?

Bei jedem dieser drei Entscheidungsfelder stellt sich das Problem, die Entscheidung an relevanten Kriterien zu orientieren. Hinsichtlich der Entscheidungen spielen Kosten- (z. B. Transportkosten) als auch Leistungskriterien (z. B. Transportzeit, Zuverlässigkeit des Transports) eine gewichtige Rolle.

In der Praxis besteht derzeit die Tendenz zur Einführung eines *‚integrierten* *Logistikmanagements‘*, welches alle mit der Logistik befassten Mitarbeiter eines Unternehmens und alle entsprechenden externen Partner einbindet, um so die ‚optimale‘ Betreuung der Kunden bei einer Minimierung der Verteilungskosten zu erreichen. Konkreten Ausdruck findet eine derartige Sichtweise in der Einrichtung von *Güterverteilzentren* (auch Güterverkehrs- zentren oder Transitterminals). Hierunter versteht man die lokale Zusam- menführung von Verkehrs-, Logistik-, und Dienstleistungsunternehmen an einem oder mehreren verkehrsgünstig gelegenen Standorten. Die wichtig- sten Funktionen eines Güterverteilzentrums sind der effiziente Einsatz mög- lichst vieler Verkehrsträger im Logistikprozess, eine bessere Koordination zwischen Nah- und Fernverkehr sowie die Schaffung eines logistischen Knotens. Durch die Zentralisierung des Transport-, Umschlag- und Lager- gewerbes können sich verschiedene positive Effekte ergeben, wie z. B. Re- duzierung von Leerfahrten und Fehlmengen.

[Randnotiz: integriertes Logistik- management]

[Randnotiz: Güterverteil- zentren]

Derzeit wird dieser Ansatz überwiegend von Handelsunternehmen zur Bün- delung von Güterströmen angewendet. Die Warensendungen einer Vielzahl von Lieferanten werden zunächst an ein Güterverteilzentrum geliefert. Anschließend werden die Waren nach dem Empfänger sortiert und ge- bündelt transportiert. Für die Lieferanten ergibt sich der Vorteil des großen zusammengefassten Transportvolumens für einen Empfänger. Für die Kunden ergibt sich der Vorteil der geringen Anzahl an Anlieferungen und für den Frachtführer der Vorteil einer hohen Auslastung seiner Touren. Durch diese Art der Güterverteilung wird neben der Vermeidung von Fehl- mengen und der Reduzierung von Anlieferungen eine Senkung der Be- stände in der Logistikkette angestrebt. Insofern wird mitunter von ‚be- standslosen‘ Warenverteilzentren gesprochen.

6.5.4. Abwicklung und Koordination der Warenverkaufs- und Warenverteilungsprozesse

Nachdem die Warenverkaufsprozesse durch Bestimmung der Absatzkanal- struktur und die Warenverteilungsprozesse durch die Lieferungspolitik weitgehend festgelegt wurden, sind Entscheidungen über die konkrete Ab- wicklung und Steuerung dieser Prozesse zu treffen.

Auftrags-
abwicklung

Von besonderer Bedeutung ist zunächst die *Auftragsabwicklung*. Diese umfasst die Übermittlung, Bearbeitung und Kontrolle eines Kundenauftrags.
Sie beginnt somit i. d. R. mit dem Eingang des Auftrags im Unternehmen
und endet erst mit der Ankunft der Sendungsdokumente und der Rechnung
beim Kunden. Kern der Auftragsabwicklung ist der Informationsfluss zur
Bearbeitung eines Auftrags.

Zur Erleichterung und Standardisierung der Auftragsabwicklung greift die
Mehrzahl der Unternehmen auf computergestützte Auftragsabwicklungs-
systeme zurück. Diese steuern den Kundenauftrag vom Angebot bis zur
Auslieferung.

Auftragsdaten-
verarbeitung

Im Rahmen derartiger Auftragsabwicklungssysteme steht die *Auftragsdatenverarbeitung*, d. h. die Erfassung, unternehmensindividuelle Aufbereitung und Kontrolle der Auftragsdaten im Mittelpunkt. Nach der Auf-
tragsübermittlung durch den Kunden werden die Aufträge zum Zwecke der
Zusammenstellung der Güter im Lager und des Versands aufbereitet.
Hierbei fallen weitere Aufgaben für die Auftragsdatenverarbeitung an. So
müssen z. B. die an das Lager gerichteten Daten nach den Kriterien Inhalt
und Organisation der Kommissionierung disponiert werden. Letztendlich
münden die Auftragsdaten in die Versanddaten und die Rechnung, die das
Unternehmen seinen Abnehmern für die erbrachte Leistung ausstellt.

Übungsaufgaben

Aufgabe 33: Distribution und Vertrieb

Grenzen Sie die Begriffe Distribution und Vertrieb voneinander ab!
Erklären Sie in diesem Zusammenhang, was unter Vertrieb aus ‚funktionaler' bzw. ‚institutioneller' Sicht zu verstehen ist!

Aufgabe 34: Planungsprozess der Distributionspolitik

Zeigen Sie den Planungsprozess der Distributionspolitik auf! Erläutern Sie die einzelnen Planungsschritte ausführlich!

Aufgabe 35: Planung der Vertriebsstruktur

Die Verhaltensabstimmung in Absatzkanalsystemen kann unterschiedlich intensiv ausgeprägt sein.

a) Was ist in diesem Zusammenhang unter Vertriebssystemen zu verstehen? Erklären Sie die beiden Extreme „Absatzkanalsystem mit anarchistischen Beziehungen zwischen den Systemelementen" auf der einen Seite und „Anweisungsvertrieb über ausschließlich herstellereigene Verkaufsorgane" auf der anderen Seite! Unter welchen Bedingungen ist das eine oder andere Extrem zu wählen?

b) Listen Sie stichpunktartig auf, welche Kooperationsformen zwischen den beiden Extremen existieren! Halten Sie sich dabei an die logische Reihenfolge bei abnehmender Intensität der Verhaltensabstimmung!

c) Grenzen Sie die Ausschließlichkeitsbindung und die Absatzbindung als verschiedene Arten von Vertriebsbindungen voneinander ab!

Aufgabe 36: Alternative Vertriebssysteme und E-Commerce

Im Rahmen der Distributionspolitik sind Grundsatzentscheidungen über die Gestaltung von Vertriebssystemen zu treffen.

a) Charakterisieren Sie drei alternative Vertriebssysteme unterschiedlicher Intensität der Verhaltensabstimmung zwischen einem Hersteller und

seinen Absatzmittlern! Erläutern Sie ausführlich die jeweiligen Vor-
und Nachteile der Vertriebssysteme aus Sicht des Herstellers!

b) Zeigen Sie, welchen Einfluss Electronic Commerce auf die Struktur
von Vertriebssystemen hat!

c) Diskutieren Sie, welchen Einfluss das Internet im Bereich Business-to-
Business auf die Machtverhältnisse in Vertriebssystemen hat!

Aufgabe 37: Planung der vertikalen Absatzkanalstruktur

Derzeit finden ,Factory Outlets' in Deutschland eine zunehmende Verbreitung. Dabei handelte es sich ursprünglich um herstellereigene Verkaufsniederlassungen, in denen Hersteller einen Teil ihrer Erzeugnisse – z. B.
leicht fehlerhafte Waren – zu deutlich reduzierten Preisen anbieten.

a) Welche Art des Absatzweges liegt der oben skizzierten Vertriebsform
zu Grunde? Gehen Sie bei der Beantwortung dieser Frage so vor, dass
Sie zunächst zwei alternative Arten von Absatzwegen nennen und beschreiben! Begründen Sie anschließend ausführlich, welcher der beiden
Arten von Absatzwegen Sie den Vertrieb über Factory Outlets zuordnen!

b) Nennen und erläutern Sie aus der Perspektive der Industrie Vorteile und
Nachteile des Vertriebs über Factory Outlets gegenüber anderen Vertriebsformen!

c) Welche Entwicklungen im Konsumgütereinzelhandel bewirken, dass
Industrieunternehmen ihre Produkte in zunehmendem Maße über Factory Outlets vertreiben?

Aufgabe 38: Planung der horizontalen Absatzkanalstruktur

Im Rahmen der Distributionspolitik wird u. a. die Tiefe und Breite des
Absatzkanals bestimmt, d. h. Handelsbetriebstypen werden ausgewählt und
die Anzahl der Vertriebsstätten wird für jeden ausgewählten Handelsbetriebstyp festgelegt. Dabei unterscheidet man zwischen intensiver, selektiver und exklusiver Distribution.

a) Beschreiben Sie die Ziele sowie Vor- und Nachteile der intensiven,
selektiven und exklusiven Distribution!

b) Nennen Sie 4 Produktmerkmale, die die Festlegung der Breite des Absatzkanals beeinflussen können! Erläutern Sie dabei ausführlich die Wirkungsverflechtungen zwischen den Produktmerkmalen und den drei in a) beschriebenen Distributionsintensitäten!

c) Wodurch könnte ein Handelsunternehmen die Intensität der Distribution einer Handelsmarke erhöhen?

Aufgabe 39: Absatzkanalkonflikte

a) Im Rahmen der Koordination von Absatzmittlern spielen Absatzkanalkonflikte und deren Vermeidung eine wichtige Rolle. Erläutern Sie ausführlich den Begriff Absatzkanalkonflikt!

b) Zeigen Sie auf, welche Arten an Absatzkanalkonflikten unterschieden werden können und wie diese gelöst werden könnten!

c) Diskutieren Sie mögliche Absatzkanalkonflikte an einem selbst gewählten Beispiel vor dem Hintergrund politischer, wirtschaftlicher und technologischer Rahmenbedingungen!

Aufgabe 40: Vertikales Marketing

Hersteller haben nicht selten die Zielsetzung, den Marktauftritt ihrer Produkte möglichst vollständig zu koordinieren und zu kontrollieren. Dies kann ein Motiv für eine vertikale Kooperation zwischen Hersteller und Handel sein.

a) Zeigen Sie die Rahmenbedingungen des vertikalen Marketing auf!

b) Welche Rollen kann der Handel im Absatzkanal des Herstellers einnehmen?

c) Nennen Sie ein konkretes Beispiel für eine vertikale Kooperation zwischen Hersteller und Handel und zeigen Sie die branchentypischen Rahmenbedingungen für dieses Beispiel auf!

Aufgabe 41: Verkaufs- und Außendienstpolitik

Eine Ausgestaltung der Verkaufs- und Außendienstpolitik eines Herstellers ist der Persönliche Verkauf.

a) Unter welchen Bedingungen bietet sich der Persönliche Verkauf besonders an? Woraus resultiert seine Bedeutung?

b) Welche Ziele sollten mit dem Persönlichen Verkauf verfolgt werden?

c) Ordnen Sie die unterschiedlichen Aufgaben des Verkäufers im Rahmen dieser persönlichen Form der Kommunikation den Phasen des Verkaufsprozesses zu! Erklären Sie in diesem Zusammenhang den Begriff der ‚kognitiven Dissonanz'!

Aufgabe 42: Handelsvertreter versus Reisender

a) Ein Unternehmen stellt ein Produkt her, dessen Stückpreis 7 € beträgt. Die variablen Stückkosten betragen 4,9 €. Das Unternehmen steht vor dem Entscheidungsproblem für die nächste Planungsperiode die Vertriebsstrukturen auszuwählen. Zwei Angebote stehen zur Auswahl. Ein Reisender erwartet ein Fixum von 7000 € pro Periode und eine Beteiligung von 0,1 € an jedem verkauften Stück. Ein Handelsvertreter erwartet ein Fixum von 700 € pro Periode und eine Beteiligung von 1,1 € an jedem verkauften Stück. Welches Angebot sollte angenommen werden, wenn 1.000, 5.000 oder 10.000 verkaufte Stücke erwartet werden?

b) Hinterfragen Sie die Vorgehensweise unter a) und arbeiten Sie heraus, welche Kriterien bei dieser Entscheidung unberücksichtigt bleiben, wenn nur die Stückpreise und die Stückkosten berücksichtigt werden!

c) Gibt es operable Verfahren, die dazu beitragen, mit den unter b) genannten Kriterien zu einer fundierten Entscheidung über die Vertriebsstrukturen zu gelangen?

Aufgabe 43: Electronic Commerce im Vertrieb

Das Internet gewinnt im Rahmen des ‚Electronic Commerce' zunehmend auch als Absatzkanal an Bedeutung. Immer mehr Anbieter sehen in dieser Alternative eine Möglichkeit, durch individualisierte Angebote Kunden zu gewinnen und zu binden.

a) Nennen und erläutern Sie die verschiedenen Arten von Absatzwegen und stellen Sie dar, welche Faktoren die Auswahl von Absatzwegen beeinflussen! Ordnen Sie anschließend zu, um welche Art von Absatzweg es sich bei dem Vertrieb über das Internet handelt! Begründen Sie Ihre Antwort!

b) Mit Blick auf die physische Distribution widersprechen Ziele des Marketing nicht selten Zielen einer möglichst kostengünstigen Gestaltung des Betriebsprozesses. Stellen Sie derartig konträre Zielsetzungen einander gegenüber! Erläutern Sie anhand des Beispiels digitalisierbarer Güter (z. B. Software, Musik-CDs) durch welche spezifischen Vorteile des Internet es zu einer Annäherung einander widerstrebender Zielsetzungen kommen kann!

c) In der aktuellen Diskussion wird vielfach die These aufgeworfen, das Internet stelle eine starke Bedrohung für den Handel dar, da die Hersteller auf virtuellen Marktplätzen selbst den Vertrieb ihrer Produkte abwickeln könnten. Nennen Sie mindestens drei Gründe, die gegen diese Behauptung sprechen!

Aufgabe 44: Planung der physischen Warenverteilungsprozesse

Unter dem Begriff Lieferungspolitik können die beiden wesentlichen Gestaltungselemente der physischen Distribution zusammengefasst werden.

a) Definieren Sie zunächst den Begriff ‚physische Distribution‘!

b) Nennen Sie nun stichpunktartig einige Aspekte, bezüglich derer im Rahmen der Lieferungskonditionen als erstem Gestaltungselement Vereinbarungen getroffen werden können!

c) Erläutern Sie durch welches zweite Gestaltungselement von Seiten des Anbieters die Einhaltung der Lieferkonditionen gewährleistet werden soll!

Weiterführende Literatur

AHLERT, D. 1996: Distributionspolitik – Das Management des Absatzkanals, 3. Aufl., Stuttgart, Jena.

OLBRICH, R. 1998: Unternehmenswachstum, Verdrängung und Konzentration im Konsumgüterhandel, Stuttgart.

PFOHL, H.-C. 2004: Logistikmanagement, 2., vollst. überarb. und erw. Aufl., Berlin u. a.

Kapitel 7

Sektorales Marketing

7.   Sektorales Marketing

Das Marketing einzelner Sektoren (d. h. Institutionen, Branchen oder bestimmter Gruppen von Unternehmen) erfährt i. d. R. aufgrund einiger Besonderheiten spezifische Ausprägungen. Hier werden exemplarisch das
Handels-, das Dienstleistungs-, das Investitionsgüter- und das Non-Profit-
Marketing skizziert.

7.1.   Handelsmarketing

Mit wachsender Bedeutung des Handels im Konsumgütersektor erfolgte im
Sprachgebrauch der Praxis und der Wissenschaft die ‚Geburt' des Handelsmarketing. Zudem rechtfertigen *handelsspezifische Besonderheiten* eine
spezifische Auffächerung der Marketinginstrumente für *Handelsbetrie-*   Handelsbetriebe
be.[226]

Die tieferen Gründe für eine Eigenständigkeit des Handelsmarketing liegen
in der Emanzipation des Handels von der Rolle des ‚bloßen Absatzmittlers'
der Konsumgüterindustrie zu einem Marktpartner mit eigenen Profi-
lierungsbemühungen und erheblicher Marktmacht. Der Machtzugewinn des
Handels gegenüber der Industrie ist im Wesentlichen eine Folge fort-
schreitender Konzentrations- und Kooperationsprozesse auf der Handelsstufe.[227] Darüber hinaus ist die in jüngerer Zeit rasch voranschreitende
Verbreitung von Handelsmarken ein bedeutender Grund für die Emanzipation des Handels und die zunehmende Bedeutung des Handelsmarketing.

Handelsmarketing beinhaltet das Marketing von Handelsunternehmen. In   Handelsmarketing
der Praxis wird mit Handelsmarketing mitunter auch das Marketing von
Herstellern in Bezug auf den Handel bezeichnet. Terminologisch kennzeichnet der Begriff des Handelsmarketing allerdings nur das Marketing
von Handelsunternehmen gegenüber den Absatz- und Beschaffungsmärkten
dieser Institutionen. Das Marketing von Herstellern in Bezug auf den Handel wird in Wissenschaft und Praxis nicht selten auch als Trade-Marketing

---

[226] Vgl. zum Handelsmarketing z. B. Müller-Hagedorn 2002. Für weitere Bereiche der
Handelsbetriebslehre vgl. Ahlert/Kollenbach/Korte 1996 u. Müller-Hagedorn 1998.

[227] Vgl. Olbrich 1998.

bezeichnet. Dieses ist eng verknüpft mit dem Bemühen der Hersteller, ein ‚Vertikales Marketing' durchzusetzen.[228]

Das Handelsmarketing umfasst alle an den Marketingzielen orientierten Maßnahmen eines Handelsunternehmens, die sowohl auf eine gezielte Beeinflussung der Kaufentscheidungen potenzieller Abnehmer als auch auf eine Beeinflussung der Verkaufsentscheidungen potenzieller Lieferanten gerichtet sind. Spezialformen des Handelsmarketing stellen das Groß- und Einzelhandelsmarketing dar.

Marketing-Mix des Handels

Obwohl das Marketing-Mix eines Handelsunternehmens mit dem eines Industrieunternehmens prinzipiell vergleichbar ist, machen einige Besonderheiten, wie z. B. die Standortgebundenheit, die ‚Nähe' zum Endkunden der Wertschöpfungskette und die Sortimentsbildung über eine Vielzahl an Lieferanten hinweg, eine spezifische Ausprägung des Handelsmarketing erforderlich.

Im Mittelpunkt des Handelsmarketing steht die Handelsleistung und damit nicht der einzelne Artikel oder ein einzelnes Produkt, sondern die Kombination aus fremderstellten Sachleistungen (Ware) und eigenerstellten Dienstleistungen (Beratung und Service). Das Handelsmarketing orientiert sich damit i. d. R. weniger an Produkten, sondern vielmehr an Sortimenten und Betriebsformen. Eine Betriebsform stellt z. B. der Discounter oder das Warenhaus dar. Diese ‚Verkaufsprinzipien' beinhalten ganz bestimmte Ausprägungen des Marketing-Mix und führen zur Wahrnehmung als Marke (z. B. ‚Aldi', ‚Saturn', ‚KaDeWe').

absatzseitige Instrumente

Zu den absatzseitigen Marketinginstrumenten des Handels zählen die Sortimentspolitik, die Produktpolitik (hier vor allem die Handelsmarkenpolitik), die Preispolitik, die Kommunikationspolitik und die Vertriebspolitik inklusive der Betriebsformenpolitik.

beschaffungs- seitige Instrumente

Zum beschaffungsseitigen Marketinginstrumentarium des Handels gehören die beschaffungsseitige Sortiments- und Produktpolitik, die beschaffungsseitige Preispolitik, die Beschaffungskommunikation und die Lieferantenpolitik.[229]

---

[228] Vgl. hierzu Abschnitt 6.5.2.4. und Olbrich 1995.

[229] Vgl. hierzu vertiefend Hansen 1990; Theis 1999, S. 28.

Der Einsatz und die Kombination der absatz- und beschaffungsseitigen
Marketinginstrumente sollten auf der Grundlage einer ausführlichen Infor-
mationsbasis, z. B. über das Einkaufsverhalten potenzieller Kunden, erfolgen. Die elektronische Erfassung der Abverkaufsdaten im Einzelhandel
(Scanning am Point of Sale) ermöglicht hier eine preiswerte Informationsbeschaffung.[230]

Die Fähigkeit eines Marktpartners, seine Marketingstrategien im Absatz-
oder Beschaffungsmarkt durchzusetzen, kann unter dem Begriff *Marketing-*   Marketingführer-
führerschaft zusammengefasst werden.[231] Aufgrund der häufig anzu-   schaft
treffenden mehrstufigen Distributionssysteme kann vielfach auch eine so
genannte partielle Marketingführerschaft vorliegen. Bei dieser speziellen
Form bezieht sich die Marketingführerschaft entweder lediglich auf die
erste Stufe im Absatzkanalsystem oder auf eine bestimmte Betriebsform.
Insbesondere im Rahmen der Hersteller-Handels-Beziehung können bei
einem beidseitigen Streben nach Marketingführerschaft Spannungen entstehen.

Obwohl die Industrie für einen geraumen Zeitraum vielfach die Position des
Marketingführers innehatte, verschiebt sich das Machtgefüge durch die
anhaltenden Konzentrationsprozesse in der Handelslandschaft zusehends zu
Gunsten des Handels.[232] Mittlerweile besitzen die fünf größten Handelskonzerne der europäischen Länder in den meisten Ländermärkten ganz erhebliche Marktstellungen. Dies verdeutlicht Abbildung 67 am Beispiel des
Lebensmittelmarktes, der nicht selten Dreh- und Angelpunkt der Geschäftsfelder in den größten Handelskonzernen ist. Letztlich verschwimmen auch
die Sortimentsgrenzen zunehmend, so dass viele weitere Branchen (z. B.
Unterhaltungselektronik, Textilien) in diesen Konzernen vertreten sind.
Durch die Konzentrationsprozesse erhält der Handel oftmals eine so ge-   Gatekeeper-
nannte *Gatekeeper-Funktion*, da er im Falle des indirekten Absatzes letzt-   Funktion des
lich entscheidet, welche Produkte den Endabnehmer erreichen.   Handels

---

[230]   Vgl. hierzu Olbrich/Grünblatt 2004. Zu weiteren Maßnahmen der Marktforschung
        im Einzelhandel vgl. z. B. Berekoven 1995, S. 367 ff. oder Theis 1999, S. 66 ff.

[231]   Vgl. Kümpers 1976, S. 19 f. und Abschnitt 6.5.2.4.3.2.

[232]   Vgl. Olbrich 2001a und b.

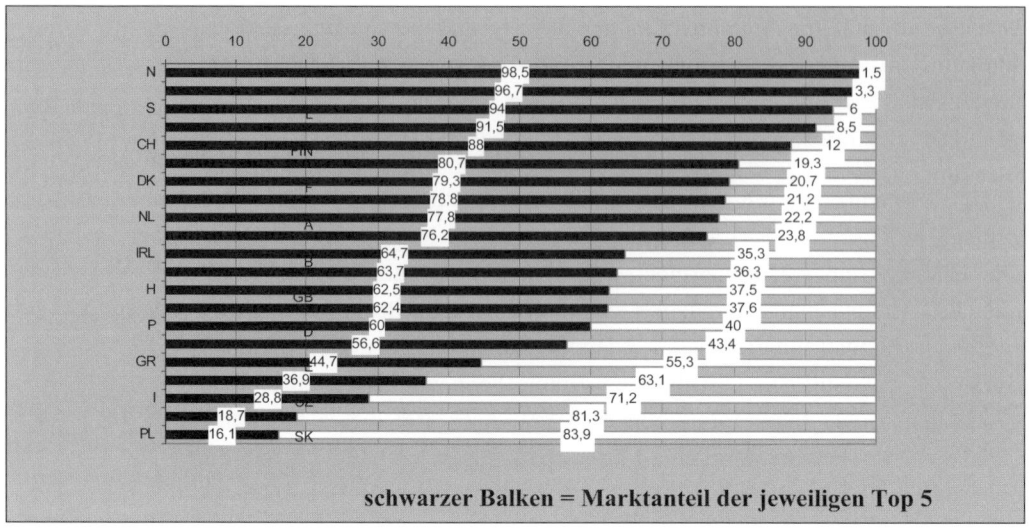

schwarzer Balken = Marktanteil der jeweiligen Top 5

Abb. 67:   Marktanteile der Top 5 in europäischen Ländern in % des
           jeweiligen Gesamtmarktes Food - Bezugsjahr 2000
           (Datenquelle: M+M EuroTrade 2002, Bd. 1, S. III, 21)

7.2.   Dienstleistungsmarketing

Im Rahmen des ‚Dienstleistungsmarketing‘ steht eine nicht gerade leicht zu
bestimmende Leistung eines Anbieters im Vordergrund. ‚Dienstleistungen‘
sind bislang in der betriebswirtschaftlichen Literatur[233] nicht eindeutig
definiert. Eine mögliche Definition ist:

Dienstleistungen   „*Dienstleistungen* sind selbstständige oder produktbegleitende Leistungen,
die durch Bereitstellung und/oder den Einsatz von Potenzialfaktoren mit
nutzenstiftenden Verrichtungen an Dienstleistungsobjekten verbunden
sind.“[234]

Dienstleistungs-   *Dienstleistungsobjekte* können hierbei Personen sein (z. B. in den Bereichen
objekte   Schulung, Beratung, Freizeitgestaltung) oder Sachen (z. B. Reparatur-,
Transportdienstleistungen).

---

[233] Vgl. zum Bereich Dienstleistungsmarketing z. B. Meffert 2003; Scheuch 2002.

[234] Meffert 1995, Sp. 454.

Einen anderen Ansatz bieten Engelhardt, Kleinaltenkamp und Recken-
felderbäumer, die das Konstrukt ‚Leistungsbündel' zur Überwindung der
‚Dichotomie von Sach- und Dienstleistungen' wählen:

„Absatzobjekte setzen sich jeweils aus mehreren gleich- oder verschieden-
artigen Wirtschaftsgütern zusammen. Sie werden durch den Anbieter zur
Befriedigung spezieller Nachfragerbedürfnisse geschnürt und am Markt
verwertet (gegen oder ohne direktes Entgelt). Am Markt werden somit
niemals nur einzelne Leistungen abgesetzt, sondern eine vermarktete
Leistung ist immer ein Bündel von Teilleistungen."[235]

Bei der Verwendung des Konstruktes ‚Leistungsbündel' wird eine trennscharfe Abgrenzung von Sach- und Dienstleistungen vermieden. Stattdessen werden Merkmale von Absatzobjekten genannt, die auf ‚Sach-' und
‚Dienstleistungen' zutreffen können.[236]

Trotz derartiger Interpretationsspielräume lässt sich eine nähere *Bestim-*   Bestimmung des
mung des Wesens von Dienstleistungen an der gleichzeitigen Betrachtung   Wesens von
folgender Ebenen orientieren:[237]   Dienstleistungen

- Potenzialebene – die Fähigkeit und die Bereitschaft zur Erbringung
  einer Dienstleistung,

- Prozessebene – das ‚Tätigsein' im Sinne der Erstellung einer Dienstleistung,

- Ergebnisebene – das Ergebnis der dienstleistenden Tätigkeit.

Zunächst ist eine Dienstleistung auf der *Potenzialebene* durch die Fähigkeit   Potenzialebene
des Dienstleistungsanbieters (z. B. geistig, körperlich, technologisch) charakterisiert, diese Dienstleistung zu erbringen. So muss ein Versicherungs-
makler über die notwendige Ausbildung bzw. entsprechenden Fachkennt-
nisse verfügen, um das jeweilige Angebot einem potenziellen Kunden dar-
bieten zu können. Zum anderen muss auch die Bereitschaft des Dienstleistungsanbieters zur Erbringung der Leistung in einer entsprechenden

---

[235] Engelhardt/Kleinaltenkamp/Reckenfelderbäumer 1993, S. 407.

[236] Vgl. zu dieser Konzeption Engelhardt/Kleinaltenkamp/Reckenfelderbäumer 1993,
S. 404-418.

[237] Vgl. zu den drei Ebenen Hilke 1989, S. 10-14. Vgl. auch zu den Besonderheiten des
Dienstleistungsmarketing Scheuch 2002.

Form und zu einem bestimmten Termin vorhanden sein. Eine besondere Bedeutung kommt somit der Leistungs*fähigkeit* und dem Leistungs*willen* des Dienstleisters zu.

Prozessebene

Mit Blick auf die *Prozessebene* lässt sich feststellen, dass das synchrone Auftreten der Erbringung und Inanspruchnahme ein weiteres konstitutives Merkmal einer Dienstleistung darstellt. Dieses synchrone Auftreten ist dadurch gekennzeichnet, dass der Dienstleistungsanbieter erst mit der Erbringung der Dienstleistung beginnen kann, sobald der Nachfrager einen externen Faktor einbringt: Dies kann mit Blick auf Kreditinstitute das ‚Einbringen' von Geld oder Wertpapieren zur Verwahrung (Anlage) sein. Als externer Faktor können z. B. auch Informationen angesehen werden, die der Nachfrager einem Steuerberater zur Berücksichtigung im Rahmen einer zu erbringenden Beratungsleistung (z. B. Erstellung einer Steuerbilanz) mitteilt.[238]

Ergebnisebene

Die *Ergebnisebene* ist durch den Umstand charakterisiert, dass es sich bei einer Dienstleistung um ein immaterielles, also ‚nicht greifbares' Gut handelt. Vielfach wird diese Immaterialität als prägnanteste Eigenschaft von Dienstleistungen gesehen.[239] Aus dieser Eigenschaft resultiert, dass Dienstleistungen i. d. R. nicht lagerfähig sind.

konstitutive Eigenschaften der Erstellung von Dienstleistungen

Die Betrachtung dieser drei Ebenen führt also zu drei *konstitutiven Eigenschaften der Erstellung von Dienstleistungen*:

- Potenzialorientierung – Leistungsfähigkeit, -wille und -kapazität des Dienstleisters,

- Prozessorientierung – gleichzeitige Erbringung und (erste) Inanspruchnahme der Dienstleistung sowie Beteiligung des Kunden an der Leistungserstellung (Integration des externen Faktors),

- Ergebnisorientierung – Immaterialität und Nichtlagerfähigkeit der Leistung.

Aus diesen Eigenschaften ergeben sich für das Marketing vielfältige Folgen. Aufgrund der Immaterialität der Leistung ist es z. B. häufig nicht möglich, in einer Werbemaßnahme die eigentliche Dienstleistung darzu-

---

[238] Zur Problematik von Kundenintegrationsprozessen vgl. Fließ 2001.

[239] Vgl. bereits Maleri 1973, S. 31.

stellen. Es müssen vielmehr damit zusammenhängende Personen oder Objekte zur Visualisierung der Dienstleistung ‚verwendet‘ werden. Es kann somit zum einen eine Personifizierung und zum anderen eine Materialisierung angestrebt werden:

So verwundert es nicht, dass oftmals in Werbesendungen, in denen die *Personifizierung* Dienstleistung ‚Lebensversicherung‘ angesprochen wird, auf die beteiligten *Personen* abgestellt wird. In derartigen Werbesendungen werden i. d. R. die Familienangehörigen in speziellen Situationen (z. B. die Familie im Urlaub, Vater-Sohn-Gespräche über die ‚Zukunft‘) dargestellt. Des Weiteren werden im Rahmen kommunikationspolitischer Maßnahmen Darstellungen von (realen oder fiktiven) Mitarbeitern, wie z. B. ‚Herr Kaiser‘ (Hamburg-Mannheimer-Versicherung), zur Veranschaulichung der eigentlichen Dienstleistung verwendet.

Im Fall der *Materialisierung* wird z. B. auf die Darstellung repräsentativer *Materialisierung* Unternehmensgebäude oder fertiggestellter Eigenheime (bei Bausparkassen) zurückgegriffen.

Letztlich dienen derartige Hilfsmittel dem Zweck, gewisse *Nachteile von* *Nachteilsausgleich* *Dienstleistungen* gegenüber Sachgütern in der Vermarktung auszugleichen. *durch das Dienst-* *leistungsmarketing* Dienstleistungen müssen zur Verbesserung ihrer Wahrnehmung in den Augen der Nachfrager ‚sichtbar‘, ‚berührbar‘ und ‚riechbar‘ gemacht werden. Dienstleistungsmarken können mit dem Auge wahrgenommen werden und prägen das Image eines Dienstleisters. Ein mit einer Folie umhülltes Glas im Hotel kommuniziert ‚Sauberkeit‘. Ein im Einzelhandelsgeschäft versprühter Duft soll über den Geruchssinn die Motivation der Konsumenten positiv beeinflussen und repräsentiert die Ware und die Einkaufsatmosphäre!

7.3.   Investitionsgütermarketing

Auch mit Blick auf den Begriff ‚Investitionsgut‘ lässt sich in der Literatur *‚Investitionsgut‘* ein ausgeprägt heterogenes Begriffsverständnis feststellen. Bereits im Abschnitt 6.2.1.2. wurde die Sichtweise von Engelhardt/Günter erläutert, die der Auffassung sind, dass als Investitionsgüter solche Leistungsbündel bezeichnet werden, die zur Erstellung von weiteren Leistungen genutzt werden. Aus Verwendersicht ergibt sich aus dieser Abgrenzung z. B. folgende Problematik: Wird ein Computer vom Endkonsumenten gekauft, handelt es sich um ein Konsumgut. Sobald dieser Computer von einer Organisation beschafft und genutzt wird (z. B. zur Erstellung von Software oder zur Buchhaltung) nimmt er den Charakter eines Investitionsgutes an.

Güterspezifische Ansätze des Investitionsgütermarketing

Zur Unterteilung des Investitionsgütermarketing in homogene Teilbereiche existieren verschiedene güterspezifische Ansätze. Die Unterteilung des Investitionsgütermarketing erfolgt in der Literatur z. B. in die Bereiche Anlagen, Einzelaggregate, Teile, Roh- und Einsatzstoffe sowie Energieträger.[240] Ein weiterer, weit verbreiteter Ansatz ist die geschäftstypenspezifische Ausrichtung des Investitionsgütermarketing. Hierzu existiert eine Vielzahl an Typologien, so dass an dieser Stelle nur beispielhaft die Einteilung in Zuliefer-, System-, Anlagen- und Produktgeschäft erwähnt werden soll.[241]

Charakteristika von Investitionsgütermärkten

Bevor nun auf die wichtigsten Besonderheiten des Investitionsgütermarketing eingegangen wird, werden aufbauend auf den gerade erläuterten Ansätzen zunächst einige bedeutende Charakteristika der zugrunde liegenden Investitionsgütermärkte betrachtet. Diese Charakteristika treffen gleichwohl auf die unterschiedlichen Arten von Investitionsgütern zu:

Vermarktung an Organisationen

Investitionsgütermärkte sind dadurch gekennzeichnet, dass die Vermarktung von Gütern an Organisationen erfolgt, die mit ihrem Einsatz (Ge- und Verbrauch) weitere Güter erstellen.[242] *Konsumgütermärkte* zeichnen sich demgegenüber dadurch aus, dass die Vermarktung der Güter entweder direkt an die Konsumenten (Letztverwender) oder aber an Organisationen erfolgt, die diese Güter im Wesentlichen unverändert an Konsumenten weiterveräußern.

‚derivative Nachfrage'

Im Vergleich zu Konsumgütern besteht bei Investitionsgütern das Phänomen der derivativen Nachfrage (bzw. des abgeleiteten Bedarfs). Eine so genannte *‚derivative Nachfrage'* ist dadurch charakterisiert, dass die Nach-

---

[240] Vgl. Engelhardt/Günter 1981. Vgl. zur Abgrenzung unterschiedlicher Investitionsgüter aber auch bereits Copeland 1978, S. 130-154, der ‚installations', ‚accessory equipment', ‚operating supplies', ‚fabricating materials and parts' und ‚primary materials' unterscheidet.

[241] Vgl. zu einer Darstellung verschiedener Typologien im Investitionsgütermarketing Backhaus 2003, S. 282-304.

[242] Vgl. ähnlich Engelhardt/Günter 1981, S. 24.

frage nach Investitionsgütern im jeweiligen Markt durch die Nachfrage nach den mit dem Investitionsgut hergestellten Gütern in den nachgelagerten Marktstufen entsteht.

Da das jeweilige Investitionsgut zumeist von produzierenden Unternehmen im Rahmen einer so genannten *organisationalen Beschaffung* nachgefragt wird, ist die Anzahl dieser nachfragenden Unternehmen i. d. R. kleiner als die Anzahl der Nachfrager des letztlich hergestellten Produktes.

organisationale Beschaffung

Eines der wichtigsten Merkmale des organisationalen Beschaffungsverhaltens ist die ‚Einschaltung' mehrerer Personen in den Beschaffungsprozess. Auf der Nachfragerseite werden die am Kaufprozess beteiligten Personen als *‚Buying Center'*, auf der Anbieterseite als *‚Selling Center'* zusammengefasst. Das Buying Center bzw. Selling Center wird als gedankliche Konstruktion aller am Kaufprozess beteiligten Personen gesehen, und ist nicht als feste Institution im Unternehmen zu verstehen. Es wird nur in den wenigsten Fällen als formal institutionalisierte Gruppe in Erscheinung treten.

‚Selling Center' und ‚Buying-Center'

Je nach Umfang, Komplexität und Bedeutung des Beschaffungsprozesses ist die *Zusammensetzung* des Buying Centers (Selling Centers) für den Nachfrager (Anbieter) von großer Bedeutung und wichtiger Bestandteil seines Beschaffungs- bzw. Absatzmarketing. Ebenso hat der Anbieter (Nachfrager) großes Interesse daran, sich genauere Informationen über das Buying Center (Selling Center) zu verschaffen, weil seine Absatzstrategie (Beschaffungsstrategie) möglichst exakt auf die an Einkaufsvorgängen (Verkaufsvorgänge) beteiligten Personen abgestellt sein muss.

Nicht jeder Einkauf, der von Organisationen getätigt wird, erfordert die Beteiligung mehrerer Personen am Kaufprozess. Bei der Beschaffung von Produkten mit einem niedrigen *Spezifitätsgrad* (z. B. Normteile, standardisierte Elektromotoren) reicht es i. d. R. aus, wenn der Kauf von einer dafür qualifizierten Person abgewickelt wird. Mit zunehmendem Spezifitätsgrad der Produkte wächst jedoch die Notwendigkeit der koordinierten Beteiligung von Experten.

Spezifitätsgrad

Da die Investitionssumme mit dem Spezifitätsgrad i. d. R. positiv korreliert, steigt das Risiko im Falle einer Fehlinvestition. Auch aus diesem Grund ist es notwendig, mehrere Experten am Kaufentscheidungsprozess zu beteiligen. Gleiches gilt für die Anbieterseite. Hier ist eine wachsende Anzahl der

am Verkaufsprozess beteiligten Personen mit Zunahme des Spezifitäts-
grades festzustellen. Die Beziehung zwischen Spezifität des Transaktions-
objektes und Ausgestaltung der Beschaffungs- und Absatzorgane stellt
folgende Abbildung dar:

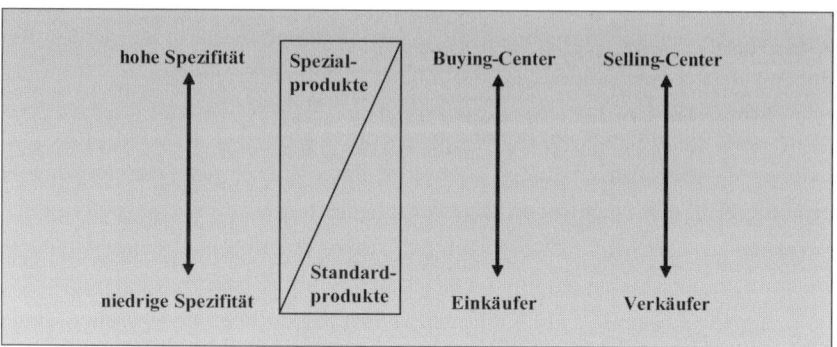

Abb. 68:   Buying Center und Selling Center in Abhängigkeit von der
           Spezifität

Die Zahl der beteiligten Personen und betrieblichen Instanzen hängt nicht
nur von der Art des Gutes ab, das beschafft wird, sondern auch von der
Häufigkeit, mit der ein solcher Entscheidungsprozess getroffen wird. Je
häufiger ein Investitionsgut beschafft wird, umso kleiner wird die Zahl der
Personen sein, die nötig sind, um den Beschaffungsvorgang (Verkaufsvor-
gang) zu begleiten. Letztlich spielt hier die Erfahrung eine wichtige Rolle.

Außerdem spielen die Genauigkeit, mit der alle in die Beschaffung einbezogenen Personen erfasst werden, ebenso wie die Definition und Abgrenzung dessen, was als Instanz oder Abteilung verstanden wird, eine wichtige
Rolle bei der Betrachtung der organisatorischen Verankerung des Absatz-
oder Beschaffungsprozesses.

dauerhafte
Geschäfts-
beziehungen

Ferner sind auf Investitionsgütermärkten aufgrund der komplexen Art vieler
Investitionsgüter und der somit wichtigen Rolle der Zuverlässigkeit der
Anbieter langfristig ‚gewachsene‘ und *dauerhafte Geschäftsbeziehungen*
die Regel. Dies ist auch sehr oft im Hinblick auf die Notwendigkeit der
langjährigen Ersatzteillieferung und der technischen Nachrüstung erforderlich. Im Gegensatz dazu stehen beim Konsumgüterkauf häufiger einzelne,
voneinander weitgehend unabhängige Kaufentscheidungen im Vordergrund.

Betrachtet man die Art der Marktkontakte, so spielen aufgrund der ver- *direkte Markt-*
gleichsweise geringen Anzahl an Nachfragern und der erheblichen Bedeu- *kontakte*
tung der jeweiligen Geschäftsbeziehungen *direkte Marktkontakte* (persönliche Beratung und persönlicher Verkauf) bei Investitionsgütern eine bedeu-
tendere Rolle als bei Konsumgütern. Die bei Investitionsgütern vorherrschenden organisationalen Kaufentscheidungen werden größtenteils unter
Einbeziehung spezialisierter Fachleute getroffen.

Der Ablauf des eigentlichen Kaufprozesses wird durch gewisse Regeln *zeitaufwändige,*
geprägt. Es handelt sich oft um *zeitaufwändige, formalisierte Kaufentschei-* *formalisierte Kauf-*
dungsprozesse. Zu diesen gehören beispielsweise Ausschreibungen, schrift- *entscheidungs-*
liche Angebote und detaillierte Verträge. Aufgrund der Höhe der zu *prozesse*
tätigenden Investition und aufgrund der Beteiligung mehrerer Personen am
organisationalen Beschaffungsprozess zieht sich der Kaufentscheidungsprozess zumeist über eine längere Zeit hin. Auch das vielfach hohe Maß an
Integration des Nachfragers in die Produktion des zu erstellenden Leistungsbündels und die möglicherweise daraus entstehenden technischen Probleme tragen zu einem zeitaufwändigen Kaufentscheidungsprozess bei.

Fehlentscheidungen im Bereich der organisationalen Beschaffung können
zu Verzögerungen in Produktionsprozessen führen, welche wiederum hohe
Verluste durch nicht mehr einzuhaltende Lieferzeiten zur Folge haben
können. Auch Qualitätsverluste der mit dem Investitionsgut hergestellten
Folgeprodukte durch technisch nicht einwandfreie oder nicht ausgereifte
Anlagen sind negative Konsequenzen, die sich auf das gesamte Unternehmen auswirken können.

Die besonderen Charakteristika von Investitionsgütermärkten führen dazu, Besonderheiten
dass die Marketinginstrumente im Investitionsgütermarketing in ihrer Aus- des Investitions-
prägung, Gewichtung und Kombination eine besondere Akzentuierung er- gütermarketing
fahren.

Die *Produktpolitik* steht häufig vor der Aufgabe, nachfragegerechte Problemlösungen anzubieten. Um diese umsetzen zu können, sind nicht selten
hohe spezifische Investitionen erforderlich. Dienstleistungen spielen während und auch nach dem eigentlichen Verkauf der Produkte eine große
Rolle. So ist für Produkte, die sich durch eine hohe Spezifität auszeichnen,
i. d. R. eine breite Palette an Serviceleistungen, wie z. B. Schulungs- oder
Wartungsleistungen, zu ergänzen.

Die *Preispolitik* ist durch einige Besonderheiten gekennzeichnet, die wiederum in der hohen Spezifität der angebotenen Leistungen wurzeln. I. d. R. existieren im Wettbewerb nur selten gleichartige Produkte, so dass die Preissetzung nicht durch eine Analyse von bereits vorhandenen Marktmechanismen (z. B. bei Konkurrenzprodukten) gestützt werden kann. Aufgrund des bereits weiter oben geschilderten hohen Risikos beim Erwerb spezifischer Güter werden z. B. Preisgleitklauseln vertraglich festgesetzt. Preisgleitklauseln minimieren für den Käufer den Einfluss von Veränderungen im Produktionsprozess des Zulieferers, indem Verkaufspreise z. B. an bestimmte Preisindizes gebunden werden.

Im Rahmen der *Kommunikationspolitik* ist die hohe Bedeutung von Ausstellungen und Messen besonders hervorzuheben. Es werden jedoch gerade in jüngerer Zeit in zunehmendem Maße die ‚klassischen' Instrumente der Massenkommunikation eingesetzt. Allerdings besteht hier in erster Linie das Ziel darin, das Unternehmen in der Öffentlichkeit bekannter zu machen, um auf diesem Wege dauerhaft in der Wahrnehmung aller Marktteilnehmer verankert zu sein.

Die *Distribution* von Investitionsgütern erfolgt in aller Regel auf dem Weg des Direktvertriebs. Als Absatzmittler sollten eigens zu diesem Zweck geschulte Spezialisten (z. B. Ingenieure, die betriebswirtschaftliche Kenntnisse besitzen) eingesetzt werden.

7.4.   Non-Profit-Marketing

Non-Profit-/
Non-Business-
Marketing

Im Rahmen des sogenannten ‚Non-Profit-'[243] oder auch ‚Non-Business-Marketing' wird der Objektbereich des Marketing auf den Bereich der nicht-erwerbswirtschaftlichen Organisationen ausgeweitet. Beispiele für derartige *Organisationen* sind öffentliche Unternehmen, Hochschulen, Museen, Wohlfahrtsorganisationen und Kirchen.

Das Non-Profit-Marketing spielt eine bedeutende Rolle im Wirtschaftsgeschehen, was mit Blick auf den Begriff ‚Non-Business-Marketing' zu-

---

[243]   Vgl. zum Bereich des Non-Profit-Marketing Kotler/Andreasen 1991.

nächst paradox erscheinen mag.[244] Das klassische Marketing-Instrumentarium ist auch für ‚Non-Profit-Organisationen' von großem Nutzen, da für diese i. d. R. die Notwendigkeit besteht, die für die Organisation relevanten Anspruchsgruppen im Sinne einer ‚Goodwill'-Generierung zu beeinflussen.

Das so genannte ‚Soziale Marketing' wird teilweise gleichgesetzt mit dem Non-Profit-Marketing. Das (auch *Sozio-Marketing* genannte) Soziale Marketing ist i. d. R. an aktuellen sozialen Zielen ausgerichtet (wie z. B. bessere AIDS-Vorsorge), während beim Non-Profit-Marketing eher traditionelle öffentliche Ziele (z. B. Verbesserung des Bildungs- und Gesundheitswesens) bestimmter Organisationen im Vordergrund stehen.[245]

Die Beziehung zwischen dem Non-Profit-Marketing und dem Sozialen Marketing wird in der folgenden Abbildung verdeutlicht:

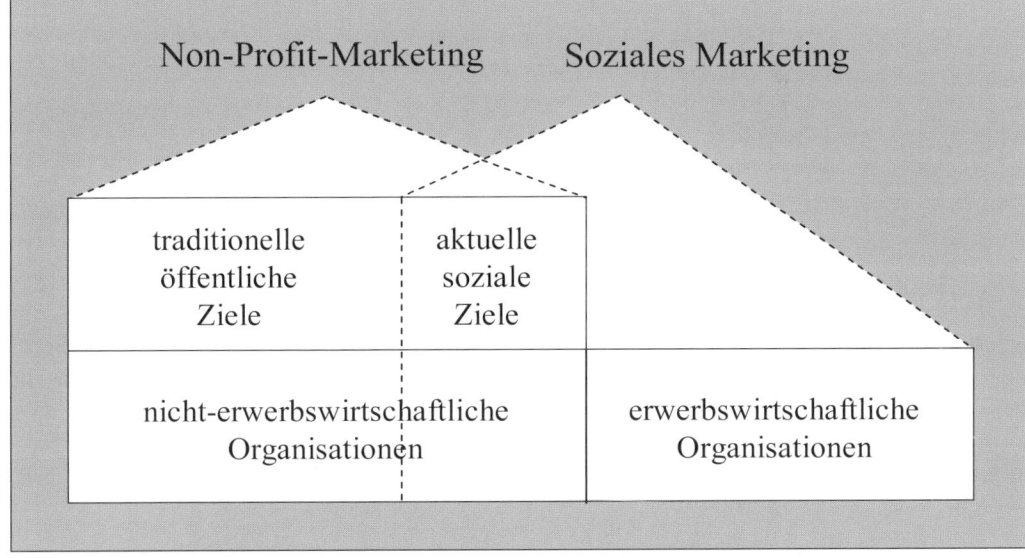

Abb. 69:   Beziehung zwischen Non-Profit- und Sozialem Marketing

---

244   So erwähnen Kotler/Andreasen 1991, S. 14, als Beispiele die so genannten ‚Girl Scouts', deren Keksverkauf damals 10% des gesamten Keksverkaufs in den U.S.A. ausmachte, und den Universitätsbuchladen der Washington State University, der einer der größten ‚department stores' des östlichen Teils des Staates Washington sei.

245   Vgl. zu diesem Verständnis Raffée/Wiedmann 1995, Sp. 1930-1931.

Im Gegensatz zum Non-Profit-Marketing, das sich ausschließlich auf nicht-erwerbswirtschaftliche Organisationen bezieht, kann das Soziale Marketing auch ein Tätigkeitsfeld von erwerbswirtschaftlichen Organisationen darstellen.

Eine mögliche Schnittmenge dieser beiden Ansätze liegt mithin im Bereich des ‚Marketing für aktuelle soziale Ziele durch nicht-erwerbswirtschaftliche Organisationen‘.

Übungsaufgaben

Aufgabe 45: Besonderheiten des Marketing in einzelnen Sektoren

Skizzieren Sie die Besonderheiten des Handels-, Dienstleistungs-, Investitionsgüter- und Non-Profit-Marketing!

Aufgabe 46: Konsumgütermärkte versus Investitionsgütermärkte

Im Vergleich zu Konsumgütermärkten zeichnen sich Investitionsgütermärkte durch einige Besonderheiten aus. Skizzieren Sie diese!

Weiterführende Literatur

zu Abschnitt 7.1. Handelsmarketing:

BARTH, K./HARTMANN, M./SCHRÖDER, H. 2002: Betriebswirtschaftlehre des Handels, 5., überarb. und erw. Aufl., Wiesbaden.

MÜLLER-HAGEDORN, L. 2002: Handelsmarketing, 3., vollst. überarb. und erw. Aufl., Stuttgart, Berlin, Köln.

OLBRICH, R. 1998: Unternehmenswachstum, Verdrängung und Konzentration im Konsumgüterhandel, Stuttgart.

zu Abschnitt 7.2. Dienstleistungsmarketing:

MEFFERT, H. 2003: Dienstleistungsmarketing – Grundlagen – Konzepte – Methoden, mit Fallstudien, 4., vollst. überarb. und erw. Aufl., Wiesbaden.

SCHEUCH, F. 2002: Dienstleistungsmarketing, 2., völlig neugest. Aufl., München.

zu Abschnitt 7.3. Investitionsgütermarketing:

BACKHAUS, K. 2003: Industriegütermarketing, 7., erw. und überarb. Aufl., München.

KLEINALTENKAMP, M. 2000: Technischer Vertrieb – Grundlagen des Business-to-Business Marketing, 2., neu bearb. und erw. Aufl., Berlin, Heidelberg.

zu Abschnitt 7.4. Non-Profit-Marketing:

KOTLER, P./ANDREASON, A. R. 1991: Strategic Marketing for Nonprofit Organizations, 4. Aufl., Englewood Cliffs, N. J. 1991.

Lösungsskizzen zu den Übungsaufgaben

Die Entwicklung der Marketing-Lehre wird sehr oft vor dem Hintergrund der ‚Wandlung' von Verkäufer- zu Käufermärkten erklärt. Nach Ende des zweiten Weltkriegs war es für viele Anbieter in Deutschland i. d. R. ohne weiteres möglich, Nachfrager für ihre Güter zu finden. Im Verlauf des klassischen Verkaufsprozesses wurden somit Produktinnovationen ohne explizite Berücksichtigung der Bedürfnisse unterschiedlicher Nachfragergruppen generiert. Auf die daraufhin ansteigende Marktsättigung wurde mit einem zunehmenden Einsatz von Werbung, insbesondere von TV- und Print-Werbung, reagiert.

In der sich anschließenden Phase hat sich ‚das' Marketing – so wie es heute überwiegend interpretiert wird – entwickelt. Die fehlende Berücksichtigung von *latenten und manifesten Bedürfnissen* der Nachfrager hat sich zunehmend als nicht tragfähig erwiesen. Der so genannte ‚moderne' Verkaufsprozess zeichnet sich durch die Berücksichtigung der Bedürfnisse unterschiedlicher Nachfragergruppen aus. Hierdurch wird eine differenzierte Ansprache der Nachfragergruppen verfolgt, die u. a. eine Differenzierung gegenüber den Mitbewerbern zum Ziel hat. Eine weitere Folge des zunehmenden Wettbewerbs war die Ausdifferenzierung des Marketinginstrumentariums, das in die klassischen vier Instrumentalbereiche Produkt-, Preis-, Kommunikations- und Distributionspolitik unterteilt werden kann.

Ein idealtypischer Ablauf des Innovationsprozesses für das beispielhaft gewählte, fiktive Produkt ‚gesundheitsschonende Zigarette' kann wie folgt skizziert werden:

Zu Beginn des Innovationsprozesses werden im Rahmen der Phase *‚Ideengenerierung'* Vorschläge für potenzielle Neuprodukte erarbeitet. Um ‚Marktlücken' für möglichst Erfolg versprechende Neuprodukte zu ermitteln, sind im Vorfeld latente und manifeste Bedürfnisse der potenziellen Nachfrager zu ergründen. Die Bereitstellung einer derartigen Informationsgrundlage ist die zentrale Aufgabe der Markforschung.

Mit Blick auf das gewählte Beispiel könnte die Marktforschungsabteilung ermittelt haben, dass potenzielle Nachfrager sowohl ein Bedürfnis nach gesunder Lebensweise als auch nach einem Konsum von Genussmitteln haben. Diese Erkenntnis könnte zu den folgenden Produktvorschlägen führen: gesundheitsschonende Zigaretten, alkoholische Getränke mit Vitamingehalt.

Sobald die Ideengenerierung abgeschlossen ist, schließt sich die zweite Phase, die *‚Selektion* *von geeigneten Produktideen'*, an. Ziel dieser Phase ist es, aus dem ‚Pool' von Neuprodukt-ideen diejenige Idee auszuwählen, die im Vergleich zu den anderen Vorschlägen am besten dazu geeignet erscheinen, die Bedürfnisse der potenziellen Nachfrager zu befriedigen. In dieser Phase werden bereits ‚Marketingziele und -strategien' entwickelt, um im weiteren Verlauf des Produktinnovationsprozesses eine Auswahl zwischen unterschiedlichen Ausrichtungen des Marketinginstrumentariums zu ermöglichen. Im Rahmen des Beispiels könnte die Entscheidung ausschließlich zugunsten der ‚gesundheitsschonenden Zigarette' gefallen sein.

Nachdem eine Produktidee mit Blick auf eine zukünftige Realisation ausgewählt worden ist, wird mithilfe von Alternativenbetrachtungen versucht, die Ausprägung ausgewählter ökonomischer Kenngrößen (*‚Prognose der Wirtschaftlichkeit'*) zu prognostizieren. Eine weitere Aufgabe in dieser Phase ist die Identifikation lukrativer Marktsegmente. Für das dieser Betrachtung zugrunde liegende Beispiel ist es im Rahmen einer Wirtschaftlichkeitsbetrachtung von großer Bedeutung, hinreichend große Marktsegmente zu identifizieren und festzustellen, ob für diese Art von Produkt überhaupt mit einer Akzeptanz der Marktteilnehmer gerechnet werden kann.

Bereits beim Start der nächsten Phase, der *‚Entwicklung von Prototypen'*, sollten potenzielle Nachfrager mit einbezogen werden, um direkt auf deren Reaktionen eingehen zu können und eventuell auftretende Änderungs- bzw. ‚Verbesserungswünsche' berücksichtigen zu können.

Bezüglich des Produktes ‚gesundheitsschonende Zigarette' könnten potenzielle Nachfrager z. B. Hinweise auf die für sie wichtigen Eigenschaften des Produkts geben, wie z. B. Gewichtung der Bedeutung der Produkteigenschaften ‚gesund' und ‚typischer Zigarettengeschmack'.

Nach Abschluss der Entwicklungsphase beginnt der *‚Test der Prototypen'*. In dieser Phase könnte mithilfe eines Testmarktes die Reaktion der jeweiligen Testpersonen bzw. die Akzeptanz der Prototypen untersucht werden. Das Produkt ‚gesundheitsschonende Zigarette' könnte z. B. in einem lokal abgegrenzten Teilmarkt probeweise eingeführt werden.

Nachdem ausgewählte Prototypen im Rahmen eines Testmarktes eine angemessene Testdauer durchlaufen haben, werden geeignet erscheinende Prototypen ausgewählt und bei Bedarf modifiziert (*‚Selektion und Modifikation geeigneter Prototypen'*).

Eines der Ergebnisse der Testmarktforschung für das Produkt ‚gesundheitsschonende Zigarette' kann die Auswahl der anzusprechenden Marksegmente sein.

Die letzte Phase des Produktinnovationsprozesses ist die *‚Markteinführung'* des Produktes, die mit einer Ausrichtung und Abstimmung der Marketinginstrumente im Rahmen des Marketing-Mix einhergeht.

Lösungsskizze zu Übungsaufgabe 3:

Als *synoptische Planung* bezeichnet man den Versuch, die gesamte ‚Route' einer Strategie zu planen. Ein vermeintlicher Vorteil dieser Planungsart besteht in dem abgrenzbaren Zeitraum der Planungsphase, da nach Abschluss der Planung keine weiteren Anpassungen der Strategie vorgesehen sind. Die diesem Planungsansatz inhärente Prämisse des nahezu vollständigen Informationsstandes begründet jedoch einen bedeutenden Kritikpunkt, da die zunehmende Markt- und Umweltdynamik eine Vielzahl an nicht (oder nur in sehr eingeschränktem Maße) prognostizierbaren Einflussfaktoren generiert. So können z. B. nach ‚Abschluss' einer Strategieformulierung im Rahmen des Verkaufes von elektronischen Anlagen durchaus externe Faktoren auftreten, z. B. in Form von Gesetzesänderungen hinsichtlich des Produktionsstandortes (z. B. Umweltschutzauflagen), die eine Strategieanpassung seitens des anbietenden Unternehmens erfordern.

Der *inkrementalistische Planungsansatz* trägt dem zuvor skizzierten Umstand einer lediglich in Grundzügen möglichen Prognose des Einflusses externer Einflussgrößen Rechnung. Bei dieser Art der Planung wird lediglich der ‚erste Schritt' geplant. Der weitere Verlauf der ‚Strategie' ist durch eine Abkehr von einer langfristigen Planung und einer Zuwendung zu einem so genannten ‚muddling through' gekennzeichnet. Auch diesem Planungsansatz sind bedeutende Schwächen zu becheinigen, da durch die Ausblendung weiterer Planungsschritte keineswegs die Schwäche des synoptischen Ansatzes, von einer weitgehend vollständigen Information auszugehen, sinnvoll beseitigt werden kann. In dem zuvor skizzierten Beispiel würde bei der Wahl eines inkrementalistischen Planungsansatzes erst dann reagiert, wenn die Gesetzesänderung bekannt wird. Sinnvoll wäre es jedoch u. U. gewesen, bereits im Vorfeld mögliche Handlungsalternativen, die z. B. alternative Standorte beinhalten, zu eruieren.

Lösungsskizze zu Übungsaufgabe 4:

Die *‚Umweltanalyse'* soll Einflussfaktoren der Unternehmensumwelt identifizieren und analysieren. Aus den Veränderungen der Umwelt resultieren häufig Anforderungen an die Anpassungsfähigkeit des Unternehmens. Die rechtzeitige Wahrnehmung von Umweltveränderungen stellt eine wesentliche Voraussetzung dar, um Marketingstrategien mit Blick auf bestimmte Marketingziele durchführen zu können. Die *‚globale Umwelt'* (auch als so genannte *Makroumwelt* bezeichnet) umfasst vier Umweltfaktoren. Diese Umweltfaktoren

sind die politisch-rechtlichen, die ökonomischen, die sozio-kulturellen und die techno-
logischen Umweltfaktoren. Die Umweltfaktoren der ‚*Wettbewerbsumwelt*‘ (*Mikroumwelt*)
sind im Porter-Modell der Branchenanalyse wieder zu finden. Diese werden als ‚Wettbewerbskräfte‘ bezeichnet. Die Analyse dieser Umweltfaktoren liefert Informationen über die
Branchenstruktur, insbesondere über aktuelle und potenzielle Konkurrenzunternehmen. Zu
den Umweltfaktoren der ‚Wettbewerbsumwelt‘ zählen die Verhandlungsstärke der Abnehmer
und der Lieferanten, potenzielle Konkurrenten, Ersatzprodukte und die Intensität der Rivalität
der Wettbewerber in einer Branche.

Lösungsskizze zu Übungsaufgabe 5:

zu a)

Die Stärken-/Schwächenanalyse ist ein Instrument der Marketingplanung, das der Generierung von Informationen zur Kontrolle und Steuerung von Strategischen Geschäftseinheiten (z. B. Unternehmen, Produkte und Marken) dient.

Ziel der Stärken-/Schwächenanalyse ist es, die relativen Stärken und Schwächen der eigenen
Strategischen Geschäftseinheiten im Vergleich zu den Strategischen Geschäftseinheiten der
Wettbewerber zu identifizieren und diese auch zu quantifizieren. Zu diesem Zweck werden
ausgewählte und relevante Beurteilungskriterien (z. B. eingesetzte Ressourcen und vor-
handene Kompetenzen) der eigenen Strategischen Geschäftseinheiten mit denen des direkten
Wettbewerbers oder des Marktführers verglichen.

Weist die zu untersuchende Strategische Geschäftseinheit im Vergleich zum Wettbewerber
Vorteile (z. B. höhere Effizienz, geringere Kosten, höherer Bekanntheitsgrad) hinsichtlich der
ausgewählten Beurteilungskriterien auf, so spricht man von so genannten ‚Stärken‘ der
eigenen Strategischen Geschäftseinheit gegenüber dem Wettbewerber. Weist die zu betrach-
tende Strategische Geschäftseinheit hingegen Nachteile im Vergleich zum Wettbewerber
(z. B. geringere Effizienz, höhere Kosten, geringerer Bekanntheitsgrad) hinsichtlich der
ausgewählten Beurteilungskriterien auf, so spricht man von so genannten ‚Schwächen‘ der
eigenen Strategischen Geschäftseinheit gegenüber dem Wettbewerber.

Zur Durchführung der Stärken-/Schwächenanalyse kann wie folgt vorgegangen werden:

In einem ersten Schritt werden die Beurteilungskriterien ermittelt, von denen der ‚Markt-
erfolg‘ der Strategischen Geschäftseinheit abhängen soll. Anschließend werden die Informationen der eigenen und der Strategischen Geschäftseinheit des Wettbewerbers beschafft, die
zur Bewertung der Beurteilungskriterien notwendig sind. In einem weiteren Schritt werden
die Informationen ausgewertet, um einzelnen Beurteilungskriterien eine ‚Bewertung‘ zuord-

nen zu können. Zu diesem Zweck können Rating-Skalen, Scoring-Verfahren und Punktbewertungssysteme verwendet werden. Zur Illustration der Ergebnisse einer Stärken-/Schwächenanalyse wird anhand der Bewertungen der Beurteilungskriterien ein Profil erstellt. Mithilfe des Profils kann schließlich die Intensität der Stärken und Schwächen der eigenen Strategischen Geschäftseinheit im Vergleich zum Wettbewerb visualisiert werden.

Das ermittelte Stärken-/Schwächenprofil gibt der Unternehmensführung Anhaltspunkte für die Formulierung von Handlungsempfehlungen. Im Allgemeinen gilt:

- Stärken nutzen und ausbauen, um einen Vorsprung gegenüber den Wettbewerbern zu erzielen;

- Schwächen mithilfe geeigneter Strategien abbauen, um den Vorsprung der Wettbewerber zu verringern oder gar zu beseitigen.

Die Abbildung 70 zeigt ein Beispiel für eine Stärken-/Schwächenanalyse. Hier werden zwei Unternehmen hinsichtlich unterschiedlicher Leistungsbeurteilungsgrößen verglichen. Das erstellte Stärken-/Schwächenprofil zeigt, dass das eigene Unternehmen beim Produktpreis, der Produktqualität und dem Unternehmensimage eine ‚Stärke‘ gegenüber dem Konkurrenzunternehmen hat. Bei der Markenbekanntheit hingegen hat das Konkurrenzunternehmen jedoch eine ‚Stärke‘.

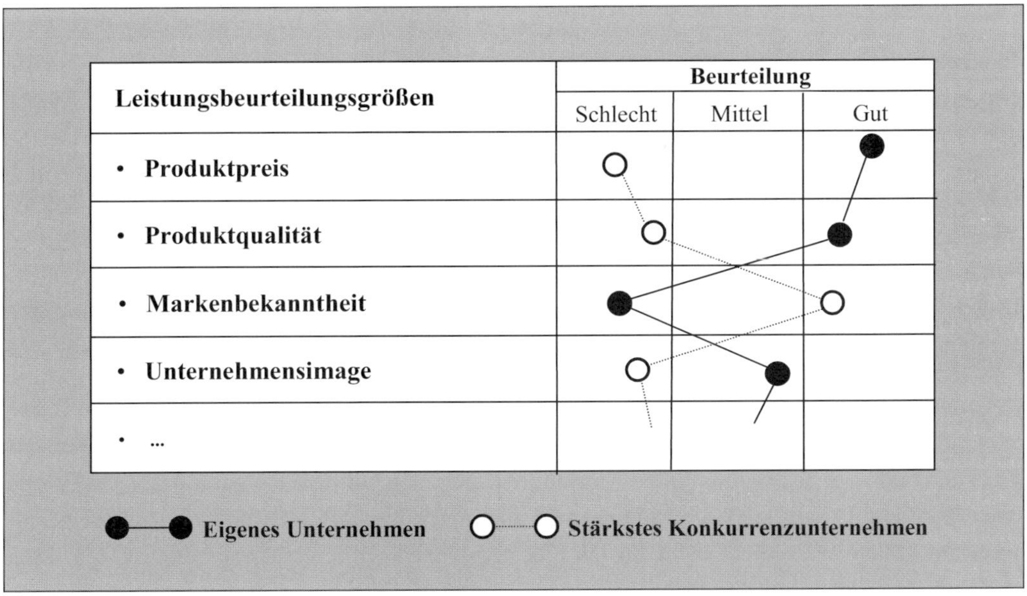

Abb. 70: Fiktives Beispiel eines Stärken-/Schwächenprofils

zu b)

Das Konzept der Branchenanalyse nach Porter identifiziert fünf grundlegende Wettbewerbs-kräfte einer Branche, die die Stärke der Wettbewerbsintensität und damit auch die Rentabi-lität der Unternehmen innerhalb der zu betrachtenden Branche beeinflussen sollen. Diese fünf Wettbewerbskräfte sind:

- Verhandlungsstärke der Abnehmer,

- Verhandlungsstärke der Lieferanten,

- Bedrohung durch potenzielle Konkurrenten,

- Bedrohung durch Ersatzprodukte und

- Intensität der Rivalität der Wettbewerber.

Die Verhandlungsstärke der Abnehmer wird als Wettbewerbskraft angesehen, da die Abneh-mer Forderungen an das Unternehmen stellen können. Zu diesen gehören z. B. Forderungen hinsichtlich der Ausstattung von Produkten.

Die Verhandlungsstärke der Lieferanten ist ebenfalls eine Wettbewerbskraft, da auch die Lieferanten Forderungen an das Unternehmen stellen können (z. B. Vertragsbedingungen) oder ‚Drohpotenziale' besitzen (z. B. Vorwärtsintegration).

Eine weitere Größe, die die Wettbewerbsintensität innerhalb einer Branche beeinflusst, ist die Anzahl der potenziellen Konkurrenten. Der Markteintritt potenzieller Konkurrenzen erhöht die Produktionskapazität (Angebot) innerhalb der Branche. Ein großes Angebot führt nicht selten zu einem niedrigen Preisniveau und somit auch zu einer geringen Rentabilität der Branche.

Auch Ersatzprodukte können die Wettbewerbsintensität innerhalb einer Branche erhöhen. Diese Produkte erfüllen aus Sicht der potenziellen Abnehmer die gleiche Funktion wie etablierte Produkte, bieten aber oft ein besseres Preis-/Leistungsverhältnis.

Letztlich stellt die Intensität der Rivalität unter den bestehenden Wettbewerbern die letzte Wettbewerbskraft in einer Branche dar. Diese hängt insbesondere von der vorliegenden Marktsituation ab. In stagnierenden Märkten ist die Intensität der Rivalität unter den Wett-bewerbern häufig sehr stark, da die Gewinne stagnieren bzw. rückläufig sind. In diesem Fall kann ein höherer Gewinn nur zu Lasten eines anderen Wettbewerbers erzielt werden. Ent-sprechende absatzpolitische Maßnahmen zur Erhöhung der Kundenbindung und zur Akquisition von neuen Kunden sind z. B. Dauerniedrigpreise, Werbeschlachten oder kostenlose Service- und Garantieleistungen.

Mit den fünf Wettbewerbskräften nach Porter kann i. d. R. keine sinnvolle Stärken-/ Schwächenanalyse durchgeführt werden. Bei den von Porter behandelten Wettbewerbskräften handelt es sich um weitgehend exogene Einflussgrößen eines Unternehmens. Eine vergleichende Beurteilung dieser Kräfte zwischen mehreren Wettbewerbern, wie es die Stärken-/ Schwächenanalyse vorsieht, würde lediglich die Stärken und Schwächen der betreffenden Unternehmen hinsichtlich ihrer ‚Wettbewerbssituation' innerhalb der Branche darstellen. Die endogenen Einflussgrößen des Unternehmens (z. B. Kosten, Leistung, Produktqualität, Effizienz) würden hingegen durch diese Darstellung nicht berücksichtigt. Die Stärken-/ Schwächenanalyse und die Branchenanalyse stellen somit komplementäre Verfahren dar, die durch die Bewertung unternehmensinterner und -externer Informationen eine relativ klare Beurteilung der ‚Marktposition' einer strategischen Geschäftseinheit ermöglichen sollen.

zu c)

Probleme bei der praktischen Anwendung der Stärken-/Schwächenanalyse können im Rahmen der Auswahl, der Bewertung und der Gewichtung der relevanten Beurteilungskriterien sowie bei der Erhebung der relevanten Informationen über die Konkurrenz auftreten.

Auswahl der relevanten Beurteilungskriterien:

Die Auswahl der relevanten Beuteilungskriterien sollte aus der Paerspektive der Nachfrager erfolgen. In diesem Zusammenhang kann das Problem auftreten, dass relevante Kriterien nicht ausgewählt werden, da diese u. U. den Nachfragern oder den eigenen Mitarbeitern nicht bewusst sind. Darüber hinaus können bei der Durchführung der Stärken-/Schwächenanalyse weitere Probleme durch fehlende Operationalisierbarkeit der Kriterien auftreten.

Bewertung und Gewichtung der Beurteilungskriterien:

Um zu einer ‚Gesamtaussage' hinsichtlich der ‚Stärken' und Schwächen' einer Strategischen Geschäfteinheit zu kommen, müssen häufig verschiedene Kriterien bewertet und in einer sinnvolle Art und Weise verknüpft werden. So können z. B. erst durch die Bewertung der eingesetzten Produktionstechnologien und der Produktionseffizienz Aussagen über die ‚Schwächen' und/oder ‚Stärken' der Montage/Fertigung getroffen werden. Da der ‚Erfolgsbeitrag' der einzelnen Beurteilungskriterien (z. B. Produktionstechnologie und -effizienz) nicht gleich ist, sollte dieser gewichtet werden. Diese Gewichtung wird – wie die Bewertung der Beurteilungskriterien auch – häufig anhand subjektiver Wahrnehmungen vorgenommen. Hierdurch kann das Ergebnis der Stärken-/ Schwächenanalyse ‚verzerrt' werden.

<u>Erhebung der relevanten Informationen über die Konkurrenz:</u>

Bei der Bewertung der Beurteilungskriterien der Strategischen Geschäftseinheit der Wettbewerber ergibt sich nicht selten das Problem, dass die relevanten Informationen nicht oder nur schwer beschafft werden können. Die Wettbewerber veröffentlichen im Normalfall freiwillig keine Informationen, die es den anderen Wettbewerbern ermöglichen könnten, Rückschlüsse auf die Stärken und Schwächen der Strategischen Geschäfteinheiten zu ziehen. Deshalb sind die Anwender der Stärken-/Schwächenanalyse häufig auf die Marktkenntnisse der eigenen Mitarbeiter (z. B. Marktforschung, Vertrieb und Kundenservice) angewiesen. Diese Problematik erhöht die Ungenauigkeit der Bewertung der ‚Stärken' und ‚Schwächen' der Konkurrenz.

Lösungsskizze zu Übungsaufgabe 6:

Das Marktvolumen beträgt 90 Mio. Mengeneinheiten oder 60 % des gesamten Marktpotenzials. Die Marktanteile betragen: Anbieter A: 44,4 %, Anbieter B: 22,2 %, Anbieter C: 16,7 %, Anbieter D: 11,1 % und Anbieter E: 5,6 %. Die relativen Marktanteile betragen: Anbieter A: 2,0, Anbieter B: 0,5, Anbieter C: 0,375, Anbieter D: 0,25 und Anbieter E: 0,125.

Lösungsskizze zu Übungsaufgabe 7:

Allgemeine Voraussetzungen der Marktsegmentierung sind:

1. Der Gesamtmarkt sollte vor Anwendung der Segmentierung *heterogen sein.*

2. Die Segmente sollten in sich möglichst homogen sein. Untereinander sollten sie allerdings heterogen sein.

3. Eine differenzierte Bearbeitung des Marktes ist nur dann sinnvoll, wenn die Marktsegmente ein *Potenzial* aufweisen, das den höheren Produktions-, Marketing- und Verwaltungsaufwand rechtfertigt.

4. Darüber hinaus müssen sich Kriterien finden lassen, die eine Aufteilung des Gesamtmarktes in Segmente und somit eine *Identifikation* homogener Nachfragergruppen ermöglichen.

Die Segmentierungskriterien müssen folgenden Anforderungen genügen:

1. Sie sollten einen möglichst *starken Bezug zum Käuferverhalten* aufweisen, d. h. sie müssen mit bestimmten Verhaltensdispositionen der Käufer möglichst hoch ‚korrelieren'.

2. Sie müssen darüber hinaus erfasst werden können, d. h. sie sollten dem Instrumentarium der Marktforschung zugänglich sein.

3. Sie sollten während eines bestimmten Zeitraumes ihre Aussagefähigkeit nicht verlieren. Die Marktsegmente müssen also während einer ‚ökonomisch vertretbaren' Zeitspanne ausschöpfbar sein.

Lösungsskizze zu Übungsaufgabe 8:

zu a)

Aus der Perspektive eines Unternehmens ist es Ziel der Positionierung, die Wettbewerbsstruktur eines bestimmten Marktes in einem zwei- oder mehrdimensionalen Raum abzubilden und eigene bestehende bzw. neue Produkte oder Marken so zu positionieren, dass sie in den den Augen der Nachfrager die kaufverhaltensrelevanten Eigenschaften aufweisen.

Die deskriptive Erfassung der Marktstruktur im Rahmen der Positionierung gibt dem Unternehmen einerseits Hinweise auf die Anzahl und den Grad der wahrgenommenen Austauschbarkeit unterschiedlicher Produkte. So können z. B. die Entfernungen zwischen den Produkten in dem Positionierungsraum erste Hinweise auf die *Intensität der Wettbewerbsbeziehungen* zwischen den Produkten geben. Geht man davon aus, dass Produkte, die räumlich nah beieinander liegen (weit auseinander) von den Nachfragern als ähnlich (unähnlich) wahrgenommen werden, so können diese leichter (schwerer) substituiert werden. Andererseits kann die Positionierung dazu beitragen, *Marktlücken* zu ermitteln.

Der Plangsprozess der Positionierung, der im Folgenden erläutert werden soll, umfasst i. d. R. sechs Phasen.

1. Den Ausgangspunkt der Positionierung bildet die Bestimmung des relevantes Marktes und der relevanten *Positionierungsobjekte*. Darunter können z. B. miteinander konkurrierende Produkte oder Marken verstanden werden, die die Konsumenten zur Befriedigung eines bestimmten Bedarfes erwerben können.

2. Der zweite Planungsschritt ist die Ermittlung beurteilungsrelevanter *Bewertungsdimensionen*. Dieses sind die relevanten Eigenschaften, die die Nachfrager im Kaufentscheidungsprozess zur Auswahl ihrer präferierten Produkte berücksichtigen. Die aus

Sicht der Nachfrager kaufverhaltensrelevanten Eigenschaften (z. B. Preis, Qualität und Service) können aus Sicht des Managements geschätzt (z. B. bei langjähriger Markterfahrung) oder aber von den Konsumenten direkt erfragt werden. Letztere Vorgehensweise wird dem Grundgedanken der Marktsegmentierung gerecht und ermöglicht i. d. R. eine aktuelle Erfassung der relevanten Eigenschaften und eignet sich damit insbesondere für die Positionierung in neuen Märkten, da Unternehmen in diesem Falle Erfahrungswerte fehlen.

3. Die *Ermittlung der Objektwahrnehmungen* erfolgt durch die Befragung der Nachfrager. Hier sollen sie beurteilen, in welchem Ausmaß die ausgewählten Positionierungsobjekte die kaufverhaltensrelevanten Eigenschaften erfüllen.

4. Im vierten Schritt wird der Eigenschaftsraum von mehreren Achsen (Dimensionen) aufgespannt. Hinter den einzelnen Dimensionen des Eigenschaftsraumes können sich mehrere Produkteigenschaften verbergen.

5. Im nächsten Schritt wird der Eigenschaftsraum interpretiert.

6. Der Planungsprozess der Positionierung wird durch die Wahl einer geeigneten Positionierungsstrategie abgeschlossen. Hierbei gilt es u. a., die Zielposition des eigenen Zielobjektes festzulegen.

zu b)

Es lassen sich im Rahmen der Positionierung vier idealtypische Strategien unterscheiden:

Das Unternehmen kann z. B. versuchen, durch produkt- und kommunikationspolitische Maßnahmen neue kaufsverhaltensrelevante Eigenschaften zu schaffen. Diese Strategie wird als *Restrukturierungsstrategie* bezeichnet. Sollte dieses Anliegen gelingen, könnte u. U. gar binnen kurzer Zeit eine neue Marktstruktur geschaffen werden.

Sollte das Unternehmen nicht das Ziel verfolgen bzw. nicht in der Lage sein, den Markt zu restrukturieren, so verbleiben noch die folgenden drei Strategien:

Die *Repositionierungstrategie* zielt darauf ab, die Entfernung zwischen den eigenem Produkt und einem attraktiven Marktsegment zu verringern. Dies geschieht durch eine Änderung der Eigenschaftskombination des eigenen Produktes.

Bei der *Imitationsstrategie*, die letztlich eine Folge der Repositionierung sein kann, wird versucht, das eigene Produkt in der ‚Nähe‘ eines erfolgreichen Wettbewerbers zu positionieren.

Im Rahmen der *Profilierungsstrategie* wird versucht, das Produkt so positioniert, dass es in dem Positionierungsraum möglichst eine Position einnimmt, die eine direkte Konkurrenz zu anderen Produkten des Marktes vermeidet. Derartige Strategien sind u. U. dann erfolgreich, wenn eine gewisse ‚Außenseitergruppe‘ bereit ist, bei diesen Ausprägungen der Eigenschaften zu kaufen.

zu c)

Mithilfe der Positionierung werden die kaufsverhaltensrelevanten Eigenschaften und die Wettbewerbsstruktur eines Marktes aufgedeckt. Eine erfolgreiche Positionierung bzw. Umpositionierung des eigenen Produktes ist jedoch nur dann möglich, wenn das Unternehmen neben der Angebotsstruktur auch die Nachfragestruktur des betrachteten Marktes kennt. Es ist also für eine Erfolg versprechende Positionierung erforderlich, die Eigenschaftsausprägungen, die von den unterschiedlichen Nachfragergruppen gewünscht werden, zu kennen. So könnte es z. B. sein, dass ein Hersteller von Mobiltelefonen, der den Nachfragern Geräte anbietet, die im Vergleich zu den Produkten der Wettbewerber mehr Funktionen bei gleichem Preis besitzen, keinen Erfolg im Markt hat, da ein Großteil der Nachfrager ‚einfache‘ Mobiltelefone mit wenigen Funktionen bevorzugt.

Lösungsskizze zu Übungsaufgabe 9:

zu a)

Der Produktlebenszyklus kennzeichnet die Entwicklung des Umsatzes innerhalb eines bestimmten Zeitraumes und unterstellt, dass diese Entwicklung einen ‚lebenszyklusähnlichen‘ Verlauf annimmt. Die Darstellung des Produktlebenszyklus kann durch die Berücksichtigung weiterer Erfolgsgrößen (z. B. Gewinn und Deckungsbeitrag) ergänzt werden.

Die wesentlichen *Annahmen des Lebenszykluskonzeptes* sind:

1. Das Angebot eines Produktes ist zeitlich begrenzt.
2. Der Umsatz des Produktes durchläuft deutlich differierende Phasen.
3. Der Gewinn steigt bzw. fällt mit den verschiedenen Phasen des Produktlebenszyklus.

4. In den einzelnen Phasen des Lebenszyklus sind unterschiedliche Ausprägungen der Marketinginstrumente vorteilhaft.

Die geläufigste Darstellung des Produktlebenszyklus zeigt die idealtypische Umsatzentwicklung eines Produktes als S-förmige Kurve. Die Kurve kann exemplarisch in fünf Abschnitte unterteilt werden: Einführung, Wachstum, Reife, Sättigung und Degeneration.

Die ‚Einführungsphase‘ beginnt mit der erstmaligen Vermarktung des Produktes und stellt den Zeitabschnitt langsamen Umsatzwachstums dar. Die hohen Einführungskosten des Produktes führen jedoch dazu, dass in der Einführungsphase die Kosten noch die Umsätze übersteigen (Verlustzone).

Die ‚Wachstumsphase‘ ist der Abschnitt rasch zunehmender Marktakzeptanz und spürbarer Gewinnzuwächse. In dieser Phase übersteigen die Umsätze i. d. R. die Kosten, so dass nach Angaben des Modells die Gewinnzone erreicht wird.

Die ‚Reifephase‘ ist der Abschnitt geringer werdender Zuwachsraten des Umsatzes, da das Produkt nunmehr bereits von den meisten potenziellen Käufern akzeptiert wurde. Der Übergang in die Reifephase wird durch den Wendepunkt der Produktlebenszykluskurve markiert. Das Marktpotenzial ist weitgehend ausgeschöpft. Es können kaum noch neue Käufer gewonnen werden. Weiterhin hat sich i. d. R. die Konkurrenzsituation verändert, da einige andere Unternehmen als ‚Me-Too Anbieter‘ in den Markt eingetreten sind.

In der ‚Sättigungsphase‘ kommt es zu einer ersten Schrumpfung von Umsätzen und Gewinnen. Die Ursache hierfür kann z. B. sein, dass Substitutionsprodukte auf den Markt kommen.

Die ‚Degenerationsphase‘ ist der Abschnitt, in dem das Verkaufsvolumen stark schrumpft und die Gewinne sinken.

Die wichtigsten Kritikpunkte sind:

- Das Konzept des Produktlebenszyklus besitzt keine ausgeprägte normative Aussagekraft, sondern stellt lediglich ein beschreibendes und erklärendes Instrument dar.

- Der Verlauf des Produktlebenszyklus ist nicht unveränderlich vorgegeben, sondern kann durch Marketinginstrumente beeinflusst werden.

- Es ist schwierig zu bestimmen, in welcher Phase sich ein Produkt befindet.

- Externe Faktoren, wie Konjunktur und Arbeitslosigkeit, finden in dem Modell keine Berücksichtigung, obwohl sie den Umsatzverlauf eines Produkts beeinflussen können.

zu b)

Ein TV-Sender ist ein Anbieter von Leistungen. Die Produkte, die er anbietet, sind z. B. Serien und Nachrichten. Seine Kunden werden durch zwei Gruppen repräsentiert. Die eine Gruppe bilden die Zuschauer, während das zweite Kundensegment aus Unternehmen besteht, die den TV-Sender als Werbemedium nutzen.

Die fehlende Berücksichtigung des Produktlebenszyklus kann gravierende Konsequenzen für einen TV-Sender haben. Z. B. können bei älteren Serien die Zuschauerzahlen und somit die Werbeeinnahmen zurückgehen.

Unternehmen, die einen Spot durch den TV-Sender zeigen lassen, achten darauf, dass eine entsprechende Einschaltquote vorhanden ist. Zurückgehende Einschaltquoten führen i. d. R. zu sinkenden Werbeeinnahmen, da der TV-Sender seine Preise für die Ausstrahlung von TV-Spots senken muss. Die geringen Werbeeinnahmen haben automatisch eine Verschlechterung des Leistungsprogrammes zur Folge, falls neue Serien bzw. eigene Produktionen nicht mehr finanziert werden können. Mit anderen Worten: Es entsteht ein ‚Teufelskreis‘. Die Berücksichtigung des Produktlebenszyklus kann einem TV-Sender helfen, die Aktualität seines Leistungsprogrammes zu erhalten. Allerdings gelten die unter a) genannten Kritikpunkte.

Letztlich hilft das Konzept des Produktlebenszyklus lediglich, bestimmte Gefahren (z. B. Umsatzrückgang, Gewinneinbruch) möglichen Ursachen (Veralterung der Produkte) zuzuordnen.

Zu c)

Hilfreich bei der Ermittlung der Phase, in der sich eine Fernsehserie befindet, kann die Ermittlung der Einschaltquote sein. Niedrige Einschaltquoten nach der Einführung der Serie können darauf hindeuten, dass die Serie die Wachstumsphase noch nicht erreicht hat. Dagegen kann eine zurückgehende Einschaltquote einer sehr bekannten Serie darauf hindeuten, dass diese in eine Rückgangsphase geraten ist. Ebenfalls kann die Nachfrage nach Werbezeiten Hinweise auf die Phase des Produktlebenszyklus geben, in der sich eine Serie aktuell befindet. Die Nachfrage nach Werbezeiten richtet sich i. d. R. nach der Entwicklung der Einschaltquote, aber auch nach der Kompatibilität der Zielgruppen (Sendung, Werbung).

Aus der Perspektive der Zuschauer kann die Sendezeit Anhaltspunkte über die Phase geben, in der sich eine Fernsehserie befindet. Serien, die sich in der Reifephase befinden und Serien der Wachstumsphase, die eine hohe Akzeptanz bei den Zuschauern haben, werden i. d. R. in der Hauptsendezeit gezeigt (19 bis 23 Uhr). Serien, die in der Wachstumsphase waren und nicht mehr erfolgreich sind, bekommen i. d. R. eine weniger attraktive Sendezeit oder werden bei weiterem Rückgang der Einschaltquoten aus dem Programm gestrichen.

Eine Änderung der Sendedauer kann ebenfalls von der Senderleitung zur Berücksichtigung bzw. Ermittlung der Kundenwünsche verwendet werden. Ist die Sendedauer kurz, so kann es sich z. B. um eine Serie in der Einführungsphase handeln. I. d. R. wird mit einer zunächst kurzen Sendedauer versucht, die potenzielle Einschaltquote zu ermitteln.

Problematisch bei der Heranziehung von Sendezeit und –dauer zur Ermittlung der Phase des Produktlebenszyklus ist, dass diese beiden Instrumente den Lebenszyklus selbst beeinflussen. Eine ungünstige Sendezeit bewirkt somit u. U. nachlassendes Interesse der Zuschauer und fördert so die ‚Degeneration' der Serie. An diesem Beispiel zeigen sich deutlich die Schwächen des Lebenszykluskonzeptes. Durch Variation der Gestaltungsparameter kann u. U. ein bestimmter Verlauf des Lebenszyklus herbeigeführt werden. Andere Ausprägungen der Gestaltungsparameter würden u. U. einen anderen Verlauf der Umsatzkurve bewirken.

Lösungsskizze zu Übungsaufgabe 10:

zu a)

Das Konzept der *Erfahrungskurve* ist in den sechziger Jahren von der Unternehmensberatung Boston Consulting Group auf der Grundlage empirischer Untersuchungen entwickelt worden. In Veröffentlichungen wurde die These vertreten, dass sich im Zeitablauf bei Verdoppelung der kumulierten Produktionsmenge die inflationsbereinigten Stückkosten um ca. 20-30 % verringern. Dieser Effekt wurde als Erfahrungskurveneffekt bezeichnet, da sich die Stückkostenreduktion nicht durch das ökonomische Gesetz der Massenproduktion (economies of scale) ergäbe, sondern durch die aus der Produktionserhöhung gewonnene Erfahrung.

Dieses Konzept soll insbesondere

- die langfristige Prognose der Kostenentwicklung,

- die langfristige Prognose der Preisentwicklung,

- die Ermittlung der Kostenentwicklung und des preispolitischen Spielraumes der Konkurrenten und somit die langfristige Prognose von Gewinnpotenzialen

ermöglichen.

Als wesentliche Ursachen für den Erfahrungskurveneffekt werden Lerneffekte, der technische Fortschritt und die Veränderung der Zusammensetzung des Produktes angesehen.

Lerneffekte stellen hier vielschichtige Vorgänge in der Produktion dar, bei denen durch häufige Wiederholung der gleichen Tätigkeit die Effizienz steigt, weil Tätigkeiten schneller ausgeführt werden können. Diese Aspekte werden oft in einen Zusammenhang mit der Fertigung von Gütern gebracht, sind jedoch in anderen Bereichen eines Unternehmens, wie z. B. Logistik und Vertrieb ebenso denkbar.

Der technische Fortschritt, z. B. in Form von neuen Produktionstechnologien, hat in vielen Branchen zu sinkenden Kosten geführt. Der Erfahrungskurveneffekt ist in diesem Falle auf die Erhöhung der Produktivität durch technische und konstruktive Mittel und Methoden zurück zu führen.

Oftmals ist es möglich, die Stückkosten für ein lediglich in der *Zusammensetzung verändertes Produkt* dadurch zu senken, dass Werkstoffe durch billigere ersetzt werden, die Zahl der Bauteile verringert oder die Montage des Produktes vereinfacht wird.

zu b)

Der Erfahrungskurveneffekt beschreibt einen Zusammenhang zwischen Produktionsmenge und Stückkosten. Hierbei sinken die Stückkosten durch die bei der Erhöhung der kumulierten Produktionsmenge gewonnene Erfahrung im Zeitablauf. Die gewonnene Erfahrung kann unterschiedliche Aspekte umfassen. So kann diese u. a. zu einer effizienten Durchführung einzelner Produktionsschritte oder zur Entwicklung besserer Produktionstechnologien führen. Die Erfahrung entsteht nicht nur in der Produktion, sondern kann auch in anderen Unternehmensbereichen gewonnen werden, wie z. B. in der Logistik und in dem Vertrieb.

Die Verminderung der Stückkosten bei Betriebsgrößenersparnissen (Economies of scale) erfolgt hingegen durch die Erhöhung der Produktionsmenge pro Zeiteinheit. Die Einsparung bei diesem Konzept ist u. a. auf eine höhere Kapazitätsauslastung des Produktions-, Logistik- und des Vertriebssystems (Fixkostendegression), eine höhere Verhandlungsstärke (bessere Beschaffungs- und Lieferkonditionen) sowie auf eine Umlage der Marketingausgaben (z. B. Kommunikationspolitik) auf eine höhere Produktionsmenge zurückzuführen.

Als Beispiel soll die Produktion eines Konsumgutes (DVD-Players) betrachtet werden. Erfahrungskurveneffekte können z. B. bei der Montage der Produktteile erzielt werden. So können durch ein häufiges Wiederholen von nicht automatisierbaren Arbeitsvorgängen Arbeiten schneller und qualitativ besser erledigt werden. Darüber hinaus kann die bei der

Montage gewonnene Erfahrung dazu führen, dass Arbeitsprozesse umgestaltet werden und somit die Effizienz der Arbeitsprozesse verbessert wird. Betriebsgrößenersparnisse können hingegen z. B. entstehen, wenn durch eine Erhöhung der Produktionsmenge pro Tag, die für die Beleuchtung der Produktionshallen notwendigen Stromkosten pro Stück fallen. Betragen die Stromkosten z. B. 1.000 € pro Tag und die Ausbringungsmenge pro Tag 10.000 Stück, dann ergeben sich 0,10 € Stromkosten pro Stück. Steigt die Produktionsmenge z. B. um 10.000 Stück, dann betragen die Stromkosten pro Stück nur noch 0,05 €. Die höhere Ausbringungsmenge pro Tag hat in diesem Falle eine (rechnerische) Betriebsgrößenersparnis in Höhe von 0,05 € pro Stück zur Folge.

zu c)

Mit dem Erfahrungskurvenkonzept sollen Prognosen und Handlungsempfehlungen erarbeitet werden. Allerdings ist es zu bezweifeln, ob das Erfahrungskurvenkonzept diese Funktionen erfüllen kann, da sich die Kosten des eigenen Unternehmens und diejenigen von Wettbewerbern nur dann vorausschätzen lassen, wenn die zukünftigen Ausbringungsmengen und Marktanteile näherungsweise bekannt sind. Diese hängen allerdings von den zuvor genannten Größen ab, womit ein Interdependenzproblem entsteht, welches eine Prognose erschwert.

Aus dem oben Gesagten ergeben sich konkrete Probleme bei der Ableitung von Marketingstrategien aus den ex post beobachteten oder erwarteten Erfahrungskurveneffekten. So könnte man auf den ersten Blick annehmen, dass die Marktführerschaft als ‚Normstrategie' aus dem Erfahrungskurvenkonzept resultiert. Unternehmen mit dem höchsten Marktanteil erreichen – zumindest nach einiger Zeit – die größte kumulierte Produktionsmenge und damit die geringsten Stückkosten, woraus wiederum ein großer Deckungsbeitrag resultiert, der zur Sicherung der Marktposition (über entsprechende Marktinvestitionen und/oder Preissenkungen) genutzt werden kann. In diesem Zusammenhang werden auch manche Bemühungen von Unternehmen, die eigenen Märkte auszuweiten, auf die Bestrebung, Erfahrungskurveneffekte zu erzielen, zurückgeführt. Stagnierende Märkte und Märkte mit einer großen Anzahl von Wettbewerbern erschweren i. d. R. die Ausweitung von Produktionsmengen. Dagegen bieten neue Märkte oft bessere Möglichkeiten zur Kundenakquisition und somit zum Absatz höherer Produktionsmengen.

Problematisch bei der oben genannten Sichtweise ist allerdings die Gefahr, dass alle Wettbewerber die Strategie der Marktführerschaft anstreben und sich somit alle anderen Unternehmen einer Branche gleich verhalten können. Dies hätte zur Folge, dass der Wettbewerb um die Marktanteile intensiver wird, um möglichst niedrige Kosten zu erzielen. Dieser Wettbewerb kann sich allerdings sehr deutlich auf die Preisentwicklung in der Branche auswirken, wenn die Kostenvorteile an die Konsumenten weitergegeben werden (Preiswettbewerb). In diesem Falle würde der Preisverfall u. U. zum Ausscheiden einiger Wettbewerber aber auch zu einer Senkung des Gesamtgewinnes der Branche führen.

Ein weiteres Problem bei der Ableitung einer Marketingstrategie aus dem Erfahrungskurvenkonzept besteht darin, dass das Preissetzungsverhalten der Wettbewerber nicht bekannt ist. Somit können die Preise der Wettbewerber keine Anhaltspunkte über deren Kostenentwicklung liefern et vice versa. Unternehmen können den Verkaufspreis z. B. über, in Höhe der, oder für gewisse Zeitspannen unter die Grenzkosten setzen, so dass die Ableitung von Handlungsalternativen aus den Kosten nur bedingt möglich ist.

Eine weitere Strategie, die mit dem Erfahrungskurvenkonzept in Verbindung gebracht wird, ist die ‚Pionierstrategie‘. Pionier-Unternehmen können einen Kostenvorsprung gegenüber anderen Wettbewerbern erarbeiten. Je eher ein Unternehmen Erfahrungen sammelt, um so eher können Erfahrungskurveneffekte erzielt werden. Allerdings muss hierbei eine konstante Erfahrungsrate gegeben sein. Wenn ein Unternehmen später in einen Markt eintritt, hat es zunächst Kostennachteile. Wenn es diesem Unternehmen aber gelingt, z. B. durch eine neue Technologie eine höhere Erfahrungsrate zu erreichen, dann wird es die Kostensenkungspotenziale besser nutzen und die Kostenvorteile des Pionier-Unternehmens aufholen können. Bleibt die Erfahrungsrate der Unternehmen dagegen konstant, dann wird das Pionier-Unternehmen in der Lage sein, niedrigere Preise zu setzen oder höhere Gewinne als andere Wettbewerber zu erzielen. Durch einen frühen Markteintritt eines Unternehmens (bei einer konstanten Erfahrungsrate) können also nach dieser vordergründigen Betrachtung Wettbewerbsvorteile erzielt werden. Gleichzeitig ist aber deutlich geworden, dass die Pionierstrategie nur dann Erfolg versprechend ist, wenn das Pionier-Unternehmen es schafft, die Kostenvorteile mit Blick auf die Erfahrungsrate auf lange Sicht aufrechtzuerhalten. Hierbei muss das Unternehmen sich ebenso bemühen, u. a. neue Arbeitsmethoden, -verfahren und Produktionstechnologien zu entwickeln, die die Erfahrungsrate positiv beeinflussen.

Lösungsskizze zu Übungsaufgabe 11:

zu a)

Die so genannte PIMS-Studie (Profit Impact of Market Strategies) ist eine groß angelegte empirische Untersuchung, die in den letzten 30 Jahren die Entwicklung der strategischen Marketingplanung beeinflusst hat. Durch gängige statistische Analyseverfahren (hauptsächlich die Regressionsanalyse) versuchte man im Rahmen dieser empirische Studie, den Einfluss unterschiedlicher ‚strategischer Faktoren‘ auf den wirtschaftlichen Erfolg von Unternehmen bzw. Geschäftsbereiche zu untersuchen.

Das wesentliche Ziel der PIMS-Studie ist die Ermittlung der Faktoren, die die unterschiedliche Rentabilität von Unternehmen bzw. Geschäftsbereichen erklären.

Die wichtigsten Ergebnisse der PIMS-Studie sind:

Der positive Zusammenhang zwischen der Marktposition (gemessen durch den Marktanteil oder den relativen Marktanteil) und der Profitabilität (ROI) von Geschäftsfeldern hat sich in verschiedenen Teiluntersuchungen bestätigt.

Als mögliche Gründe für den vorstehend genannten Zusammenhang können genannt werden:

• die größere Effizienz in Produktion und Vertrieb bei großen Anbietern (Erfahrungskurveneffekte und Economies of scale),

• die Vermeidung von Risiken auf Seiten der Kunden durch Kauf bei führenden Anbietern,

• die Machtposition großer Anbieter.

Der Zusammenhang ist u. U. auch dadurch erklärbar, dass ein Faktor (z. B. Qualität des Managements) beide Variablen (Marktposition und Profitabilität) beeinflusst. Es ist darüber hinaus möglich, dass eine hohe Profitabilität kleinerer Unternehmen ein rasches Wachstum und damit einen hohen Marktanteil ermöglicht. Somit wäre die vermutete Kausalität ‚auf den Kopf gestellt‘.

Darüber hinaus zeigte sich ein positiver Zusammenhang zwischen der Produktqualität (relative Produktqualität) und dem wirtschaftlichen Erfolg eines Geschäftsfeldes. Als mögliche Gründe für die Steigerung des wirtschaftlichen Erfolges durch eine überdurchschnittliche Produktqualität können genannt werden:

• die größere Loyalität der Kunden,

• mehr Wiederholungskäufe,

• eine geringere Verwundbarkeit bei Preiskämpfen,

• die leichtere Durchsetzbarkeit höherer Preise ohne Marktanteilsverluste und

• nicht zuletzt auch Marktanteilsgewinne aufgrund einer überlegenen Leistung.

Der gemeinsame Einfluss des Marktanteils und der Produktqualität auf den wirtschaftlichen Erfolg soll zudem stärker sein als die Summe der vorstehend isoliert genannten Einflüsse.

zu b)

Die wesentlichen Vorteile der PIMS-Studie sind:

- Diese Art der Informationsbeschaffung bindet weniger Unternehmensressourcen. Der Kosten- und der Zeitaufwand sind somit relativ gering.

- Unternehmen können (unter bestimmten Umständen) die Erfahrungen anderer Unternehmen als Entscheidungshilfe in verschiedenen Situationen verwenden (z. B. bei Neugründungen und im Rahmen von Akquisitionsstrategien).

Die wesentlichen Nachteile der PIMS-Studie sind:

- Für den Untersuchungsansatz ist die Betrachtung von ‚Durchschnittswerten‘ üblich, die nicht dem Einzelfall gerecht werden.

- Die in die Untersuchung einbezogenen Daten sind mit zahlreichen Meßproblemen und Messfehlern behaftet (z. B. die Ermittlung der relativen Produktqualität durch subjektive Schätzungen des Managements).

- Zahlreiche unabhängige Variable können miteinander korrelieren und führen deshalb zu Problemen bei der Anwendung der Regressionsanalyse.

Die Übertragbarkeit der Ergebnisse der PIMS-Studie auf den eigenen Geschäftsbereich kann sehr problematisch sein. Das wesentliche Problem liegt hier darin, dass eine ‚vergleichbare‘ Strategische Geschäftseinheit gefunden werden muss. Die Verwendung der Ergebnisse (z. B. Umsetzung einer bestimmten Wettbewerbsstrategie) kann zu anderen Ergebnissen führen, wenn die Wettbewerbssituation (z. B. Konkurrentenzahl) des eigenen Geschäftsbereiches durch die Geschäftsbereiche in der Studie nicht oder nicht im ausreichenden Maße abgebildet worden ist.

Die PIMS-Studie ist zudem nicht ausreichend fundiert, wenn z. B. zahlreiche Unternehmen mit kleinem Marktanteil einen hohen ROI aufweisen.

zu c)

In der PIMS-Studie wurde herausgefunden, dass der ROI häufig mit der Marktposition eines Unternehmens positiv korreliert. Die Forderung nach einer besseren Marktposition in der PIMS-Studie wird durch die Achse ‚*relativer Marktanteil*‘ in der Portfolio-Matrix der Boston Consulting Group zum Ausdruck gebracht. Strategische Geschäftseinheiten mit einem hohen

Marktanteil, so genannte ‚Cash cows' und ‚Stars', sollen nach Aussagen des Modells zu höheren Umsätzen und Gewinnen führen als solche, die einen geringeren relativen Marktanteil aufweisen. Aus der PIMS-Studie lässt sich somit für die Portfolio-Analyse folgende Aussage ableiten:

Ein Unternehmen sollte in den bearbeitenden Märkten eine führende Stellung erlangen, um den positiven Einfluss auf die Rentabilität zu nutzen.

Lösungsskizze zu Übungsaufgabe 12:

In der *PIMS-Studie* wurde herausgefunden, dass der *ROI* häufig mit der Höhe des relativen Marktanteils eines Unternehmens positiv korreliert. Die Forderung nach höheren kumulierten Produktionsmengen im Erfahrungskurvenkonzept entspricht dem ‚Wunsch' nach größeren Marktanteilen in der PIMS-Studie. Mit Blick auf die Wirkung des Marktanteils scheinen sich die Aussagen der *‚Erfahrungskurve'* zu bestätigen, sofern im Einzelfall davon ausgegangen werden kann, dass eine auf Erfahrungskurveneffekten beruhende Stückkostenreduktion zu einer Erhöhung des ROI beigetragen hat.

Lösungsskizze zu Übungsaufgabe 13:

zu a)

Die Umsatz- und Gewinnentwicklung im Produktlebenszykluskonzept spiegelt sich in den Größen ‚Marktwachstum' und ‚relativer Marktanteil' der Portfolio-Analyse wider.

Geht man davon aus, dass die strategischen Geschäftseinheiten in diesem Falle Produkte darstellen, dann liefert die Stellung in der Portfolio-Matrix der BCG einen Rückschluss auf ihre Stellung im Produktlebenszyklus (vice versa).

Bei den *‚Question marks'* handelt es sich um strategische Geschäftseinheiten, die sich in der Einführungs- bzw. Wachstumsphase des Produktlebenszyklus befinden. Das Marktwachstum ist idealtypischerweise groß. Geringe Umsätze bewirken einen niedrigen relativen Marktanteil, der seinerseits ‚höchstens' einen entsprechend geringen Gewinn ermöglicht.

‚Stars' sind strategische Geschäftseinheiten, die sich in der Wachstumsphase befinden. In dieser Phase des Produktlebenszyklus steigen die Umsätze idealtypischerweise noch stärker an. Hohe Umsätze bewirken einen hohen relativen Marktanteil und der Gewinn steigt.

‚Cash cows' sind strategische Geschäftseinheiten, die sich in der Reife- bzw. Sättigungsphase

befinden. Die Umsätze und Gewinne stagnieren bzw. sind leicht rückläufig, der relative Marktanteil bleibt jedoch hoch.

‚Dogs' sind strategische Geschäftseinheiten, die sich in der Sättigungs- bzw. Degenerationsphase befinden. Der Umsatzrückgang in dieser Phase bewirkt einen geringer werdenden relativen Marktanteil und der Gewinn schrumpft.

Sowohl das Produktlebenszykluskonzept als auch die Portfolio-Modelle der Unternehmensberatungen sind explikative Prognosemodelle, die um ‚Normstrategien' erweitert werden. Ihre Aussagekraft ist daher sehr eingeschränkt.

zu b)

Entsprechend der Einordnung der strategischen Geschäftseinheiten in einen der vier Quadranten der Portfolio-Matrix ergeben sich unterschiedliche Normstrategien. Die Strategieempfehlungen für die einzelnen Felder der Portfolio-Matrix sind in Abbildung 71 dargestellt.

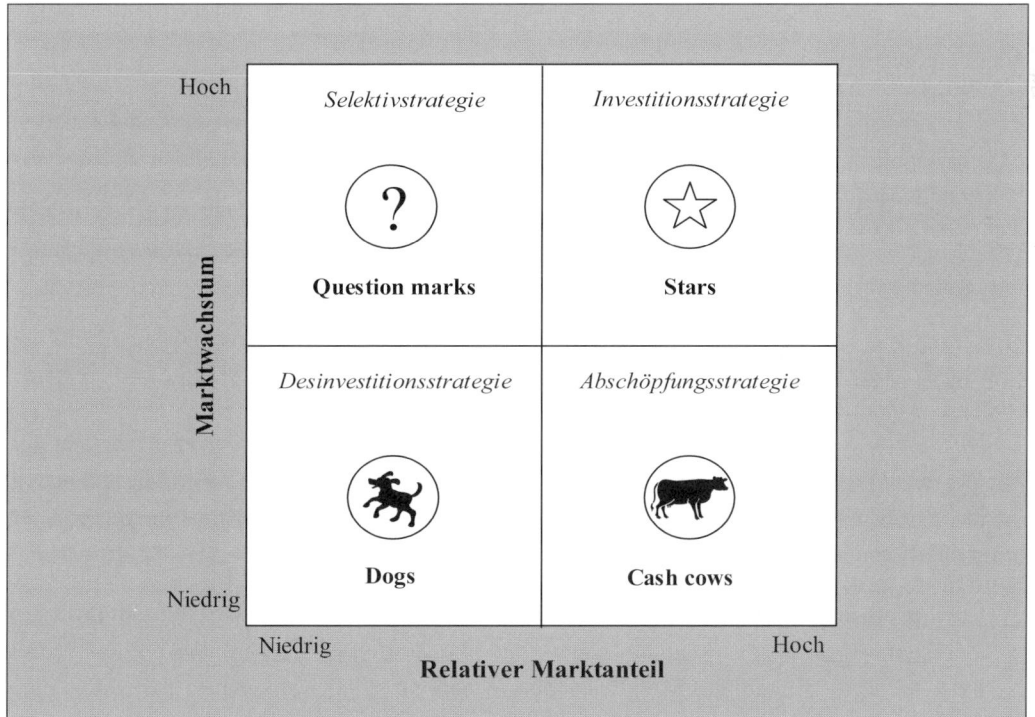

Abb. 71: Normstrategien der Portfolio-Matrix

Mit Blick auf die Normstrategien lassen sich die Selektiv-, die Investitions-, die Abschöpfungs- und die Desinvestitionsstrategie unterscheiden.

Eine *Selektivstrategie* wird für Question marks empfohlen. Im Rahmen dieser Strategie hat das Unternehmen zwei Alternativen. Die erste Alternative besteht darin, Erfolg versprechende strategische Geschäftseinheiten aufzubauen (Investitionsstrategie). Kann das Unternehmen trotz hoher Investitionen die Marktanteilsposition der strategischen Geschäftseinheit nicht verbessern, dann wird die zweite Alternative (Desinvestitionsstrategie) empfohlen. Die frei werdenden Finanzmittel sollen in andere, Erfolg versprechende Produkte bzw. Märkte investiert werden.

Die *Investitionsstrategie* sieht vor, strategische Geschäftseinheiten in eine ‚Star-Position' zu bringen bzw. diese Position weiter zu verbessern. Das Ziel dieser Strategie ist die Marktführerschaft in einem stark wachsenden Markt.

Die *Abschöpfungsstrategie* wird für Cash cows empfohlen. Nachdem sich das Wachstum des Marktvolumens verlangsamt hat und weniger Investitionen für eine Kapazitätsausweitung erforderlich sind, können Cash cows ihre Größenvorteile ausnutzen und Gewinne erwirtschaften. Diese Finanzmittel sollen zur Unterstützung ausgewählter Stars und Question marks eingesetzt werden.

Eine *Desinvestitionsstrategie* wird für strategische Geschäftseinheiten in einer Dog-Position empfohlen. Frei werdende Finanzmittel sollten in dieser Situation in andere, Erfolg versprechende Geschäftseinheiten investiert werden.

zu c)

Folgende, gegen den Lebenszyklus gerichtete Normstrategien können sinnvoll sein:

1. Die zweite Variante der Selektivstrategie richtet sich gegen den idealtypischen Verlauf des Lebenszyklus. Wenn ein Unternehmen trotz hoher Investitionen keine Möglichkeiten hat, die Marktanteilsposition eines Question marks deutlich zu verbessern, muss diese Geschäftseinheit aufgegeben werden.

2. Cash cows liefern Finanzmittel, die zur Unterstützung ausgewählter Stars und Question marks eingesetzt werden können. Von besonderem Vorteil ist es, wenn diese Finanzmittel dazu beitragen können, das Marktwachstum wieder zu beleben. In diesem Falle kann eine Geschäftseinheit ausgehend von einer ‚Cash cow-Position' zu einem Star werden.

3. Die Unternehmensleitung sollte bei Geschäftseinheiten in einer ‚Dog-Position' über-

prüfen, ob in absehbarer Zeit eine positive Marktentwicklung zu erwarten ist, die das ‚Wiederbeleben' (Erhöhung des relativen Markteinteils) solcher Geschäftseinheiten rechtfertigt.

Lösungsskizze zu Übungsaufgabe 14:

zu a)

Im Rahmen des Portfolio-Modells der Unternehmensberatung McKinsey werden die strategischen Geschäftseinheiten eines Unternehmens anhand der zwei Bestimmungsfaktoren ‚Marktattraktivität' und ‚Wettbewerbsvorteil' in einer zweidimensionalen Matrix positioniert. Im Unterschied zum Portfolio-Modell der Boston Consulting Group werden die beiden Bestimmungsfaktoren dabei mithilfe mehrerer Indikatoren charakterisiert, wodurch eine detaillierte Analyse der Wettbewerbs- und der Marktsituation der strategischen Geschäftseinheiten erfolgt. Darüber hinaus wird bei den beiden Bestimmungsfaktoren zwischen ‚niedrigen', ‚mittleren' und ‚hohen' Ausprägungen unterschieden, so dass die Portfolio-Matrix neun Felder besitzt. Diese stärkere Unterteilung der zweidimensionalen Matrix ermöglicht eine differenziertere Betrachtung der strategischen Geschäftseinheiten.

Um die strategischen Positionen der strategischen Geschäftseinheiten zu bestimmen, wird bei dem Portfolio-Modell der Unternehmensberatung McKinsey wie folgt vorgegangen:

Zunächst sind die relevanten Indikatoren der beiden Dimensionen zu bestimmen. Die Marktattraktivität kann z. B. durch die Indikatoren Marktwachstum und -größe, ‚Marktqualität', Energie- und Rohstoffversorgung sowie ‚Umfeldsituation' ermittelt werden. Als Indikatoren zur Bestimmung der Wettbewerbsvorteile können z. B. die relative Marktposition, die relative Produktqualität, die relative Qualifikation der Führungskräfte und Mitarbeiter in Frage kommen.

Die Indikatoren der beiden Dimensionen hängen wiederum von mehreren Faktoren ab. Beispielsweise hängt die ‚Marktqualität' von den Faktoren Rentabilität der Branche und Wettbewerbsintensität ab.

Die Ermittlung der Ausprägung jedes Indikators erfolgt im Rahmen des Modells durch die Bewertung der Faktoren und wird mithilfe eines Scoring-Verfahrens durchgeführt. Anschließend werden die Ausprägungen der Indikatoren anhand ihrer Bedeutung für die strategischen Geschäftseinheiten gewichtet. Die Summe der gewichteten Indikatorausprägungen ergibt wiederum die Ausprägung der Dimension. Sind beide Koordinatenwerte der beiden Dimensionen bekannt, so können die strategischen Geschäftseinheiten in der Matrix positioniert werden.

Anhand ihrer Positionen in der Matrix können für die strategischen Geschäftseinheiten Normstrategien abgeleitet werden. Zu diesen Normstrategien zählen im Rahmen des Portfolio-Modells die Investitionsstrategie, die Wachstumsstrategie, die Abschöpfungsstrategie, die Desinvestitionsstrategie und die Selektiven Strategien (Offensivstrategie, Defensivstrategie und Übergangsstrategie).

zu b)

Als wesentliche Kritikpunkte am Portfolio-Modell der Unternehmensberatung McKinsey können die folgenden gelten:

- Dieses Portfolio-Modell ist ein weitgehend statischer Ansatz. Es wird nur die gegenwärtige und nicht die zukünftige Situation der strategischen Geschäftseinheiten im Wettbewerb abgebildet.

- Die Bewertung der Faktoren mithilfe eines Scoring-Modells ist problematisch, da die Bewertungen und die Gewichtungen der Faktoren i. d. R. auf den subjektiven Urteilen der Mitarbeiter des Unternehmens bzw. der externen Berater beruhen.

- Besonders problematisch stellt sich die Abgrenzung der strategischen Geschäftseinheiten dar. Unterschiedliche Aggregationsniveaus bei der Abgrenzung der strategischen Geschäftseinheiten können dazu führen, dass sich unterschiedliche Werte für die Marktattraktivität und die Wettbewerbsvorteile ergeben.

- Darüber hinaus ist es mit Blick auf die Ausprägungen der Dimensionen schwierig, ‚niedrige‘ von ‚mittleren‘ bzw. ‚mittlere‘ von ‚hohen‘ Ausprägungen zu unterscheiden.

zu c)

Das Marktattraktivität-Wettbewerbsvorteil-Portfolio hat den Vorteil gegenüber dem Konzept der BCG, dass die Marktattraktivität und die Wettbewerbsvorteile anhand mehrerer Indikatoren charakterisiert werden, wodurch eine detaillierte Analyse der Wettbewerbs- und der Marktsituation der strategischen Geschäftseinheiten erfolgt. Darüber hinaus besitzt die Portfolio-Matrix neun Felder, wodurch eine differenziertere Betrachtung der strategischen Geschäftseinheiten ermöglicht wird.

Aus diesem Vorteil ergeben sich mehrere Probleme in der methodischen Vorgehensweise, die den wesentlichen Kritikpunkt des McKinsey-Konzeptes ausmachen. Die Ermittlung der

Koordinatenwerte für die Marktattraktivität und die Wettbewerbsvorteile entspricht der Vorgehensweise von Scoring-Modellen. Scoring-Modelle weisen die folgenden methodischen Probleme auf:

- Die vollständige Erfassung aller Faktoren, die für die Bestimmung der Marktattraktivität und der relativen Wettbewerbsvorteile relevant sind, ist nicht möglich.

- Die berücksichtigten Faktoren sind u. U. nicht unabhängig voneinander.

- Die Bewertung der Faktoren, Indikatoren und Dimenisionen ist besonders problematisch, da es keine einheitlichen Richtlinien für eine Bewertung gibt. Eine objektive Ermittlung der Koordinatenwerte ist daher selten möglich.

Lösungsskizze zu Übungsaufgabe 15:

Zu a)

Ein Produkt kann als ein *Bündel von nutzenstiftenden Eigenschaften* betrachtet werden, das die Befriedigung von Kundenbedürfnissen zum Ziel hat. Aus Sicht der Nachfrager bedeutet dies, dass das Produkt nicht um seiner selbst willen gekauft wird. Beim Kauf steht vielmehr der mit dem Produkt verbundene Nutzen im Vordergrund.

Das Produkt kann in die Nutzenkomponenten Grund- und Zusatznutzen unterteilt werden. Im Folgenden werden die unterschiedlichen Nutzenkomponenten am Beispiel eines Automobils veranschaulicht.

Der *Grundnutzen* besteht in der funktionalen Eigenschaft des Transportes von Ort A nach Ort B. Der *Zusatznutzen* setzt sich u. a. aus dem ‚Erbauungs-‘ und dem ‚Geltungsnutzen‘ zusammen. Während der *Erbauungsnutzen* die individuellen Bedürfnisse des Konsumenten befriedigt, berücksichtigt der *Geltungsnutzen* die sozialorientierten Bedürfnisse des Konsumenten. So kann der Erbauungsnutzen z. B. durch das ästhetische Design des Automobils charakterisiert werden. Der Geltungsnutzen kommt in der gesellschaftlichen Anerkennung durch den Kauf einer besonderen Marke zum Ausdruck.

Mit Blick auf die verschiedenen ‚Konzeptionsebenen‘ kann ein Produkt in die drei idealtypischen Ebenen generisches, erwartetes und augmentiertes Produkt unterteilt werden.

Mit der ersten Ebene, dem *generischen Produkt* wird die grundlegende Produktform beschrieben (z. B. Zimmer mit Bett in einem Hotel). Die fundamentale Produktleistung ‚Ruhe und Schlaf‘ zu bekommen, ist zwar bereits vorhanden, das Produkt ist allerdings auf dieser Ebene noch nicht selbstständig vermarktbar. Dies wird erst auf der zweiten Ebene möglich.

Die zweite Ebene bezeichnet den Zustand des *erwarteten Produktes*. Diese Ebene umfasst die obligatorischen Eigenschaften, die ein Produkt beinhalten muss, um es vermarkten zu können. Das erwartete Produkt stellt das ‚minimale' Leistungsbündel zur Herstellung der Vermarktungsfähigkeit dar. Mit Blick auf Konkurrenzprodukte besitzt diese Ebene keine komparativen Wettbewerbsvorteile. Im Falle des Hotelzimmers werden zum Beispiel ein sauberes Bett, Seife und ein Zimmerservice vorausgesetzt und können somit nicht der Differenzierung gegenüber dem Wettbewerb dienen. Um ein Produkt von denen der Wettbewerber abzuheben, bedarf es der dritten Ebene.

Das *augmentierte Produkt* besitzt spezielle Zusatzleistungen. Erst diese Ebene der Produktkonzeption ermöglicht die konkrete Differenzierung des eigenen Produktes von denen der übrigen Anbieter und möglicherweise die Erreichung von Wettbewerbsvorteilen. Ein Internetanschluss, Blumen, frisches Obst und kostenfreie Getränke in einem Hotelzimmer sind Beispiele für Zusatzleistungen auf dieser Ebene.

zu b)

Strategien einer verstärkten Ökologieorientierung sind die defensive und die offensive Strategieausrichtung.

Bei der *defensiven Strategie* besteht das Ziel des Unternehmens darin, die gesetzlichen Bestimmungen mit Blick auf die ökologische Unbedenklichkeit von Produkten und Prozessen zu erfüllen. Oftmals werden hierzu ökologische Eigenschaften bereits bestehender Konkurrenzprodukte imitiert. Zur Differenzierung im Anbieterwettbewerb erscheint diese Strategie nicht geeignet, da keine Wettbewerbsvorteile geschaffen werden.

Entscheidet sich ein Unternehmen für eine *offensive Strategie*, so soll ein dauerhafter ökologischer Vorteil der Produkte geschaffen werden. Dies kann letztlich nur durch die Schaffung echter Innovationen gelingen.

Als Nachteil der offensiven Strategie kann angeführt werden, dass die jeweilige Zielgruppe den zusätzlichen ökologischen Nutzen u. U. nicht wahrnimmt bzw. honoriert. Ist dies der Fall, können negative Folgen entstehen. Dies wird insbesondere dann eintreten, wenn der vermeintliche ökologische Zusatznutzen gleichzeitig eine Kostenerhöhung und eventuell sogar eine Beeinträchtigung der Gebrauchseigenschaften mit sich bringt (z. B. Beeinträchtigung der Farbqualität bei Umweltpapier). In einer derartigen Situation muss sich die Unternehmensführung letztlich zwischen der Schonung der Umwelt und dem (auf das betreffende Unternehmen begrenzten und u. U. kurzfristigen) ökonomischen Vorteil bei Verzicht auf die umweltschonende Gestaltung der Produkte entscheiden.

zu c)

Ökologische Produkte werden von Handelsunternehmen im Allgemeinen als Premiumprodukte positioniert. Ihr Preisniveau liegt deutlich über dem Preis konventioneller Erzeugnisse. Gleichzeitig ist ihr Anteil, bezogen auf den Umsatz einer Warengruppe, noch relativ klein, so dass trotz des relativ hohen Preises der Gesamtumsatz eines Handelsunternehmens kaum beeinflusst wird. Die horizontale Wettbewerbsintensität ist im Bereich der ökologischen Produkte derzeit noch gering. Preispolitische Instrumente werden von den beteiligten Wettbewerbern kaum eingesetzt.

Vor diesem Hintergrund können mit der Positionierung ökologischer Eigenmarken folgende Ziele verfolgt werden.

Höhere Gewinnmargen / Gewinnung von Neukunden

Empirische Untersuchungen legen nahe, dass *Nachfrager* ökologischer Produkte eine höhere Preisbereitschaft aufweisen als andere Nachfrager. Diese Preisbereitschaft kann (zumindest kurzfristig) dazu genutzt werden, höhere Gewinnmargen zu erzielen. Mit dem Angebot eines ökologischen Sortimentes ist es darüber hinaus möglich, Kunden anzusprechen, die ihren Bedarf an ökologischen Produkten bisher in Spezialgeschäften (z. B. Reformhaus) gedeckt haben.

Profilierung gegenüber der Konkurrenz

Ein ökologisches Sortiment mit einem eindeutigen Markenprofil kann dazu genutzt werden, sich von der *Konkurrenz* abzugrenzen. Durch die Verfügbarkeit einer exklusiven ökologischen Marke können Kunden an die zugehörigen Verkaufstellen eines Handelssystems gebunden werden.

Aufbau eines ‚ökologischen Images' / Verstärkung der Machtposition

Mithilfe kommunikationspolitischer Maßnahmen kann zudem die zunehmende Sensibilität der gesamten *Öffentlichkeit* gegenüber Schädigungen der Umwelt angesprochen werden und ein *ökologisches Image* ‚transportiert' werden.

Mit der Positionierung hochpreisiger Handelsmarken dringt der Handel in ein Preissegment vor, in dem bisher nur Hersteller von Markenartikeln zu finden waren. Das Vordringen des Handels in dieses Segment stellt eine weitere Verstärkung der Machtposition des Handels dar.

Lösungsskizze zu Übungsaufgabe 16:

Es existiert keine einheitliche Abgrenzung des Begriffs ‚Produktqualität‘. Eine gängige Vorgehensweise ist der Versuch einer Definition über die ‚Gebrauchstüchtigkeit‘ des Produktes. Allerdings ist diese Betrachtung in der Regel zu einseitig, da die Tatsache, dass zumeist mehrere Nutzenkomponenten eines Produktes vorliegen, bei einer aggregierten Vorgehensweise ausgeblendet wird.

Mit Blick auf den Begriff ‚Qualitätswahrnehmung‘ ist es von besonderer Bedeutung, die jeweiligen Sichtweisen der verschiedenen Bezugsgruppen zu unterscheiden und zu beachten. Aus Herstellersicht wird oftmals der Schwerpunkt auf die so genannte ‚objektive Qualität‘ gelegt. Es wird also die objektive Eignung eines Produktes zur Erfüllung eines bestimmten Verwendungszwecks in den Vordergrund der Betrachtung gerückt (z. B. die Vielzahl an Funktionen eines Handys).

Der Blick der Konsumenten richtet sich in der Regel vielmehr auf die so genannte ‚subjektive Qualität‘, d. h. auf die von den Konsumenten tatsächlich ‚wahrgenommene Qualität‘ (z. B. die Handhabbarkeit der Tastatur). Diese beiden Ausprägungen der Qualität eines Produktes müssen keinesfalls deckungsgleich sein, oftmals ist eher das Gegenteil richtig. Es ist mithin nicht alleinig die Existenz von unterschiedlichen ‚Nutzenkomponenten‘ von Bedeutung, sondern vielmehr ob diese auch von den potenziellen Nachfragern wahrgenommen und als nutzbringend bewertet werden.

Bezüglich einer *Qualitätsmessung* lässt sich somit konstatieren, dass die objektive Qualität anhand der vorliegenden (z. B. technischen) Eigenschaften zwar ‚gemessen‘ werden könnte, die in der Regel kaufentscheidende, subjektive Qualität jedoch aus den oben genannten Gründen nur in sehr beschränktem Maße bewertet werden kann.

Lösungsskizze zu Übungsaufgabe 17:

Der Begriff ‚Involvement‘ bezeichnet das Ausmaß an ‚Aktivierung‘ bzw. ‚Betroffenheit‘ eines Nachfragers bezüglich eines bestimmten Gutes. Ein Produkt, das für einen Konsumenten besonders ‚wichtig‘ ist, lässt auf ein hohes Maß an Involvement seitens des Konsumenten schließen. Besteht ein derartig hohes Maß an Involvement, so wird vom Konsumenten in der Regel ein relativ hoher Aufwand im Rahmen des Kaufprozesses betrieben, da das subjektiv empfundene Kaufrisiko gleichfalls als relativ hoch empfunden wird.

Das Konstrukt ‚Erfahrung‘ charakterisiert die Häufigkeit der Kontakte des potenziellen Nachfragers mit dem jeweiligen Produkt. In der Regel nimmt das Involvement mit zunehmender Erfahrung ab.

Lösungsskizze zu Übungsaufgabe 18:

Vielfach werden einem *Markenartikel* u. a. die Eigenschaften

- gleich bleibende, hohe Qualität,
- ubiquitäre Erhältlichkeit und
- ein hoher Bekanntheitsgrad

zugesprochen. Ein Markenartikel ist indes weit mehr als nur die Summe der obigen Charakteristika. Es handelt sich bei einem Markenartikel vielmehr um ein geschlossenes Absatzkonzept, das zur Differenzierung gegenüber den Produkten der Wettbewerber im anonymen Markt der ‚Massenartikel‘ gedacht ist.

Ein weiterer Zweck, der durch die Markierung eines Produktes verfolgt wird, ist die Vermittlung eines Herkunftsnachweises und einer damit verbundenen Qualitätsgarantie, die allerdings einen gewissen ‚Unternehmens-Goodwill‘ voraussetzt. Bei einem etwaigen negativen Firmenimage in der Öffentlichkeit ist ansonsten auch eine negative Imageübertragung auf den jeweiligen Markenartikel nicht auszuschließen.

Von hoher Bedeutung ist auch die Möglichkeit der werblichen Auslobung, die bei einigen Produkten erst durch die Generierung eines Markenartikel-Konzeptes ermöglicht wird. Mit Blick auf das Produkt ‚Milch‘ wäre es z. B. für ein Unternehmen ohne ein derartiges Markenartikel-Konzept nicht möglich, das eigene Produkt gegenüber dem der Konkurrenz zu differenzieren oder gar im Rahmen von kommunikationspolitischen Maßnahmen differenziert zu kommunizieren.

Lösungsskizze zu Übungsaufgabe 19:

Eine Preisabsatzfunktion ist ein mathematisches Modell, das den Zusammenhang zwischen einem Preis und dem mengenmäßigen Absatz eines Produktes beschreibt.

Ein grundsätzliches Problem ergibt sich aus der Tatsache, dass der Preis nicht die einzige Determinante des Absatzes ist, sondern eine Vielzahl von exogenen Variablen Einfluss auf den Absatz ausüben können, wie z. B. das Konkurrenzverhalten und die Kommunikationspolitik. Dieses Problem wird im Modell i. d. R. dadurch umgangen, dass von derartigen Einflussfaktoren abstrahiert wird. Werden neben dem Preis jedoch auch andere Einflussvariablen zugelassen, wird das mathematische Problem je nach Anzahl der zusätzlichen Daten wesentlich komplizierter und zwar sowohl mit Blick auf die zu ermittelnden Zusammenhänge bezüglich der einzelnen Variablen als auch in Bezug auf das Optimierungsproblem.

Ein weiteres grundlegendes Problem entsteht durch die ökonomische Fundierung von Preis-absatzfunktionen. So birgt auch die statistische Fundierung Probleme, da die in der Realität beobachtbaren Preise zumeist nur ein relativ geringes Intervall abdecken.

Lösungsskizze zu Übungsaufgabe 20:

zu a)

$$\varepsilon = \frac{120-130}{12-10} \cdot \frac{12}{120} = -0,5 > -1 \qquad \Rightarrow \qquad \text{Nachfrage unelastisch.}$$

$$\varepsilon = \frac{100-100}{14-12} \cdot \frac{14}{100} = 0 > -1 \qquad \Rightarrow \qquad \text{Nachfrage unelastisch.}$$

$$\varepsilon = \frac{200-220}{400-380} \cdot \frac{400}{200} = -2 < -1 \qquad \Rightarrow \qquad \text{Nachfrage elastisch.}$$

$$\varepsilon = \frac{1000-2000}{1,60-1,59} \cdot \frac{1,60}{1000} = -160 < -1 \qquad \Rightarrow \qquad \text{Nachfrage elastisch.}$$

	Mengeneinheiten		Preis in €		Elastizität	Nachfrage	
	x_1	x_2	p_1	p_2	ϵ	elastisch	unelast.
01	120	130	12	10	-0,5		X
02	100	100	14	12	0		X
03	200	220	400	380	-2	X	
04	1000	2000	1,60	1,59	-160	X	

zu b)

Ein Snob-Effekt liegt vor, wenn eine Preiserhöhung zu einer Absatzmengensteigerung bzw. eine Preissenkung zu einer Absatzmengenminderung führt. Im ersten Fall sind die relative Preisänderung und die relative Absatzmengenänderung positiv. Im zweiten Fall sind beide Werte negativ. In beiden Fällen ist die Preiselastizität, also der Quotient aus relativer Absatzmengenänderung und relativer Preisänderung, positiv.

Lösungsskizze zu Übungsaufgabe 21:

Die Preiselastizität ist definiert durch:

$$\varepsilon = \frac{x_1 - x_2}{p_1 - p_2} \cdot \frac{p_1}{x_1}$$

Wenn wir für x_1 die aktuelle Verkaufsmenge 100, für p_1 bzw. p_2 die Verkaufspreise 2 € bzw. 1,50 € einsetzen und nach x_2 auflösen, dann erhalten wir:

$$\varepsilon = \frac{100 - x_2}{2 - 1,5} \cdot \frac{2}{100} \Leftrightarrow x_2 = 100 - 25\varepsilon$$

Die Preissenkung von 2 € auf 1,50 € führt also zu einer Erhöhung der Absatzmenge von 100 Mengeneinheiten auf 150 (bei $\varepsilon = -2$) bzw. 350 Mengeneinheiten (bei $\varepsilon = -10$).

Die Deckungsspanne beträgt vor der Preissenkung 1 € bzw. nach der Preissenkung 0,50 €. Damit ergeben sich Deckungsbeiträge in Höhe von 100 € vor der Preissenkung und 75 € (bei $\varepsilon = -2$) bzw. 175 € (bei $\varepsilon = -10$) nach der Preissenkung. Die Preissenkung ist also bei einer Preiselastizität von $\varepsilon = -2$ nicht sinnvoll, bei einer Preiselastizität von $\varepsilon = -10$ sollte die Preissenkung demgegenüber vorgenommen werden.

Lösungsskizze zu Übungsaufgabe 22:

zu a)

Eine Preisänderung von p_1 auf p_2 entspricht einer relativen Preisänderung von $\frac{p_1 - p_2}{p_2} \cdot 100\%$.

Eine Absatzsteigerung von x_1 auf x_2 entspricht einer relativen Mengenänderung von $\frac{x_1 - x_2}{x_1} \cdot 100\%$. Der sich daraus ergebende Quotient ε sagt aus, dass die relative Mengenänderung um den Faktor ε mal so groß ist wie die relative Preisänderung.

Die Preiselastizität berechnet sich im Falle einer allgemeinen linearen Preisabsatzfunktion zu:

$$\varepsilon = \frac{x_1 - x_2}{p_1 - p_2} \cdot \frac{p_1}{x_1} = \frac{(a - bp_1) - (a - bp_2)}{p_1 - p_2} \cdot \frac{p_1}{a - bp_1} = \frac{-bp_1 + bp_2}{p_1 - p_2} \cdot \frac{p_1}{a - bp_1}$$

$$= \frac{-b(p_1 - p_2)}{p_1 - p_2} \cdot \frac{p_1}{a - bp_1} = \frac{-bp_1}{a - bp_1} = \frac{-bp_1}{x_1}$$

Bei einer fallenden, linearen Preisabsatzfunktion wird der Quotient p/x mit steigendem p immer größer. Die Preiselastizität errechnet sich als Produkt aus diesem Quotienten und $-b$. Die Nachfrage wird also entlang der Preisabsatzfunktion mit steigendem p immer elastischer.

zu b)

Wir bilden die Umsatzfunktion und setzen die erste Ableitung dieser Funktion gleich Null:

$$U(x) = (a - bp)p = ap - bp^2$$

$$U'(x) = 0 \Leftrightarrow a - 2bp = 0 \Leftrightarrow p = \frac{a}{2b}$$

Zu zeigen bleibt, dass die Preiselastizität -1 ist, genau dann, wenn als Preis $\dfrac{a}{2b}$ gewählt wird. Mit der Berechnung der Preiselastizität einer allgemeinen linearen Preisabsatzfunktion in Teilaufgabe a) erhalten wir:

$$\varepsilon = -1$$

$$\overset{a)}{\Leftrightarrow} -b \cdot \frac{p_1}{x_1} = -1$$

$$\Leftrightarrow -b \cdot \frac{p_1}{a - bp_1} = -1$$

$$\Leftrightarrow -bp_1 = bp_1 - a$$

$$\Leftrightarrow p_1 = \frac{a}{2b}$$

zu c)

Mit der Berechnung der Preiselastizität einer allgemeinen linearen Preisabsatzfunktion in Teilaufgabe a) erhalten wir:

$$\frac{dx}{dp} = -b \Rightarrow \dot{\varepsilon} = -b \cdot \frac{p_1}{x_1} \overset{a)}{=} \varepsilon$$

Lösungsskizze zu Übungsaufgabe 23:

zu a)

Zunächst berechnen wir die Verkaufsmengen des Produktes A vor und nach der Preiserhöhung von Produkt B:

$$x_{A1} = 100 - 15 \cdot 6 + 20 \cdot 8 = 170$$

$$x_{A2} = 100 - 15 \cdot 6 + 20 \cdot 10 = 210$$

Die Kreuzpreiselastizität erhalten wir gemäß der folgenden Formel:

$$\varepsilon_{AB} = \frac{\dfrac{x_{A1} - x_{A2}}{x_{A1}}}{\dfrac{p_{B1} - p_{B2}}{p_{B1}}} = \frac{\dfrac{170 - 210}{170}}{\dfrac{8 - 10}{8}} \approx \frac{-0,2353}{-0,25} = \frac{23,53\%}{25\%} \approx 0,941$$

Der Produzent B hebt den Preis des Produktes B um 25 % an. Daraufhin erhöht sich die Absatzmenge des Produktes A um 23,53 %. Die relative Änderung der Absatzmenge des Produktes A ist damit um den Faktor 0,941 so groß wie die relative Preisänderung des Produktes B. Die Kreuzpreiselastizität ist positiv und das Produkt A steht in einer Konkurrenzbeziehung zu Produkt B.

zu b)

$$\varepsilon_{AB} = \frac{x_{A1} - x_{A2}}{p_{B1} - p_{B2}} \cdot \frac{p_{B1}}{x_{A1}} = \frac{a_1 + a_2 p_A + a_3 p_{B1} - (a_1 + a_2 p_A + a_3 p_{B2})}{p_{B1} - p_{B2}} \cdot \frac{p_{B1}}{x_{A1}}$$

$$= \frac{a_3 (p_{B1} - p_{B2})}{p_{B1} - p_{B2}} \cdot \frac{p_{B1}}{x_{A1}} = a_3 \cdot \frac{p_{B1}}{x_{A1}} = \frac{\partial x_A}{\partial p_B} \cdot \frac{p_{B1}}{x_{A1}} = \dot{\varepsilon}_{AB}$$

zu c)

Aus Aufgabenteil b) entnehmen wir:

$$\varepsilon_{AB} = a_3 \cdot \frac{p_{B1}}{x_{A1}}$$

Da Preise und Absatzmengen stets positiv sind, hängt das Vorzeichen der Kreuzpreiselastizität von dem Vorzeichen des Parameters a_3 ab. Produkt A steht in einer Konkurrenzbeziehung zu Produkt B, wenn a_3 positiv ist und in einer Komplementärbeziehung, wenn a_3 negativ ist. Je größer der Betrag von a_3 ist, umso stärker ist diese Beziehung ausgeprägt.

Lösungsskizze zu Übungsaufgabe 24:

zu a)

Der Preisänderungsresponse beschreibt die Reaktion der Nachfrager auf Preisveränderungen. Ein starker Preisänderungsresponse bedeutet, dass die Nachfrage bei Preiserhöhungen stark abfällt und bei Preissenkungen stark ansteigt.

Ausschlaggebend für das Ausmaß eines Preisänderungsresponses ist die prozentuale Preisänderung. Preisänderungen sollten also im Zusammenhang mit dem Preisänderungsresponse immer relativ zum Ausgangspreis gemessen werden.

zu b)

Je stärker ein Preisänderungsresponse ausgeprägt ist, umso höher sollte der Einführungspreis gewählt werden. Im Falle eines starken Preisänderungsresponse reagieren die Nachfrager in den Folgeperioden auf Preissenkungen mit einer Nachfrageerhöhung. Je höher der Einführungspreis gewählt wird, umso größer ist der Preissenkungsspielraum in den folgenden Perioden. Je größer der Preissenkungsspielraum ist, umso besser kann der Preisänderungsresponse in den Folgeperioden durch Preissenkungen zur Erhöhung der Nachfrage genutzt werden. Die Nachfrageerhöhungen durch Preissenkungen sollen bei einem starken Preisänderungsresponse zu einer Erhöhung des Deckungsbeitrages in späteren Perioden führen, so dass der Verlust an Deckungsbeitrag durch einen zu hohen Verkaufspreis in der ersten Periode überkompensiert wird.

zu c)

Der Preisänderungsresponse beschreibt die Auswirkungen einer Preisänderung auf die Nachfrage. Den Nachfragern werden hier mindestens zwei verschiedene Preise in unterschiedlichen Perioden präsentiert. Der Preisänderungsresponse wird deshalb in der dynamischen Preistheorie betrachtet.

Die Elastizität der Nachfrage gehört demgegenüber zur statischen Preistheorie. Den Nachfragern wird nur ein einziger Preis präsentiert. Die Preiselastizität misst die (relative) Nachfrageänderung in Relation zur (relativen) Preisänderung. Die Preisänderung ist allerdings nur hypothetisch. Den Nachfragern wird also nur ein Preis angeboten, so dass nur die Auswirkung der absoluten Höhe dieses Preises nicht aber die Auswirkung der Preisänderung selbst auf die Nachfrage gemessen wird.

Lösungsskizze zu Übungsaufgabe 25:

zu a)

Die Skimmingstrategie sieht einen relativ hohen Einführungspreis für ein neues Produkt vor. In den folgenden Perioden wird der Preis des Produktes sukzessive reduziert. Die Penetrationspreisstrategie sieht einen relativ niedrigen Einführungspreis für ein neues Produkt vor. Der geringe Preis soll zu relativ hohen Absatzmengen führen. Eine spezielle Preisentwicklung in den nachfolgenden Perioden sieht die Penetrationspreisstrategie nicht vor.

Zu den Voraussetzungen der Skimmingstrategie zählt ein Käuferpotenzial, das zum Zeitpunkt der Einführung des Produktes eine hohe Zahlungsbereitschaft aufweist. Zudem ist es vorteilhaft, wenn die Nachfrage unelastisch ist und damit unter anderem verhindert, dass Konkurrenten mit einer Penetrationspreisstrategie die eigenen Skimming-‚Versuche‘ unterlaufen. Entsprechend ist es für die Penetration von Bedeutung, dass eine stark elastische Nachfrage für große Absatzmengen bei entsprechend niedriger Preissetzung sorgt. Dabei ist es auch von Bedeutung, dass die Nachfrager von dem niedrigen Preis nicht auf eine geringe Qualität schließen und somit das ‚Ansehen‘ der Produkte nicht leidet.

zu b)

Je stärker ein Carryover-Effekt positiv ausgeprägt ist, umso geringer sollte der Einführungspreis gewählt werden. Durch einen geringen Einführungspreis erhöht sich die Absatzmenge in der ersten Periode (Voraussetzung: elastische Nachfrage). Eine hohe Absatzmenge in der ersten Periode hat bei stark ausgeprägtem positivem Carryover-Effekt eine große Anzahl von Wiederholungskäufen bzw. Käufen aufgrund von Imitation zur Folge. Dadurch erhöht sich die Nachfrage in den Folgeperioden. Liegen positive Carryover-Effekte vor, sollte also die Penetrationsstrategie gewählt werden.

zu c)

Ein (zu) niedriger Einführungspreis führt dazu, dass Unternehmen in der ersten Periode auf Deckungsbeiträge verzichten oder sogar Verluste erzielen. Niedrig bedeutet dabei, dass der Verkaufspreis unterschritten wird, der zu einem Gewinnmaximum in der ersten Periode führt (statisch-optimaler Preis). Dieser Deckungsbeitragsverzicht bildet die Auszahlung der ‚Investition in Marktanteile‘.

Ein geringer Einführungspreis führt zu höheren Absatzmengen in der ersten Periode und über den Carryover-Effekt zu höheren Absatzmengen in den Folgeperioden. Wenn der Carryover-Effekt hinreichend stark ausgeprägt ist, kann in diesen Folgeperioden ein höherer Gewinn erzielt werden als durch den statisch-optimalen Preis möglich gewesen wäre. Der statisch-optimale Preis maximiert jeweils isoliert den Gewinn einer Periode. Mit Blick auf den Carryover-Effekt besteht die Einzahlung der Investition aus den zusätzlichen Deckungsbeiträgen späterer Perioden. Ausschlaggebend ist nun der Kapitalwert dieser Investition.

Lösungsskizze zu Übungsaufgabe 26:

Convenience-Güter (z. B. für viele Nachfrage ‚einfache' Zuckersorten) werden gewohnheitsmäßig gekauft. Der Konsument empfindet beim Kauf ein geringes Risiko. Diese Güter sind für eine Skimmingstrategie ungeeignet, da sie schlecht differenzierbar sind. Es ist deshalb schwierig, ein Preisniveau oberhalb der Konkurrenzpreise durchzusetzen. Bei dem Einsatz einer Penetrationspreisstrategie muss berücksichtigt werden, dass die Nachfrager i. d. R. keine Preisvergleiche durchführen und gegebenenfalls einen im Vergleich zur Konkurrenz geringeren Preis überhaupt nicht wahrnehmen.

Beim Kauf von *Preference-Gütern* (z. B. für viele Nachfrager eine Waschmaschine mit integriertem Trockner) empfinden die Nachfrager ein erhöhtes Risiko; Produktunterschiede werden wahrgenommen. Die Nachfrager nehmen aber keinen besonders großen Suchaufwand in Kauf. Eine Skimmingstrategie scheint hier nicht erfolgversprechend zu sein, wenn es nur wenige Nachfrager gibt, die einen besonders hohen Preis zu zahlen bereit sind. Ebenso wird eine große Gruppe von Nachfragern Preissenkungen nicht wahrnehmen, so dass bei diesen die Preissenkungen nicht zu dem erwünschten Absatzanstieg führen. Eine Penetrationspreisstrategie erscheint also auch nicht zwingend vorteilhaft. Vielmehr empfiehlt sich eine ‚moderate' Preissetzung im ‚mittleren' Bereich.

Beim Kauf von *Shopping-Gütern* empfinden viele Nachfrager ein gegenüber Preference-Gütern weiter angestiegenes Risiko. Sie möchten alternative Produkte vergleichen und nehmen deshalb einen relativ großen Suchaufwand in Kauf. Hierzu ist im Sinne eines sehr kurzfristigen Lebenszyklus z. B. modische Kleidung zu zählen, für die aufgrund der Saisonalität eine Skimmingstrategie gewählt wird. Eine Gebrauchsgüterinnovation im Bereich Hifi/Video kann demgegenüber auch durch eine Penetrationsstrategie gegenüber veralteten, aber etablierten Technologien durchgesetzt und zum neuen Marktstandard werden.

Beim Kauf von *Speciality-Gütern* (z. B. für viele Nachfrager Sportwagen) empfinden sehr viele Nachfrager ein sehr hohes Risiko. Die Güter üben auf diese Nachfrager eine hohe Anziehungskraft aus. Diese Nachfrager betreiben einen erheblichen Aufwand bei der Informationsbeschaffung. Eine preisorientierte Qualitätsbeurteilung spricht u. U. bei einzelnen

Angeboten dieser Güterkategorie sogar für ein dauerhaft hohes Preisniveau. Ein Anbieter, der neu in einen Markt mit etablierten Anbietern eindringt, kann seine Preise zunächst aber auch unterhalb des Konkurrenzpreisniveaus ansetzen, um sie gegebenenfalls anzuheben, sobald er ein adäquates Image aufgebaut hat.

Zusammenfassend ist darauf hinzuweisen, dass die Güterkategorien nach Copeland keine eindeutige Richtung der Preissetzung vorgeben. Lediglich ein zunehmender Preisspielraum ist mit zunehmendem Risiko und abnehmender Erfahrung auf Seiten der Nachfrager zu unterstellen.

Lösungsskizze zu Übungsaufgabe 27:

Zu den unterschiedlichen Phasen im Planungsprozess der Marktkommunikation zählen die Definition der Kommunikationsziele, die Definition der Zielgruppe(n), die Planung einer Kommunikationsstrategie, die Planung des Einsatzes der Kommunikationsinstrumente sowie die Messung der Kommunikationswirkung.

Im Rahmen der *Definition der zu verfolgenden Ziele* werden aus den instrumenteübergreifenden Marketingzielen (z. B. Erhöhung des Marktanteils, Gewinnung neuer Kunden) konkrete Kommunikationsziele abgeleitet, die mittels der verschiedenen psychologischen Funktionen der Kommunikation erreicht werden sollen. Zu den konkreten Zielen der Kommunikation zählen z. B. die Erhöhung des Bekanntheitsgrades eines bestimmten Produktes oder die Beeinflussung bestehender Konsumgewohnheiten im Sinne des jeweiligen Unternehmens.

Die *Definition der anzusprechenden Zielgruppe(n)* erfolgt, damit die Kommunikationsstrategie möglichst prägnant gestaltet und gezielt ausgerichtet werden kann. Zielgruppen werden im Rahmen einer Marktsegmentierung (= Aufteilung des Gesamtmarktes in einzelne Kundengruppen) ermittelt und reagieren ‚homogener' auf entsprechende kommunikationspolitische Maßnahmen als der Gesamtmarkt. Eine Abgrenzung der einzelnen Zielgruppe(n) kann z. B. nach demographischen, geographischen oder psychographischen Kriterien oder mit Blick auf das beobachtbare Verhalten erfolgen.

Die *Planung einer Kommunikationsstrategie* orientiert sich formal und inhaltlich an Vorgaben, die zur Schaffung einer ‚Corporate Identity' des Unternehmens aufgestellt wurden. Die einzelnen Elemente der Kommunikationsstrategie sind die Festlegung des Werbebudgets, die Auswahl der Werbeobjekte, die Gestaltung der Werbebotschaft sowie die Mediaselektion.

Der *Einsatz der verschiedenen Kommunikationsinstrumente* wird durch die bereits im Vorfeld definierten Ziele und Zielgruppen eingegrenzt. Soll z. B. zur Steigerung des

Bekanntheitsgrades ein möglichst großer und heterogener Personenkreis angesprochen werden, so sind in der Regel ‚breit streuende' Instrumente mit einer hohen Kontaktwahrscheinlichkeit einzusetzen (z. B. klassische Werbung). Ist die Zielgruppe dagegen auf eine bestimmte, u. U. sogar kleine Gruppe potenzieller Nachfrager beschränkt, so sollte das Hauptaugenmerk eher auf persönliche Instrumente der Kommunikation gerichtet werden (z. B. Messen, Persönlicher Verkauf).

Die *Messung der Kommunikationswirkung* kann entweder vor oder nach dem Einsatz des jeweiligen Kommunikationsinstrumentes vorgenommen werden. Wird sie vorher durchgeführt, so handelt es sich um einen Pre-Test, eine Messung nach Einsatz des Instrumentes wird Post-Test genannt.

Lösungsskizze zu Übungsaufgabe 28:

Das Konzept der Corporate Identity stellt einen übergeordneten Bezugsrahmen für die strategische Planung kommunikationspolitischer Maßnahmen dar. Der Grundgedanke dieses Konzeptes besteht in der einheitlichen Selbstdarstellung und Verhaltensweise eines Unternehmens nach innen (‚Wir-Gefühl') und nach außen. Hierdurch sollen das Selbst- und das Fremdbild eines Unternehmens harmonisiert und eine eindeutige ‚Unternehmenspersönlichkeit' erzeugt werden. Die Zielsetzung einer Corporate Identity liegt in der Differenzierung des eigenen Unternehmens von Wettbewerbern, so dass insbesondere die jeweiligen Besonderheiten des eigenen Unternehmens im Vergleich zu Wettbewerbern hervorgehoben werden.

Durch das Corporate Behavior sollen die Interaktionsprozesse sämtlicher Unternehmensmitglieder mit Blick auf das interne und externe Umfeld eines Unternehmens vereinheitlicht werden. Die angestrebte Unternehmenspersönlichkeit soll durch dieses individuelle und einheitliche Verhalten der Mitglieder des Unternehmens systematisch kommuniziert werden.

Aufgabe des Corporate Design ist es, das visuelle Erscheinungsbild des Unternehmens zu harmonisieren. Hierzu sollen alle visuellen Elemente der Unternehmenserscheinung, wie z. B. unternehmenstypische Zeichen, Farben, Schrifttypen und Gestaltungsraster, aufeinander abgestimmt werden. Das Ziel dieser Harmonisierung besteht darin, symbolisch die Identität des Unternehmens zu vermitteln und somit die Wiedererkennbarkeit bzw. den Bekanntheitsgrad des Unternehmens zu steigern.

Die Corporate Communication beinhaltet den systematisch kombinierten Einsatz aller Kommunikationsinstrumente. Durch eine einheitliche Kommunikation des Unternehmens soll die

Einstellung der Öffentlichkeit oder bestimmter Zielgruppen im Sinne des Unternehmens beeinflusst werden.

Lösungsskizze zu Übungsaufgabe 29

zu a)

Die Inhalte der Werbebotschaft sind mit Blick auf die Adressaten typischerweise eher informierend oder eher emotional positioniert. Im Fall von informierender Werbung wird mehr oder weniger sachlich und objektiv über die Leistungsmerkmale des Werbeobjektes informiert. Sie enthält beispielsweise Angaben über den Preis der angebotenen Leistung oder über spezifische Eigenschaften, die Aufschluss über Qualität und Nutzen des Angebots liefern. Auch Besonderheiten des anbietenden Unternehmens (z. B. „Offizieller Sponsor der Olympischen Spiele") können herausgestellt werden. Insgesamt hat die rein informierende Form der Werbung vor allem mit Blick auf die zunehmende Informationsüberlastung allerdings an Bedeutung verloren, was nicht heißen soll, dass sie weniger wirkungsvoll eingesetzt werden kann als emotionale Werbung.

Im Fall von emotionaler Werbung soll an Gefühle und Bedürfnisse, wie z. B. Glück und Geborgenheit, appelliert werden. Dies geschieht, indem das beworbene Produkt mit psychologischen Merkmalen in Verbindung gebracht wird, die man nicht automatisch mit ihm assoziieren würde. Die Übertragung der emotionalen Reize erfolgt in Form von Bildern oder wenigen Signalwörtern. Dabei kann sich die emotionale Werbebotschaft direkt auf das Werbeobjekt beziehen oder lediglich in einem bestimmten Zusammenhang mit dem Objekt dargestellt werden.

Informierende Werbung wird vor allem dann eingesetzt, wenn die Adressaten ein klar definiertes Bedürfnis haben, das durch das angebotene Produkt bzw. die angebotene Leistung offensichtlich befriedigt wird. Jemand der beabsichtigt, eine Urlaubsreise zu unternehmen, weiß beispielsweise oft bereits, wohin er reisen möchte, und interessiert sich hauptsächlich für den Preis verschiedener Fluglinien, den Preis und die Ausstattung der Hotels o. ä. Ähnliches gilt für den Fall eines innovativen oder besonders erklärungsbedürftigen Produktes (z. B. ein neues Arzneimittel), dessen Vorzüge gegenüber Konkurrenzprodukten anhand von Daten deutlicher akzentuiert werden können als mittels emotionaler Positionierung. Sofern ausreichend starke Bedürfnisse angesprochen werden, ist damit zu rechnen, dass neue Produkte oder innovative Eigenschaften bereits auf dem Markt befindlicher Produkte das Informationsinteresse der Adressaten anregen.

Emotionale Werbung sollte vorgezogen werden, wenn die relevanten Eigenschaften eines bestimmten Produktes bekannt sind und sich das Produkt bezogen auf diese Eigenschaften von (Marken-)Hersteller zu (Marken-)Hersteller nicht nennenswert unterscheidet. Dies ist auf gesättigten Märkten oftmals der Fall. Damit werden Informationen über die Produkteigenschaften überflüssig, da diese quasi ‚austauschbar' sind. Statt dessen sollte mit dem jeweiligen Produkt eine bestimmte, eindeutig diesem Produkt zuzuordnende ‚Erlebniswelt' verbunden werden. Ein Beispiel für eine solche ‚Erlebniswelt' wurde im Zusammenhang mit der Zigarettenmarke ‚Marlboro' geschaffen, in deren Anzeigen und Kino-Spots das Bild vom unabhängigen, freiheitsliebenden und naturverbundenen Mann vermittelt wurde.

Bei informativer Werbung kommt es insbesondere auf die Glaubwürdigkeit und Überzeugungskraft der Aussagen sowie die leichte Erkennbarkeit der Werbebotschaft an.

Bei emotionaler Werbung ist dagegen v. a. auf emotionale Authentizität, Identifikationsmöglichkeiten und Originalität zu achten. Entscheidend ist vor allem die Kompatibilität der vermittelten ‚Erlebniswelt' mit dem übrigen Marketing-Mix.

zu b)

‚Involvement' lässt sich definieren als ‚Ich-Beteiligung' bzw. gedankliches Engagement und die damit verbundene Aktivierung, mit der sich jemand einem Sachverhalt oder einer Aktivität zuwendet.

1. High-Involvement unterstellt aktive, bewusste Auseinandersetzung mit den Werbebotschaften. Die Werbebotschaft wird zuerst wahrgenommen, dann verarbeitet, und es schließt sich u. U. ein gezielter Kauf an, der auf der gebildeten Einstellung beruht (Learn-Feel-Do).

2. Bei Low-Involvement-Kaufentscheidungen hat der häufige, zum größten Teil nicht reflektierte und mehr oder weniger unbewusste Kontakt zu Werbebotschaften Auswirkungen auf das Kaufverhalten. In einer Kaufsituation erinnert sich der Konsument dann an das beworbene Produkt und kauft es, wenn dem keine anderweitigen Gründe entgegenstehen. Die Einstellung ergibt sich i. d. R. erst später (Learn-Do-Feel).

3. Die Nachkaufdissonanz beschreibt eine Werbewirkung, die auf kognitiven Dissonanzen aufbaut. Kognitive Dissonanzen resultieren aus der Spannung zwischen bestehenden Einstellungen und der Erfahrung, die sich nach dem Kauf ergibt. Am Anfang dieses Prozesses steht der Kauf, aus dem eine Dissonanz resultiert. Um diese Dissonanz zu verringern, werden bestimmte Werbebotschaften aufgenommen (Do-Feel-Learn). Somit kehrt sich die Reihenfolge des Ablaufes bei der Nachkaufdissonanz im Vergleich zum High-Involvement genau um.

zu c)

Der Grad der Aktivierung wird insbesondere beeinflusst von der *Situation*, in der sich die Person im Moment des Kontaktes mit der jeweiligen Werbung befindet. ‚Überfliegt' z. B. jemand, der beabsichtigt, sich in absehbarer Zeit ein neues Auto zu kaufen, unter großem Zeitdruck eine Zeitschrift, kann es sein, dass er selbst eine für ihn eigentlich interessante Anzeige nur flüchtig wahrnimmt.

Eine weitere Rolle spielt der jeweilige *Werbeträger*, dessen sich die Werbung bedient. Durch die Wahl des geeigneten Werbeträgers kann die Aufmerksamkeit der Adressaten von vornherein erhöht sein. So ist zu vermuten, dass Werbung in Medien, die sich auf eine spezielle Zielgruppe ausrichten (z. B. Werbung für einen neuen Tennisschläger im Tennismagazin), von Mitgliedern der entsprechenden Zielgruppe i. d. R. stärker wahrgenommen wird, da die Bereitschaft zur Auseinandersetzung mit der Botschaft auch im Falle von Low-Involvement von vornherein größer ist.

Ein weiterer Faktor ist die Gestaltung respektive Aktivierungskraft des jeweiligen Werbemittels. So kann ein unterhaltsamer Fernsehspot u. U. selbst bei Convenience- bzw. Preference-Gütern (wie z. B. Lebensmitteln, die für viele Nachfrager derartige Güter darstellen) gesteigertes Involvement zur Folge haben. Als Beispiel sei aus der Perspektive einiger Frauen die Coca-Cola-TV-Spots angeführt, in der die Verkäuferinnen eines Bekleidungsgeschäftes alle Umkleidekabinen verschließen, um einen gutaussehenden Kunden dazu zu bewegen, vor ihren Augen ein T-Shirt anzuprobieren. Anders herum kann die Werbung für einen innovativen Kosmetikartikel, der bei einigen Frauen hohes Involvement auslöst, beim Durchblättern einer Frauenzeitschrift u. U. sehr intensiv studiert werden, während Fernsehwerbung für das selbe Produkt (auch in Anhängigkeit von der Situation) nur nebenbei aufgenommen wird.

Die Eigenschaften des beworbenen Produkt können ebenfalls auf den Grad der Aktivierung einwirken. So variiert das Involvement insbesondere mit Blick auf den Preis des Produktes, die mit dem Kauf verbundenen Risiken sowie die Marke. So sind Unterschiede u. a. in Verbindung mit der sozialen Auffälligkeit des Produktes auszumachen, d. h. seiner Eignung als ‚Statussymbol'. Vor diesem Hintergrund ist für einige Nachfrager das Involvement beim beabsichtigten Kauf einer Rolex-Uhr in einer Werbekontaktsituation ungleich höher als beim beabsichtigten Kauf einer Swatch-Uhr.

Darüber hinaus ist schließlich noch die Persönlichkeit des Adressaten von Belang, die z. B. in seiner Werthaltung oder seinen (Kauf-)Motiven Ausdruck findet. Ein Naturfreund etwa wird auf Werbung für umweltfreundliche Produkte mit einem höheren Involvement ansprechen, als ein weniger umweltbewusster Mensch. Bezogen auf die primären Motive (Bedürfnisse) wird ein nach langer Reise hungriger Autofahrer auf Radiowerbung von McDonald's u. U.

entsprechend stärker reagieren, als jemand, der gerade von einem Restaurantbesuch zurück-kehrt.

Sämtliche Hypothesen hinsichtlich der Werbewirkung bestimmter Stimuli hängen jedoch von dem subjektiven Empfinden des Rezipienten der Werbebotschaft ab.

Lösungsskizze zu Aufgabe 30:

zu a)

Zur zielgerichteten Auslösung der Aktivierung können viele Reize eingesetzt werden, die mit Blick auf ihre Wirkung differenziert werden in:

* physisch intensive Reize,

* emotionale Reize,

* gedanklich-überraschende Reize.

Physisch intensive Reize

Das Ziel einer Aktivierung durch physisch intensive Reize ist es, durch eine möglichst auffällige Gestaltung der Werbung die Aufmerksamkeit der Betrachter auf die Werbebot-schaft zu lenken. Zu den physisch intensiven Reizen gehören beispielsweise Signalfarben und die Größe einer Anzeige. Sie können für jede Produktkategorie und bei jeder Zielgruppe ein-gesetzt werden, jedoch lassen sich ihre Wirkungen nur sehr schwer beurteilen. Beispielsweise kann nicht ermittelt werden, ob die Betrachter einer Anzeige die Werbebotschaft auch wirk-lich aufgenommen haben.

Emotionale Reize

Durch emotionale Reize in der Werbung wird versucht, Gefühle oder Bedürfnisse der Be-trachter zu wecken. Hierzu werden emotionale Schlüsselreize verwendet, die beim Betrachter biologisch vorprogrammierte Reaktionen auslösen sollen, so dass die Empfänger weitgehend automatisch erregt werden. Solche emotionalen Schlüsselreize sind z. B. Liebe, Glück, Ge-borgenheit, Vertrautheit, Freundschaft, Gesundheit, Freiheit, Selbstverwirklichung, Neugier sowie der Beschützerinstinkt, den kleine Kinder oder Tiere auslösen. Auch negative Gefühle, wie z. B. Angst oder Schuldgefühle, haben aktivierende Wirkungen. Bei der Verwendung von emotionalen Reizen muss allerdings darauf geachtet werden, dass ein gewisser Zu-sammenhang zwischen dem Werbemotiv und dem Produkt erkennbar sein sollte, da an-sonsten Fehlinterpretationen erfolgen können, die die gewünschte Wirkung u. U. verhindern.

Ein Beispiel für einen emotionalen Reiz ist das so genannte ‚Kindchenschema', bei dem der Betrachter durch die Darstellung von Babies und Kleinkindern aktiviert werden soll.

Ein anderes Beispiel sind die ‚erotischen Reize', die neben der Aktivierungswirkung noch den Vorteil bieten, dass sie sich im Zeitablauf kaum abnutzen.

Gedanklich-überraschende Reize

Bei der Verwendung von gedanklich-überraschenden Reizen soll durch widersprüchliche oder überraschende Aussagen und Gestaltungskriterien eine Aktivierung bei den Betrachtern hervorgerufen werden, indem die Reize die Sinne bzw. den Verstand der Adressaten „vor unerwartete Aufgaben stellen" und somit die Informationsverarbeitung anregen. Der Betrachter soll durch Wörter und Bilder oder durch widersprüchliche Wort-Bild-Kombinationen zum Nachdenken angeregt und somit aktiviert werden. Gedankliche Reize wirken in der Regel nicht so ‚automatisch' wie physische oder emotionale Reize, da die Botschaft zunächst entschlüsselt werden muss. Darüber hinaus ist die Gefahr von Abnutzungserscheinungen größer.

Die drei beschriebenen Reizarten können darüber hinaus miteinander kombiniert werden, wodurch das Aktivierungspotenzial in der Regel erhöht werden kann.

zu b)

Vampireffekt

Bei einem Vampireffekt ist der aktivierende Reiz so intensiv, dass die eigentliche Werbebotschaft von dem aktivierenden Reiz überlagert wird und die Botschaft somit in den Hintergrund rückt. Durch diese Überlagerung wird die Informationsverarbeitung beim Betrachter verhindert und das Werbeziel kann nicht erreicht werden.

Bumerangeffekt

Bei einem Bumerangeffekt wird die Werbebotschaft von dem Betrachter falsch interpretiert. Die Wirkung des aktivierenden Reizes korrespondiert nicht mit dem Werbeziel, so dass die Werbebotschaft verfälscht wird und eine Speicherung von Informationen, die nicht dem Werbeziel entsprechen, erfolgt.

Irritation

Bei Irritationen rufen die aktivierenden Reize bei den Betrachtern eine negative Abwehrhaltung gegenüber der Werbebotschaft hervor, so dass auch hier das eigentliche Werbeziel nicht erreicht wird. Vor allem physisch intensive Reize, die als zu aufdringlich empfunden werden, oder überraschende und emotionale Reize, die als ‚schwachsinnig', ‚peinlich' oder ‚geschmacklos' empfunden werden, lösen bei den Betrachtern Irritationen aus.

zu c)

Die Aktivierungswirkung einer Werbebotschaft ist mittels einer Befragung nur sehr schwer zu messen. Aktivierung wird in der Literatur definiert als „„...Zustand vorübergehender oder anhaltender innerer Erregung oder Wachheit [...], der dazu führt, dass sich die Empfänger einem Reiz zuwenden" (Kroeber-Riel/Esch 2000, S. 164.).

Um zuverlässige Aussagen über die Aktivierungswirkung treffen zu können, müsste der Befragte die innere Erregung bewusst wahrnehmen und zumindest verschiedene Aktivierungsgrade unterscheiden können. Darüber hinaus müsste er auch die Aktivierung eindeutig auf die Wirkung einer speziellen Werbung zurückführen können. Da aber die Aktivierung zumeist eine unbewusste Reaktion ist, kann die Aktivierungsmessung auf der Basis einer Befragung auf Grund mangelndem Bewusstsein der Befragten zu wenig sachdienlichen Antworten und auch zu Messverzerrungen führen. Neben diesen Schwierigkeiten erschweren noch befragungsspezifische Probleme die Messung (wie z. B. Interviewereffekte oder opportunistisches Antwortverhalten der Befragten).

Lösungsskizze zu Übungsaufgabe 31

Folgende Instrumente kommen im Rahmen der Kommunikationspolitik zur Anwendung:

- Die *klassische Werbung* dient dem Versuch, potenzielle Nachfrager im Sinne der unternehmenseigenen absatzwirtschaftlichen Ziele zu beeinflussen. Als grundlegende Formen kommen der Einsatz von Insertionsmedien und die Verwendung von elektronischen Medien in Betracht.

- Die *Verkaufsförderung* soll (in einer engen begrifflichen Auslegung) kurzfristig absatzstimulierend wirken (z. B durch Probierpackungen, Verköstigungen). Derartige Maßnahmen können sowohl auf (potenzielle) Käufer als auch auf eigene Absatzorgane ausgerichtet sein.

- Die *Öffentlichkeitsarbeit* dient dem vorrangigen Zweck, einen gewissen ‚Goodwill' für das Unternehmen zu erzeugen. Dies geschieht in der Regel durch gezielte Beeinflussung unternehmensrelevanter Anspruchsgruppen.

- Der *persönliche Verkauf* bezweckt die Akquisition von Kunden und die Erlangung von Aufträgen durch direkte (persönliche) ‚Einwirkung' auf die potenziellen Abnehmer. Auf die Nutzung von Medien wird in der Regel verzichtet.

- *Messen* werden zumeist als Plattform zur gezielten Ansprache bestimmter Zielgruppen genutzt. Dabei kann sowohl die Information als auch der Verkauf im Vordergrund stehen.

- Als *Sponsoring* wird die Beziehung zwischen Sponsoringgeber und Gesponsertem bezeichnet, bei der der Gesponserte in der Regel unmittelbar monetäre Leistungen erhält. Der Gesponserte ‚bekennt' sich als Gegenleistung zu seinem Sponsor. Als Anlass werden vielfach besondere Veranstaltungen im kulturellen, sportlichen oder sozialen Bereich gewählt.

- Das *Product Placement* umfasst das ‚Platzieren' von Produkten als Requisite (z. B. im Rahmen von Fernseh- oder Kinofilmen).

- *Electronic Marketing* beinhaltet die Nutzung elektronischer Medien zur Gestaltung der nach außen (insbesondere in Richtung der potenziellen Nachfrager) und nach innen (z. B. in Richtung der Mitarbeiter) gerichteten kommunikationspolitischen Aktivitäten eines Unternehmens.

Lösungsskizze zu Übungsaufgabe 32

Zur Messung der Kommunikationswirkung existieren verschiedene Ansätze. Grundsätzlich können derartige Ansätze in die Gruppen der *Pre-* und *Post-Tests* eingeordnet werden. Pre-Tests werden vor dem Einsatz von Kommunikationsinstrumenten verwendet, Post-Tests hingegen erst nach einem Einsatz von Instrumenten der Kommunikationspolitik. Zu den Pre-Tests gehören bspw. apparative Verfahren, mit denen z. B. die Aktivierung und die Wahrnehmung von Testpersonen gemessen wird, und Interviews. Im Rahmen von Post-Tests werden größtenteils ähnliche Untersuchungstechniken verwand, die sich jedoch durch den Zeitpunkt ihrer Anwendung unterscheiden, da diese erst ‚im Nachhinein' angewendet werden.

Das Hauptproblem einer Messung der Kommunikationswirkung besteht in der nur eingeschränkt möglichen Ermittelbarkeit und direkten Zurechenbarkeit der ‚Kommunikationswirkung' zu einzelnen Instrumenten der Kommunikationspolitik. Dies ist auf die Tatsache zurückzuführen, dass neben den jeweilig eingesetzten Instrumenten noch eine Vielzahl anderer exogener Variablen die Abverkäufe oder ähnliche Ziele der Kommunikationspolitik beeinflussen.

Lösungsskizze zu Übungsaufgabe 33

In der engsten Sichtweise der Betriebswirtschaftslehre wird der Begriff *Distribution* auf den Prozess des technischen Güterumschlags (physische Distribution) begrenzt. Darüber hinaus existieren eine tätigkeitsorientierte sowie eine zustandsorientierte Sichtweise des Begriffs. Die tätigkeitsorientierte Sichtweise des Begriffs umfasst die Summe der (Marketing-) Aktivitäten aller Wirtschaftssubjekte, die an der Übermittlung eines Wirtschaftsguts vom Hersteller zum Verbraucher beteiligt sind. In diesem Zusammenhang werden zum Tätig-keitskomplex der Distribution außer den logistischen Warenverteilungsprozessen auch die davon separierbaren Akquisitionsprozesse in den Absatzkanälen (akquisitorische Distribu-tion) gezählt. Der tätigkeitsorientierten Sichtweise steht die zustandorientierte Fassung des Distributionsbegriffs gegenüber. Diese kennzeichnet die Erhältlichkeit eines Produkts in den Einkaufsstätten eines Absatzgebiets (Distributionsgrad).

In Abgrenzung hierzu werden unter dem Begriff *Vertrieb* all diejenigen Maßnahmen im Rahmen der Distributionspolitik subsummiert, die ein Anbieter ergreift, um seine Leistungen den Nachfragern rechtskräftig zu verkaufen. Dies ist zugleich die funktionale Sicht des Vertriebs. Aus institutioneller Sicht wird unter dem Begriff Vertrieb die organisatorische Ein-heit in einem Unternehmen bezeichnet, die sich aus internen Mitarbeitern und u. U. auch aus Absatzmittlern zusammensetzt.

Lösungsskizze zu Übungsaufgabe 34

Der Planungsprozess der Distributionspolitik wird durch die folgenden Schrittfolgen darge-stellt. Diese Planungsschrittfolgen stellen einen idealtypischen Verlauf dar, da im Regelfall die Abfolge der einzelnen Planungsschritte nicht ‚sequentiell‘, sondern ‚simultan‘ erfolgen muss.

Definition der distributionspolitischen Ziele

Der Planungsprozess beginnt mit der Definition der distributionspolitischen Ziele. Dabei sind die Marketingziele des gesamten Unternehmens und die Rahmenbedingungen der Aufgaben-umwelt zu berücksichtigen, um sicher zu stellen, dass die Ziele sämtlicher Instrumentalbe-reiche aufeinander abgestimmt werden und auch die Aufgabenumwelt in den Überlegungen Berücksichtigung findet.

Planung der Warenverkaufsprozesse

Im nächsten Schritt sind die Warenverkaufsprozesse festzulegen. Hierbei ist zwischen der Planung der Absatzkanalstruktur und der Planung der Verkaufs- und Außendienstpolitik zu unterscheiden.

Planung der Absatzkanalstruktur

Im Rahmen der Planung der Absatzkanalstruktur ist über die Länge, Breite und Tiefe des Absatzkanals zu entscheiden. Die Struktur des Absatzkanals ist also sowohl in vertikaler als auch horizontaler Hinsicht festzulegen.

Vertikale Selektion

Die Länge des Absatzkanals definiert sich über die Anzahl an Wirtschaftsstufen, über die ein Produkt vertrieben wird. Der Direktvertrieb umfasst einen kurzen Absatzkanal. Zwischen Hersteller und Konsument wird keine Handelsstufe zwischengeschaltet. Der indirekte Vertrieb zeichnet sich dadurch aus, dass zwischen Hersteller und Konsument eine unterschiedliche Anzahl an Handelstufen zwischengeschaltet wird. Von einem ‚indirekt verkürzten Absatz‘ spricht man, wenn ein Hersteller sein Produkt über den Einzelhandel an den Konsumenten vertreibt. Im Rahmen des ‚indirekten unverkürzten Absatzes‘ durchläuft das Produkt eines Herstellers auf der Handelsstufe sowohl die Groß- als auch die Einzelhandelsstufe bzw. mehrstufige Handelssysteme.

Horizontale Selektion

Die horizontale Selektion umfasst die Bestimmung der Breite und Tiefe des Absatzkanals. Unter der Bestimmung der Absatzkanaltiefe versteht man die Festlegung der Anzahl verschiedener Handelsbetriebstypen, über die ein Produkt vertrieben werden soll. Die Bestimmung der Absatzkanalbreite legt die Anzahl der Verkaufsstätten der verschiedenen Handelsbetriebstypen fest. Der Universalvertrieb weist dabei die größte Tiefe und Breite auf, da keine Selektionskriterien bei der Auswahl der Absatzmittler herangezogen werden. Zielsetzung des Universalvertriebs ist die Ubiquität des Produktes. Im Rahmen der selektiven Distribution werden qualitative Kriterien zu Grunde gelegt, so dass der horizontalen Struktur Grenzen gesetzt werden. Zielsetzung der selektiven Distribution ist die Gewährleistung eines sach- und fachgerechten Vertriebs. Die exklusive Distribution stellt einen Sonderfall der selektiven Distribution dar. Neben qualitativen Kriterien werden für die Selektion der Absatzmittler auch quantitative Kriterien herangezogen. Zielsetzung hierbei ist nicht selten die Exklusivität eines Produktes zu wahren, indem das Angebot künstlich verknappt wird. Die horizontale Absatzkanalstruktur wird im Fall der exklusiven Distribution am stärksten begrenzt.

Planung der Verkaufs- und Außendienstpolitik

Die Planung der Verkaufs- und Außendienstpolitik beinhaltet sämtliche Entscheidungen über die herstellereigenen Absatzorgane. Ebenso sind Fragestellungen bezüglich personeller und sachlicher Aspekte der Verkaufs- und Außendienstpolitik zu beantworten. Zu den Aufgaben des Außendienstes zählen die Anbahnung und Pflege von Kundenbeziehungen, die Anbahnung und der Abschluss von Geschäften und die Sammlung von Marktinformationen. Die Organisation des Verkaufs- und Außendienstes befasst sich insbesondere mit seiner strukturellen Untergliederung.

Planung der physischen Warenverteilungsprozesse

Die Planung der physischen Warenverteilungsprozesse beinhaltet alle Entscheidungen über den Transport und die Lagerhaltung des Produktes. Unter dem Begriff Lieferungspolitik werden zum einen die Lieferkonditionen und zum anderen die Marketinglogistik zusammengefasst. Ein wichtiger Gestaltungsaspekt stellen dabei die Vereinbarungen über Lieferkonditionen zwischen dem Hersteller und seinen Absatzmittlern oder Konsumenten dar. Im Rahmen dieser Vereinbarungen werden die Aufgabenbereiche der Vertragspartner und rechtliche sowie technologische Fragen der Abwicklung festgelegt. Die Marketinglogistik, die den absatzbezogenen Bereich der Logistik darstellt, stellt dasjenige Instrument dar, das die Einhaltung der Lieferkonditionen gewährleisten soll.

Lösungsskizze zu Übungsaufgabe 35

zu a)

Unter Vertriebssystemen versteht man auf Dauer angelegte, vertraglich geregelte Organisationsformen der Distribution zwischen Herstellern und Absatzmittlern. Dabei ist es unerheblich, ob nur einzelne Vertriebsvereinbarungen oder komplette Bindungssysteme vertraglich geregelt werden.

Im Rahmen von „Absatzkanalsystemen mit anarchistischen Beziehungen zwischen den Systemelementen" existieren keinerlei Verhaltensabstimmungen. Demgegenüber wird der „Anweisungsvertrieb über ausschließlich herstellereigene Organe" u. U. sogar durch gar nicht mit allen Beteiligten abgestimmte Entscheidungsprozessen (also vielmehr durch ‚Anweisungen') durchgeführt.

Der „Anweisungsvertrieb" (d. h. insbesondere die Filialisierung) empfiehlt sich vor allem dann, wenn die Verkaufsprozesse bis zum Endverbraucher hin zentral kontrolliert werden sollen. Dies ist insbesondere bei einer Standardisierungsstrategie der Fall, bei der es auf einheitliche Produktqualität und klar definierten Service ankommt. „Anarchistische Systeme" sollten insbesondere dann vorgezogen werden, wenn es weniger auf die Kontrolle als vielmehr auf die Flexibilität der Absatzmittler und deren Eigeninitiative ankommt. Dies ist

z. B. bei Formen des Universalvertriebs der Fall, im Rahmen derer sich die Anbieter bewusst mit einem geringeren Einfluss auf die Absatzmittler begnügen.

zu b)

Zwischen den beiden Extremen können folgende Kooperationsformen liegen, wobei der Einfluss bzw. die Kontrolle seitens des Anbieters mehr und mehr abnimmt:

- ‚Quasi-Anweisungsvertrieb' über herstellergebundene Verkaufsorgane (Handelsvermittler)
- Vertraglich begründete ‚Quasi-Filialisierung'
- Vertragliche Einzelbindungen
  - Vertragshändler- und Franchisesysteme
  - Alleinvertriebssysteme
  - Vertriebsbindungssysteme
  - Vertraglich fixierte Zusammenarbeit mit gewissen Rahmenvereinbarungen
- ‚Marktstrategische Partnerschaft' auf der Grundlage faktischer Bindungen
- Lose Kooperationsformen mit schwachem Verbindlichkeitsgrad (z. B. bloßer Informationsaustausch)

zu c)

Die Ausschließlichkeitsbindung beschränkt ein Unternehmen darin, Waren oder gewerbliche Leistungen von Dritten zu beziehen oder an Dritte abzusetzen. Im Falle einer Bezugsbindung hat der Händler von der Exklusivität des Sortimentes einen höheren Nutzen, während der Hersteller von der Aufnahme seiner Erzeugnisse in das Sortiment des Händlers profitiert. Diese Art ist besonders häufig in der Getränkebranche als so genannter ‚Bierlieferungs- vertrag' vorzufinden. Mit einer Bezugsbindung verpflichten sich Unternehmen, nur Produkte eines bestimmten Herstellers abzunehmen. Sie beschränken sich damit auch in ihrer Sorti- mentspolitik auf diese Produkte.

Absatzbindungen i. e. S. sind Beschränkungen, denen sich der Hersteller hinsichtlich des Absatzes seiner Erzeugnisse unterwirft. So verpflichten sich z. B. Hersteller von Handels- marken, diese ausschließlich an das auftraggebende Handelsunternehmen zu liefern. Absatz- bindungen i. w. S. können Ausschließlichkeitsbindungen beinhalten (z. B. die Alleinver- triebsklausel im Rahmen des exklusiven Vertriebs).

Lösungsskizze zu Übungsaufgabe 36

zu a)

Es sollen beispielhaft die folgenden drei Arten von Vertriebssystemen unterschiedlicher Intensität der Verhaltensabstimmung charakterisiert werden: ‚marktstrategische Partnerschaften', ‚vertragliche Einzelbindungen' sowie der ‚Quasi-Anweisungsvertrieb'.

Bei marktstrategischen Partnerschaften handelt es sich um Kooperationen im Sinne einer freiwilligen Zusammenarbeit zwischen einem Hersteller und seinen Absatzmittlern mit dem Ziel einer Steigerung der jeweiligen Leistungsfähigkeit. Eine Kooperation kann mittels mündlicher Absprache erfolgen, bei der die Autonomie der Absatzmittler größtenteils erhalten bleibt, oder im Rahmen von Verträgen geregelt werden, die eine starke Abhängigkeit der Partner bewirken.

Ein möglicher Vorteil von marktstrategischen Partnerschaften kann in einer Reduktion der Fixkosten für den Hersteller bestehen. So können bspw. im Rahmen von Verbundwerbung zwischen dem Hersteller und seinen Absatzmittlern die Ausgaben für Werbung geteilt und somit auf Seite des Herstellers reduziert werden. Nachteilig sind die hohen Koordinationskosten, die beim Management einer strategischen Partnerschaft anfallen, der hohe administrative Aufwand sowie die geringe Flexibilität und Reaktionsfähigkeit im Rahmen der Entscheidungsfindung, die durch eine permanente Abstimmungsnotwendigkeit zwischen den Partnern bedingt ist.

Vertragliche Einzelbindungen umfassen neben der ‚vertraglich fixierten Zusammenarbeit mit gewissen Rahmenvereinbarungen' auch ‚Vertriebsbindungssysteme' und ‚Alleinvertriebssysteme' sowie ‚Vertragshändler- und Franchisesysteme'. Grundsätzlich dienen vertragliche Einzelbindungen aus der Perspektive des Herstellers der Selektion von Handelsunternehmen mithilfe von qualitativen Kriterien.

Das Vertriebsbindungssystem stellt eine besondere Form vertraglicher Vertriebssysteme zwischen einem Hersteller und seinen Erstabnehmern (einstufiges System) oder auch nachgelagerten Abnehmerstufen (mehrstufiges System) dar. In zumeist gleichlautenden Verträgen mit ausgewählten Handelsunternehmen wird festgelegt, mit wem die Vertragspartner Geschäftsbeziehungen eingehen dürfen.

Im Rahmen eines Alleinvertriebssystems verpflichtet sich der Hersteller dazu, in einem bestimmten Absatzgebiet nur einen Absatzmittler zu beliefern. Der Absatzmittler wiederum verpflichtet sich zu einer umfassenden Listung und Lagerhaltung der Herstellerprodukte. Der Verzicht auf Konkurrenzprodukte bildet häufig einen weiteren Teil der Vereinbarungen.

Alleinvertriebssysteme werden oftmals zur Absicherung von exklusiven Distributionsstrategien vereinbart.

Beim Franchising handelt es sich um eine Form der vertraglichen Einzelbindung, bei der der Franchisegeber rechtlich selbstständig bleibenden Franchisenehmern gegen Entgelt das Recht einräumt und die Pflicht auferlegt, bestimmte Güter und/oder Dienstleistungen unter Verwendung von Namen, Warenzeichen und sonstigen Schutzrechten sowie des technischen und gewerblichen Know-hows des Franchisegebers unter Beachtung der von diesem aufgestellten ‚Spielregeln' auf eigene Rechnung an Dritte abzusetzen.

Die Vorteile der vertraglichen Einzelbindungen liegen aus der Sicht des Herstellers in der organisatorischen Erleichterung der Verhaltensabstimmung mit den Absatzmittlern sowie dem Schutz gegen Außenseiter, die z. B. Markenprodukte rufschädigend ‚verschleudern'. Nachteile ergeben sich jedoch aus dem Abhängigkeitsverhältnis zwischen dem Hersteller und den Absatzmittlern, dass ein gewisses Konfliktpotenzial beinhaltet.

Im Gegensatz zum reinen Anweisungsvertrieb erfolgt der Quasi-Anweisungsvertrieb nicht mithilfe von herstellereigenen Verkaufsorganen, wie z. B. Reisenden, Niederlassungen oder Versandabteilungen, sondern mithilfe von herstellerfremden Verkaufsorganen, die einen gewissen Bindungsgrad zum Hersteller aufweisen. Je nach Intensität des Bindungsgrads erhält der Hersteller umfangreiche Weisungsrechte gegenüber den Absatzmittlern. Herstellerfremde Verkaufsorgane sind z. B. Handelsvertreter und Kommissionäre. Im Gegensatz zu den herstellereigenen Verkaufsorganen erwerben diese kein Eigentum an der Ware des Herstellers.

Die Vorteile des Quasi-Anweisungsvertriebs ergeben sich insbesondere aus der Möglichkeit zur Steuerung und Kontrolle der Absatzmittler. Die Steuerung und die Kontrolle sind bei den herstellereigenen Verkaufsorganen i. d. R. einfacher durchzuführen als bei den herstellerfremden Verkaufsorganen. Die Nachteile entstehen v. a. mit Blick auf die Auswahl geeigneter Absatzmittler. Hier sind i. d. R. nur vage Prognosen vor Vertragsschluss möglich. Auch die Motivation der ausgewählten Absatzmittler stellt eine zeitintensive Aufgabe aus Sicht des Herstellers dar.

zu b)

Ein Vertriebssystem existiert, wenn die Beziehungen zwischen einem Hersteller und seinen Absatzmittlern innerhalb eines Absatzkanals oder eines Teilbereichs hiervon eine bestimmte Struktur aufweisen. Bei diesen Beziehungsstrukturen handelt es sich um auf Dauer angelegte, vertraglich geregelte Organisationsformen der Distribution.

Unter Electronic Commerce versteht man die Abwicklung von Transaktionen zwischen selbstständigen Wirtschaftssubjekten auf elektronischem Wege. Dabei erfolgt z. B. die Offerierung des Angebotes oder die Bestellung oder beide Vorgänge über ein elektronisches Medium. Konstituierendes Merkmal des E-Commerce ist somit die Abwicklung von Transaktionen über so genannte ‚Online-Kanäle'.

Folgende Eigenschaften des Internet spielen in diesem Zusammenhang in der Regel eine besondere Rolle: die hohe Geschwindigkeit, die Orts- und Zeitungebundenheit, die Transparenz (Erleichterung der Informationsbeschaffung) und die Offenheit (Zugänglichkeit für alle Anbieter und Nachfrager). Diese Eigenschaften ermöglichen die Implementierung neuer Vertriebsstrukturen.

Für Hersteller besteht durch Electronic Commerce z. B. die Möglichkeit, existierende Vertriebssysteme auszuschalten und den Direktvertrieb als neuen Vertriebskanal zu nutzen. Vor allem für digitalisierbare Produkte können auf diese Weise neue Vertriebsstrukturen entstehen, da hier auch der ‚Transport' über das Internet abgewickelt werden kann.

Electronic Commerce hat des Weiteren Einfluss auf die Art der Vertriebsbindung zwischen Hersteller und Handel. Die Alleinvertriebsklausel im Rahmen eines Vetrages zwischen einem Hersteller und seinem Händler wird mit dem gleichzeitigen Direktvertrieb eines Herstellers über das Internet in Frage gestellt.

Die dezentrale Struktur des Internet führt dazu, dass das Angebot im Internet quasi ‚unüberschaubar' geworden ist und der direkte Kontakt zwischen Anbieter und Nachfrager in der Fülle des Angebots ‚unterzugehen droht'. Dies führt zu neuen branchenübergreifenden Strukturen im Vertrieb, z. B. in Form von Internetportalen, die an die Stelle von ‚klassischen' Vertriebssystemen zwischen Hersteller und Handel treten.

zu c)

Es ist anzunehmen, dass der Einfluss des Internet auf die Machtverhältnisse zwischen den Herstellern und dem Handel von der jeweiligen Branche abhängt. In Branchen, in denen Produkte und Dienstleistungen, die besonders für den Vertrieb über das Internet geeignet sind, vertrieben werden, wird der Einfluss des Internet auf die Machtverhältnisse größer sein als in den übrigen Branchen. Es lassen sich zwei Möglichkeiten unterscheiden: Zum einen eine potenzielle Machtverschiebung zu Gunsten des Handels und zum anderen eine potenzielle Machtverschiebung zu Gunsten der Hersteller.

Machtverschiebung zu Gunsten des Handels

Der einfache Zugriff auf Daten ermöglicht die Integration verschiedener Stufen eines Handelsunternehmens und auch der Daten der Hersteller in das Informationsmanagement des Handels. Das Internet ermöglicht zudem einen einfachen Datenaustausch, zwischen der Zentrale und den Filialen eines Handelsunternehmens. Zudem verstärkt das Internet die Tendenz zum ‚integrierten Logistikmanagement' und kann so im Bereich des *Business-to-Business* zu einer Machtverschiebung zu Gunsten des Handels führen.

Machtverschiebung zu Gunsten der Hersteller

Das Internet ermöglicht dem Hersteller, neue Absatzwege zu erschließen, die eine Substitution des Handels oder einzelner Handelsstufen zur Folge haben können. In einigen Branchen, insbesondere im Fall des Vertriebs digitalisierbarer Güter, könnte das Internet somit zu einer Machtverschiebung zu Gunsten der Hersteller führen, indem der Absatz über den Handel teilweise oder vollständig ausgeschaltet wird.

Lösungsskizze zu Übungsaufgabe 37

zu a)

Folgende Arten von Absatzwegen werden unterschieden:

1. **Direkter Absatz.** Beim direkten Absatz verkauft ein Hersteller eine Leistung (z. B. ein Produkt) ohne Zwischenschaltung eines Ansatzmittlers (z. B. eines Handelsbetriebes) direkt an den Kunden. Die Leistung gelangt also direkt vom Verfügungsbereich des Anbieters in den des Nachfragers. Der direkte Absatz erfolgt entweder über unternehmenseigene Absatzorgane des Herstellers (z. B. Verkaufsniederlassungen) oder aber mithilfe von unternehmensfremden Absatzhelfern (z. B. Handelsvertretern). Im letzten Falle werden erste Schritte in Richtung indirekter Vertrieb übernommen.

2. **Indirekter Absatz.** Der indirekte Absatz ist dadurch charakterisiert, dass Absatzmittler (z. B. Groß- und Einzelhändler) in den Absatzweg integriert werden. Somit besteht bei diesem Vertriebsweg i. d. R. kein direkter Kontakt zwischen Hersteller und Kunde. Im Rahmen des indirekten Absatzes unterscheidet man zwischen dem indirekt verkürzten und dem indirekt unverkürzten Absatzweg. Ein indirekt verkürzter Absatzweg liegt vor, wenn lediglich die Einzelhandelsstufe in den Absatzweg eingeschaltet wird. Diese Vorgehensweise wird häufig von Markenartikelherstellern gewählt, die die Distribution ihrer Markenware weit gehend kontrollieren und beeinflussen möchten. Bei den indirekt unver-

kürzten Absatzwegen existiert eine Vielzahl möglicher Formen. So ist die Einschaltung mehrerer ‚hintereinander geschalteter' Großhändler denkbar.

Für den Fall, dass Hersteller ihre Produkte über Factory Outlets anbieten, wenden sie sich direkt an die Endverbraucher/Konsumenten. Es werden weder Handelsvertreter noch Handelsunternehmen in den Absatzweg der angebotenen Produkte eingeschaltet. Die Produkte werden in eigenen Verkaufsniederlassungen – vielfach sogar direkt ab Fabrik in fabriknahen Verkaufsräumen des Herstellers – angeboten. Daher ist der Vertrieb über Factory Outlets dem direkten Absatz zuzuordnen.

zu b)

Der Vertrieb über Factory Outlets bietet für den Hersteller den Vorteil, dass er den Vertrieb seiner Produkte vollständig kontrollieren und seinen Zielen entsprechend steuern kann. Beispielsweise gewährleistet diese Form des Direktvertriebs eine optimale Anpassung der Vertriebsanstrengungen an die konsumentengerichteten Marketingaktivitäten des Herstellers (z. B. im Bereich der Kommunikations- und Preispolitik). Darüber hinaus ist der Hersteller unabhängig von den Aktivitäten und Zielen möglicher Absatzmittler. Die direkte Nähe zum Kunden erleichtert die Ermittlung von Kundenbedürfnissen und den Aufbau einer langfristigen Kundenbindung. Nachteilig ist für den Hersteller, dass der Vertrieb über Factory Outlets die Errichtung eines Netzes von Verkaufsniederlassungen erfordert, das sehr fixkostenintensiv ist. Gegebenenfalls kann nur eine eingeschränkte Marktabdeckung erreicht werden. Gleichzeitig müssen Hersteller auf das Know-how des Handels und anderer Absatzmittler u. U. verzichten.

zu c)

Verschiedene Entwicklungen im Konsumgüterhandel führen dazu, dass Hersteller in zunehmendem Maße Formen des Direktvertriebs, z. B. den Vertrieb über Factory Outlets, wählen. Die fortschreitende Konzentration und der zunehmende Systemwettbewerb im Handel führen zu einem Machtzuwachs des Handels gegenüber der Industrie. Gleichzeitig wächst die Abhängigkeit der Industrie vom Handel. Hersteller versuchen, den Gefahren und u. U. negativen Folgen der Machtverschiebung und der zunehmenden Abhängigkeit vom Handel auszuweichen, indem sie auf die Einschaltung des Handels in den Absatzweg ihrer Produkte ganz oder teilweise verzichten und Formen des Direktvertriebs nutzen.

Lösungsskizze zu Übungsaufgabe 38

zu a)

Im Rahmen einer ‚intensiven‘ oder auch ‚*flächendeckenden Distribution*‘ strebt ein Unternehmen die Überallerhältlichkeit (Ubiquität) seiner Produkte an. Die flächendeckende Distribution ist dadurch gekennzeichnet, dass der Auswahl belieferter Absatzmittler keine quantitativen oder qualitativen Selektionskriterien zugrunde liegen, sondern die Belieferung durch die Bereitschaft der Absatzmittler, die Produkte in ihr Sortiment aufzunehmen, determiniert wird. Diese Art der Distribution wird vorrangig für Güter des täglichen Bedarfs genutzt, damit möglichst viele Verbraucher diese Produkte mühelos erwerben können.

Ein *Vorteil* der flächendeckenden Distribution liegt in der umfassenden Präsenz der Produkte im Handel. Dies führt zum einen zu einer Erhöhung des Bekanntheitsgrades der Produkte und zum anderen gegebenenfalls zu Spontan- und Probierkäufen.

Ein *Nachteil* der flächendeckenden Distribution ist, dass der Hersteller aufgrund der Verknappung der Regalplätze vermehrt Anstrengungen für die Sicherung seines Regalplatzes, z. B. in Form von Preiszugeständnissen oder zusätzlichen Werbekostenzuschüssen, tätigen muss. Zudem sind die Möglichkeiten zur Kontrolle der Absatzmittler für den Hersteller eher gering. Aufgrund zahlreicher, u. U. auch kleinerer Bestellungen ist ein aufwendiges Belieferungs- und Logistiksystem erforderlich.

Im Rahmen einer ‚*selektiven Distribution*‘ unterliegt die Auswahl der Absatzmittler überwiegend qualitativen Selektionskriterien. Nur diejenigen Absatzmittler, die bestimmte Kriterien, wie z. B. Geschäftslage, Kundendiensteinrichtungen, Bereitschaft zu kooperativen Verhaltensabstimmungen, erfüllen, werden beliefert.

Ein *Vorteil* der selektiven Distribution ist, dass der Hersteller die Vermarktung seiner Produkte besser kontrollieren und steuern kann. Auf diesem Wege soll ein ‚sach- und fachgerechter‘ Vertrieb gewährleistet werden. Ein *Nachteil* ist die Begrenzung der Marktabdeckung. Zudem stellt die Auswahl geeigneter Absatzmittler einen zusätzlichen Aufwand für den Hersteller dar.

Einen Sonderfall der selektiven Distribution stellt die ‚*exklusive Distribution*‘ dar. Zusätzlich zu einer qualitativen Auswahl der belieferten Absatzmittler erfolgt auch eine quantitative Beschränkung. Im Extremfall wird einem Absatzmittler eine gebietsbezogene Alleinvertriebsberechtigung gewährt.

Ein *Vorteil* der exklusiven Distribution besteht darin, dass der Hersteller die Leistungen der Absatzmittler und damit die Vermarktung der Produkte besser kontrollieren und steuern kann. Außerdem können durch eine exklusive Distribution Preiskämpfe zwischen rivalisierenden Absatzmittlern vermieden werden.

Ein *Nachteil* der exklusiven Distribution ist die sehr begrenzte Marktabdeckung. Aufgrund von wechselseitigen Abhängigkeiten kann es zu Konflikten zwischen dem Hersteller und den Absatzmittlern kommen, die eine effiziente und zielgruppenadäquate Vermarktung des Produktes behindern. Zudem ist die Auswahl geeigneter Absatzmittler sehr aufwendig.

zu b)

Verschiedene Produktmerkmale können die Entscheidung eines Herstellers, eine flächendeckende, selektive oder exklusive Distribution für ein Produkt anzustreben, beeinflussen. Dazu zählen u. a. die Produktmerkmale Nutzenstiftung, Periodizität des Bedarfs, Erklärungsbedürftigkeit und Wartungsbedürftigkeit, die mit Blick auf ein Produkt die Ausprägungen ,hoch' oder ,gering' besitzen können.

Das Produktmerkmal ,*Nutzenstiftung*' beinhaltet, dass ein Produkt neben einem Gebrauchsnutzen einen Zusatznutzen für den Konsumenten bietet. Ein hoher Zusatznutzen kann z. B. in einem Prestige oder einem positivem Imageeffekt bestehen. Damit ein Hersteller diesen Zusatznutzen für die Konsumenten erzeugen kann, bedarf es auch einer imageunterstützenden Verkaufsleistung des Absatzmittlers. Aus diesem Grunde liegt es bei Produkten mit einer hohen Nutzenstiftung nahe, eine selektive, u. U. gar eine exklusive Distribution anzustreben. Auf diese Weise kann der Hersteller entsprechende Absatzmittler auswählen und die Verkaufsaktivitäten besser steuern und kontrollieren.

Das Produktmerkmal ,*Periodizität des Bedarfs*' beschreibt die Häufigkeit und Regelmäßigkeit, mit der ein Produkt konsumiert und damit auch eingekauft wird. Produkte mit einer hohen Periodizität des Bedarfs oder auch ,Güter des täglichen Bedarfs' sind z. B. Lebensmittel. Konsumenten fragen diese Produkte regelmäßig nach. Aus diesem Grunde sollten sie auch ,überall erhältlich' sein. Für den Hersteller bietet sich daher bei einem Produkt mit einer hohen Periodizität des Bedarfs eine flächendeckende Distribution an.

Das Produktmerkmal ,*Erklärungsbedürftigkeit*' beschreibt, wie intensiv ein Konsument vor dem Gebrauch eines Produktes über dessen Funktionsfähigkeit und Risiken informiert werden muss, damit die gewünschte Bedürfnisbefriedigung durch das Produkt erreicht werden kann. Häufig weisen technisch anspruchsvolle Produkte eine hohe Erklärungsbedürftigkeit auf, aber auch bestimmte Arznei- und Kosmetikprodukte. Demgegenüber bedarf der Gebrauch oder Konsum anderer Produkte mit einer geringen Erklärungsbedürftigkeit keinerlei Erläuterungen. Bei Produkten mit einer hohen Erklärungsbedürftigkeit muss der Hersteller gewährleisten können, dass der Absatzmittler über ausreichende Produktkenntnisse verfügt, damit er die Konsumenten beraten kann. Der Hersteller sollte deshalb die Absatzmittler gezielt auswählen und das Verkaufspersonal entsprechend schulen. So kann verhindert werden, dass auf Seiten der Konsumenten nach dem Kauf des Produktes Dissonanzen auftreten. Aus diesem Grunde bietet sich bei Produkten mit einer hohen Erklärungsbedürftigkeit die selektive oder exklusive Distribution an.

Das Produktmerkmal ‚*Wartungsbedürftigkeit*' bewirkt, dass ein Produkt nach dem Kauf und einer mehr oder weniger langen und intensiven Gebrauchszeit vom Hersteller oder einem entsprechenden Servicedienst überprüft und gegebenenfalls überarbeitet werden muss, bevor es wieder einsatzfähig ist. Dies trifft z. B. für Automobile zu. Wartungsdienste müssen nicht zwangsläufig von dem Hersteller durchgeführt werden, sondern sie können auch von einem Absatzmittler übernommen werden. Dies bietet sich vor allem deshalb an, weil der Absatzmittler für den Konsumenten in der Regel leichter zu erreichen ist als der Hersteller. Übernimmt der Absatzmittler die Wartung des Produktes, so muss der Hersteller gewährleisten können, dass der Händler über die erforderliche Ausrüstung an technischen Geräten, über die erforderlichen Ersatzteile und entsprechende Produktkenntnisse verfügt. Daher sollte der Hersteller die eingesetzten Absatzmittler gezielt aussuchen und eine selektive Distribution anstreben. Eine exklusive Distribution sollte vermieden werden, um die Erreichbarkeit des Wartungsdienstes für die Konsumenten nicht unverhältnismäßig zu erschweren.

zu c)

Handelsmarken unterscheiden sich von Herstellermarken u. a. zur Zeit noch durch ihre eingeschränkte Distribution. Sie werden in der Regel nur innerhalb der eigenen Verkaufsstellen des Handelsunternehmens oder den Verkaufsstellen angeschlossener Kooperationspartner angeboten.

Demzufolge kann ein Handelsunternehmen die Distribution seiner Handelsmarke nur dadurch erhöhen, dass es die Anzahl der eigenen Verkaufsstellen erhöht oder sich einer Kooperation anschließt, dessen Mitglieder die Handelsmarke in ihr Sortiment aufnehmen. Die Erhöhung der Anzahl der eigenen Verkaufsstellen erfolgt durch Neugründungen oder Aufkauf von Filialen im In- und/oder Ausland.

Lösungsskizze zu Übungsaufgabe 39

zu a)

Ein Absatzkanalkonflikt bezeichnet ein Spannungsfeld zwischen den Mitgliedern eines Distributionssystems. Die Gründe für Konflikte sind i. d. R. inkompatible Ziele der einzelnen Mitglieder im Distributionssystem. So resultieren Konflikte z. B. aus unterschiedlichen Interessen von Herstellern (z. B. gute Platzierung der Produkte im Handel) und Händlern (z. B. Platzierung der Produkte des Herstellers in weniger guten Regalflächen).

zu b)

Je nachdem welche Mitglieder innerhalb des Distributionssystems ein Konfliktverhältnis zwischen einander aufweisen, lassen sich drei verschiedene Arten von Absatzkanalkonflikten unterscheiden: vertikale und horizontale Absatzkanalkonflikte sowie Multi-Kanal-Konflikte.

vertikale Absatzkanalkonflikte

Unter vertikalen Absatzkanalkonflikten versteht man Konflikte zwischen Mitgliedern unterschiedlicher Wirtschaftsstufen. In Abhängigkeit von der vertikalen Absatzkanalstruktur können dabei Konflikte z. B. zwischen Herstellern und Großhändlern auftreten. Vertikale Konflikte können z. B. auf Grund von Marktmacht einer Wirtschaftsstufe entstehen.

horizontale Absatzkanalkonflikte

Bestehen Absatzkanalkonflikte zwischen Mitgliedern derselben Stufe eines Distributionssystems, so spricht man von horizontalen Absatzkanalkonflikten. Diese treten z. B. zwischen Einzelhändlern auf, die auf dem gleichen relevanten Markt in einer Konkurrenzsituation stehen. Verstärken kann sich dieses Konfliktpotenzial, wenn z. B. Händler Mitglieder eines selektiven oder exklusiven Distributionssystems sind und ein Mitglied sich nicht an den vertraglich festgelegten Gebietsschutz hält.

Multi-Kanal-Konflikte

Multi-Kanal-Konflikte entstehen zwischen Mitgliedern verschiedener Absatzkanäle der gleichen Stufe des Distributionssystems. Diese Form des Absatzkanalkonfliktes entsteht z. B. zwischen dem Absatzkanal Fachhandel und dem Absatzkanal Selbstbedienungshandel. Ist ein Produkt zunächst vom Hersteller über den Fachhandel u. U. mit erheblichen vertraglichen Auflagen distribuiert worden, so stellt die zusätzliche Distribution über einen Absatzkanal des Selbstbedienungseinzelhandels für den Fachhandel einen möglichen Umsatzverlust dar. Da der Fachhandel in der Regel ein höheres Preisniveau, höhere Personalkosten und eine geringere Kundenfrequenz aufweist, führt dieser Umsatzrückgang u. U. zu sehr stark abnehmendem Gewinn oder gar zu Verlusten.

Lösungsansätze

Die aufgezeigten Absatzkanalkonflikte können durch verschiedene Maßnahmen gelöst werden. Die Lösung des Problems könnte bspw. durch ein übergeordnetes Zielsystem erreicht werden, das durch alle Mitglieder eines Distributionssystems erarbeitet wird. Eine weitere Lösungsmöglichkeit kann im Austausch von Mitarbeitern bestehen. Im Rahmen der Konfliktlösung werden Mitarbeiter der entsprechenden Abteilungen aus den jeweiligen Unternehmen der Wirtschaftsstufen ausgetauscht. Durch diesen Austausch sollen die Konfliktparteien ein Verständnis für die Probleme des Geschäftspartners erhalten. Eine Alternative könnten auch wirtschaftsstufenübergreifende Interessensverbände darstellen, in denen unternehmensübergreifend Problemlösungen diskutiert werden.

zu c)

Beispielhaft werden an dieser Stelle mögliche Absatzkanalkonflikte in der Automobilbranche diskutiert.

Politische Rahmenbedingungen

Auf EU-Ebene wurden die wettbewerbspolitischen Rahmenbedingungen im Jahre 2002 modifiziert. Für die Automobilindustrie ist die Änderung der so genannten Gruppenfreistellungsverordnung (GVO) zum 30.09.2002 von besonderer Bedeutung. So ist es Herstellern nicht länger gestattet, den Vertragshändlern Beschränkungen, z. B. in Form des Verbotes, Neuwagen konkurrierender Herstellermarken zu vertreiben, aufzuerlegen. Die Modifikation der Gruppenfreistellungsverordnung und eine stagnierende und z. T. sinkende Nachfrage nach Neuwagen hat dazu geführt, dass ein Großteil der Hersteller die Anzahl der Vertragshändler reduziert und z. T. durch herstellereigene Verkaufsniederlassungen substituiert. Dies kann zu vertikalen Absatzkanalkonflikten zwischen den Herstellern und den verbliebenen Händlern führen. Der Vertragshändler wird kein Interesse an einer Kündigung des Vertragsverhältnisses haben, da so die Möglichkeit Neuwagen direkt über den Hersteller zu beziehen, wegzufallen droht. Ein horizontaler Absatzkanalkonflikt wird zwischen Händlern einer Marke entstehen, da sie um den Verbleib im Händlernetz in Konkurrenz treten. Des Weiteren können diese Maßnahmen des Herstellers zu einem Multi-Kanal-Konflikt zwischen bestehenden Händlern und herstellereigenen Niederlassungen führen, die beide in Konkurrenz um die Kunden stehen.

Wirtschaftliche Rahmenbedingungen

Das Verhältnis zwischen dem Hersteller und den Händlern ist in der Automobilbranche im Regelfall durch so genannte Händlerverträge stark reglementiert und führt dazu, dass die Händler in ihrem Entscheidungsspielraum stark eingeschränkt sind. So haben die Händler bei der Planung von Abverkaufszahlen eine nur stark eingeschränkte Möglichkeit auf die Höhe dieser Zahlen Einfluss zu nehmen, da diese im Regelfall vom Hersteller ‚vorgegeben‘ wird. Bewerten die Händler die wirtschaftlichen Entwicklungen konträr zu den Annahmen des Herstellers, so ist oftmals ein Konflikt zwischen dem Hersteller und den Händlern die Folge.

Technologische Rahmenbedingungen

Ein Teil der Automobilhersteller hat mit der Einführung des Internet den Vertrieb von Neufahrzeugen über das Internet als weiteren Vertriebsweg ins Auge gefasst. So kündigte beispielsweise der Automobilhersteller Opel im Jahre 2001 an, erstmals einige Sondermodelle über das Internet zu vertreiben. Dieses wiederum kann einen Multi-Kanal-Konflikt hervorrufen. Der Absatzkanal Internet konkurriert mit jedem stationären Händler, u. U. auch mit den herstellereigenen Verkaufsniederlassungen.

Lösungsskizze zu Übungsaufgabe 40

zu a)

Die Entwicklung des Konsumgütersektors hat in den vergangenen zwei Jahrzehnten dazu geführt, dass die stufenübergreifende Koordination und Kontrolle des Marktauftritts für den Hersteller immer bedeutender wird:

Wegfall der vertikalen Preisbindung

Der Wegfall der vertikalen Preisbindung in vielen Bereichen der Konsumgüterdistribution entzieht dem Hersteller die direkte Kontrolle über den Endabnehmerpreises seiner Produkte im Handel.

Konzentration im Handel

Viele Branchen des Handels sind durch eine zunehmende Konzentration gekennzeichnet. In der Folge sehen sich viele Herstellerunternehmen einer immer geringeren Anzahl umsatzstarker Handelskonzerne gegenüber. Die Gefahr, von diesen ausgelistet zu werden und der damit drohende Umsatzverlust schwächt die Position des Herstellers im vertikalen Wettbewerb.

Produkt- und Markenvielfalt

Die zunehmende Produkt- und Markenvielfalt im Konsumgüterbereich sorgt dafür, dass es für Hersteller immer schwieriger wird, die eigenen Produkte im Wettbewerbsumfeld zu profilieren.

Angebot von Handelsmarken

Der Handel tritt durch das Angebot von Handelsmarken in unmittelbare Konkurrenz zu Herstellermarken. Diese dienen sowohl der Sortiments- als auch der Geschäftsstättenprofilierung.

zu b)

Vor dem Hintergrund der unter a) skizzierten Rahmenbedingungen kann der Handel aus der Perspektive des Herstellers drei verschiedene Rollen einnehmen:

Störfaktor

Der Handel kann den vom Hersteller intendierten Marktauftritt verzerren, indem er als Störfaktor auftritt. Dies kann sich z. B in einer schlechten Platzierung der Herstellerprodukte widerspiegeln, wenn der Handel den Absatz seiner Handelsmarken fördern möchte.

Neutraler Bote

Der Handel kann die Rolle des neutralen Boten der Marketingkonzeption des Herstellers einnehmen. Der Einsatz von Instrumenten des Handelsmarketing dient dann lediglich dazu, am Point of Sale die Voraussetzungen für den Marktauftritt zu schaffen, den der Hersteller aus eigener Kraft herbeiführen kann.

Katalysator

Die für den Hersteller interessanteste Rolle des Handels liegt dann vor, wenn er sich als Katalysator für die Marketingkonzeption des Herstellers erweist. Dabei setzt der Handel über die reine Darbietungsfunktion hinaus im Sinne des Herstellers unterstützende Instrumente des Handelsmarketing ein (z. B. Sonderplatzierungen).

Die Zielsetzung des Herstellers im Rahmen des vertikalen Marketing besteht also darin, dass der Handel die Rolle des Katalysators für die Produkte des Herstellers übernimmt, um somit eine Marketing-Konzeption realisieren zu können, die ohne die Unterstützung des Handels nicht möglich wäre.

zu c)

Ein Beispiel für eine enge vertikale Kooperation zwischen Hersteller und Handel stellt die Automobilbranche dar.

Der Wegfall der vertikalen Preisbindung führte dazu, dass die Intensität der vertikalen Kooperation von Seiten der Hersteller erhöht wurde. Der bestehende hohe Intensitätsgrad zeigt sich in Vertragssystemen, die eine enge Kooperation zwischen Automobilhersteller und –händler herbeiführen. Die Hersteller bemühen sich, diese Intensität noch weiter zu erhöhen indem sie Vertragshändlersysteme durch herstellereigene Verkaufsorgane ersetzen. Um der drohenden Substitution zu entgehen, ist auf der Seite der Händler eine zunehmende Konzentration zu beobachten.

Lösungsskizze zu Übungsaufgabe 41

zu a)

Der Persönliche Verkauf bietet sich aufgrund des unmittelbaren persönlichen Kontaktes zwischen den Marktpartnern insbesondere bei Gütern mit hohem Erklärungsbedarf an. Seine Bedeutung resultiert bei erklärungsbedürftigen Gütern daraus, dass der Persönliche Verkauf besonders dafür geeignet ist, im Rahmen von persönlichen Gesprächen die Eigenschaften der Produkte zu erläutern und die Kunden somit zum Kauf zu bewegen.

zu b)

Das Ziel des Persönlichen Verkaufs besteht darin, mithilfe eines Verkaufsgespräches einen Verkaufsabschluss zu erzielen. Darüber hinaus sollte die Gewinnung von Informationen über die Marktlage und die Kundenbedürfnisse sowie die Kontaktpflege und die Entwicklung spezieller Problemlösungen angestrebt werden.

zu c)

In der Kontaktanbahnungsphase muss sich der Verkäufer vor der eigentlichen Kontaktaufnahme mit dem potenziellen Kunden alle wesentlichen Informationen über den Gesprächspartner und mögliche Kaufmotive beschaffen (Vorbereitung des Verkaufsgesprächs). Auch die Eröffnung des Gesprächs zählt noch zu dieser Phase. Daran schließt sich die Kernphase an, die als zentrale Bestandteile die eigentliche Produktpräsentation bzw. -demonstration sowie die Abschwächung kritischer Einwände des Gesprächspartners und die Konfliktüberwindung umfasst. Idealerweise geht diese Phase unmittelbar in die Phase des Kaufabschlusses über. Nach dem Kauf sollte der Käufer in seinem Entschluss bestätigt werden, um möglichen kognitiven Dissonanzen (d. h. Zweifel an der Richtigkeit der Kaufhandlung im Nachhinein) vorzubeugen bzw. sie zu beseitigen.

Lösungsskizze zu Übungsaufgabe 42

zu a)

Der Vertrieb von Produkten kann von Seiten eines Herstellers mit oder ohne Einschaltung des Handels wahrgenommen werden. Sofern Handelsunternehmen als Zwischenstufe dienen, spricht man vom *indirekten Absatz*. Den Gegenpol bildet der *direkte Absatz*, bei dem ein Hersteller seine Produkte unmittelbar an die Endabnehmer verkauft.

Zu den Merkmalen, die die Struktur von Absatzwegen kennzeichnen, zählt zum einen die *Länge des Absatzweges*. Ein *,kurzer'* Absatzweg (Direktvertrieb oder Einschaltung sehr weniger Handelsstufen) ist vorzuziehen, sofern wenige Großkunden oder Kunden mit speziellen Wünschen den Abnehmerkreis bilden. Dies ist insbesondere bei komplexen, z. T. nur selten nachgefragten Produkten der Fall (z. B. Sonderanfertigungen), deren Preis entsprechend hoch ist. Darüber hinaus setzt ein kurzer Absatzweg eine entsprechende ökonomische Macht des Anbieterunternehmens voraus. Vice versa wird der Vertrieb über einen *,langen'* Absatzweg durch viele Nachfrager mit standardisierten Wünschen begünstigt, was vor allem bei eher niedrigpreisigen und häufig gekauften Convenience-Gütern der Fall ist. Hier trifft der Handel quasi eine Vorauswahl für die Nachfrager.

Auch die *Beeinflussbarkeit des Absatzweges* spielt bei dessen Auswahl eine mehr oder minder große Rolle. So ist die Beeinflussbarkeit im Sinne einer Kontrolle der Absatzmittler bei einer Vermarktung über eine Differenzierungsstrategie im Allgemeinen wichtiger als bei einer Kostenführerschaft. Dies liegt darin begründet, dass bei einer Differenzierung eine angemessene Präsentation der Waren in einem Sortiment vergleichbarer Produkte sichergestellt werden muss.

Der Vertrieb über das Internet kann sowohl eine Ausgestaltungsform des direkten Vertriebs als auch des indirekten Vertriebs sein. Übernimmt der Hersteller selbst ,online' den Verkauf der Produkte an die Kunden, wie dies etwa beim amerikanischen Computer-Hersteller Dell der Fall ist, erfolgt der Absatz direkt. Sofern ein Handelsunternehmen die Waren für den Hersteller im World Wide Web anbietet und verkauft (z. B. www.karstadt.de), ist der Online-Vertrieb dem indirekten Vertrieb zuzuordnen.

zu b)

Zu den Zielen des Marketing können grundsätzlich *Ergebnisgrößen des Rechnungswesens* (z. B. hoher Umsatz, hoher Gewinn, hohe Rentabilität, geringe Vertriebskosten), *Markt-stellungsziele* (z. B. hoher Absatz, hoher Marktanteil, große Kundenzahl, hoher Bekannt-heitsgrad, ‚gutes' Image) zählen. Wenngleich die Gewinnmaximierung oder die Kostenmini-mierung somit grundsätzlich auch im Sinne des Marketing sein kann, können in einigen Be-reichen dennoch *Zielkonflikte* entstehen. Wird etwa mit Blick auf die Wünsche und Bedürf-nisse der Nachfrager eine Verkürzung der Lieferzeit oder die Gewährung permanenter Liefer-bzw. Servicebereitschaft angestrebt, so führt dies in der Regel zu einem überproportionalen Anstieg der Kosten. Dies liegt darin begründet, dass eine möglichst kurzfristige Lieferfähig-keit einher geht mit vergleichsweise großen Lagerbeständen, schneller Auftragsbearbeitung, schnellem Transport und der Errichtung zusätzlicher (dezentraler) Zwischenläger. Unter Kostengesichtspunkten sind demgegenüber kleine Lagerbestände, die jeweils preiswertesten Möglichkeiten der Auftragsbearbeitung und des Transports sowie wenige Läger vorzuziehen.

Digitalisierbare Güter stellen mit Blick auf den Vertrieb über das Internet den Idealfall dar, da sich nicht nur die Angebotspräsentation und der Bestellvorgang, sondern auch die *physische Distribution* über diesen Kanal abwickeln lassen. Software sowie Updates können etwa direkt von der Homepage des jeweiligen Herstellers auf den PC des Kunden ‚herunter-geladen' werden. Der Transport erfolgt somit ‚online', was erhebliche Zeit- und Kostenein-sparungen mit sich bringen kann. Im Idealfall kann der Vertrieb über das Internet dazu füh-ren, dass eine Lagerhaltung im herkömmlichen Sinn vollkommen überflüssig wird. Somit lassen sich die o. g. Forderungen des Marketing nach einer Optimierung der Lieferzeit bei ständiger Lieferbereitschaft noch weitaus kostengünstiger realisieren als dies bei nicht digitalisierbaren Produkten der Fall ist.

zu c)

Gegen die Behauptung, der elektronische Handel über das Internet stelle ein starke Bedro-hung für den stationären Handel dar, spricht die Tatsache, dass sich neben allen Vorteilen auch Nachteile des Online-Vertriebs ausmachen lassen. Diese sind vor allem auf die fehlen-den physischen Kontakte mit dem jeweiligen Produkt zurückzuführen. So können nach dem heutigen Stand der Technik Produkte z. B. nicht gefühlt, gerochen und geschmeckt werden, was bei einigen Gütern die Wahrnehmung und damit die Kaufbereitschaft der Konsumenten einschränken kann.

Darüber hinaus sind auch soziale Kontakte nur eingeschränkt möglich. So genannte ‚Chat-Rooms' und ‚Virtuelle Gemeinschaften' stellen elektronische Surrogate dar, die einer Face-to-Face-Kommunikation nicht gleichgesetzt werden können. Problematisch ist ferner nach wie vor die Zahlungsabwicklung über das Internet.

Lösungsskizze zu Übungsaufgabe 43

zu a)

Ohne Berücksichtigung der Vertriebskosten ergibt sich der Stückdeckungsbeitrag:

7 € - 4,9 € = 2,1 €

Die gesamten Deckungsbeiträge bei den verschiedenen Stückzahlen lauten:

Stückzahl	Gesamter Deckungsbeitrag
1.000	2.100 €
5.000	10.500 €
10.000	21.000 €

Mit Blick auf die unterschiedlichen Vertriebsstrukturen ergeben sich jeweils die folgenden Aus- bzw. Einzahlungen:

Aus- bzw. Einzahlungen für den Reisenden:

Stückzahl	Deckungs-beiträge	Variable Kosten	Fixkosten	Aus- bzw. Einzahlungen
1.000	2.100 €	100 €	7.000 €	-5.000 €
5.000	10.500 €	500 €	7.000 €	3.000 €
10.000	21.000 €	1.000 €	7.000 €	13.000 €

Aus- bzw. Einzahlungen für den Handelsvertreter:

Stückzahl	Deckungs-beiträge	Variable Kosten	Fixkosten	Aus- bzw. Einzahlungen
1.000	2.100 €	1.100 €	700 €	300 €
5.000	10.500 €	5.500 €	700 €	4.300 €
10.000	21.000 €	11.000 €	700 €	9.300 €

Nur wenn ein Absatz von 10.000 Stück zu erwarten ist, ist der Reisende vorteilhaft, bei allen anderen Stückzahlen ist der Einsatz von Handelsvertretern vorzuziehen.

Exkurs:

Der kritische Umsatz, ab dem sich die fixkostenintensive Distribution über den Reisenden lohnt, kann wie folgt berechnet werden:

(7.000 € - 700 €/(1,1 € pro Stück - 0,1 € pro Stück) = 6.300 Stück

Der Umsatz ergibt sich durch Multiplikation mit dem Stückpreis:

6.300 Stück*7 € = 44.100 €

Ab einer abzusetzenden Menge von 6.300 Stück (dies entspricht einem Umsatz von 44.100 €) lohnt sich der Einsatz des fixkostenintensiven Reisenden.

zu b)

Die reine Betrachtung der Ein- und Auszahlungen vernachlässigt z. B. die folgenden qualitativen Kriterien:

Steuerung/Kontrolle

Handelsvertreter und Reisende lassen sich nicht in gleichem Maße steuern. Der Reisende kann i. d. R. durch seine enge Bindung an das anbietende Unternehmen besser gesteuert werden. Er ist zudem – im Gegensatz zu vielen Handelsvertretern – ausschließlich für das ihn beschäftigende Unternehmen tätig.

Ausrichtung der Verkaufsanstrengungen auf das anbietende Unternehmen

Der Reisende gehört der Verkaufsorganisation des anbietenden Unternehmens an und ist als abhängig Beschäftigter ausschließlich für dieses Unternehmen tätig. Der Handelsvertreter agiert hingegen oftmals für mehrere Auftraggeber. In der Folge kann beim Reisenden mit einer deutlicheren Ausrichtung der Verkaufsanstrengungen auf das anbietende Unternehmen gerechnet werden.

Produktwissen

Der auf das anbietende Unternehmen spezialisierte Reisende kann leichter ein hohes Produktwissen aufbauen als ein Handelsvertreter, der u. U. zusätzlich Produkte konkurrierender Anbieter vertreibt. Handelsvertreter mit kleinen oder schmalen Sortimenten können sich in diesem Bereich aber Reisenden annähern.

Marktkenntnisse und -kontakte

Der Handelsvertreter als selbstständig am Markt agierender Absatzmittler hat tendenziell eine bessere Marktkenntnis (z. B. bezüglich möglicher Konkurrenzprodukte sowie latenter Bedürfnisse der Konsumenten) als der auf das Leistungsangebot eines Unternehmens spezialisierte Reisende.

Initiative, Engagement

Durch den stärker provisionsorientierten Einkommensbestandteil hat der Handelsvertreter ein größeres Interesse an der schnellen Erreichung eines hohen Umsatzes. Der Reisende erhält hingegen einen höheren fixen Einkommensbestandteil und hat demzufolge eine geringere Abhängigkeit von einem hohen Umsatz. Dieses ist jedoch kein Argument, das in allen Fällen für den Handelsvertreter spricht, da die kurzfristige Erhöhung des Umsatzes nicht immer im Interesse des Herstellers liegt.

zu c)

Die fundierte Entscheidung über die Vertriebsstrukturen kann auch im Rahmen eines Punktbewertungsverfahrens erfolgen, das anhand der unter b) genannten Kriterien erläutert werden soll:

Bei sehr komplexen Produkten besteht für den Hersteller oftmals die Notwendigkeit, eine Vertriebsstruktur auszuwählen, die über ein entsprechend hohes Produktwissen verfügt. Zudem besteht der Zwang, die ausgewählte Vertriebsstruktur zu steuern und zu kontrollieren. Eine bessere Steuerung und Kontrolle ist u. U. besser möglich, wenn die Vertriebsstruktur ausschließlich für das anbietende Unternehmen tätig ist. Dies spricht für den Einsatz von Reisenden.

Bei Produkten, die eher selten gekauft werden, sollte der Hersteller anstreben, den Absatz zu beschleunigen. Dies spricht für den Einsatz von Handelsvertretern, da diese i. d. R. über eine besondere Marktkenntnis sowie über eine hohe Eigeninitiative verfügen.

Diese Kriterien können im Rahmen eines Punktbewertungsverfahren operabel aggregiert werden. Die Gewichtung der einzelnen Kriterien ist im Rahmen der Anwendung des Verfahrens entsprechend der oben genannten Anforderungen an die Vertriebsstruktur vorzunehmen. Das Vorgehen kann anhand eines fiktiven Beispiels verdeutlicht werden.

In diesem Beispiel legt der Hersteller vor allem Wert auf die Steuerung/Kontrolle der Vertriebsstrukturen, die Ausrichtung der Verkaufsanstrengungen auf das anbietende Unternehmen folgt an zweiter Stelle, an dritter Stelle steht das Produktwissen und an letzter Stelle stehen Marktkenntnisse und Initiative. Zwischen diesen beiden zuletzt genannten Kriterien ist der Hersteller indifferent. Zudem soll angenommen werden, dass der Hersteller ein komplexes Produkt vertreibt.

Das Punktbewertungsverfahren verdeutlicht, dass der Einsatz von Reisenden dem Einsatz von Handelsvertretern mit Blick auf den Vertrieb komplexer Produkte vorzuziehen ist:

Kriterien	Gewichtungs-faktor (multiplikativ)	Reisender		Handelsvertreter	
		Roh-punkte	Gewichtete Punkte	Roh-punkte	Gewichtete Punkte
Steuerung/Kontrolle	4	6	24	4	16
Ausrichtung der Verkaufs-anstrengungen auf das anbietende Unternehmen	3	5	15	3	9
Produktwissen	2	5	10	2	4
Marktkenntnisse	1	3	3	8	8
Initiative, Engagement	1	2	2	6	6
Summe der gewichteten Punkte		21	54	23	43

Lösungsskizze zu Übungsaufgabe 44

zu a)

Die physische Distribution hat die Überbrückung des räumlichen und zeitlichen Auseinanderfallens von Produktion und Konsumtion zum Gegenstand. Sie umfasst den Transport und die Lagerhaltung der Produkte. Dabei können Transport und Lagerhaltung sowohl vom Hersteller selbst als auch von den Absatzmittlern oder sogar von den Konsumenten übernommen werden.

zu b)

Vereinbarungen über Lieferkonditionen können mit den Absatzmittlern oder Konsumenten z. B. bezüglich folgender Aspekte getroffen werden:

- die Kosten- und Gefahrentragung,

- die technische Abwicklung der Raumüberbrückung,

- die Lieferzeiten und –termine,

- die Beschaffenheit und Genauigkeit der Lieferung sowie

- die rechtlichen Verpflichtungen der Vertragsparteien.

zu c)

Die Einhaltung der Lieferkonditionen soll mittels der Marketinglogistik gewährleistet werden. Damit soll ein im Vergleich zur Konkurrenz überlegener Nutzen in den Augen der Nachfrager geschaffen werden. Als absatzbezogener Teilbereich der Unternehmenslogistik beschäftigt sich die Marketinglogistik mit dem Prozess der Übermittlung der betrieblichen Leistungen vom Ort ihrer Entstehung bis hin zur Ablieferung bei den Kunden. Sie umfasst folglich Aktivitäten zur Zeit- und Raumüberbrückung von Produkten durch Transport und Lagerhaltung, aber auch durch die effiziente Auftragsabwicklung und Auslieferung. So sollte ein Hersteller im Rahmen der Marketinglogistik beispielsweise Entscheidungen über Formen, Standorte und Träger der Lagerhaltung, über Mittel und Träger des Transportes und über die Gestaltung einer aus logistischer Sicht adäquaten Verpackung treffen.

Lösungsskizze zu Übungsaufgabe 45

Aufgrund der wachsenden Bedeutung des Konsumgüterhandels und verschiedener handelsspezifischer Besonderheiten, wie z. B. die Standortgebundenheit und die Sortimentsorientierung, entwickelte sich eine eigenständige wissenschaftliche Disziplin, das *'Handels-marketing'*. Im Mittelpunkt des Handelsmarketing steht die marktorientierte Kombination aus fremderstellten Sachleistungen und eigenerstellten Dienstleistungen.

Die Spezifika von Dienstleistungen, wie

- Immaterialität der Leistung,

- Nichtlagerfähigkeit der Leistung und

- Beteiligung des Kunden an der Leistungserstellung (Integration des externen Faktors),

begründen die Entwicklung eines *'Dienstleistungsmarketing'*. Aufgrund der Immaterialität der Leistung ist es vielfach nicht möglich, die eigentliche Dienstleistung im Rahmen einer Werbekampagne in den Vordergrund zu stellen. Es muss vielmehr auf begleitende Faktoren, wie z. B. Personen oder 'Nebenleistungen', abgestellt werden.

Das *'Investitionsgütermarketing'* stellt einen weiteren spezifischen Sektor dar, der mit Blick auf das Marketing einige Besonderheiten aufweist, wie z. B. die derivative Nachfrage und das organisationale Beschaffungsverhalten. Zudem existieren insbesondere bei höherwertigen Investitionsgütern nicht selten Einkaufsgremien (buying center), die mit Blick auf die Kaufentscheidungsprozesse besondere Anforderungen an die Anbieter stellen.

Der Bereich des Marketing nicht-erwerbswirtschaftlicher Organisationen wird im Rahmen des so genannte *'Non-Profit-Marketing'* betrachtet. Auch für derartige Organisationen kommt dem Marketing-Instrumentarium eine besondere Ausprägung zu. So gewinnt in der Regel die Öffentlichkeitsarbeit an Bedeutung, die hier gerade auf die fehlende Gewinnorientierung zu verweisen hat. Auf diese Weise kann bei bestimmten Anspruchsgruppen u. U. erst die Bereitschaft erzeugt werden, Leistungen nicht-erwerbswirtschaftlicher Organisationen in Anspruch zu nehmen.

Lösungsskizze zu Übungsaufgabe 46

Zu den Besonderheiten von Investitionsgütermärkten zählen insbesondere die folgenden:

Die auf Investitionsgütermärkten agierenden Nachfrager sind Organisationen ('Organisationalität'). Ihre Kaufentscheidungen sind in der Regel durch organisationales Beschaffungsverhalten und formalisierte Kaufentscheidungsprozesse gekennzeichnet. Die Anzahl dieser nachfragenden Unternehmen ist in der Regel kleiner als die Anzahl der nach gelagerten Nachfrager des letztlich hergestellten Produktes.

Die Nachfrage nach Investitionsgütern ist eine abgeleitete, also ,derivative' Nachfrage. Sie ist dadurch charakterisiert, dass die Nachfrage nach Investitionsgütern im jeweiligen Markt durch die Nachfrage nach den mit den Investitionsgütern hergestellten Gütern in den nach gelagerten Marktstufen entsteht.

Kaufentscheidungen werden auf Investitionsgütermärkten in den meisten Fällen von mehreren Personen gefällt (,Multipersonalität'). Die am Kaufprozess beteiligten Personen können in einem so genannten ,Buying-Center' zusammengefasst werden. Die Zahl der am Kaufprozess beteiligten Personen hängt nicht nur von der Art des zu beschaffenden Produktes, sondern auch von der Häufigkeit ab, mit der ein solcher Entscheidungsprozess durchlaufen wird. Je häufiger ein Investitionsgut beschafft wird, umso kleiner wird mit der Zeit aufgrund gewonnener Erfahrung die Zahl der Personen sein, die nötig ist, um den Beschaffungsvorgang zu begleiten.

Betrachtet man die Art der Marktkontakte, so spielen aufgrund der vergleichsweise geringen Anzahl von Nachfragern und der erheblichen Bedeutung der jeweiligen Geschäftsbeziehungen direkte Marktkontakte (persönliche Beratung und Verkauf) bei Investitionsgütern eine bedeutende Rolle. Die bei Investitionsgütern vorherrschenden organisationalen Kaufentscheidungen werden größtenteils unter Einbeziehung spezialisierter Fachleute getroffen.

Mit Blick auf die zeitliche Ausdehnung des Kaufentscheidungsprozesses bestehen Unterschiede auf Investitionsgütermärkten und Konsumgütermärkten. So sind auf Investitionsgütermärkten langfristig gewachsene und dauerhafte Geschäftsbeziehungen die Regel. Dies ist insbesondere im Hinblick auf die Notwendigkeit der langjährigen Ersatzteillieferung und der technischen Nachrüstung erforderlich. Aufgrund der Höhe der zu tätigenden Investitionen sowie der Beteiligung mehrerer Personen am organisationalen Beschaffungsprozess zieht sich der Kaufentscheidungsprozess zumeist über eine längere Zeit hin.

Der Ablauf des eigentlichen Kaufprozesses wird durch gewisse Regeln geprägt. Es handelt sich oft um formalisierte Kaufentscheidungsprozesse. Ausschreibungen, schriftliche Angebote und detaillierte Verträge gewinnen an Bedeutung, um Risiken für beide Transaktionspartner (Anbieter und Nachfrager) zu senken.

Literaturverzeichnis

ABRAMS, J. 1964: A New Method for Testing Pricing Decisions, in: Journal of Marketing, 28. Jg., 1964, Heft 7, S. 6-9.

AHLERT, D. (Hrsg.) 1981a: Vertragliche Vertriebssysteme zwischen Industrie und Handel, Wiesbaden 1981.

AHLERT, D. 1981b: Absatzkanalstrategien des Konsumgüterherstellers auf der Grundlage Vertraglicher Vertriebssysteme mit dem Handel, in AHLERT, D. (Hrsg.), Vertragliche Vertriebssysteme zwischen Industrie und Handel, Wiesbaden 1981, S. 45-98.

AHLERT, D. 1982: Vertikale Kooperationsstrategien im Vertrieb, in: ZfB, 52. Jg., 1982, Nr. 1, S. 62-93.

AHLERT, D. 1996: Distributionspolitik – Das Management des Absatzkanals, 3. Aufl., Stuttgart, Jena 1996.

AHLERT, D./KOLLENBACH, S./KORTE, C. 1996: Strategisches Handelsmanagement – Erfolgskonzepte und Profilierungsstrategien am Beispiel des Automobilhandels, Stuttgart 1996.

AHLERT, D./SCHRÖDER, H. 1996: Rechtliche Grundlagen des Marketing, 2. völlig überarb. Aufl., Stuttgart u.a. 1996.

ALBERS, S,/CLEMENT, M./PETERS, K./SKIERA, B. 1999: eCommerce – Einführung, Strategie und Umsetzung im Unternehmen, F.A.Z.-Institut, Frankfurt am Main 1999.

ALBERS, S./KRAFFT, M. 1996: Zur relativen Aussagekraft und Eignung von Ansätzen der Neuen Institutionenlehre für die Absatzformwahl sowie die Entlohnung von Verkaufsaußendienstmitarbeitern, in: ZfB, 66. Jg., 1996, Heft 11, S. 1383-1407.

BACKHAUS, K. 1997: Industriegütermarketing, 5., überarb. und erw. Aufl., München 1997.

BACKHAUS, K. 2003: Industriegütermarketing, 7., überarb. und erw. Aufl., München 2003.

BÄNSCH, A. 1998: Einführung in die Marketing-Lehre, 4., vollst. überarb. und erw. Aufl., München 1998.

BÄNSCH, A. 2002: Käuferverhalten, 9., durchges. und erg. Aufl., München u. a. 2002.

BAUER, E. 1977: Markt-Segmentierung, Stuttgart 1977.

BAUER, H. H. 1986: Das Erfahrungskurvenkonzept – Möglichkeiten und Problematik der Ableitung strategischer Handlungsalternativen, in: Wirtschaftswissenschaftliches Studium (WiSt), 15. Jg., 1986, Heft 1, S. 1-10.

BECKER, J. 2001: Marketing-Konzeption – Grundlagen des strategischen und operativen Marketing-Managements, 7., vollst. überarb. und erw. Aufl., München 2001.

BEREKOVEN, L. 1992: Von der Markierung zur Marke, in: DICHTL, E./EGGERS, W. (Hrsg.), Marke und Markenartikel als Instrumente des Wettbewerbs, München 1992, S. 25-45.

BEREKOVEN, L. 1995: Erfolgreiches Marketing – Grundlagen und Entscheidungshilfen, 2., überarb. Aufl., München 1995.

BEREKOVEN, L./ECKERT, W./ELLENRIEDER, P. 1996: Marktforschung: methodische Grundlagen und praktische Anwendung, 7., vollst. überarb. und erw. Aufl., Wiesbaden 1996.

BERNDT, R. 1993: Kommunikationspolitik im Rahmen des Marketing, in: BERNDT, R./HERMANNS, A. (Hrsg.): Handbuch Marketing-Kommunikation: Strategien – Instrumente – Perspektiven, Wiesbaden 1993, S. 3-18.

BLATTBERG, R. C./NESLIN, S. A. 1990: Sales Promotion – Concepts, Methods, and Strategies, Englewood Cliffs, New Jersey.

BÖCKER, F. 1987: Marketing, 2., stark erw. und überarb. Aufl., Stuttgart, New York 1987.

BODENSTEIN, G./SPILLER, A. 1998: Marketing – Strategien, Instrumente und Organisation, Landsberg/Lech 1998.

BRAUCKSCHULZE, U. 1983: Die Produktelimination – Ein Vorschlag zur Gestaltung des Produktidentifikations- und -entscheidungsprozesses, Münster 1983.

BRUHN, M. 2003a: Integrierte Unternehmens- und Markenkommunikation – Strategische Planung und operative Umsetzung, 3., überarb. und erw. Aufl., Stuttgart 2003.

BRUHN, M. 2003b: Sponsoring: Systematische Planung und integrativer Einsatz, 4. Aufl., Wiesbaden u. a. 2003.

BRUHN, M. 2003c: Kommunikationspolitik: Grundlagen der Unternehmenskommunikation, 2., völlig überarb. Aufl., München 2003.

BRUHN, M. 2004: Marketing – Grundlagen für Studium und Praxis, 7., überarb. Aufl., Wiesbaden 2004.

BUBIK, R. 1996: Geschichte der Marketing-Theorie – Historische Einführung in die Marketing-Lehre, Frankfurt am Main u. a 1996.

BUSCH, S. 1995: Qualitätsmanagement und Markenartikel, in: Melitta Unternehmensgruppe, Geschäftsbericht 1995, Minden, S. 6-11.

BUZZELL, R./GALE, B. 1987: The PIMS-Principles – Linking to Performance, New York, London 1987.

CHURCHILL, G. A./FORD, N. M./WALKER, O. C/ JOHNSTON, M. W./TANNER, J. F. 2000: Sales Force Management, 6. Aufl., Bosten u.a. 2000.

CLEMENT, M./PETERS, K./PREIß; F. J. 1998: Electronic Commerce, in: Albers, S./Clement, M./Peters, K. (Hrsg.), Marketing mit interaktiven Medien, Frankfurt am Main 1998, S. 49-64.

COENENBERG, A. G./BAUM, H.-G. 1987: Strategisches Controlling: Grundfragen der strategischen Planung und Kontrolle, Stuttgart 1987.

COPELAND, M. T. 1978: Principles of Merchandising, Nachdruck, Chicago u. a 1978.

CREMER, P. M. 1983: Die horizontale Händlerauswahl als mehrstufiges Entscheidungsproblem des Konsumgüterherstellers, Münster 1983.

CZEPIEL, J. 1992: Competitive Marketing Strategy, Englewood Cliffs, New Jersey 1992.

DEAN, J. 1951: Managerial Economics, Englewood Cliffs 1951.

DICHTL, E. 1992: Grundidee, Varianten und Funktionen der Markierung von Waren und Dienstleistungen, in: DICHTL, E./EGGERS, W. (Hrsg.), Marke und Markenartikel als Instrumente des Wettbewerbs, München 1992, S. 1-23.

DICHTL, E./RAFFÉE, H./NIEDETZKY, H.-M. 1981: Reisende oder Handelsvertreter: Eine Anleitung zur Lösung eines Entscheidungsproblems mit praktischen Vorschlägen, München 1981.

DILLER, H. 1985: Preispolitik, Stuttgart u. a. 1985.

DILLER, H. (Hrsg.) 2001: Vahlens Großes Marketing Lexikon, 2. völlig überarb. und erw. Aufl., München 2001.

DUNST, K. H. 1983: Portfolio-Management: Konzeption für die strategische Unternehmensplanung, 2., verb. Aufl., Berlin, New York 1983.

ENGELHARDT, W. H./GÜNTER, B. 1981: Investitionsgütermarketing – Anlagen, Einzelaggregate, Teile, Roh- und Einsatzstoffe, Energieträger, Stuttgart u. a 1981.

ENGELHARDT, W. H./KLEINALTENKAMP, M./RECKENFELDERBÄUMER, M. 1993: Leistungsbündel als Absatzobjekte, in: Schmalenbachs Zeitschrift für betriebswirtschaftliche Forschung, 45. Jg., 1993, Heft 5, S. 395-426.

ESCH, F.-R. 2001: Wirkung integrierter Kommunikation, Forschungsgruppe Konsum und Verhalten, 3., aktual. Aufl., Wiesbaden 2001.

ESCHENBACH, R./KUNESCH, H. 1996: Strategische Konzepte – Management-Ansätze von Ansoff bis Ulrich, 3., völlig überarb. und wesentl. erw. Aufl., Stuttgart 1996.

FANTAPIÉ ALTOBELLI, C./FITTKAU, S. 1997: Formen und Erfolgsfaktoren der Online-Distribution; in: TROMMSDORFF, V. (Hrsg.), Kundenorientierung im Handel, Wiesbaden 1997, S. 397-416.

FLIEß, S. 2001: Die Steuerung von Kundenintegrationsprozessen – Effizienz in Dienstleistungsunternehmen, Wiesbaden 2001.

FLORENZ, P. J. 1992: Konzept des vertikalen Marketing, Köln 1992.

FREILING, J. 2001: Qualität, in: DILLER, H. (Hrsg.), Vahlens Großes Marketing Lexikon, München 2001, S. 1449-1451.

FRITZ, W. 2001: Electronic-Commerce im Internet – eine Bedrohung für den traditionellen Konsumgüterhandel?, in: FRITZ, W. (Hrsg.), Internet-Marketing, 2. überarb. und erw. Aufl., Stuttgart 2001, S. 123-159.

GÄLWEILER, A. 1986: Unternehmensplanung, Frankfurt a. M. 1986.

GÄLWEILER, A. 1990: Strategische Unternehmensführung, Frankfurt a. M 1990.

GARDNER, D. M. 1987: The Product Life Cycle: A critical look at the literature, in: HOUSTON, M. J. (Hrsg.), Review of Marketing, 1987, S. 162-195.

GASS, F. U. 1982: Der Werbetext, in: TIETZ, B. (Hrsg.): Die Werbung, Bd. 2, 1982, Landsberg am Lech 1982, S.1020-1039.

GEDENK, K. 2002: Verkaufsförderung, München 2002.

GUTENBERG, E. 1984: Grundlagen der Betriebswirtschaftslehre, 2. Band: Der Absatz, 17. Aufl., Berlin u. a 1984.

HAEDRICH, G./BARTENHEIER, G./KLEINERT, H. (Hrsg.) 1982: Öffentlichkeitsarbeit – Dialog zwischen Institutionen und Gesellschaft, Berlin, New York 1982.

HAEDRICH, G./TOMCZAK, T. 1996, Produktpolitik, Stuttgart u. a. 1996.

HAMMANN, P./ERICHSON, B. 2000: Marktforschung, 4., überarb. und erw. Aufl., Stuttgart u. a. 2000.

HANSEN, U. 1990: Absatz- und Beschaffungsmarketing des Einzelhandels - eine Aktions-analyse, 2., neubearb. und erw. Aufl., Göttingen 1990.

HENDERSON, B. D. 1984: Die Erfahrungskurve in der Unternehmensstrategie, 2., überarb. Aufl., Frankfurt, New York 1984.

HENNIG, K. W. 1928: Betriebswirtschaftslehre der Industrie, Berlin.

HERMANNS, A./PÜTTMANN, M. 1993: Integrierte Marketing-Kommunikation, in: BERNDT, R./HERMANNS, A. (Hrsg.): Handbuch Marketing-Kommunikation: Strategien-Instru-mente-Perspektiven, Wiesbaden 1993, S. 19-42.

HERMANNS, A./SAUTER, M. 2001: Electronic Commerce - Grundlagen, Einsatzbereiche und aktuelle Tendenzen; in: HERMANNS, A./SAUTER, M. (Hrsg.), Management-Handbuch Electronic Commerce, 2., völlig überarb. und erw. Aufl., München 2001, S. 7-15.

HILKE, W. 1989: Grundprobleme und Entwicklungstendenzen des Dienstleistungs-Marke-ting, in: HILKE, W. u. a. (Hrsg.), Dienstleistungs-Marketing, Schriften zur Unternehmens-führung, Band 35, Wiesbaden 1989, S. 5-44.

HINTERHUBER, H. H. 1996: Strategische Unternehmensführung I: Strategisches Denken: Vision, Unternehmenspolitik, Strategie, 6., neubearb. und erw. Aufl., Berlin, New York 1996.

HINTERHUBER, H. H. 1997: Strategische Unternehmensführung II: Strategisches Handeln: Direktiven, Organisation, Umsetzung, Unternehmenskultur, Strategische Führungskompetenz, 6., neubearb. und erw. Aufl., Berlin, New York 1997.

HÖHL-SEIBEL, J. 1994: Zweitmarkenstrategien, in: BRUHN, M. (Hrsg,), Handbuch Markenartikel, Band I, Stuttgart 1994, S. 583-602.

IRRGANG, W. 1989: Strategien im vertikalen Marketing, München 1989.

KAAS, K. P./FISCHER, M. 1993: Der Transaktionskostensansatz, in: WISU, 22. Jg., 1993, Heft 8-9, S. 686-693.

KLANTE, O. 2003: Identifikations- und Erklärungsansätze für Markenerosion, Leipzig 2003.

KOLL, M./SCHERM, E. 1998: Selbstorganisation vs. organisatorische Gestaltung – Eine Analyse, in: Diskussionsbeiträge des Fachbereiches Wirtschaftswissenschaft der FernUniversität Hagen, Diskussionsbeitrag Nr. 253, Hagen 1998.

KOPPELMANN, U. 2001: Produktmarketing – Entscheidungsgrundlagen für Produktmanager, 6., überarb. und erw. Aufl., Berlin u. a. 2001.

KOSCHNICK, W. J. 1997: Lexikon Marketing, 2., aktualisierte und erw. Aufl., Stuttgart 1997.

KOTLER, P. u. a. 1999: Grundlagen des Marketing, 2., überarb. Aufl., München u. a. 1999.

KOTLER, P. u. a. 2003: Grundlagen des Marketing, 3., überarb. Aufl., München u. a. 2003.

KOTLER, P./ANDREASEN, A. R. 1991: Strategic Marketing for Nonprofit Organizations, 4. Aufl., Englewood Cliffs, N. J. 1991.

KOTLER, P./BLIEMEL, F. 2001: Marketing Management: Analyse, Planung, Umsetzung und Steuerung, 10., überarb. und aktual. Aufl., Stuttgart 2001.

KRAFFT, M. 1996: Neue Einsichten in ein klassisches Wahlproblem? – Eine Überprüfung von Hypothesen der Neuen Institutionenlehre zur Frage „Handelsvertreter oder Reisende", in: ZfB, 56. Jg., 1996, Heft 6, S. 759-776.

KREIKEBAUM, H. 1997: Strategische Unternehmensplanung, 6., überarb. und erw. Aufl., Stuttgart, Berlin u.a. 1997.

KREILKAMP, E. 1987: Strategisches Management und Marketing: Markt- und Wettbewerbs-analyse, strategische Frühaufklärung, Portfolio-Management, Berlin 1987.

KROEBER-RIEL, W./ESCH, F.-R. 2004: Strategie und Technik der Werbung, 6., überarb. Aufl., Stuttgart u.a. 2004.

KROEBER-RIEL, W./WEINBERG, P. 2003: Konsumentenverhalten, 8., aktual. u. erg. Aufl., München 2003.

KRUGMAN, H. E. 1965: The Impact of Television Advertising: Learning without Involvement, in: Public Opinion Quarterly, 1995, Jg. 29, S. 349-356.

KRUGMAN, H. E. 1967: The Measurement of Advertising Involvement, in: Public Opinion Quarterly, 1967, Jg. 30, S. 583-596.

KUHN, W. 1984: Marktsegmentierung zum Zwecke segmentspezifischer Werbepolitik, Würzburg 1984.

KÜMPERS, U. A. 1976: Marketingführerschaft, Eine verhaltenswissenschaftliche Analyse des vertikalen Marketing, Münster 1976.

KUNKEL, R. 1977: Vertikales Marketing im Herstellerbereich, München 1977.

KUß, A. 2003: Marketing-Einführung: Grundlagen, Überblick, Beispiele, 2., aktual. Aufl., Wiesbaden 2003

KUß, A./TOMCZAK, T. 2004a: Käuferverhalten – eine marketingorientierte Einführung, 3., überarb. Aufl., Stuttgart.

KUß, A./TOMCZAK, T. 2004b: Marketingplanung: Einführung in die marktorientierte Unternehmens- und Geschäftsfeldplanung, 4., überarb. Aufl., Wiesbaden 2004.

LAMBIN, J. 1987: Grundlagen und Methoden strategischen Marketings, Hamburg 1987.

LINK, J. 2000: Zur zukünftigen Entwicklung des Online Marketing, in: LINK, J. (Hrsg.), Wettbewerbsvorteile durch Online Marketing, 2., überarb. und erw. Aufl., Berlin 2000, S. 1-34.

MALERI, R. 1973: Grundzüge der Dienstleistungsproduktion, Berlin/Heidelberg/New York 1973.

MALIK, F./PROBST, G. 1981: Evolutionäres Management, in: Die Unternehmung, 35. Jg., 1981, Nr. 1, S. 121-140.

MACHARZINA K. 1992: Internationalisierung und Organisation, in: Zeitschrift für Organisation, 61. Jg. (1992), S. 4-11.

MÄNNEL, W. 1997: Make-or-Buy-Entscheidungen, in: Kostenrechnungspraxis, 41. Jg., 1997, Heft 6, S. 307-311.

MCCAMMON, B. C. 1970: Perspectives for Distribution Programming, in: BUCKLIN, L. P. (Hrsg.), Vertical Marketing Systems, Glenview (Ill.), London 1970, S. 32-51.

MEFFERT, H. 1995: Dienstleistungsmarketing, in: Tietz, B./Köhler, R./Zentes, J. (Hrsg.), Handwörterbuch des Marketing, 2., vollst. überarb. Aufl., Stuttgart 1995, Sp. 454-469

MEFFERT, H. 2000: Marketing – Grundlagen marktorientierter Unternehmensführung, 9., vollst. neubearb. und erw. Aufl., Wiesbaden 2000.

MEFFERT, H. 2003: Dienstleistungsmarketing – Grundlagen – Konzepte – Methoden, mit Fallstudien, 4., vollst. überarb. und erw. Aufl., Wiesbaden 2003.

MEFFERT, H./KIMMESKAMP, G. 1983: Industrielle Vertriebssysteme im Zeichen der Handelskonzentration, in: asw, 26. Jg., 1983, Nr. 3, S. 214–231.

MEFFERT, H./KIRCHGEORG, M. 1998: Marktorientiertes Umweltmanagement – Konzeptionen-Strategie-Implementierung, mit Praxisfällen, 3., überarb. und erw. Aufl., Stuttgart 1998.

MEYER-HENTSCHEL, G. 1993: Erfolgreiche Anzeigen: Kriterien und Beispiele zur Beurteilung und Gestaltung, 2. Aufl., Wiesbaden 1993.

MINTZBERG, H. 1989: Mintzberg on management – inside our strange world of organizations, Canada 1989.

M+M EUROTRADE 2002: Strukturen, Umsätze und Vertriebslinien des Lebensmittelhandels Food/Nonfood in Europa, Band 1, Frankfurt am Main 2002.

MÜLLER, W. 1995: Geschäftsfeldplanung, in: TIETZ, B., KÖHLER, R., ZENTES, J. (Hrsg.), Handwörterbuch des Marketing, 2., völlig neu gestaltete Aufl., Stuttgart 1995, S.760-785.

MÜLLER, W. 1997: Produktpositionierung, in: Wirtschaftsstudium (Wisu), 26. Jg., 1997, Heft 8/9, S. 739-747.

MÜLLER-HAGEDORN, L. 2002: Handelsmarketing, 3., vollst. überarb. und erw. Aufl., Stuttgart/Berlin/Köln 2002.

MÜLLER-HAGEDORN, L. 1998: Der Handel, Stuttgart/Berlin/Köln 1998.

MÜLLER-HAGEDORN, L./KAAPKE, A. 1999: Das Internet als strategische Herausforderung für Unternehmen aus dem Handel und dem Dienstleistungssektor, in: Mitteilungen des Instituts für Handelsforschung an der Universität zu Köln, 51. Jg., 1999, Nr. 10, S. 193-204.

NIESCHLAG, R./DICHTL, E./HÖRSCHGEN, H. 2002: Marketing, 19., überarb. und erg. Aufl., Berlin 2002.

OETINGER, B. V. 1994: Das Boston-Consulting-Group-Strategie-Buch: Die wichtigsten Managementkonzepte für den Praktiker, 3. Aufl., Düsseldorf u.a 1994.

OLBRICH, R. 1995: Vertikales Marketing, in: TIETZ, B./KÖHLER, R./ZENTES, J. (Hrsg.), Handwörterbuch des Marketing, 2., vollst. überarb. Aufl., Stuttgart 1995, S. 2612-2623.

OLBRICH, R. 1997: Stand und Entwicklungsperspektiven integrierter Warenwirtschaftssysteme, in: AHLERT, D./OLBRICH, R. (Hrsg.), Integrierte Warenwirtschaftssysteme und Handelscontrolling – Konzeptionelle Grundlagen und Umsetzung in der Handelspraxis, 3., neubearb. Aufl., Stuttgart 1997, S. 115-172.

OLBRICH, R. 1998: Unternehmenswachstum, Verdrängung und Konzentration im Konsumgüterhandel, Stuttgart 1998.

OLBRICH, R. 2001a: Ursachen, Entwicklung und Auswirkungen der Abhängigkeitsverhältnisse zwischen Markenartikelindustrie und Handel, in: Olbrich, R. (Hrsg.), Berichte aus dem Lehrstuhl für Betriebswirtschaftslehre, insbesondere Marketing, Forschungsbericht Nr. 4, FernUniversität in Hagen 2001.

OLBRICH, R. 2001b: Ursachen und Konsequenzen der Abhängigkeitsverhältnisse zwischen Markenartikelindustrie und Handel, in: Marketing ZFP, 2001, 23. Jg., Heft 4, S. 253-267.

OLBRICH, R./BATTENFELD, D. 2000: Komplexität aus Sicht des Marketing und der Kostenrechnung, in: OLBRICH, R. (Hrsg.), Berichte aus dem Lehrstuhl für Betriebswirtschaftslehre, insbesondere Marketing, Forschungsbericht Nr. 3, FernUniversität in Hagen 2000.

OLBRICH, R./BATTENFELD, D. 2005: Variantenvielfalt und Komplexität – kostenorientierte vs. marktorientierte Sicht, in: der markt, 2005, 44. Jg., Heft 3 u. 4, S. 161-173.

OLBRICH, R./BATTENFELD, D./GRÜNBLATT, M. 1999: Die Analyse von Scanningdaten – Methodische Grundlagen und Stand der Unternehmenspraxis, demonstriert an einem Fallbeispiel, in: OLBRICH, R. (Hrsg.), Berichte aus dem Lehrstuhl für Betriebswirtschaftslehre, insbesondere Marketing, Forschungsbericht Nr. 2, FernUniversität in Hagen 1999.

OLBRICH, R./BUHR, C.-C./GREWE, G./SCHÄFER, T. 2005: Die Folgen der zunehmenden Verbreitung von Handelsmarken für den Wettbewerb und den Verbraucher, in: OLBRICH, R. (Hrsg.), Berichte aus dem Lehrstuhl für Betriebswirtschaftslehre, insbesondere Marketing, Forschungsbericht Nr. 11, FernUniversität in Hagen 2005.

OLBRICH, R./ENGELS, A. 2003: Marktstrategische Veränderungen in der Lebensmitteldistribution durch das Internet?, in: AHLERT, D., OLBRICH, R., SCHRÖDER, H. (Hrsg.), Marktstrategische Veränderungen in der Hersteller-Handels-Dyade, Jahrbuch Vertriebs- und Handelsmanagement, Frankfurt am Main 2003.

OLBRICH, R./GRÜNBLATT, M. 2004: 25 Jahre Scanning am Point of Sale (POS) in Deutschland. Ergebnisse einer empirischen Untersuchung zum Stand der Nutzung von Scanningdaten in der Konsumgüterwirtschaft, in: Controlling, 2004, 16. Jg., Heft 4-5, S. 265-272.

OLBRICH, R./SCHRÖDER. H. 1995: Absatzhelfer, in: TIETZ, B./KÖHLER, R./ZENTES, J. (Hrsg.), Handwörterbuch des Marketing, 2., völlig neu gestaltete Aufl., Stuttgart 1995, Sp. 12-19.

PEPELS, W. 2000, Marketing, 3., völlig überarb. Aufl., München 2000.

PETERMANN, T. 2001: Innovationsbedingungen des E-Commerce – das Beispiel Produktion und Logistik, Hintergrundpapier Nr. 6 des Büros für Technikfolgen-Abschätzung beim Deutschen Bundestag.

PFLAUM, D/ EISENMANN, H./ LINXWEILER, R. 2000: Verkaufsförderung – Erfolgreiche Sales Promotion, Landsberg am Lech 2000.

PFOHL, H.-C. 2004: Logistikmanagement, Berlin u. a. 2004.

PICOT, A./REICHWALD, R./WIGAND, R. 2003: Die grenzenlose Unternehmung, 5., aktual. Aufl., Wiesbaden 2003.

PORTER, M. E. 2000: Wettbewerbsvorteile. Spitzenleistungen erreichen und behaupten, 6., Aufl., New York 2000.

RAFFEÉ, H./WIEDMANN, K.-P. 1993: Corporate Identity als strategische Basis der Marketingkommunikation, in: BERNDT, R./HERMANNS, A. (Hrsg.): Handbuch Marketing-Kommunikation: Strategien-Instrumente-Perspektiven, Wiesbaden 1993, S. 43-67.

RAFFÉE, H./WIEDMANN, K.-P. 1995: Nonprofit-Marketing, in: Tietz, B./Köhler, R./Zentes, J. (Hrsg.), Handwörterbuch des Marketing, 2., vollst. überarb. Aufl., Stuttgart 1995, Sp. 1929-1942.

RAY, M. L. 1982: Advertising and Communication Management, Englewood Cliffs, N. J. 1982.

RIEKHOF, H.-C. 1989: Strategieentwicklung: Konzepte und Erfahrungen, Stuttgart 1989.

ROHDE, A./SCHERM, E. 1999: Strategieentwicklung in flexiblen Organisationen, in: Diskussionsbeiträge des Fachbereiches Wirtschaftswissenschaft der FernUniversität Hagen, Diskussionsbeitrag Nr. 276, Hagen 1999.

RUNGE, J. H. 1994: Schlank durch Total Quality Management: Strategien für den Standort Deutschland, Frankfurt/New York 1994.

RÜSCHEN, G. 1994: Ziele und Funktionen des Markenartikels, in: BRUHN, M. (Hrsg.), Handbuch Markenartikel, Band I, Stuttgart 1994, S. 121- 134.

SACK, R. 1987: Zur wettbewerbsrechtlichen Problematik des Product Placement im Fernsehen, in: Zeitschrift für Urheber- und Medienrecht, Film und Recht, 31. Jg., Sonderheft 1987, S. 103-128.

SCHEUCH, F. 2002: Dienstleistungsmarketing, 2., völlig neugest. Aufl., München 2002.

SCHWEIGER, G./SCHRATTENECKER, G. 2001: Werbung, 5. neu bearb. Aufl., Stuttgart u. a. 2001.

SIMON, H. 1976: Preisstrategien für neue Produkte, Opladen 1976.

SIMON, H. 1992: Preismanagement – Analyse, Strategie, Umsetzung, 2., vollst. überarb. und erw. Aufl., Wiesbaden 1992.

SHAPIRO B. P./BONOMA, T. V. 1985: How to segment Industrial Markets, in: SHAPIRO B. P./DOLAN, R. J./QUELCH, J. A. (Hrsg.), Marketing Management Readings, From Theory to Practice, Vol. III, S. 30-40, Illinois 1985.

STAEHLE, W. H. 1999: Management – eine verhaltenswissenschaftliche Perspektive, 8., überarb. Aufl., München 1999.

STAHR, G. 1991: Internationales Marketing, 2., überarb. Aufl., Ludwigshafen 1991.

STEFFENHAGEN, H. 1974: Vertikales Marketing, in: Marketing Enzyklopädie, Bd. 2, München 1974, S. 675–690.

STEFFENHAGEN, H. 1975: Konflikt und Kooperation in Absatzkanälen, Wiesbaden 1975.

THEIS, H.-J. 1999: Handels-Marketing – Analyse- und Planungskonzepte für den Einzelhandel, Frankfurt a. M. 1999.

THIES, G. 1976: Vertikales Marketing, Marktstrategische Partnerschaft zwischen Industrie und Handel, Berlin/New York 1976.

THIESS, M. 1986: Marktsegmentierung als Basisstrategie des Marketing, in: Wirtschaftswissenschaftliches Studium (WiSt), 15. Jg., 1986, Heft 12, S. 635-638.

UEBELE, H. 1984: Marktsegmentierung im Investitionsgüter-Bereich, in: Schmalenbachs Zeitschrift für betriebswirtschaftliche Forschung (ZfbF), 36. Jg., 1984, Heft 2, S. 158-170.

WEINHOLD-STÜNZI, H. 1988: Marketing in zwölf Lektionen, 14. Aufl., St. Gallen 1988.

WEIS, H. C. 1995: Persönlicher Verkauf, in: TIETZ, B./KÖHLER, R./ZENTES, J. (Hrsg.), Handwörterbuch des Marketing, 2. Aufl., Stuttgart 1995, Sp. 1979-1989.

WEIS, H. C. 1997: Marketing, 10., überarb. und aktual. Aufl., Ludwigshafen am Rhein 1997.

WIND, Y. 1982: Product Policy – Concepts, Methods, and Strategy, Reading u. a. 1982.

Woo, C. Y./Cooper, A. C. 1984: Erfolg trotz kleinen Marktanteils, in: Harvard Manager 1984, Nr. 3, S. 72-75.

WRIGHT, T. P. 1936: Factors affecting the costs of airplanes, in: Journal of Aeronautical Sciences, 1936, Heft 3, S. 122-128.

ZENTES, J. 1997: Taschenlexikon Marketing, Stuttgart 1997.

Glossar

Abnehmerselektionsentscheidung: Das Selektionskonzept des Herstellers umfasst die Gesamtheit seiner Entscheidungen bezüglich der Absatzkanalstruktur für seine Absatzgüter. Die Abnehmerselektionsentscheidungen betreffen hierbei zum einen die vertikale Selektion (Auswahl zwischen den Absatzstufen) und zum anderen die horizontale Selektion (Auswahl innerhalb der Absatzstufen). **Abschnitt 6.5.2.3.1.**

Absatzbindung: Form eines → Vertriebsbindungssystems. Eine Absatzbindung stellt im Allgemeinen eine vertragliche Bindung dar, die mit dem Absatz von Produkten im Zusammenhang steht. Absatzbindungen i. e. S. sind Beschränkungen, denen sich der Lieferant (Hersteller) hinsichtlich des Absatzes seiner Erzeugnisse unterwirft. I. w. S. umfassen Absatzbindungen auch → Vertriebsbindungen. **Abschnitt 6.5.2.2.**

Absatzhelfer: Personen oder Institutionen, die im Rahmen der Distribution von Gütern und Dienstleistungen unterschiedliche Ditributions- bzw. Handelsfunktionen übernehmen. Im Gegensatz zu den → Absatzmittlern erwerben sie kein Eigentum an der Ware, sondern werden lediglich vermittelnd bzw. unterstützend tätig. **Abschnitt 6.5.2.2.**

Absatzkanalbreite: Die Absatzkanalbreite stellt neben der → Absatzkanaltiefe ein Kriterium im Rahmen der Gestaltung der horizontalen Abnehmerselektion dar. Sie kennzeichnet die Anzahl der beteiligten Verkaufsstätten von den im Absatzkanal vertretenen Handelsbetriebstypen. **Abschnitt 6.5.2.3.1 u. 6.5.2.3.3.**

Absatzkanallänge: Die Absatzkanallänge stellt das Kriterium im Rahmen der Gestaltung der vertikalen Abnehmerselektion dar. Sie bezeichnet die Anzahl der Wirtschaftsstufen, die ein Produkt vom Hersteller bis zum Verbraucher durchläuft. **Abschnitt 6.5.2.3.1. u. 6.5.2.3.2.**

Absatzkanalpolitik: Die Absatzkanalpolitik bezeichnet die absatzkanalpolitische Gestaltung der Warenverkaufsprozesse in mehrstufigen Distributionssystemen durch den Hersteller. **Abschnitt 6.5.3.1.**

Absatzkanaltiefe: Die Absatzkanaltiefe stellt neben der → Absatzkanalbreite ein Kriterium im Rahmen der Gestaltung der horizontalen Abnehmerselektion dar. Unter der Absatzkanaltiefe versteht man die Anzahl der verschiedenen Handelsbetriebstypen, über die ein Produkt vertrieben wird. **Abschnitt 6.5.2.3.1. u. 6.5.2.3.3.**

Absatzlogistik: Die Absatz- oder auch Marketinglogistik stellt den absatzbezogenen Teilbereich der Logistik eines Unternehmens dar. Mit ihrer Hilfe soll insbesondere die Einhaltung der → Lieferkonditionen gewährleistet werden. **Abschnitt 6.5.3.1.**

Absatzmittler: Mitglieder des Distributionssystems, die in eigenem Namen und auf eigene Rechnung Kaufverträge abschließen. Hierbei handelt es sich vor allem um Groß- und Einzelhandelsunternehmen. **Abschnitt 6.5.2.2.**

Absatzweg: Der Absatzweg beschreibt jenen Weg eines Absatzgutes, der alle Wirtschaftssubjekte, die für dieses Gut eine Verkaufsfunktion übernehmen, berücksichtigt. Ein Beispiel für einen Absatzweg stellt die Folge Hersteller, Großhändler, Einzelhändler, Verbraucher dar. **Abschnitt 6.5.2.3.1.**

Abzinsungsfaktor: Zinssatz zur Berechnung des Kapitalwerts einer Zahlungsreihe. **Abschnitt 6.3.4.1.1.**

Agentursystem: Werden Absatzmittler im Rahmen von speziellen Agenturverträgen tätig, spricht man von einem Agentursystem. Die Agentursysteme können nach dem Grad der Abhängigkeit des Absatzmittlers vom Hersteller klassifiziert werden. Während das Vertragshändlersystem einen sehr hohen Abhängigkeitsgrad aufweist, ist die Abhängigkeit der Absatzmittler bei reiner Maklertätigkeit sehr gering. **Abschnitt 6.5.2.2.**

Akquisition von Absatzmittlern: Zur Realisation der von ihm präferierten Vertriebswegepolitik benötigt ein Hersteller eine hinreichend große Anzahl an Handelsunternehmen, die bereit sind, seine Produkte im Sortiment zu führen. Vor diesem Hintergrund zielt die Akquisition von Absatzmittlern darauf ab, eine solche Bereitschaft bei den Handelsunternehmen zu erzeugen bzw. aufrechtzuerhalten. **Abschnitt 6.5.2.3.4.**

akquisitorisches Potenzial: Summe der Eigenschaften eines Unternehmens, die die zukünftige Nachfrage nach den Produkten des Unternehmens beeinflussen. **Abschnitt 6.3.4.2.3.**

Aktivierung: Zustand innerer Spannung, der bewirkt, dass sich eine Person einem äußeren Reiz zuwendet. Es wird angenommen, dass die Bereitschaft zur Aufnahme und Verarbeitung einer Werbebotschaft umso größer ist, je stärker die durch die Werbung ausgelöste Aktivierung ist. **Abschnitt 6.4.2.3.4.1.**

Analyse der ‚globalen Umwelt‘: Diese Form der Situationsanalyse betrifft die Untersuchung der allgemeinen Rahmenbedingungen in einem Wirtschaftsraum, die so genannten Umweltfaktoren. Zu diesen Umweltfaktoren zählen insbesondere politisch-rechtliche, ökonomische, sozio-kulturelle und technologische Determinanten. **Abschnitt 4.2.1.**

Analyse der Wettbewerbsumwelt: Diese Form der Situationsanalyse umfasst die Analyse der Struktur einer Branche (Branchenanalyse) und die Erhebung von Daten über aktuelle Konkurrenzunternehmen und potenzielle Konkurrenten (Konkurrenzanalyse). **Abschnitt 4.2.1.**

Anweisungsvertrieb: Mögliche Form eines → Vertriebssystems im Rahmen derer die eingeschaltete Vertriebsorganisation den Anweisungen des Herstellers Folge zu leisten hat. **Abschnitt 6.5.2.2.**

asymptotisch: Synonym für näherungsweise. Eine Asymptote ist eine Gerade, die sich einer Funktion beliebig nähert. **Abschnitt 6.3.3.2.**

augmentiertes Produkt: Dritte Ebene eines mit Blick auf die verschiedenen Nutzenkomponenten in drei Ebenen unterteilten Produktes (erste Ebene: → generisches Produkt, zweite Ebene: → erwartetes Produkt). Als augmentiertes Produkt wird das durch spezielle Leistungen ergänzte Produkt bezeichnet. Erst diese Ebene der Produktkonzeption ermöglicht die konkrete Differenzierung des eigenen Produktes von denen der übrigen Anbieter und möglicherweise die Erzielung von Wettbewerbsvorteilen. **Abschnitt 6.2.1.1.**

Ausschließlichkeitsbindung: Form eines → Vertriebsbindungssystems, die Unternehmen darin beschränkt, Waren oder gewerbliche Leistungen von Dritten zu beziehen oder an Dritte abzusetzen. **Abschnitt 6.5.2.2.**

Außendienstorganisation: Gegenstand der Außendienstorganisation ist die Gliederung des Außendienstes. So ist z. B. eine Organisation des Außendienstes nach Kundengruppen, Sortimenten oder Regionen denkbar. **Abschnitt 6.5.2.5.2.**

Außendienststeuerung: Die Außendienststeuerung bildet den zentralen Bestandteil der Vertriebssteuerung. In diesem Kontext bildet die Außendienststeuerung einen Ansatz, um die Verkäufer zu motivieren, die Unternehmensziele zu realisieren. Eine solche zusätzliche Motivation erscheint vielfach notwendig, da sich die Außendienstmitarbeiter angesichts ihrer Reisetätigkeit vielfach der direkten ‚Kontrolle' des Unternehmens entziehen. Zur zielgerichteten Motivation seiner Mitarbeiter stehen einem Unternehmen unterschiedliche Möglichkeiten zur Verfügung, z. B. Vorgaben für die zu erzielenden Ergebnisse. **Abschnitt 6.5.2.5.3.**

Außendienstverträge: Verträge zwischen Unternehmen und Mitarbeitern im Außendienst. Gegenstand dieser Form arbeitsrechtlicher Verträge sind insbesondere die Gestaltung des Entlohnungssystems aber auch Vereinbarungen über die private Nutzung von Dienstwagen. **Abschnitt 6.5.2.5.3.**

Betriebsgrößenersparnisse (economies of scale): Economies of scale kennzeichnen den Effekt der Stückkostenreduktion durch eine höhere Produktionsmenge pro Zeiteinheit. Dieser Effekt kann z. B. durch eine höhere Kapazitätsauslastung (Fixkostendegression) oder durch die Beschaffung größerer Mengen an Vorprodukten und Rohstoffen (günstigere Beschaffungskonditionen) entstehen. **Abschnitt 5.2.**

Bewertungsdimensionen: Im Rahmen der Positionierung bilden Bewertungsdimensionen die relevanten Eigenschaften, die die Konsumenten im Kaufentscheidungsprozess zur Auswahl von Produkten berücksichtigen. **Abschnitte 4.4.2.**

Bezugsbindung: Form eines → Vertriebsbindungssystems, die Unternehmen dazu verpflichtet nur Produkte eines bestimmten Herstellers zu beziehen. **Abschnitt 6.5.2.2.**

Bogenelastizität: → Preiselastizität, die sich auf zwei verschiedene Punkte der Preisabsatzfunktion bezieht. **Abschnitt 6.3.3.3.2.**

Branchenanalyse: Im Rahmen der Branchenanalyse werden diejenigen Determinanten einer Branche untersucht, die einen Einfluss auf die Gewinnerwartungen eines Unternehmens haben. Diese Determinanten werden auch als Wettbewerbskräfte bezeichnet. Ziel der Untersuchung ist es, die Stärke des Einflusses und die Auswirkungen einzelner Wettbewerbskräfte auf den Unternehmenserfolg zu ermitteln. **Abschnitt 4.2.1.**

Bumerangeffekt: Ein Bumerangeffekt zählt zu den Risiken, die mit der → Aktivierung verbunden sind. Während beim → Vampireffekt von der Werbebotschaft abgelenkt wird, wird sie beim Bumerangeffekt vom Adressaten falsch interpretiert. Der aktivierende Reiz stimuliert in diesem Fall die Speicherung von Informationen, die nicht dem Werbeziel entsprechen. Es besteht daher das Risiko einer vollkommenen Verfälschung der Werbebotschaft. Eine weitere Gefahr sind → Irritationen. **Abschnitt 6.4.2.3.4.3.**

Carryover-Effekt: Einfluss des Absatzes (z. B. über Imitation oder Wiederholungskäufe) in einer gegebenen Periode auf den Absatz in zukünftigen Perioden. **Abschnitt 6.3.4.1.2.**

Cashflow: Finanzwirtschaftliche Kennzahl, die den in einer Periode ermittelten Zahlungsüberschuss angibt. I. d. R. wird der Cashflow indirekt errechnet, indem vom Periodenergebnis die in der Erfolgsrechnung enthaltenen, nicht einzahlungswirksamen Erträge subtrahiert und die nicht auszahlungswirksame Aufwendungen addiert werden. **Abschnitt 5.4. u. 5.4.2.1.**

Convenience-Güter: Güter des täglichen Bedarfs, bei denen der Kunde aufgrund des niedrigen Preises die Kosten von etwaigen Preis- oder Qualitätsvergleichen höher einschätzt als den daraus resultierenden Nutzen. **Abschnitt 6.2.1.2.**

Copy Strategy: Mittels der Copy Strategy wird die werbestrategische Ausrichtung eines Unternehmens festgelegt. Sie benennt die relevanten → Zielgruppen, den speziellen Nutzen, den das beworbene Produkt/die beworbene Leistung bietet, die Begründung des spezifischen Leistungsvorteils und die Tonart und den Stil der Botschaft. **Abschnitt 6.4.2.3.4.1.**

Corporate Behavior: Komponente der → Corporate Identity mit dem Ziel, die Interaktionsprozesse sämtlicher Unternehmensmitglieder mit Blick auf das interne und externe Umfeld einer Unternehmung zu harmonisieren. **Abschnitt 6.4.2.3.1.**

Corporate Communication: Komponente der → Corporate Identity, durch das über den systematisch integrierten Einsatz aller Kommunikationsinstrumente die Einstellung der Öffentlichkeit oder bestimmter Zielgruppen im Sinne des Unternehmens beeinflusst werden sollen. **Abschnitt 6.4.2.3.1.**

Corporate Design: Komponente der → Corporate Identity, dessen Aufgabe es ist, über den systematisch aufeinander abgestimmten Einsatz aller visuellen Elemente der Unternehmenspräsentation ein einheitliches Erscheinungsbild des Unternehmens zu schaffen, um eine einprägende Wirkung mit Blick auf den Bekanntheitsgrad zu erzielen. **Abschnitt 6.4.2.3.1.**

Corporate Identity: Konzept, durch das die Profilierung eines Unternehmens zu einer ‚Unternehmenspersönlichkeit' erreicht werden soll. Dieser Begriff subsummiert alle Unternehmensaktivitäten nach innen und nach außen, die sich in einem einheitlichen Verhalten (→ Corporate Behavior), einer einheitlichen Kommunikation (→ Corporate Communication) und einem einheitlichen Erscheinungsbild (→ Corporate Design) ausdrücken. **Abschnitt 6.4.2.3.1.**

Deckungsbeitrag: Differenz zwischen der Summe der Verkaufserlöse und der Summe der variablen Kosten für die verkauften Mengeneinheiten eines Produktes. **Abschnitt 6.4.2.3.2.**

Deckungsspanne: Differenz zwischen Verkaufserlös und variablen Kosten für eine Mengeneinheit eines Produktes. **Abschnitt 6.4.2.3.2.**

Dienstleistungsmarketing: Im Rahmen des Dienstleistungsmarketing werden die allgemeinen Konzepte des Marketing auf Anbieter von Dienstleistungen übertragen. **Abschnitt 7.2.**

direkter Absatz: Ein Hersteller setzt seine Produkte direkt ab, wenn er keine Zwischenhändler einschaltet. Gegenteil: → Indirekter Absatz. **Abschnitt 6.5.2.3.2.**

direkter Vertrieb: Eine Möglichkeit zur Gestaltung des vertikalen → Absatzweges, mit der ein Hersteller die → Absatzkanallänge für ein Produkt festlegt. Beim direkten Vertrieb verkauft ein Hersteller eine Leistung ohne Zwischenschaltung eines Absatzmittlers direkt an die Kunden. **Abschnitte 6.5.2.3.2.**

Distribution: In der engsten Sichtweise wird die Distribution auf den technischen Güterumschlag (physische Distribution) begrenzt. Demgegenüber umfasst die tätigkeitsorientierte Begriffsdefinition die Summe der (Marketing-)Aktivitäten aller Wirtschaftssubjekte, die an der Überführung eines Wirtschaftsguts vom Hersteller zum Verbraucher beteiligt sind. Der tätigkeitsorientierten Sichtweise steht die zustandsorientierte Fassung des Distributionsbegriffs gegenüber, die in der Marketingpraxis weit verbreitet ist. Sie kennzeichnet die Erhältlichkeit eines Produktes in den Einkaufsstätten eines Absatzgebiets (Distributionsgrad). **Abschnitt 6.5.1.**

Distributionspolitik: Die Distributionspolitik kann als Teilbereich des Marketing-Mix in die Planung der Warenverkaufsprozesse und die Planung der physischen Distribution unterteilt werden. **Abschnitt 6.5.1.**

Diversifikation: Bei der Diversifikation wird die Sortimentsbreite als Aktionsparameter der Sortimentspolitik definiert. Die so genannte Diversifikationsstrategie ist durch die Orientierung an neuen Produkten und neuen Märkten gekennzeichnet. Sie lässt sich idealtypisch in die drei Richtungen vertikal, horizontal und lateral aufteilen. **Abschnitt 6.2.2.1.2.**

dynamische Preistheorie: Teilbereich der Preistheorie, in dem der gewinnmaximale Preis mit Blick auf dynamische Effekte, wie z. B. der zeitlichen Entwicklung der Nachfrage, der Konkurrenz- oder Kostensituation, in einer mehrperiodischen Betrachtung bestimmt wird. **Abschnitt 6.3.4.1.1.**

dynamisch-gewinnmaximaler Preis: Wird der gewinnmaximale Preis unter Berücksichtigung einer periodenübergreifenden Betrachtungsweise ermittelt, dann spricht man von dem dynamisch-gewinnmaximalen Preis. Berücksichtigt wird die Dynamik im Bereich des Lebenszyklus, der Wettbewerbs- und Kostensituation sowie in der Zielfunktion durch die Abzinsung zukünftiger Periodenerfolge. **Abschnitt 6.3.4.1.3.**

Dyopol: Oligopol mit genau zwei Anbietern. **Abschnitt 6.3.3.1.**

economies of scale: Der Effekt sinkender Stückkosten bei Erhöhung der Produktionsmengen. (→ Betriebsgrößenersparnisse) **Abschnitte 5.2.**

Eigene Vertriebsorgane: Gehören der eigenen Vertriebsorganisation (i. d. R. des Herstellers) an und sind an Weisungen gebunden, d. h. der Hersteller legt Art und Umfang der von seiner Marketing-Organisation zu übernehmenden Funktionen fest. So sind z. B. Vertriebsabteilungen, Vertriebsniederlassungen und Reisende als unternehmensinterne Organe Träger von Verkaufsfunktionen. **Abschnitt 6.5.2.5.5.1.**

einstufiger Vertrieb: Entscheidet sich ein Produzent für einen einstufigen Vertrieb, distribuiert er ein bestimmtes Produkt nur über eine einzige Zwischenstufe zum Konsumenten. **Abschnitt 6.5.2.3.2.**

Electronic Commerce: Anbahnung und/oder Abwicklung wirtschaftlicher Tätigkeiten mittels eines Telekommunikationsnetzwerkes wie dem Internet. **Abschnitt 6.5.2.6.1.**

Electronic Marketing: Nutzung neuer Informations- und Kommunikationstechnologien (wie bspw. des → Internets) für die Marketinginstrumente (insb. für die → Kommunikationspolitik). **Abschnitt 6.4.2.4.8.**

Electronic Shopping: Oberbegriff für Electronic-Commerce-Anwendungen, die auf den direkten Verkauf von Waren und Dienstleistungen an den Endverbraucher gerichtet sind und den Geschäftsverkehr elektronisch unterstützen. **Abschnitt 6.5.2.5.2.**

elektronische Medien: im Rahmen der → Kommunikationspolitik verwendete Medien, wie z. B. Radio, Fernsehen und Kino. **Abschnitt 6.4.2.4.1.**

emotionale Reize: Derartige Reize appellieren an die Gefühle oder Bedürfnisse eines Menschen. Zu den Schlüsselreizen zählen vor allem Liebe, Glück, Geborgenheit, Vertrautheit, Freundschaft, Gesundheit, Erotik, Freiheit, Selbstverwirklichung, Neugier, der Beschützerinstinkt, den kleine Kinder oder Tiere auslösen, aber auch Angst oder Schuldgefühle. **Abschnitt 6.4.2.3.4.3.**

emotionale Werbung: Im Gegensatz zur → informierenden Werbung ist bei emotionaler Werbung die Übertragung expressiver Reize in Form von Bildern oder wenigen Signalwörtern dominierend. Dabei kann sich die emotionale Werbebotschaft direkt auf das → Werbe-objekt beziehen oder sie wird lediglich in einem bestimmten Zusammenhang mit dem Objekt dargestellt. **Abschnitt 6.4.2.3.4.4.**

Entscheidungstheorie: Teilbereich der Betriebswirtschaftslehre, der sich mit der rationalen Ent-scheidungsfindung, insbesondere mithilfe mathematischer Modelle beschäftigt. **Abschnitt 6.3.2.**

Erfahrungskurve: Beschreibt einen Zusammenhang zwischen der kumulierten Produktionsmenge und der Gesamtkostenentwicklung. Bei einer Verdoppelung der kumulierten Produktions-menge sollen sich die Stückkosten auf Basis aller Kosten-Elemente, also eingeschlossen Kapitalkosten, Verwaltungskosten, Produktionskosten, Entwicklungskosten und Marke-tingkosten um 20-30% verringern. Bruce Henderson, langjähriger „Präsident" der BCG bezeichnete diesen beobachteten Effekt als ‚Erfahrungskurve', weil sich in diesem Falle die Stückkostenreduktion nicht durch das ökonomische Gesetz der Massenproduktion (→ economies of scale) ergebe, sondern durch permanente verfahrenstechnische Fort-schritte und die Fortentwicklung der Produkte. **Abschnitt 5.2.**

Erfahrungskurveneffekt: Sinkende Stückkosten durch zunehmende Erfahrung in der Produktion. (→ Erfahrungskurve) **Abschnitt 5.2.**

Erfolgspotenziale: Als Erfolgspotenziale werden diejenigen in einem Unternehmen vorhandenen Voraussetzungen bezeichnet, die die Aktivitäten des Unternehmens nachhaltig positiv be-einflussen. Derartige Erfolgspotenziale können sich z. B. in speziellen Eigenschaften des Unternehmens (z. B. Firmenimage) oder individuellen Kompetenzen (z. B. Kernkompe-tenzen der Mitarbeiter) manifestieren. **Abschnitt 4.1.2.**

erwartetes Produkt: Zweite Ebene eines mit Blick auf die verschiedenen Nutzenkomponenten in drei Ebenen unterteilten Produktes (erste Ebene: → generisches Produkt, dritte Ebene: → augmentiertes Produkt). Diese Ebene umfasst im Gegensatz zum generischen Produkt das Mindestmaß an Kommunikation und → Dienstleistung, das erbracht werden muss, um das Produkt vermarkten zu können. **Abschnitt 6.2.1.1.**

Erwartungseffekt: Bei einer Preiserhöhung eines lagerfähigen Verbrauchsgutes wollen sich die Verbraucher vor einem weiteren Anstieg des Preises schützen und reagieren (kurzfristig) mit einer erhöhten Nachfrage. Sinkende Preise bei Gebrauchsgüterinnovationen führen in der Erwartung weiter fallender Preise zu einem kurzfristigen Nachfragerückgang. **Ab-schnitt 6.3.4.1.2.**

evolutionäres Management: Planungsansatz, der sich durch eine mit Blick auf den vorhandenen Informationsstand begrenzte Planungsreichweite auszeichnet. Voraussetzung für ein ‚evolutionäres' Management ist die Generierung von Rahmenbedingungen, die eine ständige Anpassung der gewählten Strategien erleichtern. Eine derartige Anpassung kann bspw. durch eine nicht prognostizierte Einwirkung externer Einflussgrößen begründet sein. **Abschnitt 4.1.1.**

exklusiver Vertrieb: Eine Möglichkeit zur Gestaltung des horizontalen → Absatzweges, mit der ein Hersteller die → Absatzkanalbreite und → Absatzkanaltiefe für ein Produkt festlegt. Entscheidet sich ein Hersteller dafür, sein Produkt exklusiv zu vertreiben, unterliegt die Auswahl der Absatzmittler nicht nur einer qualitativen Beschränkung, sondern auch einer quantitativen Restriktion. **Abschnitt 6.5.2.3.3.**

Fabrikverkauf: Form des → direkten Vertriebs. Im Rahmen des Fabrikverkaufs setzt der Hersteller seine Erzeugnisse über an die ‚Fabrik' angeschlossenen Läden an die Konsumenten ab. **Abschnitt 6.5.2.3.2.**

Factory Outlet: Form des → direkten Vertrieb. Factory Outlet bezeichnet solche herstellereigenen Verkaufsniederlassungen, die in den Anfängen durch eine schlichte Aufmachung der Verkaufsstelle und ein eingeschränktes Serviceangebot gekennzeichnet waren. Zumeist werden hier Überhang-, leicht fehlerhafte oder saisonversetzte Waren zu deutlich niedrigeren Preisen als im Handel angeboten. **Abschnitt 6.5.2.3.2.**

flächendeckende Distribution: Eine auf alle für ein bestimmtes Produkt in Frage kommenden Verkaufsstellen gerichtete Distribution, um so den Absatz großer Mengen zu erreichen. **Abschnitt 6.5.2.1.**

formale Integration: Mittel der → integrierten Kommunikation. Einer formalen Integration dient insbesondere ein Corporate Design, d. h. ein einheitliches visuelles Erscheinungsbild des einzelnen Produktes oder des Unternehmens als Ganzes. Dies bindet meist so genannte Wort-Bild-Zeichen oder Präsenzsignale ein, kann aber auch durch Farben oder Schrifttypen erreicht werden. Abweichend: → inhaltliche Integration. **Abschnitt 6.4.2.3.4.4.**

Franchising: Form der vertikalen Kooperation, bei der der Franchisegeber aufgrund langfristiger, individualvertraglicher Regelungen rechtlich selbstständig bleibenden Franchisenehmern gegen Entgelt das Recht einräumt und die Pflicht auferlegt, bestimmte Güter und/oder Dienstleistungen unter Verwendung von Namen, Warenzeichen und sonstigen Schutzrechten sowie des technischen und gewerblichen Know-hows des Franchisegebers unter Beachtung der von diesem aufgestellten ‚Spielregeln' auf eigene Rechnung an Dritte abzusetzen. **Abschnitte 6.5.2.2.**

Fremde Vertriebsorgane: Hierzu zählen Absatzmittler (insb. der institutionelle Handel) und Distributionshelfer (Absatz- und Beschaffungshelfer). Sie bieten als selbstständige Unternehmen ihre Distributionsleistungen an und werden idealtypischerweise dann eingeschaltet, wenn sie eine zu erfüllende Funktion (z. B. den Verkauf der Ware) zum günstigsten Preis-Leistungsverhältnis offerieren. **Abschnitt 6.5.2.5.5.1.**

Gatekeeper-Funktion des Handels: Der Handel entscheidet im Falle eines indirekten Absatzes letztlich, welche Produkte den Endabnehmer erreichen. Dies wird als Gatekeeper-Funktion des Handels bezeichnet. **Abschnitt 6.5.2.4. u. 7.1.**

Gebrauchsgut: Gut, das bei Nutzung durch den Verbraucher unverändert bleibt. Gegenteil von → Verbrauchsgut. **Abschnitt 6.3.4.2.1.**

gedanklich-überraschende Reize: aktivieren den Adressaten, indem sie seine Sinne bzw. seinen Verstand vor unerwartete Aufgaben stellen. Dazu zählen Wörter oder Bilder, die Verwunderung auslösen, zum Nachdenken anregen oder in Widerspruch zu etwas Bekanntem stehen. Auch ein Widerspruch zwischen Bild und Text kann gedanklich aktivieren. Es sollte aber ein gewisser Wiedererkennungseffekt gewahrt bleiben. **Abschnitt 6.4.2.3.4.3.**

Gegenwartswert: Wert, der sich durch Abzinsung einer Zahlungsreihe auf den Betrachtungs- oder Entscheidungszeitpunkt ergibt. **Abschnitt 6.3.4.1.1.**

gemischte Werbung: enthält sowohl → informative als auch → emotionale Komponenten. Oftmals wird zunächst an ein (latentes) Bedürfnis des Adressaten appelliert, um zugleich aufzuzeigen, inwiefern das eigene Angebot geeignet ist, dieses zu befriedigen. **Abschnitt 6.4.2.3.4.4.**

generisches Produkt: Erste Ebene eines mit Blick auf die verschiedenen Nutzenkomponenten in drei Ebenen unterteilten Produktes (zweite Ebene: → erwartetes Produkt, dritte Ebene: → augmentiertes Produkt). Als generisches Produkt werden die grundlegenden Produkteigenschaften, die bereits den Kernnutzen beinhalten, bezeichnet. Es besteht jedoch noch keine selbstständige Vemarktungsfähigkeit des Produktes. **Abschnitt 6.2.1.1.**

Grenzkosten: Die Grenzkosten sind identisch mit der marginalen Kostenveränderung bei einer marginalen Produktionsmengenänderung. Im Falle einer linearen Kostenfunktion sind die Grenzkosten identisch mit den variablen Kosten. **Abschnitt 6.3.3.2.**

Grenzkostenfunktion: Ableitung der Kostenfunktion, die die Kosten in Abhängigkeit von der Produktionsmenge angibt. Im Falle einer linearen Kostenfunktion ist die Grenzkostenfunktion gleich den variablen Kosten. **Abschnitt 6.3.3.2.**

Güterverteilzentren: Unter Güterverteilzentren wird die lokale Zusammenführung von Verkehrs-, Logistik- und Dienstleistungsunternehmen an einem oder mehreren verkehrsgünstig gelegenen Standorten verstanden. **Abschnitt 6.5.3.3.**

Handelsbetrieb: Institution, deren Tätigkeit in der Beschaffung und dem Absatz von Gütern besteht. Die Güter werden in der Regel ohne eine wesentliche Be- und Verarbeitung weiterveräußert. Das Sortiment eines Handelsbetriebes bietet eine Zusammenstellung bedarfsverwandter Waren unterschiedlicher Hersteller. Daneben gehört zum Leistungsspektrum eines Handelsbetriebes eine mehr oder weniger große Anzahl an Dienstleistungen. **Abschnitt 7.1.**

handelsgerichtete Absatzpolitik: Unter handelsgerichteter Absatzpolitik des Herstellers (Trade Marketing, handelsgerichtetes Marketing, → Vertikales Marketing i. w. S.) werden alle Entscheidungsbereiche zusammengefasst, die mit Blick auf die Warenverkaufsprozesse den Handel als potenziellen Absatzmittler betreffen. **Abschnitt 6.5.2.4.2.1. und 7.1.**

Handelslogistik: Logistik des Handels, die sich aus den drei Teilbereichen Beschaffungs-, Distributions- und Entsorgungslogistik zusammensetzt. Während die Beschaffungs- und Entsorgungslogistik zentrale Aufgaben des Handels sind, werden viele Aufgaben der Distributionslogistik im stationären Einzelhandel an die Hersteller übertragen. Insbesondere in den letzten Jahren hat die Bedeutung der Logistikstrategie für Handelsunternehmen als Profilierungsinstrument stark zugenommen. Dieser Bedeutungszuwachs lässt sich einerseits auf neuere Entwicklungen (z. B. gestiegenes Umweltbewusstsein, Forderung nach Just-in-time-Lösungen auf Verwenderseite) im Umfeld des Handels zurückführen. Andererseits führt die Konzentration im Handel zu wettbewerblichen Einheiten, für die sich eine eigene Distributionslogistik zu lohnen scheint. **Abschnitt 6.5.3.**

Handelsmanagement: Die Unternehmensführung des Handelsbetriebs. Auf der Grundlage der Erkenntnisse der Handelsbetriebslehre soll der Leistungsprozess eines Handelsunternehmens möglichst ökonomisch gesteuert werden. Zu den hierbei zu erfüllenden Managementaufgaben zählen Planung, Entscheidung, Organisation und Kontrolle sowie die Führung der Mitarbeiter. Die Tätigkeitsbereiche des Handelsmanagements bestehen u. a. aus dem Handelsmarketing auf der Beschaffungs- und Absatzseite, der Logistik und der Warenwirtschaft, der Finanzierung des Handelsunternehmens, der Personalpolitik und dem Rechnungswesen. **Abschnitt 7.1.**

Handelsmarketing: Als Handelsmarketing wird die Summe aller Aktivitäten bezeichnet, die eine marktgerichtete Führung von Handelsbetrieben zum Gegenstand haben. Das Handelsmarketing lässt sich in die zwei Teilbereiche Absatzmarketing und Beschaffungsmarketing gliedern. Der erste Teilbereich bezieht sich auf Maßnahmen, die auf eine Beeinflussung potenzieller Nachfrager abzielen. Eines der Hauptziele des Absatzmarketing ist hier, durch Einsatz der dem Handel zur Verfügung stehenden absatzpolitischen Instrumente, einen möglichst hohen Anteil der relevanten Nachfrage in das eigene Einzugsgebiet zu lenken und zu befriedigen. Das Beschaffungsmarketing ist hingegen auf eine möglichst effiziente Gestaltung der Geschäftsbeziehungen mit den jeweiligen Lieferanten ausgerichtet. Die

Bedeutung eines eigenständigen Handelsmarketing ist insofern gestiegen, als dass die traditionellen Handelsfunktionen, wie Lagerung, Veredelung und Weiterveräußerung von vorgefertigten Waren, durch relativ neuartige Entwicklungen, wie z. B. die Entwicklung und Einführung von Handelsmarken, erheblich erweitert wurden. In der Praxis wird unter dem Begriff des Handelsmarketing mitunter auch das Marketing von Herstellern in Bezug auf den Handel verstanden. Terminologisch beinhaltet der Begriff des Handelsmarketing allerdings nur das Marketing von Handelsbetrieben gegenüber den Absatz- und Beschaffungsmärkten dieser Institutionen. Das Marketing von Herstellern in Bezug auf den Handel wird demgegenüber als → handelsgerichtete Absatzpolitik (Trade Marketing) bezeichnet. **Abschnitt 6.5.2.4.2.2. und 7.1.**

Handelsvertreter: Selbstständige Gewerbetreibende, die als Absatzhelfer über einen längeren Zeitraum für ein oder mehrere Unternehmen Geschäfte vermitteln oder abschließen. **Abschnitt 6.5.2.2. u. 6.5.2.5.5.2.**

Home-Shopping: Allgemeine Bezeichnung für Vertriebsformen, bei denen der Kaufakt in dem Domizil des Käufers stattfindet. **Abschnitt 6.5.2.6.2.**

Imitationseffekt: Der Imitationseffekt beschreibt das Verhalten, Produkte aufgrund von Nachahmung zu kaufen. **Abschnitt 6.3.4.1.2.**

Imitationsstrategie: Die Imitationsstrategie stellt eine Positionierungsstrategie dar. Im Rahmen dieser Strategie wird versucht, ein Positionierungsobjekt in der ‚Nähe' eines erfolgreichen Wettbewerbers zu positionieren. Man spricht in diesem Zusammenhang auch von einer ‚me-too-Strategie'. **Abschnitt 4.4.2.**

Incentives: Anreize, durch die die Absatzorgane eines Herstellers (z. B. der Außendienst oder der Handel) zu einer Steigerung ihrer Bemühungen angeregt werden sollen. Die Anreize können finanzieller oder immaterieller Art sein (z. B. Reisen). **Abschnitt 6.4.2.4.2.**

indirekt unverkürzter Absatzweg: Eine Form der Gestaltung des Absatzweges im Rahmen des → indirekten Vertriebs. Bei indirekt unverkürzten Absatzwegen werden mehr als nur eine Handelsstufe in den → Absatzweg eingeschaltet. **Abschnitt 6.5.2.3.2.**

indirekt verkürzter Absatzweg: Eine Form der Gestaltung des → Absatzweges im Rahmen des → indirekten Vertriebs. Ein indirekt verkürzter Absatzweg liegt z. B. vor, wenn lediglich die Einzelhandelsstufe in den Absatzweg integriert wird. **Abschnitt 6.5.2.3.2.**

indirekter Absatz: Ein Hersteller setzt seine Produkte indirekt ab, wenn er Zwischenhändler einschaltet. Gegenteil: → Direkter Absatz. **Abschnitt 6.5.2.3.2.**

indirekter Vertrieb: Eine Möglichkeit zur Gestaltung des vertikalen → Absatzweges, mit der ein Hersteller die → Absatzkanallänge für ein Produkt festlegt. Der indirekte Vertrieb ist dadurch charakterisiert, dass Absatzmittler in den Absatzweg integriert werden. Somit besteht bei diesem Vertriebsweg kein direkter Kontakt zwischen Hersteller und Kunden. **Abschnitte 6.5.2.3.2.**

informierende Werbung: enthält im Gegensatz zur → emotionalen Werbung z. B. Angaben über die Wirtschaftlichkeit der angebotenen Leistung, über spezifische Eigenschaften, die Aufschluss über deren Qualität und Nutzen liefern oder aber über besondere Vorteile der angebotenen Leistung. Sie wird insbesondere dann eingesetzt, wenn es sich um ein innovatives oder aus einem anderen Grund besonders erklärungsbedürftiges Produkt handelt. **Abschnitt 6.4.2.3.4.4.**

inhaltliche Integration: Ausprägung der → integrierten Kommunikation, die über sprachliche oder bildliche Elemente erzielt wird. Das am häufigsten eingesetzte sprachliche Element sind Slogans, die möglichst kurz, einprägsam und bildhaft formuliert sein sollten. Optionen auf bildlicher Ebene sind die → semantische Bildintegration oder → Schlüsselbilder. Abweichend: → formale Integration. **Abschnitt 6.4.2.3.4.4.**

inkrementalistische Planung: Planungsansatz, nach dem im Gegensatz zur synoptischen Planung lediglich der ‚erste Schritt' im Rahmen einer Strategie geplant wird. Die sich daran anschließenden Entscheidungen werden situationsabhängig und zeitnah getroffen. **Abschnitt 4.1.1.**

Insertionsmedien: im Rahmen der klassischen Werbung verwendete Medien, wie z. B. Zeitschriften, Zeitungen und Außenwerbung. **Abschnitt 6.4.2.4.1.**

integrierte Kommunikation: Vorgehensweise, bei der mit Blick auf Synergieeffekte und die damit verbundenen Kostensenkungspotenziale sämtliche kommunikationspolitischen Maßnahmen aufeinander abgestimmt werden. Für die Umsetzung stehen → formale oder → inhaltliche Integrationsmittel zur Verfügung. **Abschnitt 6.4.2.3.4.4.**

Intensiver Vertrieb: Distributionsstrategie, bei der die Marktabdeckung sehr hoch ist. Im Allgemeinen findet eine solche Strategie Anwendung bei Produkten des täglichen Bedarfs. Das Gegenstück zur intensiven Distribution bildet die →exklusive Distribution. **Abschnitt 6.5.2.3.3.**

Internet: Das Internet ist das weltweit größte dezentrale Telekommunikationsnetzwerk für die Übertragung digitaler Daten. **Abschnitt 6.4.2.4.8.**

Internet-Auktion: Spezielle Form der → Online-Distribution, die als Business-to-Business-Versteigerung (über Ausschreibungen) und als Business-to-Consumer- oder Consumer-to-Consumer-Versteigerung abgewickelt wird. **Abschnitt 6.5.2.6.2.**

interpersoneller Carryover-Effekt: Ein → Carryover-Effekt, der z. B. durch Imitation oder Mundwerbung ausgelöst wird, wird als interpersoneller Carryover-Effekt bezeichnet. Ein neuer Nachfrager kauft das Produkt in einer Folgeperiode aufgrund eines Abverkaufs in einer Vorperiode. **Abschnitt 6.3.4.1.2.**

intrapersoneller Carryover-Effekt: Ein → Carryover-Effekt, der durch Wiederholungskäufe ausgelöst wird, wird als intrapersoneller Carryover-Effekt bezeichnet. Ein Nachfrager aus einer Vorperiode kauft das gleiche Produkt in einer Folgeperiode. **Abschnitt 6.3.4.1.2.**

Investitionsgütermarketing: Das Investitionsgütermarketing befasst sich mit der Entwicklung von Konzepten des Marketing für die Vermarktung von Investitionsgütern. Folgt man dem verwendungsorientierten Ansatz, so bezeichnen Investitionsgüter solche Leistungsbündel, die zur Erstellung von weiteren Leistungen genutzt werden. **Abschnitt 7.3.**

Involvement: Ausmaß an ‚Betroffenheit', das letztlich zu einem mehr oder weniger ausgeprägten subjektiven Kaufrisiko bezüglich des infrage stehenden Gutes führt. **Abschnitt 6.2.1.2. u. 6.4.2.3.4.2.**

Irritationen: werden insbesondere durch aufdringliche, unglaubwürdige und nichtssagende Werbetexte hervorgerufen. Auch aufdringliche visuelle Reize oder solche, die ethisch-moralische Grenzen überschreiten, können bei den Adressaten eine gewisse Abwehrhaltung auslösen. Irritationen sind häufig darauf zurück zu führen, dass kein offensichtlicher Zusammenhang zwischen dem beworbenen Produkt und den Elementen der Botschaftsgestaltung besteht. **Abschnitt 6.4.2.3.4.3.**

Ist-Portfolio: Das Ist-Portfolio wird durch die in der Portfolio-Matrix positionierten strategischen Geschäftseinheiten (SGE) gebildet. Es zeigt die aktuelle Situation der SGE mit Blick auf die Wettbewerbs- (‚relativer Marktanteil') und Marktentwicklung (‚Marktwachstum') auf. **Abschnitt 5.4.2.2.**

Käuferverhalten: Allgemeine Aussagen über das Verhalten von Konsumenten zu treffen, ist in der Regel nicht möglich. Es lassen sich allerdings einige Grundprinzipien erkennen. Das Konsumentenverhalten ist zweckorientiert, hat Prozesscharakter, umfasst aktivierende und kognitive Prozesse, wird von externen Faktoren beeinflusst und kann bei verschiedenen Personen bzw. in verschiedenen Situationen unterschiedlich sein. **Abschnitt 3.2.**

klassische Werbung: gezielter Versuch, (potenzielle) Nachfrager von Produkten über so genannte ‚klassische' Werbeträger (insbesondere Insertions- und elektronische Medien) zu einem bestimmten Verhalten zu bewegen, das den absatzwirtschaftlichen Zielen des Anbieters dient. **Abschnitt 6.4.2.4.1.**

kognitive Dissonanz: Abweichung zwischen der Wahrnehmung eines gekauften Produktes und den ursprünglich mit der erfolgten Kaufhandlung vom Nachfrager verfolgten Zielen. **Abschnitt 6.4.2.3.4.2.**

kombinierte Distribution: Form der Distribution, im Rahmen derer Waren sowohl vom Hersteller direkt als auch mithilfe anderer Wirtschaftseinheiten, z. B. → Absatzhelfern oder → Absatzmittlern an den Endkunden überführt werden. **Abschnitt 6.5.2.3.2.**

Kommissionäre: Personen, die gewerbsmäßig im Rahmen des so genannten Kommissionsvertriebs in unregelmäßigen Abständen im eigenen Namen für Rechnung eines Dritten gegen ein entsprechendes Entgelt Waren kaufen oder verkaufen. **Abschnitt 6.5.2.2.**

Kommunikationspolitik: Instrumente-Bereich des → Marketing-Mix. Mittels kommunikationspolitischer Instrumente werden die auf die Märkte (Absatz- und Beschaffungsmärkte) gerichteten Informationsströme gestaltet und beeinflusst. **Abschnitte 6.4.**

Komplementärbeziehung: Zwei Produkte stehen in einer Komplementärbeziehung, wenn der Absatz des einen Produktes den Absatz des anderen Produktes stimuliert. In diesem Fall ist die →Kreuzpreiselastizität negativ. **Abschnitt 6.3.3.3.3.**

Konkurrenzbeziehung: Zwei Produkte stehen in einer Konkurrenzbeziehung, wenn der Absatz des einen Produktes den Absatz des anderen Produktes verringert. In diesem Fall ist die →Kreuzpreiselastizität positiv. **Abschnitt 6.3.3.3.3.**

Konsumentenrente: Die Konsumentenrente der Nachfrager entsteht in Höhe der Differenz zwischen → Zahlungsbereitschaft und gezahltem Preis. Sind Zahlungsbereitschaft und gezahlter Preis identisch, dann wurde die Konsumentenrente vom Anbieter vollständig abgeschöpft. **Abschnitt 6.3.4.2.2.**

Konsumgut: Zur genauen Abgrenzung dieses Begriffes existieren unterschiedliche Ansätze. Dem verwendungsorientierten Ansatz zufolge handelt es sich dann um ein Konsumgut, wenn das jeweilige Gut vom Endkonsumenten gekauft wird. **Abschnitt 6.2.1.2.**

Kostendynamik: Veränderung der Kosten im Zeitablauf. Die dynamische Preistheorie berücksichtigt im Gegensatz zur statischen Preistheorie die Entwicklung der Kosten in den nachfolgenden Perioden. **Abschnitt 6.3.4.1.1.**

Kreuzpreiselastizität: Verhältnis der relativen Verkaufsmengendifferenz zweier Produkte zur relativen Preisdifferenz der beiden Produkte. Im Falle einer → Komplementärbeziehung (→ Konkurrenzbeziehung) der beiden Produkte ist die Kreuzpreiselastizität negativ (positiv). **Abschnitt 6.3.3.3.3.**

Lebenszyklusdynamik: Die Entwicklung des Produktumsatzes im Zeitablauf. Der Produktumsatz entwickelt sich bspw. bei einem geringen Einführungspreis anders als bei einem hohen Einführungspreis. Die dynamische Preistheorie berücksichtigt diesen periodenübergreifenden Effekt. **Abschnitt 6.3.4.1.1.**

Leistungsbündel: Ein Produkt lässt sich als Bündel von nutzenstiftenden Eigenschaften und somit als Leistungsbündel definieren. **Abschnitt 6.2.1.1.**

Lernrate: Maßzahl für die Geschwindigkeit, mit der die Stückkosten bei steigender Produktionsmenge durch zunehmende Erfahrung in der Produktion sinken. **Abschnitt 5.2.**

Lieferbereitschaft: Die Lieferbereitschaft ist ein Indikator der Auskunft über die durchschnittliche Liefermöglichkeit eines Lieferanten gibt. Je höher die Lieferbereitschaft ist, umso geringer ist das Risiko von Fehlmengen und umso höher sind die Lagerhaltungskosten, da in der Regel größere Mindestlagerbestände vorgehalten werden müssen. **Abschnitt 6.5.3.2.**

Lieferkonditionen: Festlegung der Liefer- und Zahlungsbedingungen im Rahmen der → Distributionspolitik. Geregelt werden hier u. a. die Kosten- und Gefahrenübertragung, die technische Abwicklung der Raumüberbrückung, die Lieferzeiten und Termine sowie finanzielle Forderungen. **Abschnitt 6.5.3.1.**

Lieferservice: Allgemein bestimmt der Lieferservice die mit der physischen Warenversorgung verbundene Zufriedenheit der Abnehmer. Als Indikator zur Beurteilung des Lieferservice können die Lieferzeit, die Lieferzuverlässigkeit, die Lieferqualität und die → Lieferbereitschaft herangezogen werden. **Abschnitt 6.5.3.2.**

Lieferungspolitik: Auf die physischen Warenverteilungsprozesse gerichteter Bereich der → Distributionspolitik von Herstellern. Dieser Bereich umfasst zwei Gestaltungsfelder: zum einen müssen Vereinbarungen über → Lieferkonditionen getroffen werden und zum anderen muss die Einhaltung dieser Lieferkonditionen durch eine entsprechende Gestaltung der → Absatzlogistik sichergestellt werden. **Abschnitt 6.5.3.1.**

lineare Preise: Konstanter Preis pro Mengeneinheit. **Abschnitt 6.3.1.**

Lockvogelangebot: Besonders preisgünstiges Angebot mit dem Ziel, Kunden zu akquirieren. Die Deckungsbeiträge werden mit anderen Produkten oder Leistungen des Unternehmens erzielt. **Abschnitt 6.3.4.1.2.**

Machtposition: Die Machtposition eines Akteurs ist umso größer, je größer sein → Drohpotenzial im Vergleich zu dem Drohpotenzial seines Verhandlungspartners ist. **Abschnitt 5.3. u. 6.2.3.1.2.**

Make-or-Buy: Die Entscheidung zwischen Eigenerstellung (‚Make') oder Fremdbezug (‚Buy') zählt zu den klassischen Wahlproblemen der Betriebswirtschaftslehre. Mit Blick auf die Distributionspolitik reduziert sich dieses Problem auf die Frage, ob der Hersteller die Verkaufsleistung eigenständig erbringen sollte (‚Make') oder ob betriebsfremde Verkaufsorganisationen (‚Buy') eingeschaltet werden sollten. **Abschnitt 6.5.2.5.5.1.**

Markenartikel: Ein mit einer Marke versehenes Produkt mit hohem Bekanntheitsgrad, stabilem Qualitätsniveau, ubiquitärer Erhältlichkeit (es sei denn, es liegt eine gewollte Exklusivität vor) und eindeutigem Produkt- und Absatzkonzept. **Abschnitt 6.2.3.1.1.**

Markenerosion: Der Begriff ‚Markenerosion' umschreibt den Umstand, dass die ursprüngliche Positionierung und das Image des → Markenartikels, z. B. durch ‚Verwässerung' des Vertriebsweges, ‚Schaden' nehmen. **Abschnitt 6.2.3.1.3.**

Markenware: „Erzeugnisse, deren Lieferung in gleichbleibender oder verbesserter Güte von dem preisempfehlenden Unternehmen gewährleistet wird und die selbst oder deren für die Abgabe an den Verbraucher bestimmte Umhüllung oder Ausstattung oder deren Behältnisse, aus denen sie verkauft werden, mit einem ihre Herkunft kennzeichnenden Merkmal (Firmen-, Wort- oder Bildzeichen) versehen sind" (§ 23 Abs. 2 Satz 1 Gesetz gegen Wettbewerbsbeschränkungen (GWB)). **Abschnitt 6.2.3.1.1.**

Marketingführerschaft: Fähigkeit eines Marktpartners seine Marketingstrategien im Absatz- oder Beschaffungsmarkt durchzusetzen. **Abschnitt 6.5.2.4.3.2.**

Marketinglogistik: Die Marketinglogistik stellt den absatzbezogenen Teilbereich der Logistik eines Unternehmens dar. Sie beschäftigt sich mit der Transformation der betrieblichen Leistungen vom Ort ihrer Entstehung bis hin zur Ablieferung bei den Kunden. Somit betrifft sie Aktivitäten zur Zeit- und Raumüberbrückung von Waren durch Transport und Lagerung, aber auch durch effiziente Auftragsabwicklung und Auslieferung. **Abschnitt 6.5.3.3.**

Marketing-Mix: Kombination einzelner Marketing-Instrumente, die in der Regel in die vier Bereiche → Produkt-, → Preis-, → Kommunikations- und → Distributionspolitik unterteilt werden. **Abschnitt 3.5.**

Marketingstrategie Grundsatzentscheidungen zur Erreichung von Zielen des Marketing. Derartige Strategien berücksichtigen die Wettbewerbssituation, die Bedürfnisse der Nachfrager und das bisherige Leistungsangebot des Unternehmens. **Abschnitt 3.3.**

Marktanteil: Der Marktanteil stellt eine Kennzahl dar, die den Absatz oder Umsatz eines Unternehmens zum Marktvolumen in Beziehung setzt. Der Marktanteil gibt Auskunft über die wirtschaftliche Stellung eines Unternehmens im Wettbewerb. **Abschnitt 4.2.3.**

Marktattraktivität: Der ökonomische Anreiz aus Sicht eines Unternehmens auf einem Markt aktiv zu werden, wird als Marktattraktivität bezeichnet. Die Marktattraktivität kann z. B. durch die Indikatoren Marktwachstum, Marktgröße, Marktqualität, Energie- und Rohstoffversorgung sowie Umfeldsituation bewertet werden. **Abschnitt 5.4.3.1.**

Marktattraktivität-Wettbewerbsvorteil-Portfolio: Stellt eine Variante der Portfolio-Analyse dar. Dieses Konzept wurde vom amerikanischen Unternehmen General Electric Company und dem Beratungsunternehmen McKinsey entwickelt. In diesem Modell lassen sich die strategischen Geschäftseinheiten (SGE) anhand der Kriterien Marktattraktivität und relative Wettbewerbsvorteile positionieren. Im Gegensatz zur BCG-Portfolio-Matrix werden die Dimensionen anhand zahlreicher Indikatoren charakterisiert (Scoring-Verfahren). Darüber hinaus besitzt die Portfolio-Matrix neun Felder und erlaubt somit eine detailliertere Bewertung einzelner SGE als die Portfolio-Matrix der BCG. **Abschnitt 5.4.3.**

Marktaustrittsbarrieren: Marktaustrittsbarrieren können den Marktaustritt auf Grund von damit verbundenen Wettbewerbsnachteilen behindern. Als mögliche Beispiele für Marktaustrittsbarrieren sind absatzfördernde Verbundbeziehungen, niedrige Liquidationswerte oder mit dem Austritt verbundene hohe Fixkosten sowie emotionale Barrieren des Management und soziale Restriktionen zu nennen. **Abschnitt 6.2.2.2.1.**

Markteintrittsbarrieren: Nachteile, die ein Unternehmen gegenüber etablierten Anbietern im Zuge des Markteintrittes hat. Man unterscheidet hierbei zwischen Marktbarrieren, die von Regierungen als Schutzmaßnahmen für einzelne Branchen oder Unternehmen aufgebaut wurden und solchen Markteintrittsbarrieren, die im Markt selbst oder betrieblichen Gegebenheiten begründet liegen. **Abschnitt 6.3.4.1.1.**

Marktform: Konfiguration der Unternehmen und Nachfrager, die sich auf einem Markt gegenüberstehen. Je nach Marktform stehen sich ein, wenige oder viele Anbieter und Nachfrager gegenüber. **Abschnitt 6.3.3.1.**

Marktforschung: Zur Befriedigung differierender Bedürfnisse von Nachfragern ist es notwendig, die Verhältnisse auf den Märkten, auf denen ein Unternehmen agieren will, zu kennen. Die Beschaffung entsprechender Informationsgrundlagen ist die zentrale Aufgabe der Marktforschung. **Abschnitt 2.**

Marktlücke: Eine Marktlücke stellt ein noch nicht angesprochenes Marktsegment (Marktnische) oder einen noch nicht entdeckten (latenten) Bedarf dar. Diese kann Unternehmen zu Wettbewerbsvorteilen verhelfen und Chancen für künftiges Wachstum eröffnen. **Abschnitt 4.3.1.1.**

Marktpotenzial: Das Marktpotenzial umfasst die in einem Markt maximal absetzbare Absatzmenge eines Gutes (Produkt oder Dienstleistung). Das Marktpotenzial bildet die potenzielle Nachfrage ab – unabhängig davon, ob diese Nachfrage überhaupt befriedigt wird. **Abschnitt 4.2.3.**

Marktsegment: Ein Marktsegment stellt eine Gruppe von potenziellen Nachfragern dar, die aufgrund homogen ausgeprägter Charakteristika durch ein bestimmtes Marketing-Mix effizienter angesprochen werden kann. Die Ermittlung dieser Marktsegmente ist das wesentliche Ziel der Marktsegmentierung. **Abschnitt 4.3.1.**

Marktsegmentierung: Unter Marktsegmentierung versteht man die Aufteilung eines ursprünglich heterogenen Marktes in deutlich voneinander abgegrenzte, in sich homogene Marktsegmente. Auf diese Weise sollen die absatzpolitischen Instrumente gezielt und effizient auf einzelne Abnehmergruppen ausgerichtet werden, um hierdurch letztlich Marktpotenziale besser ausschöpfen zu können. **Abschnitt 3.4. u. 4.3.1.**

Marktvolumen: Das Marktvolumen stellt das in einer Periode von allen Anbietern einer Branche in einem Markt realisierte Absatz- bzw. Umsatzvolumen dar. In all den Fällen, in denen die gesamte Nachfrage befriedigt wird, entspricht das Marktvolumen dem Marktpotenzial. **Abschnitt 4.2.3.**

Marktwachstum: Das Marktwachstum stellt eine Erhöhung des Marktvolumens im Zeitablauf dar. Mit anderen Worten: die abgesetzte Menge oder der Umsatz aller Unternehmen im Jahr$_{(t+1)}$ ist im Vergleich zum Jahr$_{(t)}$ größer. **Abschnitt 4.2.3.**

Marktwachstum-Marktanteil-Portfolio: Dieses Prognosemodell der Marketingplanung wurde Ende der 60er Jahre von der Boston Consulting Group (BCG) entwickelt. Das Modell geht von der Annahme aus, dass die Rentabilität des eingesetzten Kapitals (ROI) mit der Wachstumsrate des Marktes und der Höhe des eigenen relativen Marktanteils wächst. Entsprechend dieser Annahme entstand ein zweidimensionales Modell, in dem die strategischen Geschäftseinheiten (SGE) von Unternehmen anhand der Kriterien ‚Marktwachstum‘ und ‚relativer Marktanteil‘ positioniert werden können. Durch die Unterteilung der Ordinate und der Abszisse entsteht eine so genannte ‚4-Felder-Matrix‘. Die SGE lassen sich dann anhand ihrer Position in der Matrix charakterisieren (Question marks, Stars, Cash cows und Dogs) und für die Bearbeitung ihrer Märkte lassen sich Normstrategien ableiten. **Abschnitt 5.4.2.**

Mediaplan: dient der optimalen Budgetallokation im Rahmen der Werbeplanung. **Abschnitt 6.4.2.3.2.**

mehrstufiger Vertrieb: Entscheidet sich ein Produzent für einen mehrstufigen Vertrieb, distribuiert er eine bestimmte Produktgruppe mindestens über zwei Handelsstufen zum Konsumenten. **Abschnitt 6.5.2.3.2.**

Mengendegressionseffekt: Bei einer Ausdehnung der Produktion sinken die durchschnittlichen Stückkosten, da sich die fixen Produktionskosten auf eine größere Produktionsmenge verteilen. **Abschnitt 6.3.3.2.**

Messen: regelmäßige Veranstaltungen an bestimmten Orten, im Rahmen derer einem Publikum Ausstellungsobjekte präsentiert werden. Anbieter und Nachfrager treten dabei in direkten Kontakt. **Abschnitt 6.4.2.4.5.**

mobile Verkaufsstellen: Mobile Verkaufsstellen sind zumeist Automobile, die zu ladenähnlichen Verkaufsstellen umgebaut wurden und spezielle, dem Konsumenten bekannte Haltestellen in einer vorher fixierten Zeitspanne anfahren und dort ein auf das Verkaufsgebiet abgestimmtes Sortiment an Nahrungs- und Genussmitteln anbieten. **Abschnitt 6.5.2.5.1.**

Monopol: Marktform, in der es nur einen Anbieter (Angebotsmonopol) oder Nachfrager (Nachfragemonopol) gibt. Der Begriff Monopol wird i. d. R. synonym mit dem Begriff Angebotsmonopol verwendet. **Abschnitt 6.3.3.1.**

Nachfragemacht: Die Nachfragemacht eines Handelsunternehmens beruht auf der Drohung, Einkaufsvolumina mit einem anderen Hersteller als dem betrachteten Verhandlungspartner abzuwickeln. **Abschnitt 6.5.2.4.3.3.**

nicht-lineare Tarife: Preissystem, bei dem der Stückpreis von der Verkaufsmenge abhängt. Die Preise werden bspw. nach Verkaufsmengen gestaffelt oder das Entgelt wird in eine Grundgebühr und einen mengenabhängigen Preis geteilt. **Abschnitt 6.3.1.**

Non-Profit-Marketing: Das Non-Profit-Marketing wird zweckmäßigerweise als das Marketing nichtkommerzieller Organisationen definiert. Nichtkommerzielle Organisationen sind dadurch gekennzeichnet, dass das Gewinnziel im Zielsystem der Organisation nicht enthalten ist oder keine dominante Stellung einnimmt und insbesondere bedarfswirtschaftliche oder soziale Ziele an seine Stelle treten. **Abschnitt 7.4.**

Normstrategie: Entsprechend der jeweiligen Position bzw. Einordnung der → strategischen Geschäftseinheiten in die Quadranten der Portfolio-Matrix ergeben sich unterschiedliche Handlungsalternativen. Sie stellen strategische Stoßrichtungen dar, die Ansatzpunkte für die Formulierung der eigenen Strategien geben. **Abschnitt 5.4.2.2.**

objektive Qualität: Der Begriff objektive Qualität bezeichnet die objektive Eignung eines Produktes zur Erfüllung eines bestimmten Verwendungszwecks. **Abschnitt 6.2.1.1.**

Obsoleszenz: Verringerung des Nachfragepotenzials eines Produktes aufgrund der Veralterung eines Produktes. **Abschnitt 6.3.4.1.2.**

Obsoleszenzrate: Maßzahl für die Veralterung eines Produktes. Produkte mit hoher Obsoleszenzrate werden bereits nach relativ kurzer Marktpräsenz durch Produktinnovationen substituiert. Ihr Marktpotenzial verringert sich schnell. **Abschnitt 6.3.4.1.2.**

Öffentlichkeitsarbeit: Teil der Unternehmenskommunikation, der das grundlegende Vertrauen für das Unternehmen bei den jeweiligen ‚Stakeholdern' verstärken soll. **Abschnitt 6.4.2.4.3.**

Öko-Marketing: Marketingorientierung, die insbesondere die ökologische Dimension von Marketing-Entscheidungen berücksichtigt. Abschnitt **6.2.3.2 u. 6.2.3.3.**

Oligopol: Marktform, in der es nur wenige Anbieter und gleichzeitig wenige (Bilaterales Oligopol) oder viele Nachfrager (Angebotsoligopol) gibt. Der Begriff Oligopol wird synonym mit dem Begriff Angebotsoligopol verwendet. Bei einem Nachfrageoligopol stehen sich wenige Nachfrager und viele Anbieter gegenüber. Abschnitt **6.3.3.1.**

Online-Distribution: Als Absatzkanal kann das Internet zum → direkten Vertrieb oder → indirekten Vertrieb von Gütern oder Leistungen eingesetzt werden. Nur bei digitalisierbaren Gütern (z. B. Software, elektronische Dokumente, Musik) kann auch die eigentliche physische Distribution über einen so genannten Download erfolgen (Online-Distribution i. e. S.). **Abschnitt 6.5.2.6.2.**

Online-Kanäle: Datenübertragungssysteme, die den Transfer von Informationen zwischen einer Zentraleinheit und peripheren Geräten ermöglichen. **Abschnitt 6.5.2.6.1.**

Online-Shopping: Bezeichnung für den Verkauf von Produkten und Dienstleistungen über ein Datennetz, wie z. B. das Internet. **Abschnitt 6.5.2.6.2.**

operative Entscheidungen: Als operative Entscheidungen werden Entscheidungen klassifiziert, die zur Ausschöpfung bereits vorhandener Erfolgspotenziale getroffen werden, z. B. im Rahmen einer ‚Optimierung' der unternehmerischen Aktivitäten in bereits vorhandenen Betätigungsfeldern. **Abschnitt 4.1.2.**

Overconcentration: Dieser Effekt beschreibt die Gefahr, dass sich Unternehmen zu stark auf ein Segment oder wenige Segmente konzentrieren. Hier besteht z. B. die Gefahr, dass einige ‚Randgruppen', die in der Summe beträchtlich zum Umsatz eines Produktes beitragen, das Produkt wechseln, weil ihre Bedürfnisse nicht befriedigt werden. **Abschnitt 4.3.1.4.**

Oversegmentation: Darunter wird die Gefahr einer ‚künstlichen' und zu starken Aufspaltung des Marktes verstanden. Für Unternehmen besteht die Gefahr, darin, dass die Größe und das Potenzial der Segmente und somit ihre ökonomische Bedeutung zu gering wird. **Abschnitt 4.3.1.4.**

Party-Verkauf: Der Party-Verkauf stellt eine Form des → direkten Vertriebs dar, bei der Privatpersonen Freunde sowie den Vertriebsrepräsentanten eines Konsumgüterherstellers zu sich nach Hause oder in andere private Räumlichkeiten einladen. Der Vertriebsrepräsentant stellt auf dieser Veranstaltung die Produkte des Konsumgüterherstellers vor. Darüber hinaus können die Produkte häufig direkt im Rahmen der Veranstaltung erworben werden. Ein klassisches Beispiel für den Party-Verkauf ist die ‚Tupper-Party'. **Abschnitt 6.5.2.5.1.**

Penetrationspreisstrategie: Preisstrategie für neue Produkte, in der ein niedriger Einführungspreis genutzt wird, um möglichst schnell hohe Absatzzahlen zu erzielen. **Abschnitt 6.3.4.1.3.**

persönlicher Verkauf: Entscheidendes Charakteristikum des persönlichen Verkaufs ist die unmittelbare Interaktion von Anbieter und Nachfrager. Das Hauptziel des persönlichen Verkaufs ist, mithilfe von Verkaufsgesprächen einen Verkaufsabschluss zu erzielen. Da im Rahmen des persönlichen Verkaufs eine interaktive Kommunikation zwischen Anbieter und Nachfrager stattfindet, ist er in besonderer Weise für die Gewinnung von Informationen über den Markt und die Kundenbedürfnisse sowie als Instrument des Geschäftsbeziehungsmanagement geeignet. **Abschnitt 6.4.2.4.4 u. 6.5.2.5.1.**

physische Reize: aktivieren im Gegensatz zu → emotionalen oder → gedanklich-überraschenden Reizen allein aus formalen Gründen. Zu den physischen Reizen zählen beispielsweise Farben und Größe (einer Anzeige insgesamt oder des gewählten Bildausschnittes) sowie Kontraste und Prägnanz. **Abschnitt 6.4.2.3.4.3.**

PIMS-Studie (Profit Impact of Market Strategies): Das Konzept entstand durch empirische Untersuchungen in dem US-Unternehmen ‚General Electric'. Dort versuchte man aus 100 strategischen Geschäftseinheiten (SGE) mithilfe einer Datenbank strategische Erfolgsfaktoren für die Unternehmensplanung abzuleiten. Die Datenbank wurde 1972 zum Marketing Science Institute der Harvard Business School ausgegliedert. Aus diesem Institut ging später die Beratungsgesellschaft Strategic Planning Institute (SPI) hervor, die nach einigen Jahren eine Datenbasis von 3000 SGE von über 450 Unternehmen besaß. Die Erfolgsfaktorenanalyse (auf Basis der Regressionsanalyse) ermittelte 37 unabhängige Variablen (Erfolgsfaktoren), wobei für die strategische Marketingplanung vor allem die absatzmarktgerichteten Faktoren von Interesse sind, die einen starken Einfluss auf den Erfolg des Unternehmens haben. Hervorzuheben sind hierbei die Erfolgsfaktoren Marktanteil und Produktqualität. **Abschnitt 5.3.**

Polypol: Marktform, in der sich viele Anbieter und viele Nachfrager gegenüberstehen. **Abschnitt 6.3.3.1.**

Portfolio: Begriff aus der Finanztheorie. Darunter wird ein Wertpapierbündel verstanden, das nach bestimmten Kriterien – wie erwarteter Gewinn und Risiko – zusammengestellt wird. Im Rahmen der Marketingplanung kennzeichnet der Begriff Portfolio ein Bündel → strategischer Geschäftseinheiten (SGE), das ähnlich einem Wertpapierbündel Gewinnerwartungen und Risiken für ein Unternehmen darstellt. **Abschnitt 5.4.**

Portfolio-Analyse: Analyseinstrument der Marketingplanung. Sie vermittelt einen Überblick über die Tätigkeitsbereiche des Unternehmens und versucht diese, ihrer Situation entsprechend, zu analysieren. Darüber hinaus verschafft sie einen Ausgangspunkt zur Ableitung von → Normstrategien und liefert auf diese Weise einen Bezugsrahmen für eine intensive Auseinandersetzung mit der Zukunft des eigenen Unternehmens. Das Ziel der Portfolio-Analyse ist, die → Normstrategien so zu kombinieren, dass ein ausgeglichenes Portfolio erreicht wird. **Abschnitt 5.4.**

Positionierungsobjekt: Unter einem Positionierungsobjekt werden aus der Perspektive des Positionierungsmanagements die miteinander konkurrierenden Marken, Produkte oder Dienstleistungen verstanden, die die Konsumenten zur Befriedigung eines bestimmten Bedarfes erwerben. **Abschnitt 4.4.2.**

Positionierungsraum: Der Positionierungsraum stellt einen mehrdimensionalen Raum dar, in dem Objekte nach bestimmten Eigenschaften positioniert werden können. Die Eigenschaften werden als Dimensionen interpretiert, die diesen Positionierungsraum aufspannen. Die Ähnlichkeiten bzw. die Verschiedenheit von Objekten werden durch die Entfernungen zwischen den Objekten im Positionierungsraum zum Ausdruck gebracht. **Abschnitt 4.4.2.**

Post-Test: Test zur Wirkung einer Kommunikationsstrategie, der erst nach dem Einsatz der Kommunikationsinstrumente angewendet wird (z. B. Analyse von Erinnerungswirkungen im Rahmen eines so genannten ‚Recall-Tests'). **Abschnitt 6.4.2.5.**

Prämien: Prämien stellen im Rahmen des Vergütungssystems eine leistungsorientierte Zusatzvergütung dar. Somit wird die Prämie zusätzlich zu anderen Größen verwendet und dient als Belohnung für Mitarbeiter, die besondere Ziele realisiert haben. **Abschnitt 6.5.2.5.3.**

Preference-Güter: Unter dieser Güterart versteht man Güter des täglichen Bedarfs. Im Gegensatz zu den → Convenience-Gütern werden bei diesen Produkten jedoch durchaus Preisvergleiche seitens der Nachfrager unternommen und Produktunterschiede wahrgenommen. **Abschnitt 6.2.1.2.**

Preisabsatzfunktion: Mathematischer Zusammenhang zwischen dem Preis und der Absatzmenge eines Produktes. **Abschnitt 6.3.3.2.**

Preisänderungsresponse: Typische Reaktion der Nachfrager auf Preisänderungen: In der Regel wirken sich Preissenkungen stimulierend und Preiserhöhungen negativ auf den Absatz aus. **Abschnitt 6.3.4.1.2.**

Preisbündelung: Angebot eines Unternehmens, mehrere Produkte zusammen als ‚Set' zu erwerben. **Abschnitt 6.3.1.**

Preiselastizität: Maßzahl für die Stärke einer Absatzänderung in Folge einer Preisänderung. Die Preiselastizität entspricht dem Verhältnis der relativen Mengenänderung zur relativen Preisänderung. **Abschnitt 6.3.3.3.**

preisorientierte Qualitätsbeurteilung: Beurteilung der Qualität eines Produktes anhand seines Preises. Die Nachfrager vermuten, dass ein höherer Preis mit einer besseren Qualität einhergeht. **Abschnitt 6.3.2.**

Preispolitik: Die Preispolitik umfasst alle absatzpolitischen Maßnahmen der Gestaltung des Preissystems eines Unternehmens. Neben Fragen über die Höhe des Preises betrifft die Preispolitik auch die Form der Preissetzung. Dabei werden sowohl → lineare Preise als auch → nicht lineare Tarife und → Preisbündelungen betrachtet. **Abschnitt 1.1.**

Preisschwelle: Wenn der Absatz eines Produkts bei Unterschreiten (Überschreiten) z. B. eines vollen Euro-Betrages deutlich ansteigt (absinkt), spricht man von einer Preisschwelle. **Abschnitt 6.3.2.**

Preistransparenz: Wenn die Nachfrager gute Kenntnisse über die Preise der Anbieter haben, dann besteht auf Seiten der Nachfrager eine hohe Preistransparenz. **Abschnitt 6.3.4.2.1.**

Pre-Test: Test zur Wirkung einer Kommunikationsstrategie, der vor Einsatz des jeweiligen Kommunikationsinstrumentes durchgeführt wird. **Abschnitt 6.4.2.5.**

Produktart: Einteilung von gleichartigen Produkten in bestimmte Kategorien (z. B. → Konsum- und → Investitionsgüter). **Abschnitt 6.2.1.2.**

Produktdifferenzierung: Bei der Produktdifferenzierung wird durch das gleichzeitige Angebot verschiedener Produktvarianten das Ziel verfolgt, den unterschiedlichen Bedürfnissen von verschiedenen Zielgruppen besser zu entsprechen. **Abschnitt 6.2.2.1.3.**

Produktelimination: Entfernen eines Produktes aus dem Angebotssortiment. **Abschnitt 6.2.2.2.1.**

Produktinnovation: Unter einer Produktinnovation versteht man entweder eine Marktneuheit oder lediglich eine Unternehmensneuheit. **Abschnitt 6.2.2.1.**

Produktlebenszyklus: Der Produktlebenszyklus kennzeichnet als Instrument der Marketing-planung u. a. die Entwicklung des Umsatzes innerhalb eines bestimmten Zeitraumes (Ein-führungs-, Wachstums-, Reife-, Sättigungs- und Degenerationsphase) und unterstellt, dass diese Entwicklung einen ‚lebenszyklusähnlichen‘ Verlauf annimmt. Es handelt sich hier um ein einfaches Prognosemodell, durch das man Anregungen zur Lösung von Absatz-problemen bekommen soll. **Abschnitt 5.1.**

Product Placement: Unter dem Product Placement versteht man die Platzierung von Produkten, z. B. in Spielfilmen oder Shows. **Abschnitt 6.4.2.4.7.**

Produktpolitik: Die Produktpolitik stellt einen Instrumentalbereich des Marketing-Mix dar und be-trifft alle Entscheidungen, die sich auf die Gestaltung der Absatzleistung eines Unterneh-mens beziehen. Im Zentrum der Produktpolitik stehen vor allem produkt- und programm-politische Aktivitäten, wie z. B. die Produktgestaltung und die Sortimentszusammenset-zung. Daneben werden im Rahmen der Produktpolitik Fragestellungen der Verpackungs-gestaltung und der Markenbildung betrachtet. **Abschnitt 6.2.**

Produktqualität: Eine einfache Definition des Begriffs Qualität ist die ‚Gebrauchstüchtigkeit‘ (‚Fitness for Use‘). **Abschnitt 6.2.1.1.**

Produktvariation: Unter der Produktvariation versteht man die Veränderung eines bereits vorhan-denen Produktes in Teilen seiner Eigenschaften. **Abschnitt 6.2.2.1.**

Profilierungsstrategie: Die Profilierungsstrategie stellt eine Positionierungsstrategie dar. Im Rahmen dieser Strategie wird versucht, ein Positionierungsobjekt so zu positionieren, dass es in dem Positionierungsraum möglichst eine Position einnimmt, die eine direkte Konkur-renz zu anderen Objekten vermeidet. Derartige Strategien sind u. U. dann erfolgreich, wenn eine gewisse ‚Außenseitergruppe‘ bereit ist, bei diesen Ausprägungen der kauf-verhaltensrelevanten Eigenschaften zu kaufen. **Abschnitt 4.4.2.**

Provision: Eine der bekanntesten Provisionsformen stellt die Umsatzvergütung dar. **Abschnitt 6.5.2.5.3.**

psychologische Differenzierung: Strategie zur Differenzierung gegenüber Wettbewerbern mithilfe kommunikationspolitischer Maßnahmen. **Abschnitt 6.4.1.**

Pull-Methode: Strategie zur → Akquisition von Absatzmittlern. Im Rahmen der Pull-Methode erzeugen Hersteller mithilfe der → Kommunikationspolitik einen Nachfragesog. Dieser führt dazu, dass die Verbraucher das Produkt im Handel verlangen und somit für die Aufnahme des Produktes in das Sortiment des Handels sorgen. **Abschnitt 6.5.2.3.4.**

Pulsationsstrategie: Preisstrategie, die aus zyklischen, starken Preissenkungen nach mehreren kleinen Preiserhöhungen besteht. **Abschnitt 6.3.4.1.3.**

Punktelastizität: Form der → Preiselastizität, die sich auf einen Punkt der Preisabsatzfunktion bezieht. **Abschnitt 6.3.3.3.2.**

Push-Methode: Strategie zur → Akquisition von Absatzmittlern. Im Rahmen der Push-Methode konzentrieren die Hersteller ihre Akquisitionsanstrengungen vorrangig auf die selektierten Händler und lösen damit einen Angebotsdruck aus, der die Händler nahezu zwingt, ihre Produkte in das Sortiment aufzunehmen. **Abschnitt 6.5.2.3.4.**

Ratingskalen: Ratingskalen stellen eine Art von Punkt-Bewertungsverfahren dar, im Rahmen derer die Befragten durch vorgegebene und abgestufte Antwortkategorien (z. B. sehr gut, gut, befriedigend etc.) den Grad ihrer Zustimmung abgeben können. **Abschnitt 4.4.2.**

Regressionsanalyse: Statistisches Verfahren zur Ermittlung einer funktionalen Beziehung zwischen einer abhängigen Variable und einer (Einfachregression) oder mehreren (Mehrfachregression) unabhängigen Variablen. **Abschnitt 6.3.3.2.**

Reichweite: Bei der → intramedialen Selektion sind sowohl qualitative Kriterien, wie das Image des → Werbeträgers oder die Zusammensetzung der erreichten Personen (qualitative Reichweite), als auch quantitative Kriterien, wie die Anzahl potenzieller Kontakte mit der Zielgruppe (quantitative Reichweite), zu berücksichtigen. **Abschnitt 6.4.2.3.5.**

Reisende: Traditionelle Form des Außendienstes. Bei Reisenden handelt es sich um weisungsgebundene Angestellte eines Unternehmens, die dessen Kunden in regelmäßigen Abständen aufsuchen, um die Leistungen des Unternehmens zu präsentieren und zu verkaufen. Vielfach ersetzen oder ergänzen Unternehmen diese Form des Außendienstes durch → Handelsvertreter oder → Kommissionäre. **Abschnitt 6.5.2.5.1 u. 6.5.2.5.5.2.**

relativer Marktanteil: Der relative Marktanteil wird in der Regel als Quotient aus dem Marktanteil des eigenen Unternehmens und dem Marktanteil des stärksten Konkurrenten errechnet. Diese Größe erlaubt somit einen direkten Vergleich des Unternehmenserfolgs mit dem stärksten Wettbewerber. **Abschnitt 4.2.3.**

Relaunch: Bei einem so genannten ‚Relaunch' wird eine grundsätzliche Neukonzipierung eines Produktes zur Neupositionierung im Markt vorgenommen. **Abschnitt 6.2.2.1.1.**

Repositionierungsstrategie: Die Repositionierungsstrategie stellt eine Positionierungsstrategie dar. Im Rahmen dieser Strategie wird versucht, die Entfernung zwischen einem Positionierungsobjekt und einem Marktsegment zu verringern. Dies geschieht durch Änderung der Eigenschaftskombination. **Abschnitt 4.4.2.**

Restrukturierungsstrategie: Die Restrukturierungsstrategie stellt eine Positionierungsstrategie dar. Im Rahmen dieser Strategie versuchen Unternehmen mittels kommunikations- und produktpolitischer Maßnahmen, neue kaufverhaltensrelevante Eigenschaften zu schaffen, um die bestehende Marktstruktur zu verändern. Sollte dieses Anliegen gelingen, könnte u. U. sogar binnen kurzer Zeit eine neue Marktstruktur geschaffen werden. **Abschnitt 4.4.2.**

Revival: Werden lediglich wenige Komponenten eines Produktes modifiziert, handelt es sich um ein so genanntes ‚Revival‘. **Abschnitt 6.2.2.1.1.**

ROI: Return on Investment. Ein in der USA weit verbreitete Kennzahl, die in ihrer einfachsten Form den erwarteten Jahresgewinn alternativer Investitionsprojekte auf das investierte Kapital bezieht, d. h. deren Rentabilität vergleicht. **Abschnitt 5.3.**

Schleichwerbung: Werbung, die nicht unmittelbar als solche erkennbar ist. Dazu zählen z. B. redaktionell gestaltete Anzeigen oder → Product Placement. **Abschnitt 6.4.2.4.7.**

Schlüsselbild: Ein Schlüsselbild ist ein durchgängiges Werbemotiv, das im Rahmen der → inhaltlichen Integration zur visuellen Untermauerung des Positionierungsinhaltes über Jahre hinweg unverändert bleibt und in sämtlichen Werbemitteln eingesetzt wird. **Abschnitt 6.4.2.3.4.4.**

Scoring-Verfahren: Das Scoring-Verfahren stellt i. d R. ein Punkt-Bewertungsverfahren dar, mit dem mehrere Kriterien im Rahmen einer Wahl zwischen Alternativen bewertet werden können. Die Aggregation der bewerteten Kriterien erfolgt mithilfe von Gewichtungen. Die Bewertung erfolgt durch Addition der gewichteten Kriterienwerte. **Abschnitt 5.4.3.2. u. 6.5.2.5.5.3.**

Segmentierungskriterien: Als Segmentierungskriterien werden diejenigen Merkmale bezeichnet, anhand derer der Markt aufgeteilt wird. Die Arten der zur Segmentierung verwertbaren Kriterien sind vielfältig. Daher sollte die Auswahl der Kriterien in Abhängigkeit von übergeordneten Marketingzielen erfolgen. In der Praxis zeigt sich bei der Durchführung der Marktsegmentierung oft, dass erst die Kombination verschiedener Kriterien zu einer genaueren Abgrenzung der Segmente führen kann. **Abschnitt 4.3.1.2. u. 4.3.1.3.**

selektiver Vertrieb: Eine Möglichkeit zur Gestaltung des horizontalen → Absatzweges, mit der ein Hersteller die → Absatzkanalbreite und → Absatzkanaltiefe für ein Produkt festlegt. Entscheidet sich ein Hersteller dafür, seine Leistungen selektiv zu vertreiben, begrenzt er die Auswahl der Absatzmittler nach qualitativen Gesichtspunkten. **Abschnitt 6.5.2.3.3.**

semantische Bildintegration: Hierbei handelt es sich um eine Ausgestaltung der → inhaltlichen Integration, bei der verschiedene Bildmotive eingesetzt werden, die aber dieselbe Positionierung des Produktes bewirken. **Abschnitt 6.4.2.3.4.4.**

Shopping-Güter: Güter, die aus der Perspektive der Konsumenten relativ selten erworben werden. Es wird ein mittlerer Budgetanteil beansprucht. Bei der Auswahl dieser Güter ist eine aktive Informationssuche des Konsumenten notwendig, da ihnen zu Beginn des Kaufentscheidungsprozesses nur sehr unvollkommene Informationen bezüglich des Gutes zur Verfügung stehen. **Abschnitt 6.2.1.2.**

Skaleneffekte: → economies of scale. **Abschnitt 5.2.**

Skimmingstrategie: Preisstrategie, mit der der Anbieter durch hohe Einführungspreise und anschließende Preisreduktionen versucht, die → Konsumentenrenten der Nachfrager sukzessive abzuschöpfen. **Abschnitt 6.3.4.1.3.**

Snob-Effekt: Eine Preissteigerung führt zu einem Nachfrageanstieg aufgrund einer ‚snobistischen‘ Einstellung der Nachfrager. **Abschnitt 6.3.2.**

Software-Agenten: Software, die dem Problem des ‚Information-Overload‘ Abhilfe schaffen soll, indem sie definierte Aufgaben (z. B. Preisvergleiche) erfüllt. **Abschnitt 6.5.2.6.4.**

Sonderangebotseffekt: Die Nachfrager reagieren auf ein Sonderangebot mit einer kurzfristigen Steigerung der Nachfrage. Anschließend sinkt häufig die Nachfrage, weil aufgrund eines Lagerbestandes auf Seiten der Konsumenten zunächst weitere Käufe nicht notwendig sind. Nach einiger Zeit normalisiert sich der Absatz wieder. **Abschnitt 6.3.4.1.2.**

Speciality-Güter: Güter, für die aus Nachfragersicht zumeist keine geeigneten Substitute existieren. Diese Güter sind dem Konsumenten so wichtig, dass er gewillt ist, einen erheblichen Such- und Informationsaufwand auf sich zu nehmen. **Abschnitt 6.2.1.2.**

Spekulationseffekt: → Erwartungseffekt. **Abschnitt 6.3.4.1.2.**

Spezialisierung: ‚Bereinigen‘ der Sortimentsbreite durch Aufgabe bisher angebotener Produktbereiche. **Abschnitt 6.2.2.2.3.**

Sponsoring: Bezeichnung für die Beziehung zwischen Sponsoringgeber und Gesponsortem, die durch (in der Regel finanzielle) Zuwendungen seitens des Sponsors geprägt ist. Als Erscheinungsformen lassen sich z. B. Sport-, Kultur-, Öko- und Soziosponsoring unterscheiden. **Abschnitt 6.4.2.4.6.**

Stakeholder: Personengruppen, die von den Aktivitäten eines Unternehmens betroffen sind. Beispiele für derartige Anspruchsgruppen bilden Mitarbeiter des Unternehmens, Shareholder, politische Gruppierungen, Umweltschützer, Kunden und Lieferanten. **Abschnitt 6.4.2.4.3.**

Standardisierung: Unter einer Standardisierung versteht man die Einengung der Sortimentstiefe durch eine Verringerung der Anzahl an bislang angebotenen, verschiedenen Produkt-,varianten'. **Abschnitte 6.2.2.2.2.**

Stärken/Schwächenanalyse: Das Ziel dieser Analyse ist, die eigenen Ressourcen im Vergleich zu den wichtigsten Wettbewerbern mit Blick auf Stärken und Schwächen zu bewerten. **Abschnitt 4.2.2.**

statische Preistheorie: Teilbereich der Preistheorie, in der die periodenübergreifenden Konsequenzen einer Preissetzungsentscheidung aufgrund dynamischer Effekte (z. B. Veränderung des Nachfragerverhaltens oder der Wettbewerbssituation im Zeitablauf) ausgeklammert werden. **Abschnitt 6.3.4.1.1.**

statisch-gewinnmaximal: Gewinnmaximal bei statischer, einperiodischer Betrachtungsweise. **Abschnitt 6.3.4.1.3.**

Strategie: Handlungsprogramm, das die Erreichung geplanter Ziele ermöglichen soll. **Abschnitt 4.1.1.**

Strategische Geschäftseinheit (SGE): Stellt eine gedankliche Zusammenfassung von Tätigkeitsfeldern eines Unternehmens dar, die z. B. unter Heranziehung marktbezogener, produkttechnischer, wettbewerbsbezogener sowie umweltbezogener Gesichtspunkte gebildet wird. SGE können Produkte, Produktgruppen, Marken oder Märkte sein. In der Regel bilden Produkte und Märkte den Ausgangspunkt für die Formierung von ,Produkt-Markt-Kombinationen'. **Abschnitt 4.1.3. u. 4.3.2.**

strategische Entscheidungen: Als strategische Entscheidungen werden Entscheidungen bezeichnet, die zur Generierung neuer Erfolgspotenziale getroffen werden, z. B. im Rahmen eines Vorstoßes in grundlegend neue Betätigungsfelder. **Abschnitt 4.1.2.**

subjektive Qualität: Die subjektive Qualität ist die vom Nachfrager ,wahrgenommene' Qualität **Abschnitt 6.2.1.1.**

Suchmaschine: Programmsystem zur Informationsrecherche im Internet. **Abschnitt 6.5.2.6.4.**

synoptische Planung: Planungskonzept, das auf der Annahme beruht, weitreichende Informationen zur vollständigen Planung einer Strategie erhalten zu können. **Abschnitt 4.1.1.**

Testimonialwerbung: Form der Werbung, in der mehr oder weniger bekannte Personen als zufriedene Verwender des beworbenen Produktes auftreten. **Abschnitt 6.4.2.3.4.4.**

Tür-zu-Tür-Verkauf: Traditionelle Form des Außendienstes, im Rahmen derer → Reisende oder → Handelsvertreter die Konsumenten zu Hause besuchen und in ihrer Wohnung die Leistungen des Unternehmens demonstrieren und verkaufen. **Abschnitt 6.5.2.5.1.**

Ubiquität: Ubiquität bezeichnet die ‚Überallerhältlichkeit' von Produkten im relevanten Absatzgebiet. **Abschnitt 6.5.2.1.**

Umweltanalyse: Die Umweltanalyse stellt eine Analyse der ‚globalen Umwelt' und der ‚Wettbewerbsumwelt' eines Unternehmens dar. Ziel dieser Analyse ist es, die Umweltfaktoren herauszufinden, die für ein Unternehmen besonders relevant sind. **Abschnitt 4.2.1.**

Universalvertrieb: Im Rahmen des Universalvertriebs strebt ein Unternehmen die → Ubiquität seiner Produkte an. Der Universalvertrieb ist dadurch gekennzeichnet, dass der Auswahl belieferter Absatzmittler keine quantitativen oder qualitativen Selektionskriterien zugrunde liegen, sondern die Belieferung durch die Bereitschaft der Absatzmittler, die Produkte in ihr Sortiment aufzunehmen, determiniert wird. **Abschnitt 6.5.2.1.**

Vampireffekt: Der Vampireffekt zählt neben dem → Bumerangeffekt und → Irritationen zu den Risiken die mit der → Aktivierung verbunden sind. Von einem Vampireffekt spricht man, wenn der aktivierende Reiz die eigentliche Werbebotschaft überlagert, d. h. die Botschaft in den Hintergrund rückt. Dies ist etwa dann der Fall, wenn ein Bildelement die Blicke derart auf sich zieht, dass z. B. das Markenzeichen bzw. das Firmenlogo vom Betrachter der Anzeige nicht mehr wahrgenommen wird. **Abschnitt 6.4.2.3.4.3.**

variable Kosten: Kosten, die pro Mengeneinheit eines Produktes anfallen. **Abschnitt 6.3.3.2.**

Verbrauchsgut: Gut, dessen Menge bei Nutzung durch den Verbraucher kleiner wird. Gegenteil: → Gebrauchsgut. **Abschnitt 6.3.4.2.1.**

Verbundeffekt: Liegt ein Verbundeffekt vor, so beeinflusst der Absatz eines Produktes den Absatz eines anderen Produktes positiv. **Abschnitte 6.3.4.1.2.**

Verkaufs- und Außendienstpolitik: Die Verkaufs- und Außendienstpolitik wird bei der Einteilung des Marketing-Mix in die traditionellen absatzpolitischen Instrumente nicht selten der → Kommunikationspolitik zugeordnet. Gleichwohl ist die Verkaufsfunktion elementarer Bestandteil der → Distributionspolitik. Im Rahmen der Verkaufs- und Außendienstpolitik übt der Hersteller über eigene Absatzorgane einen direkten Einfluss auf die Umstände der Kaufhandlungen seiner direkten Abnehmer aus. **Abschnitt 6.5.2.5.1.**

Verkaufsberichte: Verkaufsberichte stellen Instrumente zur Kontrolle des Verkaufspersonals dar. Mithilfe von Verkaufsberichten vermittelt der Außendienstmitarbeiter auch markt-, kunden- und mitarbeiterbezogene Informationen. **Abschnitt 6.5.2.5.3.**

Verkaufsförderung: Komponente des kommunikationspolitischen Instrumentariums, mit deren Hilfe der Absatz kurzfristig und unmittelbar stimuliert werden soll. **Abschnitt 6.4.2.4.2.**

Verkaufsmanagement: Unter dem Verkaufsmanagement versteht man die leitende Organisationseinheit in einem Unternehmen zur Planung, Steuerung und Kontrolle des Außendienstes. In der Praxis lassen sich unterschiedliche Formen antreffen. **Abschnitt 6.5.2.5.2.**

Verkaufspsychologie: Die Verkaufspsychologie beschäftigt sich mit dem Interaktionsprozess zwischen Käufer und Verkäufer. Im Mittelpunkt der Betrachtung steht in der Regel der → persönliche Verkauf. **Abschnitt 6.5.2.5.4.**

Verkaufstechnik: Vorgehensweise des Verkäufers im Verkaufsprozess. Das Ziel des Einsatzes unterschiedlicher Verkaufstechniken ist der Verkaufsabschluss. Die Verkaufstechniken werden in verbale und non-verbale Methoden unterschieden. **Abschnitt 6.5.2.5.4.**

Verkaufstraining: Maßnahmen, die zur Erhöhung der Motivation und der fachlichen Qualifikation des Verkaufspersonals dienen. **Abschnitt 6.5.2.5.4.**

Vertikale Kooperation: Als Motor einer vertikalen Kooperation kann das Bestreben des Herstellers gesehen werden, den Marktauftritt seiner Produkte möglichst vollständig zu koordinieren und zu kontrollieren. Der Marktauftritt von Absatzgütern wird neben dem Hersteller insbesondere vom Einzelhandel bzw. den in vielen Branchen zunehmend anzutreffenden Filialsystemen und kooperierenden Gruppen mitgestaltet. **Abschnitt 6.5.2.4.1.1.**

Vertikales Marketing: Vertikales Marketing ist derjenige Bereich des Absatzmarketing, der spezifisch darauf gerichtet ist, im Wege einer koordinierten Zusammenarbeit das Verhalten der Absatzmittler nach den absatzpolitischen Zielen des Herstellers auszurichten. **Abschnitt 6.5.2.4.2.1. u. 7.1.**

Vertikales Marketing i. e. S.: Vertikales Marketing i. e. S. bezeichnet koordiniertes verbrauchergerichtetes Marketing von Hersteller und Händler/n. Im Gegensatz zum → Vertikalen Marketing i. w. S. setzt es stets eine Kooperation zwischen Hersteller und Händler voraus. **Abschnitt 6.5.2.4.2.1.**

Vertikales Marketing i. w. S.: Vertikales Marketing i. w. S. bezeichnet das handelsgerichtete Marketing des Herstellers (Trade Marketing). **Abschnitt 6.5.2.4.2.1.**

Vertrieb: Summe der Maßnahmen, die ein Anbieter ergreift, um seine Leistungen den Nachfragern rechtskräftig zu verkaufen (funktionale Sicht). Als Vertrieb kann aber auch die organisatorische Einheit in einem Unternehmen bezeichnet werden (institutionelle Sicht), die sich aus internen Mitarbeitern und u. U. auch Absatzhelfern zusammensetzt und die Aufgaben des Vertriebs in funktionalem Sinne wahrnimmt. **Abschnitt 6.5.1.**

Vertriebsbindung: Die Vertriebsbindung stellt für den Wiederverkäufer einer Ware eine vertragliche Verpflichtung dar, die von einem bestimmten Hersteller bezogene Ware nur an von diesem festgelegte Abnehmer weiterzuveräußern. Teilweise regelt die Vertriebsbindung auch wann und wo die Produkte des Herstellers weiterzuvertreiben sind. **Abschnitt 6.5.2.2.**

Vertriebsbindungssystem: Vertragliche Vereinbarung zwischen einem Hersteller und seinen Erstabnehmern (einstufiges System) oder auch nachgelagerten Abnehmerstufen (mehrstufiges System). Mithilfe des Vertriebsbindungssystems kann ein Hersteller die Handelsunternehmen nach qualitativen Kriterien selektieren. Im Rahmen solcher Systeme lassen sich unterschiedliche Formen unterscheiden → Bezugsbindung, → Vertriebsbindung. **Abschnitt 6.5.2.2.**

Vertriebspartner: Mit einem Hersteller zum Zwecke der Distribution seiner Leistungen kooperierende Institution (in der Regel der Handel). **Abschnitt 6.5.2.2.**

Vertriebssystem: Ein Vertriebssystem existiert, wenn die Beziehungen zwischen Hersteller und Absatzmittlern innerhalb eines Absatzkanals oder eines Teilbereichs hiervon eine bestimmte Struktur aufweisen. Bei diesen Strukturen handelt es sich um eine auf Dauer angelegte, vertraglich geregelte Organisationsform der Distribution. **Abschnitt 6.5.2.2.**

Werbebotschaft: Inhalte, mit denen ein Unternehmen seine Produkte und Leistungen von Konkurrenzangeboten abheben will. Dabei kann eine Werbebotschaft einen offenen (d. h. artikulierten) oder verdeckten (d. h. z. B. suggerierten) Informationsgehalt aufweisen. **Abschnitt 6.4.2.3.4.**

Werbebudget: Gesamtheit aller Werbeausgaben innerhalb eines bestimmten Zeitraumes. Die Festlegung des Werbebudgets erfordert eine Bestimmung der ‚optimalen‘ Budgethöhe für einen Zeitraum und ‚optimalen‘ Budgetallokation innerhalb dieses Zeitraums. **Abschnitt 6.4.2.3.2.**

Werbemittel: Form der Darstellung einer → Werbebotschaft. Als Werbemittel kommen z. B. Plakate, Anzeigen, Spots oder Werbebriefe in Betracht. **Abschnitt 6.4.2.3.5.**

Werbeobjekte: Werbeobjekte sind diejenigen Objekte, über die kommuniziert wird. Als Werbeobjekte kommen z. B. einzelne Produkte oder Leistungen, aber auch Unternehmen (z. B. im Rahmen einer Image-Kampagne) in Betracht. **Abschnitt 6.4.2.3.3.**

Werbeträger: Unter Werbeträgern versteht man die Medien der Informationsübermittlung. Bei der Auswahl der Werbeträger ist zwischen ‚intermedialer Selektion‘ (Auswahl der Werbeträgergruppen, z. B. Zeitung oder Fernsehen) und ‚intramedialer Selektion‘ (Auswahl innerhalb der Werbeträgergruppen, z. B. F.A.Z. oder Handelsblatt) zu unterscheiden. **Abschnitt 6.4.2.3.5.**

Wettbewerbsdynamik: Unter Wettbewerbsdynamik versteht man die Entwicklung der Konkurrenzsituation im Zeitablauf. Die dynamische Preistheorie berücksichtigt diesen Effekt. **Abschnitt 6.3.4.1.1.**

Wettbewerbsvorteile: Ein Wettbewerbsvorteil kann in einem Effektivitäts- und/oder einem Effizienzvorteil begründet liegen. Während ein Effektivitätsvorteil dann gegeben ist, wenn es einem Unternehmen gelingt, ein → Leistungsbündel anzubieten, das aus der subjektiven Sicht des Nachfragers der Konkurrenz hinsichtlich der wahrgenommenen Kosten-/Nutzen-Relation überlegen ist, spiegelt der Effizienzvorteil solche Unterschiede zwischen den

Wettbewerbern wider, die durch unterschiedliche Potenziale und Prozesse der Anbieter zum Ausdruck kommen und dadurch eine wirtschaftlichere Leistungserstellung im Sinne der Input-/Output-Relation ermöglichen. **Abschnitt 5.4.3.1.**

Zahlungsbereitschaft: Betrag, den ein Nachfrager für ein Produkt oder eine Leistung zu zahlen bereit ist. **Abschnitte 6.3.1. u. 6.3.4.2.2.**

Zapping: häufiges Wechseln des TV-Programmes (z. B. bei Werbeeinblendungen). **Abschnitt 6.4.1.**

Zielfunktionsdynamik: Eine Zielfunktion, die in der dynamischen Preistheorie verwendet wird, muss die Gewinne zukünftiger Perioden abzinsen. Anstelle eines statischen Gewinns wird der Kapitalwert maximiert. **Abschnitt 6.3.4.1.1.**

Zielgruppen: Aufteilung des Gesamtmarktes in einzelne, in sich möglichst ‚homogene' und untereinander möglichst ‚heterogene' Kundengruppen zur gezielten Ausrichtung kommunikationspolitischer Maßnahmen. Die Abgrenzung einer Zielgruppe kann z. B. mithilfe von soziodemographischen, psychographischen oder verhaltensbezogenen Kriterien erfolgen. **Abschnitt 6.4.2.2.**

Ziel-Portfolio: Das Ziel-Portfolio stellt die Soll-Positionierung von strategischen Geschäftseinheiten (SGE) eines Unternehmens dar. Es erlaubt somit einen Vergleich zwischen der tatsächlichen und der gewünschten Position der → SGE in der Portfolio-Matrix. Mögliche Abweichungen sollen dann durch die Ableitung geeigneter Strategien beseitigt werden. **Abschnitt 5.4.2.2.**

Zuschlagskalkulation: Berechnung des Verkaufspreises mithilfe eines branchenüblichen, prozentualen Zuschlagsatzes auf den Einkaufspreis. **Abschnitt 6.3.1.**

Zweiwege-Kommunikation: Form der Kommunikation, bei der die beteiligten Personen sowohl Sender als auch Empfänger einer Nachricht sein können. **Abschnitt 6.4.2.4.8.**

Stichwortverzeichnis

Das Stichwortverzeichnis gibt an, auf welchen Seiten des Lehrbuches die verzeichneten Begriffe tiefer gehender behandelt werden. **Fett** gedruckte Seitenangaben weisen auf die für den jeweiligen Begriff wichtigste Textpassage hin. *Kursiv* gedruckte Seitenangaben verweisen auf einen Glossareintrag zu dem jeweiligen Begriff.

 **Springer**   **springer.de**

Multivariate Analysemethoden

Eine anwendungsorientierte Einführung

K. Backhaus, B. Erichson, W. Plinke, R. Weiber

Neu in der 11. Auflage: Umstellung auf die Software-Version SPSS 13.0 sowie Umstellung des Kapitels "Neuronale Netze" auf das Programmpaket CLEMENTINE. Das Lehrbuch behandelt 12 wichtige Verfahren der multivariaten Analysemethoden. Ein Informationsservice für Leser sowie ein Dozentenservice werden im Internet unter **www.multivariate.de** geboten.

11., überarb. Aufl. 2006. IX, 830 S. 559 Abb. (Springer-Lehrbuch) Brosch.
ISBN 3-540-27870-2 ▶ **€ 37,95 | sFr 65,00**

Investitionsrechnung

Modelle und Analysen zur Beurteilung von Investitionsvorhaben

U. Götze

Dieses Buch stellt statische und dynamische Verfahren zur Beurteilung der absoluten und der relativen Vorteilhaftigkeit einzelner Investitionen vor. Übungsaufgaben sowie Lösungen zu den Aufgaben schaffen eine Kontrollmöglichkeit.

5., überarb. Aufl. 2006. XIII, 506 S. 73 Abb. (Springer-Lehrbuch) Brosch.
ISBN 3-540-28817-1 ▶ **€ 29,95 | sFr 51,00**

Grundlagen der Unternehmensführung

H. Hungenberg, T. Wulf

Praxisnah werden die Themen Strategie, Organisation, Personal und Führung sowie Controlling umfassend besprochen. Für dieses Buch wurde die Fallstudie eines fiktiven Autovermieters, der QualityRent AG, entwickelt. Die zweite Auflage wurde um Diskussions- und Verständnisfragen am Ende jedes Kapitels ergänzt. Die Lösungen werden im Internet unter **www.grundlagen-der-unternehmensfuehrung.de** bereitgestellt.

2., aktualisierte Aufl. 2006. XVIII, 421 S. 160 Abb. (Springer-Lehrbuch) Brosch.
ISBN 3-540-28776-0 ▶ **€ 24,95; sFr 42,50**

Unternehmensbewertung

C. Kuhner, H. Maltry

Ausgehend von den verschiedenen rechtlich bzw. wirtschaftlich motivierten Anlässen einer Unternehmensbewertung wird die Unternehmensbewertung investitionstheoretisch fundiert.

2006. XIV, 326 S. 115 Abb. (Springer-Lehrbuch) Brosch.
ISBN 3-540-28412-5 ▶ **€ 24,95 | sFr 42,50**

Produktion I

Produktions- und Kostentheorie

G. Fandel

In diesem Standardwerk der Produktions- und Kostentheorie werden in einer umfassenden Synopse die Grundlagen und weiterführenden Ansätze der Produktions- und Kostentheorie, die für eine fundierte Wirtschaftlichkeitsanalyse industrieller Fertigungsvorgänge von Bedeutung sind, erläutert.

6. Aufl. 2005. XVI, 327 S. 139 Abb. Brosch.
ISBN 3-540-25023-9 ▶ **€ 24,95 | sFr 42,50**

Bei Fragen oder Bestellung wenden Sie sich bitte an ▶ Springer Distribution Center GmbH, Haberstr. 7, 69126 Heidelberg ▶ **Telefon:** +49 (0) 6221-345-4301 ▶ **Fax:** +49 (0) 6221-345-4229 ▶ **Email:** SDC-bookorder@springer.com ▶ Die €-Preise für Bücher sind gültig in Deutschland und enthalten 7% MwSt. ▶ Preisänderungen und Irrtümer vorbehalten. ▶ Springer-Verlag GmbH, Handelsregistersitz: Berlin-Charlottenburg, HR B 91022. Geschäftsführer: Haank, Mos, Gebauer, Hendriks